Hadoop 核心技术及其在防灾减灾中的应用

陈新房 编著

清华大学出版社
北京交通大学出版社
·北京·

内 容 简 介

本书系统介绍了 Hadoop 生态系统主要组件的基本概念、特点、主要组成、运行机制及存在的问题等内容。全书共 11 章，内容包含大数据基本概念、大数据处理平台 Hadoop、分布式文件系统 HDFS、HDFS 2.0 新特性、分布式计算框架 MapReduce、数据仓库 Hive、分布式数据库 HBase、数据迁移工具 Sqoop、日志采集系统 Flume、NoSQL 数据库及数据可视化等内容。每一部分都有相应的实验指导，以便读者更好地学习和掌握 Hadoop 核心技术，进一步提高实践操作能力。

本书可作为高等院校大数据、计算机类、信息管理等专业大数据课程教材，也可作为相关技术人员参考用书。

图书在版编目（CIP）数据

Hadoop 核心技术及其在防灾减灾中的应用 / 陈新房编著. —北京：北京交通大学出版社 ：清华大学出版社，2024.2

ISBN 978-7-5121-5153-6

Ⅰ. ① H…　Ⅱ. ① 陈…　Ⅲ. ① 数据处理软件–应用–灾害防治　Ⅳ. ① TP274 ② X4

中国国家版本馆 CIP 数据核字（2024）第 001161 号

Hadoop 核心技术及其在防灾减灾中的应用
Hadoop HEXIN JISHU JI QI ZAI FANGZAI JIANZAI ZHONG DE YINGYONG

责任编辑：韩素华
出版发行：清 华 大 学 出 版 社　　邮编：100084　　电话：010-62776969
　　　　　北京交通大学出版社　　邮编：100044　　电话：010-51686414
印 刷 者：北京时代华都印刷有限公司
经　　销：全国新华书店
开　　本：185 mm×260 mm　　印张：21.25　　字数：544 千字
版 印 次：2024 年 2 月第 1 版　　2024 年 2 月第 1 次印刷
印　　数：1～1 000 册　　定价：69.00 元

本书如有质量问题，请向北京交通大学出版社质监组反映。对您的意见和批评，我们表示欢迎和感谢。
投诉电话：010-51686043，51686008；传真：010-62225406；E-mail：press@bjtu.edu.cn。

前　言

自 2006 年 Hadoop 面世以来，其技术迅猛发展。Hadoop 的本地化计算理念、弹性的多层级架构、高效的分布式计算框架，在提供了前所未有的计算能力的同时，也大大降低了计算成本，使它在大规模数据处理分析方面的表现远远超过了其他产品，不但被广泛应用于各行各业的数据分析和处理，而且成为各大企业数据平台的首选。

本书围绕“理论联系实际”的指导思想，在内容上对 Hadoop 核心技术的阐述与典型实践操作相辅相成，二者紧密结合、相互作用，形成完整的知识系统，具有连续性、完整性、一致性。内容编排上引领读者在阅读过程中不断提出问题、分析问题、解决问题，进而达到循序渐进、抽丝剥茧剖析 Hadoop 生态圈各组件的内在原理、运行机制和相互之间的联系，达到掌握、理解、应用 Hadoop 核心技术的能力。对提高学习兴趣、提升学习效果、提高学习质量具有重要的现实作用。

本书系统介绍了 Hadoop 生态系统主要组件的基本概念、特点、主要组成、运行机制及存在的问题等内容。全书共 11 章，内容包含大数据基本概念、大数据处理平台 Hadoop、分布式文件系统 HDFS、HDFS 2.0 新特性、分布式计算框架 MapReduce、数据仓库 Hive、分布式数据库 HBase、数据迁移工具 Sqoop、日志采集系统 Flume、NoSQL 数据库及数据可视化等内容。每章开始有学习目标的提示，结尾附有习题和实验内容指导。实践指导书紧紧围绕理论知识展开设计，具有统一规范性、实践验证性等特点，易于读者在自主探索与合作交流的过程中真正理解 Hadoop 知识和技能、思想和方法，获得广泛的大数据处理和分析经验，不断激发学习研究数据收集、预处理、存储、清洗、分析和可视化的兴趣。

本书可作为高等院校大数据、计算机类和信息管理等专业学生的教材和教学参考书，也可作为相关技术人员的参考用书。

本书由陈新房执笔。在撰写过程中，防灾科技学院信息工程学院硕士研究生杨丽佳、汪世伟、刘义卿、赵晗清等做了大量辅助性工作，在此，向他们的辛勤工作表示衷心的感谢。

由于编者水平有限，书中错误在所难免，敬请广大读者多提宝贵意见，编者邮箱 chenxinfang@cidp.edu.cn。

本书由防灾科技学院教材建设项目资助。

编　者

2024 年 1 月

前言

目　录

第1章　大数据概述

学习目标

（1）大数据的产生背景与发展；
（2）大数据的概念；
（3）大数据的影响；
（4）大数据的关键技术与计算模式；
（5）大数据应用及与人工智能、物联网、云计算的关系。

最早提出“大数据”时代到来的是全球知名咨询公司麦肯锡，麦肯锡称：“数据，已经渗透到当今每一个行业和业务职能领域，成为重要的生产因素。人们对于海量数据的挖掘和运用，预示着新一波生产率增长和消费者盈余浪潮的到来。”“大数据”在物理学、生物学、环境生态学等领域及军事、金融、通信等行业存在已有时日，却因为近年来互联网和信息行业的发展而引起人们关注。在现今的社会，大数据的应用越来越彰显其优势，它占领的领域也越来越大，电子商务、O2O、物流配送等，各种利用大数据进行发展的领域正在协助企业不断地发展新业务，创新运营模式。有了大数据这个概念，可以改善与优化对消费者行为的判断、产品销售量的预测、精确的营销范围及存货的补给。

对于一个国家而言，能否紧紧抓住大数据发展机遇，快速形成核心技术和应用，参与新一轮的全球化竞争，将直接决定未来若干年世界范围内各国科技力量博弈的格局。大数据专业人才的培养是新一轮科技较量的基础，高等院校承担大数据人才培养的重任，因此，各高等院校非常重视大数据课程的开设，大数据课程已经成为计算机科学与技术专业的重要核心课程。

本章介绍了大数据的基本概念、发展历程、主要影响、应用领域、关键技术、计算模式和产业发展，并阐述了云计算、物联网的概念及其与大数据之间的紧密关系。

1.1　大数据的产生背景和发展历史

大数据的风暴从何时开始刮起，这一点也许大多数人都没有弄清楚。但现在要是询问是什么在改变着21世纪，恐怕十之八九的人会异口同声地告诉你：大数据。随着大数据自身的几次更新，人们也越来越认识到它的力量。根据研究机构IDC（Internet data center，互联网数据中心）的分析，世界上的资料正在以每两年就翻一倍的惊人速度增加着。了解大数据、如何利用巨量资料，成了人人关心的重点议题。

1.1.1 大数据产生的背景

1. 信息科技进步

现代信息技术产业已经拥有 70 多年的历史，其发展的过程先后经历了几次浪潮，见表 1-1。20 世纪六七十年代的大型计算机产生，此时的计算机体型庞大，计算能力却很低。20 世纪 80 年代前后，随着微电子技术和集成技术的不断发展，计算机各类芯片不断小型化，兴起了微型机浪潮，PC 成为主流，人类迎来第一次信息化浪潮。1995 年前后，人类开始全面进入互联网时代，互联网的普及把世界变成"地球村"，人们自由徜徉于信息的海洋，由此，人类迎来了第二次信息化浪潮。2010 年前后，随着云计算、大数据、物联网的快速发展，拉开了第三次信息化浪潮的大幕，大数据时代已经到来。

表 1-1 3 次信息化浪潮

信息化浪潮	发生时间	标志	解决的问题	企业代表
第一次浪潮	1980 年前后	个人计算机	信息处理	Intel、AMD、IBM、苹果、微软、联想、戴尔、惠普等
第二次浪潮	1995 年前后	互联网	信息传输	雅虎、谷歌、阿里巴巴、百度、腾讯等
第三次浪潮	2010 年前后	物联网、云计算和大数据	信息爆炸	亚马逊、谷歌、IBM、VMware、Palantir、Hortonworks、Cloudera、阿里巴巴等

近几年随着手机及其他智能设备的兴起，全球网络在线人数激增，人们的生活已经被数字信息所包围，而这些所谓的数字信息就是通常所说的"数据"，可以将其称为大数据浪潮，也可以进一步看出，智能化设备的不断普及是大数据迅速增长的重要因素。

面对数据爆炸式的增长，存储设备的性能也必须得到相应的提高。美国科学家戈登 • 摩尔发现了晶体管增长规律的"摩尔定律"，即集成电路上可以容纳的晶体管数目在大约每经过 18 个月到 24 个月便会增加一倍。换言之，处理器的性能大约每两年翻一倍，同时价格下降为之前的一半。在摩尔定律的指引下，计算机产业会进行周期性的更新换代，表现在计算能力和性能的不断提高。同时，以前的低速带宽也已经远远不能满足数据传输的要求，各种高速高频带宽不断投入使用，光纤传输带宽的增长速度甚至超越了存储设备性能的提高速度，称为超摩尔定律。

智能设备的普及、物联网的广泛应用、存储设备性能的提高、计算能力的大幅提升、网络带宽的不断增长都是信息科技的进步，它们为大数据的产生提供了储存和流通的物质基础。

2. 云计算技术兴起

云计算技术是互联网行业的一项新兴技术，它的出现使互联网行业产生了巨大的变革，人们平常所使用的各种网络云盘，就是云计算技术的一种具化表现。云计算技术通俗地讲就是使用云端共享的软件、硬件及各种应用，得到人们想要的操作结果，而操作过程则由专业的云服务团队去完成。通俗一点来说，就像以前喝水需要自己打井、下泵，再通过水泵将水抽上来，而云计算就相当于现在的自来水厂，只要打开开关就有水流出，其他的过程都由厂家来完成，而消费者只要交费就行。通常所说的云端就是"数据中心"，现在国内各大互联网公司、电信运营商、银行乃至政府各部委都建立了各自的数据中心，云计算技术已经在各行各业得到普及，并进一步占据优势地位。

云空间是数据存储的一种新模式，云计算技术将原本分散的数据集中在数据中心，为庞大数据的处理和分析提供了可能。可以说，云计算为大数据庞大的数据存储和分散的用户访问提供了必需的空间和途径，是大数据诞生的技术基础。

3. 数据资源化趋势

根据产生的来源，大数据可以分为消费大数据和工业大数据。消费大数据是人们日常生活产生的大众数据，虽然只是人们在互联网上留下的印记，但各大互联网公司早已开始积累和争夺数据，谷歌依靠世界上最大的网页数据库，充分挖掘数据资产的潜在价值，打破了微软的垄断；Facebook 基于人际关系型数据库，推出了 Graph Search 搜索引擎；在国内天猫和京东两家最大的电商平台也打起了数据战，利用数据评估对手的战略动向、促销策略等。在工业大数据方面，众多传统制造企业利用大数据成功实现数字转型表明，随着“智能制造”快速普及，工业与互联网深度融合创新，工业大数据技术及应用将成为未来提升制造业生产力、竞争力、创新能力的关键要素。

1.1.2　大数据的发展历程

大数据的发展历程总体上可以划分为 3 个重要阶段：萌芽期、成熟期和大规模应用期，见表 1–2。

表 1–2　大数据发展的 3 个阶段

阶段	时间	内容
第一阶段：萌芽期	20 世纪 90 年代至 21 世纪初	随着数据挖掘理论和数据库技术的逐步成熟，一批商业智能工具和知识开始被应用，如数据仓库、专家系统、知识管理系统等
第二阶段：成熟期	21 世纪前 10 年	Web 2.0 应用迅猛发展，非结构化数据大量产生，传统处理方法难以应对，带动了大数据技术的快速突破，大数据解决方案逐渐走向成熟，形成了并行计算与分布式系统两大核心技术，谷歌的 GFS 和 MapReduce 等大数据技术受到追捧，Hadoop 技术成为主流
第三阶段：大规模应用期	2010 年以后	大数据应用渗透各行各业，数据驱动决策、信息社会智能化程度大幅提高

1. 萌芽期

“大数据”概念最初起源于美国，早在 1980 年，著名未来学家阿尔文·托夫勒在其所著的《第三次浪潮》一书中将“大数据”称颂为“第三次浪潮的华彩乐章”。随着 20 世纪 90 年代复杂性科学的兴起，不仅给人们提供了复杂性、整体性的思维方式和科学研究方法，还给人们带来了有机的自然观。1997 年，NASA 艾姆斯研究中心的大卫·埃尔斯沃斯和迈克尔·考克斯在研究数据的可视化问题时，首次使用了“大数据”概念。他们当时就坚信信息技术的飞速发展，一定会带来数据冗杂的问题，数据处理技术必定会进一步发展。1998 年，一篇名为《大数据科学的可视化》的文章在美国《自然》杂志上发表，大数据正式作为一个专用名词出现在公共刊物之中。

这一阶段可以看作是大数据发展的萌芽期，当时大数据还只是作为一种构想或者假设被极少数的学者进行研究和讨论，其含义也仅限于数据量的巨大，并没有更进一步探索有关数据的收集、处理和存储等问题。

2. 成熟期

21 世纪的前十年，互联网行业迎来了飞速发展的时期，IT 技术也不断地推陈出新，大数据最先在互联网行业得到重视。2001 年，麦塔集团（META Group）分析师道格·莱尼提出数据增长的挑战和机遇有 3 个方向：量（volume，数据量大小）、速（velocity，数据输入/输出的速度）、类（variety，数据多样性），合称“3V”。在此基础上，麦肯锡公司增加了价值密度（value），构成“4V”特征。2005 年，大数据实现重大突破，Hadoop 技术诞生，并成为数据分析的主要技术。2007 年，数据密集型科学的出现，不仅为科学界提供了全新的研究范式，还为大数据的发展提供了科学上的基础。2008 年，美国《自然》杂志推出了一系列有关大数据的专刊，详细讨论了有关大数据的一系列问题，大数据开始引起人们的关注。2010 年，美国信息技术顾问委员会（PITAC）发布了一篇名为《规划数字化未来》的报告，详细叙述了政府工作中对大数据的收集和使用，美国政府已经高度关注大数据的发展。

这一阶段被看作是大数据的发展时期，大数据作为一个新兴名词开始被理论界所关注，其概念和特点得到进一步的丰富，相关的数据处理技术相继出现，大数据开始展现活力。

3. 大规模应用期

2011 年，IBM 公司研制出了沃森超级计算机，以每秒扫描并分析 4 TB 的数据量打破世界纪录，大数据计算迈向了一个新的高度。紧接着，麦肯锡公司发布了题为《海量数据，创新、竞争和提高生成率的下一个新领域》的研究报告，详细介绍了大数据在各个领域中的应用情况，以及大数据的技术架构，提醒各国政府为应对大数据时代的到来，应尽快制定相应的战略。2012 年，世界经济论坛在瑞士达沃斯召开，会上讨论了大数据相关的系列问题，发布了名为《大数据，大影响》的报告，向全球正式宣布大数据时代的到来。另外，国内外学术界也针对大数据进行了一系列的研究，像《纽约时报》《自然》《人民日报》等都推出大篇幅对大数据的应用、现状和趋势进行报道，同时，哲学与社会科学界也出现了许多有影响力的著作，像舍恩伯格的《大数据时代：生活、工作与思维的大变革》、城田真琴的《大数据冲击》等。

2015 年，《促进大数据发展行动纲要》正式颁布，提出大数据已成为国家基础性战略资源，是推动经济转型和发展的新动力，是重塑城市竞争优势的新机遇，是提升政府治理能力的新途径，中国正式启动和实施国家大数据战略。

1.2 大数据的特征

对于大数据的定义现在没有统一的定论，但在大数据领域里，几乎人人都同意一点：大数据不仅仅是指更多资料而已。大数据是一种在获取、存储、管理、分析等方面大大超出了传统数据库软件工具能力范围的数据集合。它具有数据量大（volume）、数据类型繁多（variety）、处理速度快（velocity）、价值密度低（value）和真实性（veracity）五大特征，其中又以真实性最被普遍认同。这是目前为止最受推崇且最广为人知的说法。

1.2.1 数据量大

大数据的特征首先就是数据规模巨大。随着互联网、物联网、移动互联等技术的发展，人和事物的所有轨迹都可以被记录下来，数据呈爆炸式增长，需要分析处理的数据达到 PB 和 EB 级，乃至 ZB 级。今天，超过 63%的全球人口，即 70 多亿人使用互联网，这一数字将继续以每年 10%以上的速度增长。但云存储市场的增长速度更快，从 2015 年到 2025 年，全球数据领域（全球范围内创建、捕获、复制和消费）的数据量预计将以 58%的复合年增长率增长，到 2025 年，创建、存储和复制的数据量将超过 180 ZB（数据存储单位之间的换算关系，见表 1-3）。如果在 2025 年之前堆叠足够的 10 TB 硬盘来满足全世界的数据需求，那么这堆硬盘连起来可以到达月球。

著名咨询机构 IDC Global DataSphere 的数据显示，至 2021 年，全球数据总量达到了 84.5 ZB， 预计到 2026 年全球结构化与非结构化数据总量将达到 221.2 ZB。

表 1-3 数据存储单位之间的换算关系

单位	换算关系
Byte（字节，B）	1 B=8 bit
KB（Kilobyte，千字节）	1 KB=1 024 B
MB（Megabyte，兆字节）	1 MB=1 024 KB
GB（Gigabyte，吉字节）	1 GB=1 024 MB
TB（Trillionbyte，太字节）	1 TB=1 024 GB
PB（Petabyte，拍字节）	1 PB=1 024 TB
EB（Exabyte，艾字节）	1 EB=1 024 PB
ZB（Zettabyte，泽字节）	1 ZB=1 024 EB

1.2.2 数据类型繁多

在数量庞大的互联网用户等因素的影响下，大数据的来源十分广泛，因此，大数据的类型也具有多样性。大数据由因果关系的强弱可以分为 3 种，即结构化数据、非结构化数据、半结构化数据。结构化数据一般指的是关系型数据库中的数据，如 MySQL、Oracle 中的表中的数据。在这些数据中，每一行的数据都保持相同的数据格式，有规律可循，非常容易处理。如财务系统数据、医疗系统数据等具有完整性、确定性的典型的数据表。半结构化数据指的是有一定的结构性，但是比起关系型数据库表中的结构化的数据来说，结构不是那么清晰，处理起来也比结构化的数据略微麻烦。常见的半结构化的数据有 JSON、XML、HTML 等。非结构化数据指的就是没有丝毫结构性可言的数据。数据没有固定的格式，通常需要单独设计程序来处理这些数据，从中提取出来有价值的信息，如图片、音频、视频等文本信息。在工作中要处理的数据，往往都是以半结构化和非结构化的数据居多。

如此类型繁多的异构数据，对数据处理和分析技术提出了新的挑战，也带来了新的机遇。传统数据主要存储在关系型数据库中，但是，在类似 Web 2.0 等应用领域中越来越多的数据开始被存储在 NoSQL 数据库中，这就必然要求在集成的过程中进行数据转换，而这种转换的过程是非常复杂和难以管理的。传统的联机分析处理（online analytical processing，OLAP）

和商务智能工具大都面向结构化数据，而在大数据时代，用户友好的、支持非结构化数据分析的商业软件也将迎来广阔的市场空间。

1.2.3 处理速度快

大数据的高速特征主要体现在数据数量的迅速增长和处理上。与传统媒体相比，在如今的大数据时代，信息的生产和传播方式都发生了巨大改变，在互联网和云计算等方式的作用下，大数据得以迅速生产和传播。此外，由于信息的时效性，还要求在处理大数据的过程中要快速响应、无延迟输入、提取数据。淘宝网平常每天的商品交易数据约 20 TB，全球知名的社交媒体平台 Facebook，每天产生的日志数据超过了 300 TB。

由于数据量巨大，传统的数据处理方式需要花费很长时间来处理数据，而大数据处理则可以在很短的时间内完成。新兴的大数据分析技术通常采用集群处理和独特的内部设计。以谷歌公司的 Dremel 为例，它是一种可扩展的、交互式的实时查询系统，用于只读嵌套数据的分析，通过结合多级树状执行过程和列式数据结构，它能做到在几秒内完成对万亿张表的聚合查询，系统可以扩展到成千上万的 CPU 上，满足谷歌上万用户操作 PB 级数据的需求，并且可以在 2～3 s 完成 PB 级别数据的查询。这使得大数据处理能够更好地应对实时变化，能够更好地应用于各个领域，如医疗、金融、教育等。

1.2.4 价值密度低

大数据虽然看起来很美，但是价值密度却远远低于传统关系型数据库中已经有的那些数据。由于数据样本不全面、数据采集不及时、数据不连续等原因，有价值的数据所占的比例很小。与传统的小数据相比，大数据最大的价值在于，可以从大量不相关的各种类型的数据中，挖掘出对未来趋势与模式预测分析有用的信息，通过机器学习、人工智能或数据挖掘等方法深度分析，得到新规律和新知识，并运用于交通、电商、医疗等各个领域，最终达到提高生产率、推进科学研究的效果。

以小区监控视频为例，如果没有意外事件发生，连续不断产生的数据都是没有任何价值的，当发生偷盗等意外情况时，也只有记录了事件过程的那一小段视频是有价值的。但是，为了能够获得发生偷盗等意外情况时的那一段宝贵的视频，不得不投入大量资金购买监控设备、网络设备、存储设备，耗费大量的电能和存储空间，来保存摄像头连续不断传来的监控数据。

1.2.5 真实性

大数据的真实性是指数据的准确度和可信赖度，代表数据的质量。数据一直都在，变革的是方式。大数据的意义不仅仅在于生产和掌握庞大的数据信息，更重要的是对有价值的数据进行专业化处理。人类从来不缺数据，缺的是对数据进行深度价值挖掘与利用。

可以说，从人类社会有了文字以来，数据就开始存在了，现在亦是如此。这其中唯一改变的是数据从产生到记录，再到使用这整个流程的形式。大数据的重要性就在于对决策的支持，数据的规模并不能决定其能否为决策提供帮助，数据的真实性和质量才是成功决策最坚实的基础。真实是对大数据的重要要求，也是大数据面临的巨大挑战。

大规模的数据量，在处理的时候，对技术体系是有较高的要求的。在还没有形成现有的技术体系的年代，人们在处理庞大的数据集的时候，往往束手无策，要么实效性非常差，要么干脆无法处理。那个时代甚至流行一种做法：随机抽样。随机地从庞大的数据集中抽取一部分数据出来进行处理，以处理结果作为整个数据集的处理结果。为追求真实性，可能会多随机抽取几次。但是这个结果其实是不准确的，并不能够体现出这些数据完整的价值，甚至还可能得到错误的结论。但是现在大数据的技术体系相对成熟，不再使用这样的随机抽样的方式了。对所有的数据进行高效的处理，得出的结论自然也是正确的。

1.3　大数据的影响

大数据对科学研究、思维方式和社会发展都具有重要而深远的影响。在科学研究方面，大数据使得人类科学研究在经历了实验科学、理论科学、计算科学 3 种范式之后，迎来了第 4 种范式——数据科学：在思维方式方面，大数据具有“全样而非抽样、效率而非精确、相关而非因果”三大显著特征，完全颠覆了传统的思维方式；在社会发展方面，大数据决策逐渐成为一种新的决策方式，大数据应用有力地促进了信息技术与各行业的深度融合，大数据开发大大推动了新技术和新应用的不断涌现：在就业市场方面，大数据的兴起使得数据科学家成为热门人才；在人才培养方面，大数据的兴起将在很大程度上改变我国高校信息技术相关专业的现有教学和科研体制。

1.3.1　大数据对科学研究的影响

图灵奖获得者、著名数据库专家吉姆·格雷（Jim Gray）博士提出，科学研究先后历经了实验科学、理论科学、计算科学和数据科学 4 种范式。

1. 第一种范式：实验科学

早期，科学家们采用实验来寻找科学问题的答案，例如，伽利略的比萨斜塔实验。1590 年，伽利略在比萨斜塔上做了“两个铁球同时落地”的实验，得出了质量不同的两个铁球同时下落的结论，从此推翻了亚里士多德“物体下落速度和质量成比例”的学说，纠正了这个持续了 1 900 年之久的错误结论。

2. 第二种范式：理论科学

科学的进步使得人类开始采用各种数学、几何、物理等理论，构建问题模型和解决方案。例如，牛顿第一定律、牛顿第二定律、牛顿第三定律构成了牛顿力学的完整体系，奠定了经典力学的概念基础，它的广泛传播和运用对人们的生活和思想产生了重大影响，在很大程度上推动了人类社会的发展与进步。

3. 第三种范式：计算科学

1946 年，人类历史上第一台计算机 ENIAC 诞生，人类社会开始步入计算机时代，科学研究也进入了一个以“计算”为中心的全新时期，人类可以借助计算机的高速运算能力去解决各种问题。计算机具有存储容量大、运算速度快、精度高、可重复执行等特点，是科学研究的利器，推动了人类社会的飞速发展。

4. 第四种范式：数据科学

物联网、云计算及大数据技术的出现及其相互促进，使得事物发展发生了从量变到质变的转变，使人类社会开启了全新的大数据时代。在大数据环境下，一切将以数据为中心，从数据中发现问题、解决问题，真正体现数据的价值。大数据将成为科学工作者的宝藏，从数据中可以挖掘未知模式和有价值的信息，服务于生产和生活，推动科技创新和社会进步。

虽然第三种方式和第四种方式都是利用计算机来进行计算，但是二者还是有本质的区别的。在第三种研究范式中，一般是先提出可能的理论，再搜集数据，然后通过计算来验证。而对于第四种研究范式，则是先有了大量已知的数据，然后通过计算得出之前未知的理论。

1.3.2 大数据对思维方式的影响

维克托·迈尔-舍恩伯格在《大数据时代：生活、工作与思维的大变革》一书中明确指出，大数据时代最大的转变就是思维方式的 3 种转变：全样而非抽样、效率而非精确、相关而非因果。

1. 全样而非抽样

过去，由于数据存储和处理能力的限制，在科学分析中，通常采用抽样的方法，即从全集数据中抽取一部分样本数据，通过对样本数据的分析来推断全集数据的总体特征。通常，样本数据规模要比全集数据小很多，因此，可以在可控的代价内实现数据分析的目的。在大数据时代，人们可以获得与分析更多的数据，甚至是与之相关的所有数据，而不再依赖于采样，从而可以带来更全面的认识，可以更清楚地发现样本无法揭示的细节信息。正如舍恩伯格总结道："我们总是习惯把统计抽样看作文明得以建立的牢固基石，就如同几何学定理和万有引力定律一样。但是，统计抽样其实只是为了在技术受限的特定时期，解决当时存在的一些特定问题而产生的，其历史不足一百年。如今，技术环境已经有了很大的改善。在大数据时代进行抽样分析就像是在汽车时代骑马一样。在某些特定的情况下，我们依然可以使用样本分析法，但这不再是我们分析数据的主要方式。"也就是说，在大数据时代，随着数据收集、存储、分析技术的突破性发展，人们可以更加方便、快捷、动态地获得研究对象有关的所有数据，而不再因诸多限制不得不采用样本研究方法，相应地，思维方式也应该从样本思维转向总体思维，从而能够更加全面、立体、系统地认识总体状况。

2. 效率而非精确

过去，由于收集的样本信息量比较少，所以必须确保记录下来的数据尽量结构化、精确化，因为抽样分析只是针对部分样本的分析，其分析结果被应用到全集数据以后，误差会被放大，这就意味着，抽样分析的微小误差被放大到全集数据以后，可能会变成一个很大的误差。正是由于这个原因，传统的数据分析方法往往更加注重提高算法的精确性，其次才是提高算法效率。现在，大数据时代采用全样分析而不是抽样分析，全样分析结果就不存在误差被放大的问题。舍恩伯格指出："执迷于精确性是信息缺乏时代和模拟时代的产物。只有 5%的数据是结构化且能适用于传统数据库的。如果不接受混乱，剩下 95%的非结构化数据都无法利用，只有接受不精确性，我们才能打开一扇从未涉足的世界的窗户。"因此，追求高精确性已经不是其首要目标；相反，大数据时代具有"秒级响应"的特征，要求在几秒内就迅速给出针对海量数据的实时分析结果，否则就会丧失数据的价值，因此，数据分析的效率成为关注的核心。

3. 相关而非因果

过去，数据分析的目的，一方面是解释事物背后的发展机理，例如，一个大型超市在某个地区的连锁店在某个时期内净利润下降很多，这就需要 IT 部门对相关销售数据进行详细分析，并找出发生问题的原因；另一方面是用于预测未来可能发生的事件，例如，通过实时分析微博数据，当发现人们对雾霾的讨论明显增加时，就可以建议销售部门增加口罩的进货量，因为人们关注雾霾的一个直接结果是，大家会想到购买口罩来保护自己的身体健康。不管是出于哪个目的，其实都反映了一种"因果关系"。但是，在大数据时代，因果关系不再那么重要，人们转而追求"相关性"而非"因果性"。在大数据时代，人们可以通过大数据技术挖掘出事物之间隐蔽的相关关系，获得更多的认知与洞见，运用这些认知与洞见就可以帮助人们捕捉现在和预测未来，而建立在相关关系分析基础上的预测正是大数据的核心议题。例如，在去淘宝网购物时，当购买一个汽车防盗锁以后，淘宝网还会自动提示，购买相同物品的其他客户还购买了汽车坐垫，也就是说，淘宝网只会告诉购买者"购买汽车防盗锁"和"购买汽车坐垫"之间存在相关性，但是并不会告诉购买者为什么其他客户购买了汽车防盗锁以后还会购买汽车坐垫。

1.3.3 大数据对社会发展的影响

大数据将会对社会发展产生深远的影响，具体表现在以下几个方面：大数据决策成为一种新的决策方式，大数据应用促进信息技术与各行业的深度融合，大数据开发推动新技术和新应用的不断涌现。

1. 大数据决策成为一种新的决策方式

依据大数据进行决策，从数据中获取价值，让数据主导决策，是一种前所未有的决策方式，并正在推动人类信息管理准则的重新定位。随着大数据分析和预测性分析对管理决策影响力的逐渐加大，依靠直觉做决定的状况将会被彻底改变。

2009 年暴发的甲型 H1N1 流感，谷歌公司就是通过观察人们在网上搜索的大量记录，在流感暴发的几周前，就判断出流感是从哪里传播出来的，从而使公共卫生机构的官员获得了极有价值的数据信息，并做出有针对性的行动决策，而这比疾控中心的判断提前了一两周。美国的 Farecast 系统，它的一个功能就是飞机票价预测，它通过从旅游网站获得的大量数据，分析 41 天之内的 12 000 个价格样本，分析所有特定航线机票的销售价格，并预测出当前机票价格在未来一段时间内的涨降走势，从而帮助潜在乘客选择最佳的购票时机，并降低可观的购票成本。

2. 大数据应用促进信息技术与各行业的深度融合

有专家指出，大数据将会在未来 10 年改变几乎每一个行业的业务功能。从科学研究到医疗保险，从银行业到互联网，各个不同的领域都在遭遇爆发式增长的数据量。在美国的 17 个行业中，已经有 15 个行业大公司拥有大量的数据，其平均拥有的数据量已经远远超过了美国国会图书馆所拥有的数据量。

在医疗与健康行业，根据麦肯锡公司预测，如果具备相关的 IT 设施、数据库投资和分析能力等条件，大数据将在未来 10 年，使美国医疗市场获得每年 3 000 亿美元的新价值，并削减 2/3 的全国医疗开支。

在制造业领域，制造企业为管理产品生命周期将采用 IT 系统，包括计算机辅助设计，工程、制造、产品开发管理工具和数字制造，制造商可以建立一个产品生命周期管理平台（product lifecycle management，PLM），从而将多种系统的数据集整合在一起，共同创造出新的产品。

此外，在交通、能源、材料、商业和服务等行业领域，甚至在新闻传播领域，也都在以大数据为发展契机，加速这些行业与信息技术的深度融合。

3. 大数据开发推动新技术和新应用的不断涌现

大数据的应用需求是大数据新技术开发的源泉。在各种应用需求的强烈驱动下，各种突破性的大数据技术将被不断提出并得到广泛应用，数据的能量也将不断得到释放。在不远的将来，原来那些依靠人类自身判断力的领域应用，将逐渐被各种基于大数据的应用所取代。一小片合适的信息，也许会促使创新迈进一大步；一组数据，也可能会得到数据收集人难以想象的应用，甚至可能在另一个看起来毫不相关的领域得到应用。借助这些创新型的大数据应用，数据的能量将会被层层放大。

"语义网（semantic web）"，也称为下一代互联网，实际上就是"数据网"（web of data）。语义网是一个全球的数据库网，在这个数据库网中，计算机可自动为用户搜寻、检索和集成网上的信息，而不再需要搜索引擎。大数据时代正在催生的这个最大的技术变革，就是要重新构造互联网，打造出下一代互联网。

1.3.4 大数据对就业市场的影响

近年来，随着大数据发展上升为国家战略，我国大数据产业发展打开了新局面，俨然从起步阶段迈入了一个新的阶段，即大家口中的"黄金阶段"。大数据是一个非常好的行业，尤其是在人才匮乏的一、二线城市，毕竟，今天是互联网扩张的时代，一切都开始依赖数据来讲诉事情或提供决策，大数据行业的工资普遍高于同级别的其他岗位的薪资。

（1）市场需求大。随着信息产业的迅猛发展，行业人才需求量也在逐年扩大。据数联寻英发布的《大数据人才报告》显示，目前全国的大数据人才仅 46 万人，未来 3～5 年内大数据人才的缺口将高达 150 万人，大数据人才需求以每年递增 20%的速度增长。

（2）就业范围广。大数据的就业范围广，可以选择的岗位很多。如大数据发展工程师、操作工程师、大数据架构师、BI 工程师、数据挖掘工程师、ETL 开发工程师、Spark 开发工程师等。

（3）行业高薪。在市场经济高速发展的今天，大数据行业以其超强的发展势头，大数据分析、大数据开发等大数据人才必将成为市场紧缺型人才，其发展前景好，薪资水平也水涨船高。普通大数据开发工程师的薪资起步即 1 万元/月，一般入职薪资达 1.3 万元/月左右，具有 3 年以上工作经验的大数据开发工程师薪资高达 3 万元/月。

1.3.5 大数据对人才培养的影响

大数据的兴起将在很大程度上改变中国高校信息技术相关专业的现有教学和科研体制。一方面，数据科学家是一个需要掌握统计、数学、机器学习、可视化、编程等多方面知识的复合型人才，在中国高校现有的学科和专业设置中，上述专业知识分布在数学、统计和计算机等多个学科中，任何一个学科都只能培养某个方向的专业人才，无法培养全面掌握数据科学相关知识的复合型人才。另一方面，数据科学家需要大数据应用实战环境，在真正的大数据环境中不断学习、实践并融会贯通，将自身技术背景与所在行业的业务需求进行深度融合，从数据中发现有价值的信息，但是目前大多数高校还不具备这种培养环境，不仅缺乏大规模基础数据，也缺乏对领域业务需求的理解。鉴于上述两个原因，目前国内的数据科学家人才并不是由高校培养的，而主要是在企业实际应用环境中通过边工作边学习的方式不断成长起来的，其中，互联网领域集中了大多数的数据科学家人才。

目前，国内很多高校开始设立大数据专业或者开设大数据课程，加快推进大数据人才培养体系的建立。“数据科学与大数据技术” 专业是2016年我国高校设置的本科专业，学位授予门类为工学、理学，修业年限为四年，课程教学体系涵盖了大数据的发现、处理、运算、应用等核心理论与技术，旨在培养社会急需的具备大数据处理及分析能力的高级复合型人才。在2015—2022年的8年时间里，全国有743所（不含重复备案）高校成功备案“数据科学与大数据技术”本科专业。我国高校“数据科学与大数据技术”专业建设工作稳步推进，目前正处于快速普及与高速发展阶段。

舍恩伯格指出：“大数据开启了一个重大的时代转型。就像望远镜让我们感受宇宙，显微镜让我们能够观测到微生物一样，大数据正在改变我们的生活及理解世界的方式，成为新发明和新服务的源泉，而更多的改变正蓄势待发。”大数据时代将带来深刻的思维转变，大数据不仅将改变每个人的日常生活和工作方式，改变商业组织和社会组织的运行方式，而且将从根本上奠定国家和社会治理的基础数据，彻底改变长期以来国家与社会诸多领域存在的“不可治理”状况，使得国家和社会治理更加透明、有效和智慧。

1.4　大数据关键技术

大数据处理流程一般包括：大数据采集、大数据预处理、大数据存储及管理、大数据分析及挖掘、大数据展现和应用（大数据检索、大数据可视化、大数据应用、大数据安全等），各阶段关键技术如图1-1所示。

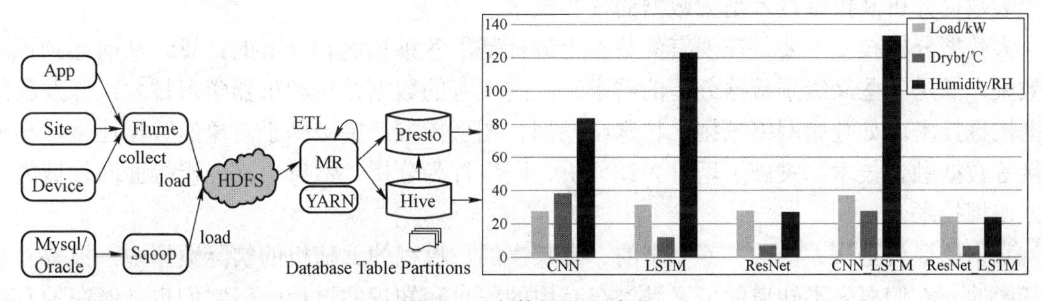

图1-1　大数据处理阶段

1. 大数据采集技术

大数据采集是通过RFID（radio frequency identification，无线射频识别）数据、传感器数据、社交网络交互数据和移动互联网数据获取的各种结构化、半结构化（或称弱结构化）和非结构化海量数据，是大数据知识服务模型的基础。大数据采集一般分为大数据智能感知层和基础支撑层。

大数据智能感知层主要包括数据传感体系、网络通信体系、传感适配体系、智能识别体系及软硬件资源接入系统。实现对结构化、半结构化、非结构化的海量数据的智能化识别、定位、跟踪、接入、传输、信号转换、监控、初步处理和管理等。必须着重攻克针对大数据源的智能识别、感知、适配、传输、接入等技术。

基础支撑层提供大数据服务平台所需的虚拟服务器，结构化、半结构化及非结构化数据的数据库及物联网络资源等基础支撑环境。重点攻克分布式虚拟存储技术，大数据获取、存储、组织、分析和决策操作的可视化接口技术，大数据的网络传输与压缩技术，大数据隐私保护技术等。

2. 大数据预处理技术

大数据预处理主要完成对已接收数据的抽取、清洗等操作。

（1）抽取：因获取的数据可能具有多种结构和类型，数据抽取过程可以将这些复杂的数据转化为单一的或者便于处理的构型，以达到快速分析处理的目的。

（2）清洗：对于大数据，并不全是有价值的，有些数据并不是人们所关心的内容，而另一些数据则是完全错误的干扰项，因此，要对数据通过过滤“去噪”从而提取出有效数据。

3. 大数据存储及管理技术

大数据存储及管理要用存储器把采集到的数据存储起来，建立相应的数据库，并进行处理和调用。重点解决复杂的结构化、半结构化和非结构化的大数据管理与处理技术。主要是为了解决大数据可以存储并可以表达，可以处理一些关键问题，如可靠性、高效地传输。

开发新的数据库技术，将数据库分为关系型数据库、非关系型数据库和数据库缓存系统。其中，非关系型数据库主要是指 NoSQL 数据库，它可以分为键值数据库、列数据库、图形数据库和文档数据库。关系型数据库包括传统的关系型数据库系统和 NewSQL 数据库。

大数据安全技术的发展，提高数据销毁、透明加解密、分布式访问控制、数据审计等技术，突破隐私保护和推理控制、数据真实性识别和取证、数据保存完整性验证等技术。

4. 大数据分析及挖掘技术

大数据分析及挖掘技术是大数据的核心技术。

大数据分析技术主要是在现有的数据上进行基于各种预测和分析的计算，从而起到预测的效果，满足一些高级别数据分析的需求。改进现有的数据挖掘和机器学习技术；开发新的数据挖掘技术，如数据网络挖掘、特殊组挖掘、图形挖掘；突破基于对象的数据连接，相似连接等数据融合技术；突破了用户兴趣分析、网络行为分析、情感语义分析等面向领域的大数据挖掘技术。

数据挖掘就是从大量的、不完全的、有噪声的、模糊的、随机的实际数据中，提取隐含在其中的、人们事先不知道的但又是潜在有用的信息和知识的过程，但它们也是潜在的有用信息和知识。

5. 数据展现和应用

大数据技术可以挖掘隐藏在海量数据中的信息和知识，为人类社会经济活动提供基础，从而提高各个领域的运行效率，大大提高整个社会经济的集约度。

在中国，大数据集中在以下 3 个领域：商业智能、政府决策、公共服务。如商业智能技术、政府决策技术、电信数据信息处理与挖掘技术、电网数据信息处理与挖掘技术、气象信息分析技术、环境监测技术、警察云应用系统（道路监控、视频监控、网络监控、智能交通、反电信欺诈、指挥调度等公安信息系统）、大规模基因序列分析与比较技术、Web 信息挖掘技术、多媒体数据并行处理技术、影视制作与渲染技术、其他云计算产业和海量数据处理应用技术等。

1.5　大数据计算模式

针对不同类型的数据，大数据计算模式也不同，一般来说可分为以下4种。

1. 批处理计算

批处理计算是常见的一类数据处理方式，主要用于对大规模数据进行批量的处理，其代表产品有MapReduce和Spark等。前者将复杂的、运行在大规模集群上的并行计算过程高度抽象成两个函数Map和Reduce，方便对海量数据集进行分布式计算工作；后者则采用内存分布数据集，用内存替代HDFS或磁盘来存储中间结果，计算速度要快很多。

2. 流式计算

如果说批处理计算是传统的计算方式，流式计算则是近年来兴起的、发展非常迅猛的计算方式。流式数据是随时间分布和数量上无限的一系列动态数据集合体，数据价值随时间流逝而降低，必须采用实时计算方式给出响应。流式计算就可以实时处理多源、连续到达的流式数据，并实时分析处理。目前市面上已出现很多流式计算框架和平台，如开源的Storm、S4、Spark Streaming，商用的Streams、StreamBase等，以及有些互联网公司为支持自身业务所开发的如Facebook的Puma、百度的DStream及淘宝的银河流数据处理平台等。

3. 交互式查询计算

交互式查询计算主要用于对超大规模数据进行存储管理和查询分析，提供实时或准实时的响应。所谓超大规模数据，其比大规模数据的量还要庞大，多以PB级计量，如谷歌公司的系统存有PB级数据，为了对其数据进行查询，谷歌公司开发了Dremel实时查询系统，用于对只读嵌套数据的分析，能在几秒内完成对万亿张表的聚合查询，Cloudera公司参考Dremel系统开发了一套叫mpala的实时查询引擎，能查询存储在Hadoop中的HDFS和HBase中的PB级超大规模数据。此外，类似产品还有Cassandra、Hive等。

4. 图计算

图计算是以图论为基础的对现实世界的种图结构的抽象表达，以及在这种数据结构上的计算模式。由于互联网中的信息很多都是以大规模图或网络的形式呈现的，许多非图结构的数据也常被转换成图模型后再处理，不适合用批处理计算和流式计算来处理，因此，出现了针对大型图的计算手段和相关平台。常见的图计算产品有Pregel、GraphX、Giraph及PowerGraph等。

1.6　大数据的应用

在数据时代，数据量迅速膨胀，数据维度不断提高，数据分析的指导作用更加明显。大数据的主要应用方向有辅助决策、数据驱动服务、提升效率、实时决策反馈等几个方面。大数据无处不在，包括金融、汽车、餐饮、电信、能源、体育和娱乐等在内的社会各行各业都已经融入了大数据的印迹，大数据在各个领域的应用见表1–4。

表 1-4 大数据在各个领域的应用

领域	大数据的应用
制造业	利用工业大数据提升制造业水平，包括产品故障诊断与预测、分析工艺流程、改进生产工艺、优化生产过程能耗、工业供应链分析与优化、生产计划与排程
金融行业	大数据在高频交易、社交情绪分析和信贷风险分析三大金融创新领域发挥重要作用
汽车行业	利用大数据和物联网技术的无人驾驶汽车，在不远的未来将走入人们的日常生活
互联网行业	借助于大数据技术，可以分析客户行为，进行商品推荐和有针对性的广告投放
餐饮行业	利用大数据实现餐饮 O2O 模式，彻底改变传统餐饮经营方式
电信行业	利用大数据技术实现客户离网分析，及时掌握客户离网倾向，出台客户挽留措施
能源行业	随着智能电网的发展，电力公司可以掌握海量的用户用电信息，利用大数据技术分析用户用电模式，可以改进电网运行，合理地设计电力需求响应系统，确保电网运行安全
物流行业	利用大数据优化物流网络，提高物流效率，降低物流成本
城市管理	可以利用大数据实现智能交通、环保监测、城市规划和智能安防
生物医学	大数据可以帮助人们实现流行病预测、智慧医疗、健康管理，同时还可以解读 DNA，了解更多的生命奥秘
体育、娱乐	体育和娱乐大数据可以辅助训练球队，决定投拍哪种题材的影视作品，以及预测比赛结果
安全领域	政府可以利用大数据技术构建起强大的国家安全保障体系，企业可以利用大数据抵御网络攻击，警察可以借助大数据来预防犯罪
教育领域	能够为每名学生创设一个量身定做的个性化课程，为学生的多年学习提供一个富有挑战性而非逐渐厌倦的学习计划

1.7 人工智能、大数据、物联网、云计算之间的关系

人工智能（artificial intelligence，AI）、大数据（big data）、物联网（internet of things，IoT）和云计算（cloud computing）是当今信息技术领域的 4 个重要概念。尽管它们各自有着独特的定义和应用，但它们之间也存在相互联系和协同作用。

1. 人工智能

人工智能是一种模拟人类智能的技术，可以使计算机系统具有学习、推理、感知、识别和语言等能力。通过算法和模型，AI 实现了让机器自主做出决策和解决问题的能力，人工智能技术包括机器学习、自然语言处理、计算机视觉和语音识别等。

人工智能技术可以帮助企业和组织更好地理解和利用大数据，从而实现更加精准的决策和预测。例如，银行可以利用机器学习技术来识别欺诈行为，医院可以利用计算机视觉技术来识别病例，工厂可以利用语音识别技术来监控机器状态以提高生产效率和质量。

2. 大数据

大数据是指超过传统数据处理能力的数据集合，包括结构化数据、半结构化数据和非结构化数据等。大数据的分析帮助人们从海量数据中找出有价值的信息，以便更好地了解现实世界并做出更明智的决策。

大数据技术可以帮助企业和组织更好地管理和利用数据，从而实现更加精准的决策和预测。例如，电商公司可以利用大数据分析技术来预测消费者需求，银行可以利用大数据挖掘技术来发现新的商机，医院可以利用大数据分析技术来预测疾病流行趋势。

3. 物联网

物联网是多种物理设备、传感器和其他物体之间相互连接和通信的网络，它可以实现设备之间的数据交流和协作，从而实现数据的收集、传输和处理。物联网技术包括传感器技术、无线通信技术和云计算技术等。

物联网技术可以帮助企业和组织更好地监控和管理设备，从而实现更加智能化的生产和管理。例如，工业企业可以利用物联网技术来实现设备状态的实时监控和预测性维护，城市管理部门可以利用物联网技术来实现智慧城市的建设。

4. 云计算

云计算是指一种基于互联网的计算模式，它可以提供计算资源、存储资源和软件服务等。云计算技术包括基础设施即服务（IaaS）、平台即服务（PaaS）和软件即服务（SaaS）等。

云计算技术可以帮助企业和组织更加高效地利用计算资源和存储资源，从而实现更加灵活的部署和扩展，使得企业无须搭建庞大的硬件设施即可实现高效的数据处理能力。例如，企业可以利用云计算技术来实现弹性计算和存储，从而满足不同业务需求的变化。

人工智能、大数据、物联网和云计算是相互关联、相互支持的技术领域。它们之间的关系可以概括为以下几点。

（1）物联网通过传感器等设备收集到海量的数据，为大数据提供更加全面和准确的数据来源，这些数据通常被存储在云计算平台中，为大数据分析提供基础。

（2）大数据技术负责解析和处理这些海量的物联网数据，从中发现有价值的信息，形成数据洞察。

（3）云计算平台为物联网、大数据和人工智能提供强大的计算能力、灵活的资源分配和可扩展的存储空间。

（4）人工智能算法应用大数据分析的结果，对以前的数据进行学习和理解，预测未来的趋势，提高决策的准确性和效率。

总之，人工智能、大数据 、物联网和云计算是当今信息技术领域的 4 个重要领域，它们之间存在紧密的关系和相互影响，推动了新的技术趋势，如边缘计算、深度学习和人工智能芯片等。这 4 种技术的发展和应用将为数字化转型和智能化生产带来更加广阔的发展前景。

本章小结

本章介绍了大数据产生的背景和发展历程，大数据具有数据量大、数据类型繁多、处理速度快、价值密度低及真实性等特点，统称“5V”。大数据对科学研究、思维方式、社会发展、就业市场和人才培养等方面都产生了重要的影响，深刻理解大数据的这些影响，有助于我们更好地把握学习和应用大数据的方向。

大数据并非单一的数据或技术，而是数据和大数据技术的综合体。大数据技术包括采集、大数据预处理、大数据存储及管理、大数据分析及挖掘、大数据展现和应用等几个层面的内容。

针对不同类型的数据，大数据计算模式一般来说分为批处理计算、流计算、交互式查询计算和图计算 4 种模式。大数据在金融、汽车、零售、餐饮、电信、能源、政务、医疗、体育娱乐、教育等在内的社会各行各业都得到了日益广泛的应用，深刻地改变着人们的社会生产和日常生活。

本章最后介绍了人工智能、大数据、物联网和云计算的基本概念，并指出信息技术领域的 4 个重要领域之间存在紧密的关系和相互影响。

习　题

1. 试述大数据产生的背景。
2. 试述大数据的发展阶段。
3. 试述大数据的基本特征。
4. 试述大数据对科学研究的重要影响。
5. 试述大数据对思维方式的重要影响。
7. 举例说明大数据的关键技术是什么。
8. 举例说明大数据的计算模式有哪些。
9. 举例说明大数据的主要应用在哪些方面。
10. 阐述人工智能、大数据、云计算和物联网之间的关系。

实验 1.1　VMware 虚拟机中安装 CentOS 系统

1. 实验目的

（1）熟悉虚拟环境的安装过程。

（2）掌握 Linux 系统的基本操作。

2. 实验环境

（1）VC_redist.x64。

（2）VMware-workstation-full-16.1.0-17198959.zip。

（3）CentOS-7-x86_64。

3. 实验步骤

（1）安装 VC_redist.x64。

（2）安装 VMware-workstation 虚拟环境。

运行安装程序，单击【下一步】按钮，进行安装。

在最终用户许可协议界面选中【我接受许可协议中的条款】|【下一步】按钮，选择虚拟机软件的安装位置（可选择默认位置），选中【增强型键盘驱动程序】|【下一步】按钮，如图 1–2 所示。

适当选择【启动时检查产品更新】与【加入 VMware 客户体验提升计划】复选框，然后单击【下一步】按钮，如图 1–3 所示。

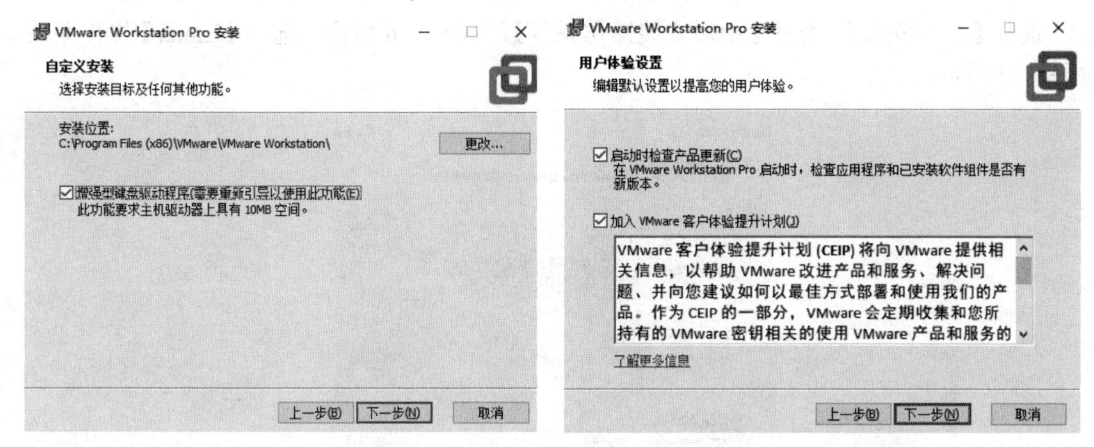

图 1–2　安装位置　　　　图 1–3　用户体验设置

选中【桌面】和【开始菜单程序文件夹】复选框，然后单击【下一步】按钮，如图 1–4 所示。

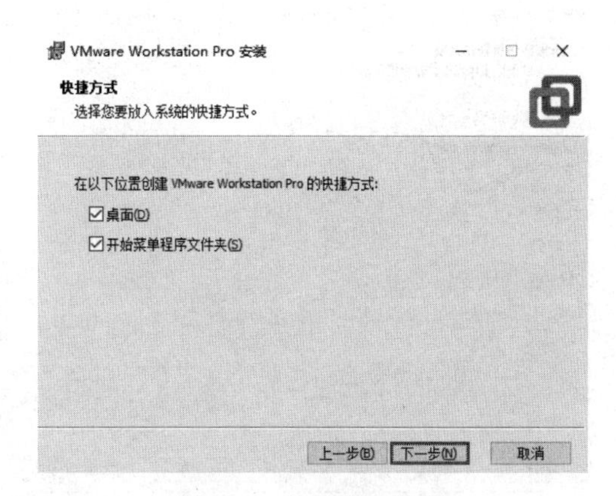

图 1–4　快捷方式设置

一切准备就绪后，单击【安装】按钮，进入安装过程，大约 5～10 min 后，虚拟机软件便会安装完成，然后再次单击【完成】按钮，到此虚拟机安装就已经完毕了，双击桌面图标就可以进行配置系统环境了。

（3）安装虚拟机。打开 VMwear 选择【创建新的虚拟机】，如图 1–5 所示。

图 1–5　新建虚拟机

选择【典型安装】，选择【稍后安装操作系统】，如图 1–6 所示。选择【Linux】操作系统。如图 1–7 所示。

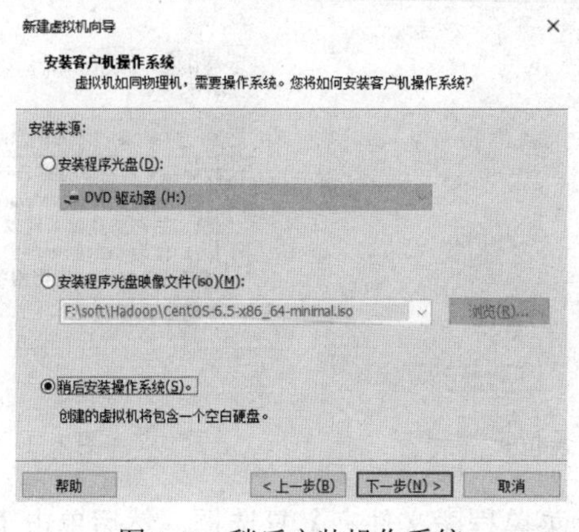

图 1–6　稍后安装操作系统

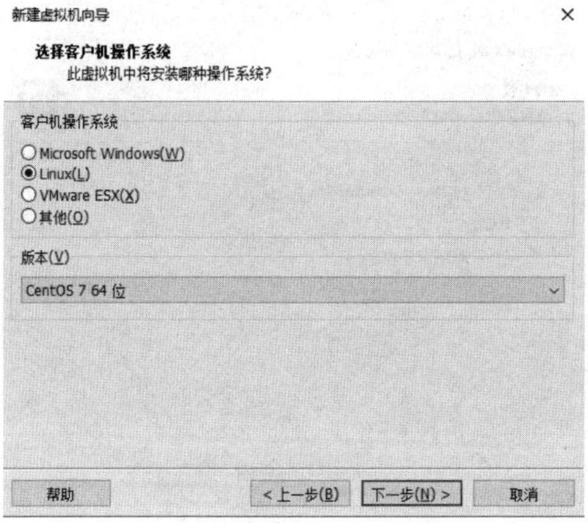

图 1–7　选择 Linux

输入虚拟机名称和安装位置。名称和位置可以修改，如图 1–8 所示。

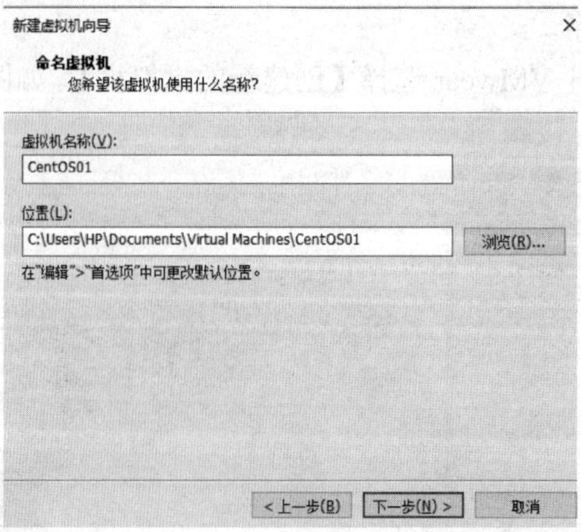

图 1–8　虚拟机名称与位置

设置磁盘大小，如图 1–9 所示。

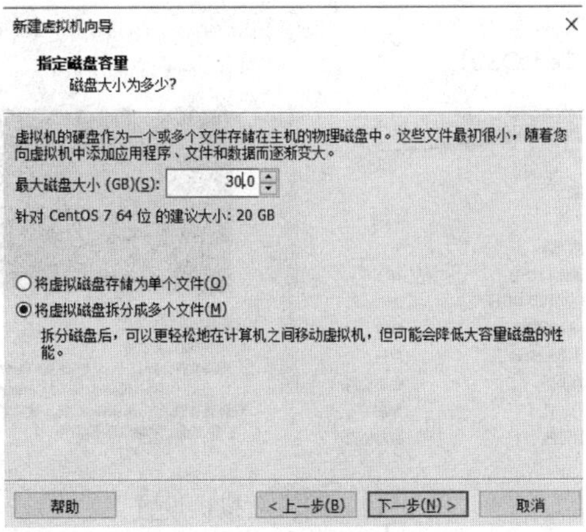

新建虚拟机向导
指定磁盘容量
磁盘大小为多少？
虚拟机的硬盘作为一个或多个文件存储在主机的物理磁盘中。这些文件最初很小，随着您向虚拟机中添加应用程序、文件和数据而逐渐变大。
最大磁盘大小 (GB)(S): 30.0
针对 CentOS 7 64 位 的建议大小: 20 GB
将虚拟磁盘存储为单个文件(O)
将虚拟磁盘拆分成多个文件(M)
拆分磁盘后，可以更轻松地在计算机之间移动虚拟机，但可能会降低大容量磁盘的性能。
帮助
< 上一步(B)
下一步(N) >
取消

图 1–9　设置磁盘大小

配置信息，如图 1–10 所示。

新建虚拟机向导
已准备好创建虚拟机
单击"完成"创建虚拟机。然后可以安装 CentOS 7 64 位。
将使用下列设置创建虚拟机：
名称: CentOS01
位置: C:\Users\HP\Documents\Virtual Machines\CentOS01
版本: Workstation 15.x
操作系统: CentOS 7 64 位
硬盘: 30 GB, 拆分
内存: 1024 MB
网络适配器: NAT
其他设备: CD/DVD, USB 控制器, 打印机, 声卡
自定义硬件(C)...
< 上一步(B)
完成
取消

图 1–10　配置信息

安装完成，如图 1–11 所示。

主页
CentOS01
CentOS01
开启此虚拟机
编辑虚拟机设置
设备
内存 1 GB
处理器 1
硬盘 (SCSI) 30 GB
CD/DVD (IDE) 自动检测
网络适配器 NAT
USB 控制器 存在
声卡 自动检测
打印机 存在
显示器 自动检测
虚拟机详细信息
状态: 已关机
配置文件: C:\Users\HP\Documents\Virt Machines\Cen...\CentOS01.v
硬件兼容性: Workstation 15.x 虚拟机
主 IP 地址: 网络信息不可用

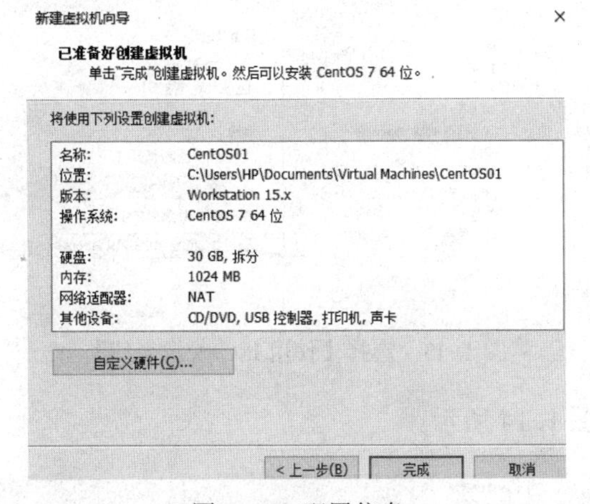

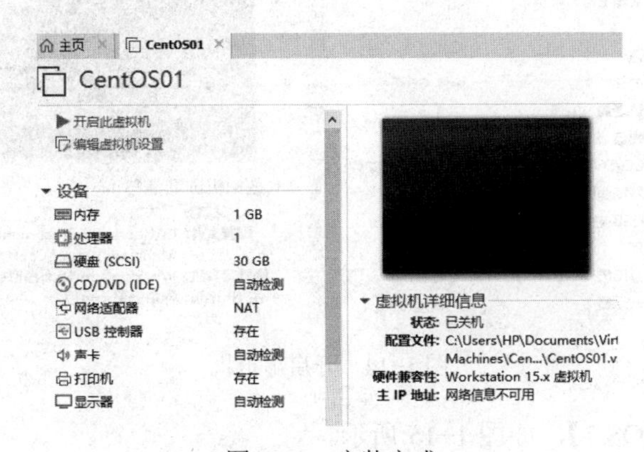

图 1–11　安装完成

（4）安装 CentOS 7 系统。单击【编辑虚拟机设置】，如图 1–12 所示。

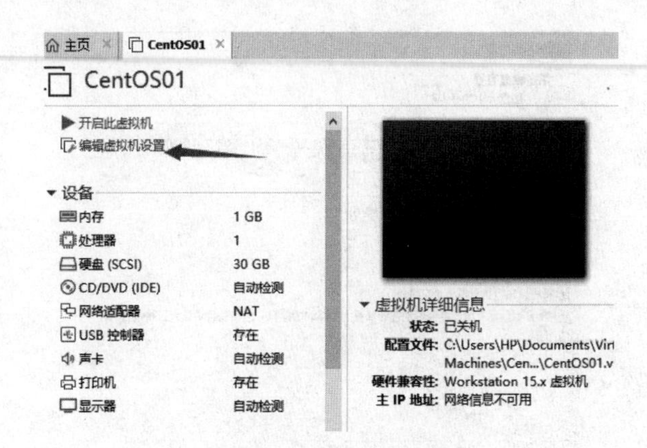

图 1–12　编辑虚拟机设置

浏览选择【使用 ISO 映像文件】所在的位置，如图 1–13 所示。

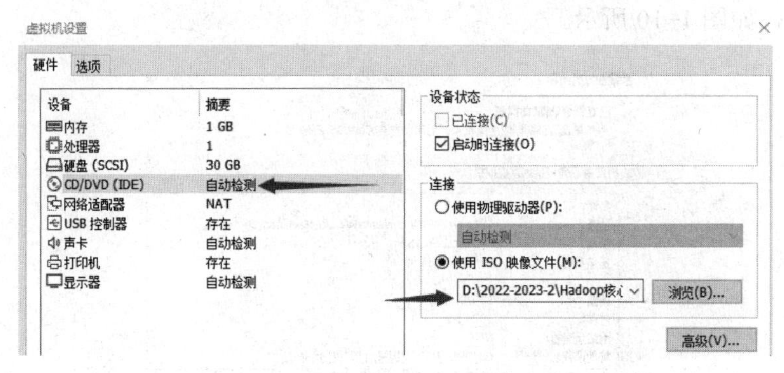

图 1–13　选择【使用 ISO 映像文件】

开启此虚拟机，如图 1–14 所示。

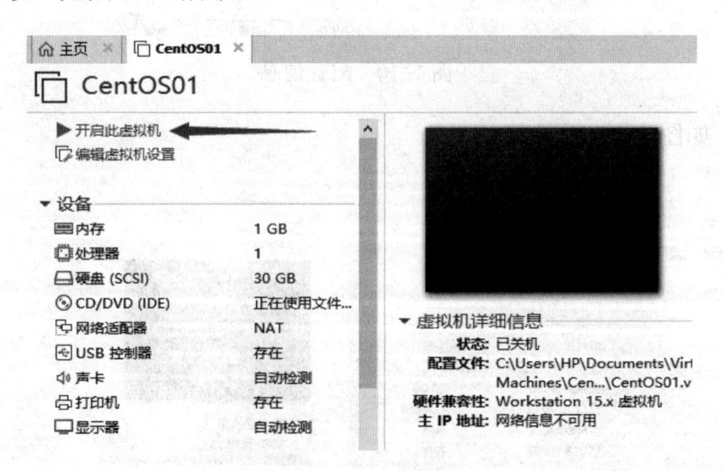

图 1–14　开启虚拟机

选择【Install CentOS 7】，如图 1–15 所示。

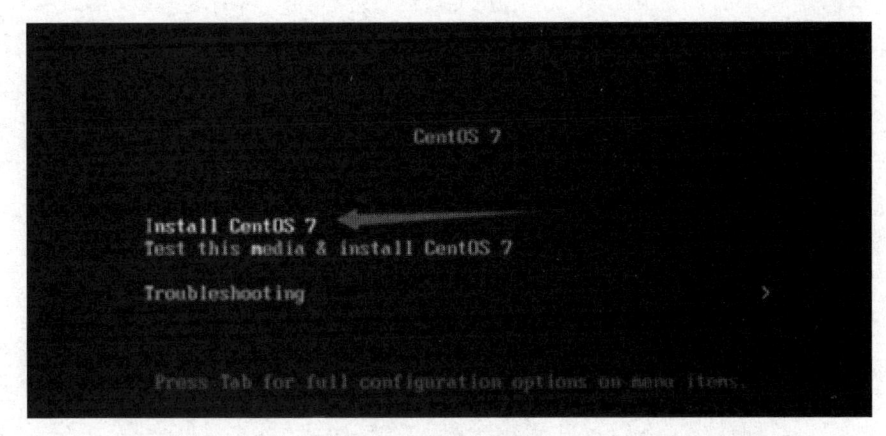

图 1–15　安装 CentOS 7

语言选择。安装过程自动操作，直到出现语言选择窗口，如图 1–16 所示。

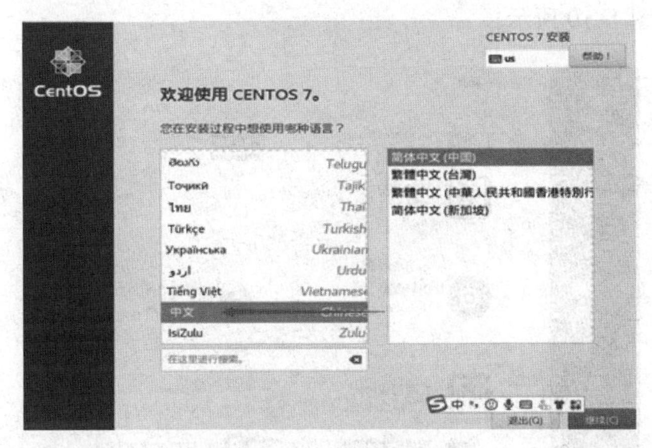

图 1–16　选择语言

单击【安装位置】，如图 1–17 所示。

图 1–17　安装位置

安装目标位置。单击【完成】按钮，不做任何修改，如图 1–18 所示。

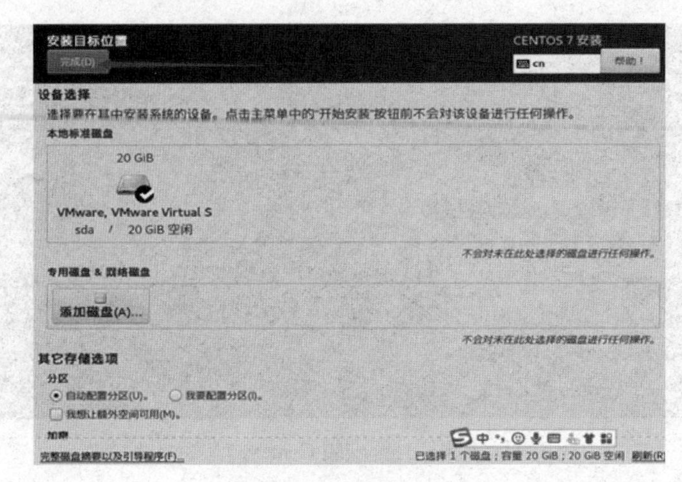

图 1–18　安装目标位置

软件选择，如图 1–19 所示。

图 1–19　软件选择

选择【GNOME 桌面】，如图 1–20 所示。

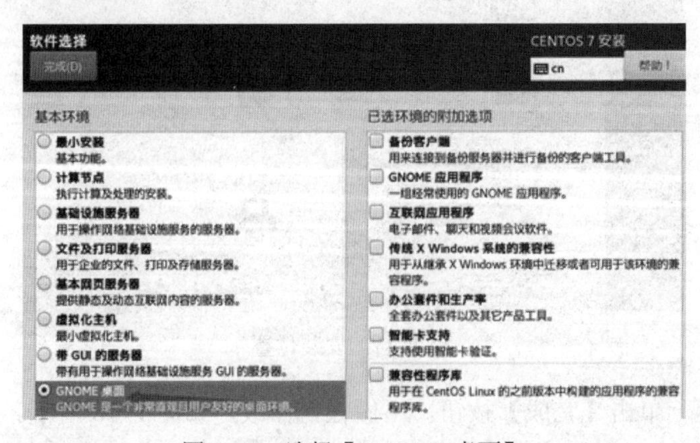

图 1–20　选择【GNOME 桌面】

网络配置。在此不进行网络配置，完成后手动配置。单击【开始安装】按钮即可，如图 1-21 所示。

图 1-21　开始安装

设置用户名和密码。分别单击进行 ROOT 密码和创建用户设置，初级用户 ROOT 密码为 123456，用户名为 hadoop，密码为 123456，如图 1-22 所示。

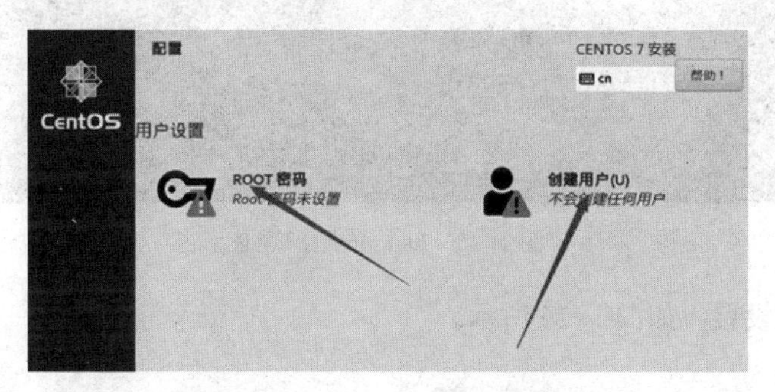

图 1-22　ROOT 与用户密码设置

重启操作系统，如图 1-23 所示。

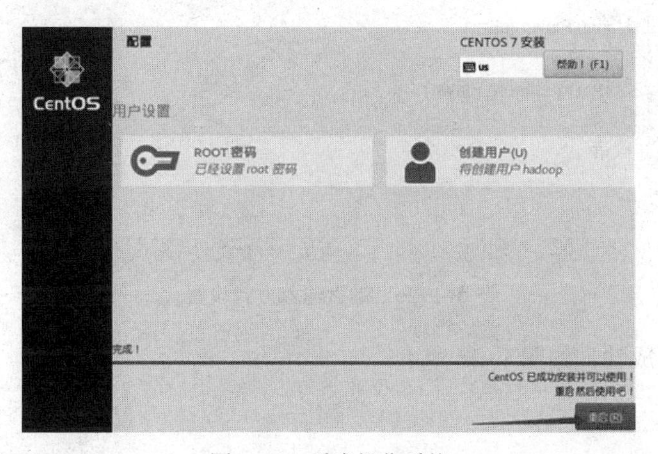

图 1-23　重启操作系统

单击进入，勾选同意许可协议，网络不设置，完成配置，如图 1–24 所示。

图 1–24 完成配置

登录。单击 hadoop 用户，输入密码，登录系统，如图 1–25 所示。

图 1–25 hadoop 用户登录

键盘输入方式设置，如图 1–26 所示。

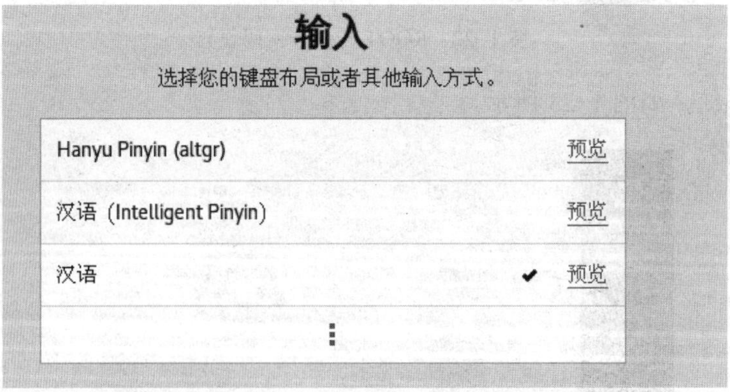

输入
选择您的键盘布局或者其他输入方式。
Hanyu Pinyin (altgr) 预览
汉语（Intelligent Pinyin） 预览
汉语 ✔ 预览

图 1–26 键盘输入方式设置

操作系统启动成功，如图 1–27 所示。

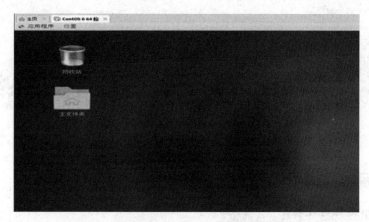

图 1–27 操作系统启动成功

打开终端。在桌面上右击，选择【打开终端】命令，如图 1–28 所示。

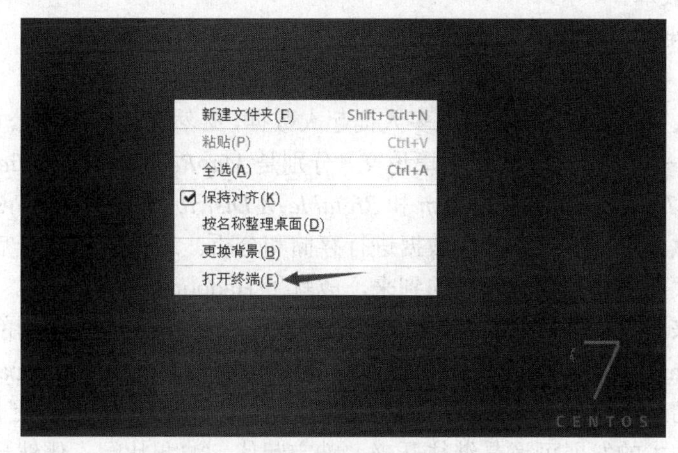

图 1–28 打开终端

第 2 章　Hadoop 概述及生态系统

学习目标

（1）Hadoop 起源与发展；
（2）Hadoop 的特性；
（3）Hadoop 的应用现状；
（4）Hadoop 版本；
（5）Hadoop 生态系统组件。

谷歌公司是大数据计算的鼻祖。很多人提起大数据，必然会想起谷歌公司的“三驾马车”。谷歌公司在 2003—2006 年间发表了 3 篇论文，分别是 *MapReduce: Simplified Data Processing on Large Clusters*，*The Google File System* 和 *Bigtable: A Distributed Storage System for Structured Data*，介绍了谷歌公司如何对大规模数据进行存储和分析。这 3 篇论文开启了工业界的大数据时代，激发了大数据技术开源时代的到来，成就了 Hadoop 的辉煌十载。

尤其是近年来，大数据技术的发展，无论是技术的迭代，还是生态圈的繁荣，都远超人们的想象。从 Spark 超越 Hadoop 勇攀高峰，到 Flink 横空出世挑战 Spark 成为大数据处理领域一颗耀眼的新星，再到如今谷歌公司又决心用 Apache Beam 一统天下。

大数据开源技术的发展可谓是继往开来，跌宕起伏，波澜壮阔，俨然一幅连绵不断的辉煌画卷。但是拥有元老地位的 Hadoop 依旧非常重要。

本章介绍 Hadoop 的发展历史、重要特性和应用现状，并详细介绍 Hadoop 生态系统及其各个组件，最后演示如何在 Linux 操作系统下安装和配置 Hadoop。

2.1　Hadoop 概述

本节简要介绍 Hadoop 的起源、发展简史、特性、应用现状和版本演变等。

2.1.1　Hadoop 起源

现代科技的飞速发展，传统数据的存储容量、读写速度、计算效率等越来越无法满足用户的需求，为了解决这些问题，谷歌公司提出了 3 个处理大数据的技术手段，具体如下。

GFS：谷歌公司的分布式文件系统。

MapReduce：谷歌公司的开源分布式并行计算框架。

BigTable：一个大型的分布式数据库。

上述 3 项技术可以说是革命性的技术，具体表现在以下几方面。

（1）成本降低，能用 PC 机，就不用大型机和高端存储。

（2）软件容错硬件故障视为常态，通过软件保证可靠性。

（3）简化并行分布式计算，无须控制节点同步和数据交换。

Hadoop 起源于 Apache Nutch 项目，始于 2002 年，是 Apache Lucene 的子项目之一。在 Nutch 项目中构建开源的 Web 搜索引擎，无法有效将任务分配到多台计算机上。2003 年，谷歌公司在 SOSP（操作系统原理会议）上发表了有关 GFS（Google file system，Google 文件系统）分布式存储系统的论文；2004 年，谷歌公司在 OSDI（操作系统设计与实现会议）上发表了有关 MapReduce 分布式处理技术的论文。Nutch 的创始人 Doug Cutting 意识到，GFS 可以解决在网络抓取和索引过程中产生的超大文件存储需求的问题，MapReduce 框架可用于处理海量网页的索引问题。Cutting 受到启发，用了两年时间实现了 DFS 和 MapReduce 机制，使 Nutch 性能飙升，成为真正可扩展应用于 Web 数据处理的技术。Doug Cutting 看到他儿子在牙牙学语时，抱着黄色小象，亲昵地叫它 Hadoop，他灵光乍现，重新命名 HDFS 和 MapReduce 为 Hadoop，而且还用了黄色小象作为 Logo，如图 2-1 所示。

图 2-1 Hadoop 的 Logo

2.1.2 Hadoop 的发展简史

为便于理解 Hadoop 技术从简单的技术雏形到完整的技术架构的发展历程，梳理了 Hadoop 技术发展与演进中的重要事件，如图 2-2 所示。

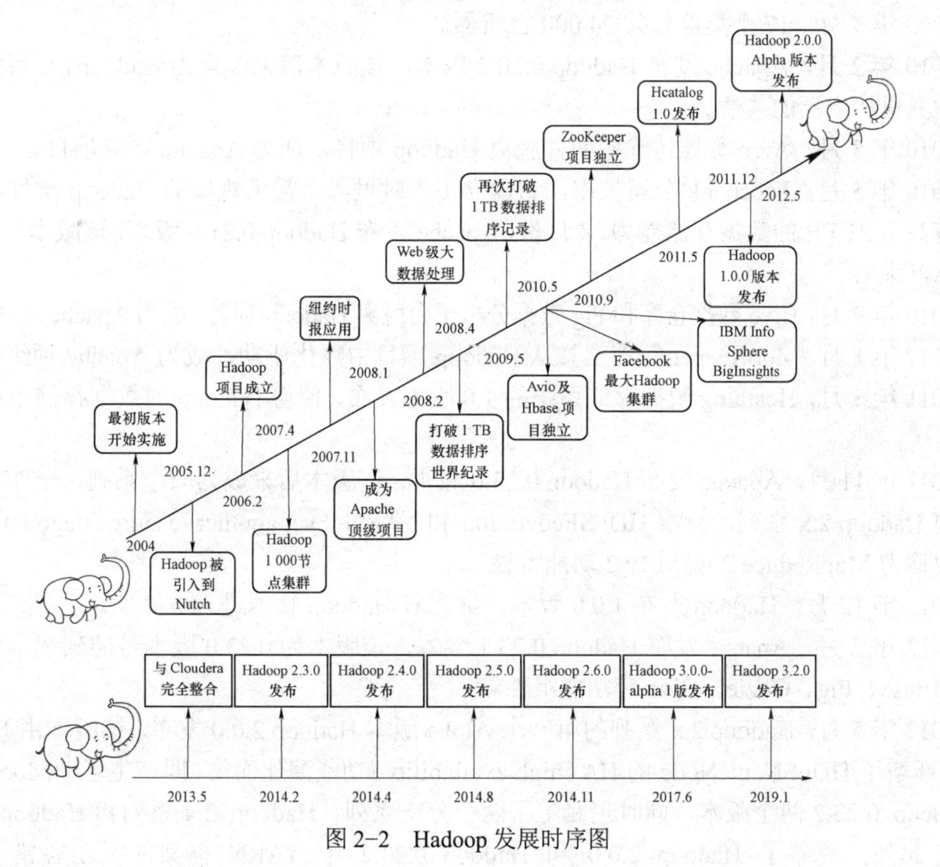

图 2-2 Hadoop 发展时序图

2004 年，最初版本，现在称为 HDFS 和 MapReduce。因谷歌公司发表了相关论文，由 Doug Cutting 和 Mike Cafarella 实施，两人基于 GFS 实现了 Nutch 分布式文件系统 NDFS。

2005 年初，两人基于 Google 的 MapReduce 公开发表论文，在 Nutch 上实现了 MapReduce 系统，12 月 Hadoop 被引入到 Nutch，在 20 个节点上稳定运行。

2006 年 2 月，NDFS 和 MapReduce 移除 Nutch 成为 Lucene 的一个子项目，称为 Hadoop，NDFS 重新命名为 HDFS（Hadoop distribute file system，分布式文件系统），然后 Apache Hadoop 项目正式启动，以支持 HDFS 和 MapReduce 的独立发展，开启了以 MapReduce 和 HDFS 为基础的分布式处理架构的独立发展时期。

2006 年 2 月，雅虎的网格计算团队开始使用 Hadoop。

2007 年 4 月，研究集群达到 1 000 个节点。

2007 年 11 月，纽约时报使用基于亚马逊 EC2 云服务器的 Hadoop 应用，将往年的累计 4 TB 的报纸扫描文档制作成 PDF 文件，仅耗时 24 h，花费 240 美元，向公众证明了 Hadoop 技术成本低、效率高的大数据处理能力。

2008 年 1 月，Hadoop 升级成为 Apache 顶级项目，截至此时，Hadoop 发展到 0.15.3 版本。

2008 年 2 月，Hadoop 首次验证了其具有处理 Web 级规模大数据的能力，雅虎公司采用 Hadoop 集群作为搜索引擎的基础架构，并将其搜索引擎成功部署在一个拥有 10 000 个节点的 Hadoop 集群上。

2009 年 3 月，17 个集群总共 24 000 台机器。

2010 年 2 月，Apache 发布 Hadoop 0.20.2 版本，该版本后来演化为 Hadoop1.x 系列，获得了业界更加广泛的关注。

2010 年 5 月，Avro 数据传输中间件脱离 Hadoop 项目，成为 Apache 顶级项目。

2010 年 5 月，Facebook 公司披露，它建立了当时世界上最大规模的 Hadoop 集群，该集群拥有高达 21 PB 的数据存储能力。8 月份，Apache 发布 Hadoop 0.21.0 版本，该版本与 0.20.2 版本 API 兼容。

2010 年 9 月，Hive 数据仓库和 Pig 数据分析平台脱离 Hadoop 项目，成为 Apache 顶级项目。

2011 年 1 月，ZooKeeper 管理工具从 Hadoop 项目中孵化成功，成为 Apache 顶级项目。

2011 年 5 月，Hcatalog 数据存储系统的 1.0 版本发布，使得 Hadoop 的数据存储更加便捷高效。

2011 年 11 月，Apache 发布 Hadoop 0.23.0 版本，该版本后来成为一个系列，一部分功能演化成 Hadoop 2.x 系列，新增 HDFSFederation 和 YARN（yet another resource negotiator）框架，也称为 MapReduce 2 或 MRv 2 功能特性。

2011 年 12 月，Hadoop 发布 1.0.0 版本，标志着 Hadoop 技术进入成熟期。

2012 年 2 月，Apache 发布 Hadoop 0.23.1 版本，该版本为 0.23.0 版本号的延续，成功集成了 HBase、Pig、Oozie、Hive 等功能组件。

2012 年 5 月，Hadoop 2.x 系列的第一个 Alpha 版本 Hadoop 2.0.0 发布，该版本由 Hadoop 0.23.2 新增了 HDFSNameNode 的 HA（high availability）功能演化而得，即产生了 Hadoop 2.0.0 和 Hadoop 0.23.2 两个版本，同时也诞生了两个分支系列，Hadoop 2.x 系列和 Hadoop 0.23.x 系列。此外，完善了 Hadoop 2.0.0 和 Hadoop 0.23.2 中 YARN 框架的手动容错功能和

HDFSFederation 机制。

2014 年 2 月，Spark 逐渐代替 MapReduce 成为 Hadoop 的默认执行引擎，并成为 Apache 基金会顶级项目。

2017 年 6 月，发布 Hadoop 3.0.0-alpha1 版。该版本整合了许多重要的增强功能，提供了稳定、高质量的 API，可用于实际的产品开发。

2019 年 1 月，发布 Hadoop 3.2.0。该版本带来了许多新功能和 1 000 多个更改，通过 Hadoop 3.0.0 的云连接器的增强功能进一步丰富了平台，并服务于深度学习用例和长期运行的应用。

2.1.3 Hadoop 的特性

Hadoop 能够为大数据带来些什么好处呢？我们都知道，大数据所带来的数据量惊人、数据形式多样，传统的数据分析处理工具是很难完成这样的处理过程的，而通过 Hadoop 分布式框架，将数据存储和计算的过程分派到计算机集群当中，就能更快地完成这一过程。

Hadoop 之所以在大数据当中受到重视，主要是因为其具有高可靠性、高效性、高可扩展性、高容错性、成本低、运行在 Linux 平台上、支持多种编程语言等优点，这也是 Hadoop 能够对大数据产生这么大的影响的原因。

高可靠性。Hadoop 按位存储和处理数据的能力值得人们信赖。

高效性。Hadoop 能够在节点之间动态地移动数据，并保证各个节点的动态平衡，因此，处理速度非常快。

高可扩展性。Hadoop 是在可用的计算机集簇间分配数据并完成计算任务的，这些集簇可以方便地扩展到数以千计的节点中。

高容错性。采用冗余数据存储方式，自动保存数据的多个副本，并且能够自动将失败的任务进行重新分配。

成本低。与一体机、商用数据仓库及 QlikView、Yonghong Z-Suite 等数据集相比，Hadoop 是开源的，项目的软件成本因此会大大降低。

运行在 Linux 平台上。Hadoop 是基于 Java 语言开发的，可以较好地运行在 Linux 平台上。

支持多种编程语言。Hadoop 上的应用程序也可以使用其他语言编写，如 C++。

2.1.4 Hadoop 的应用现状

Hadoop 凭借其突出的优势，已经在各个领域得到了广泛的应用，而互联网领域是其应用的主阵地。

雅虎是 Hadoop 的最大支持者，雅虎的 Hadoop 机器总节点数目已经超过 42 000 个，有超过 10 万个核心 CPU 在运行 Hadoop。最大的一个单 Master 节点集群有 4 500 个节点（每个节点双路 4 核心 CPUboxesw，4×1 TB 磁盘，16 GB RAM）。总的集群存储容量大于 350 PB，每月提交的作业数目超过 1 000 万个。

雅虎的 Hadoop 应用主要包括以下几个方面：支持广告系统、用户行为分析、Web 搜索、反垃圾邮件系统等。

Facebook 使用 Hadoop 集群的机器节点超过 1 400 台，共计 11 200 个核心 CPU，超过 15 PB 原始存储容量，每个商用机器节点配置了 8 核 CPU、12 TB 数据存储，主要使用 StreamingAPI 和 JavaAPI 编程接口。Facebook 同时在 Hadoop 基础上建立了一个名为 Hive 的高级数据仓库框架，Hive 已经正式成为基于 Hadoop 的 Apache 一级项目。

IBM 蓝云也利用 Hadoop 来构建云基础设施。IBM 蓝云使用的技术包括：Xen 和 PowerVM 虚拟化的 Linux 操作系统映像及 Hadoop 并行工作量调度，并发布了自己的 Hadoop 发行版及大数据解决方案。

阿里巴巴的 Hadoop 集群大约有 3 200 台服务器，大约 30 000 物理 CPU 核心，总内存 100 TB，总的存储容量超过 60 PB，每天的作业数目超过 150 000 个，每天 Hive 的 query 查询大于 6 000 个，每天扫描数据量约为 7.5 PB，每天扫描文件数约为 4 亿个，存储利用率大约为 80%，CPU 利用率平均为 65%，峰值可以达到 80%。

Hadoop 集群拥有 150 个用户组、4 500 个集群用户，为电子商务网络平台提供底层的基础计算和存储服务，主要应用包括数据平台系统、搜索支撑、电子商务数据、推荐引擎系统、搜索排行榜。

华为是对 Hadoop 做出贡献的公司之一，排在谷歌公司和思科的前面，华为对 Hadoop 的 HA 方案，以及 HBase 领域有深入研究，并已经向业界推出了自己的基于 Hadoop 的大数据解决方案。

TDW（Tencent distributed data warehouse，腾讯分布式数据仓库）基于开源软件 Hadoop 和 Hive 进行构建，打破了传统数据仓库不能线性扩展、可控性差的局限，并且根据腾讯数据量大、计算复杂等特定情况进行了大量优化和改造。

TDW 服务覆盖了腾讯绝大部分业务产品，单集群规模达到 4 400 台，CPU 总核数达到 10 万个左右，存储容量达到 100 PB；每日作业数 100 多万，每日计算量 4 PB，作业并发数 2 000 左右；实际存储数据量 80 PB，文件数和块数达到 6 亿多；存储利用率在 83%左右，CPU 利用率在 85%左右。经过 4 年多的持续投入和建设，TDW 已经成为腾讯最大的离线数据处理平台。TDW 的功能模块主要包括 Hive、MapReduce、HDFS、TDBank、Lhotse 等。

2.1.5 Hadoop 的版本

Hadoop 是一款开源的分布式计算系统，它提供了一系列的工具和框架，可以帮助用户有效地处理大规模的数据集。Hadoop 的发行版本有以下几种。

（1）Apache Hadoop：这是 Hadoop 最原始的发行版本，由 Apache 开源社区维护和开发，包括 HDFS、MapReduce、YARN 和 Hadoop Common 等核心组件。

（2）Cloudera：Cloudera 是一个基于 Hadoop 的商业化公司，提供了一套 Hadoop 的发行版本和管理工具，包括 Cloudera Manager 和 Cloudera CDH 等。

（3）Hortonworks：Hortonworks 也是一个基于 Hadoop 的商业化公司，提供了一套 Hadoop 的发行版本和管理工具，包括 Ambari 和 Hortonworks Data Platform（HDP）等。

（4）MapR：MapR 是另一个基于 Hadoop 的商业化公司，提供了一套 Hadoop 的发行版本和管理工具，包括 MapR-FS 和 MapR-DB 等。

（5）IBM：IBM 提供了自己的 Hadoop 发行版本，包括 IBM Info Sphere Big Insights 和 IBM Open Platform with Apache Hadoop 等。

以上是 Hadoop 的几种主要的发行版本，它们都是基于 Apache Hadoop 开发的，但各自提供了不同的功能和管理工具，可以根据不同的需求选择使用。除了这些主要的发行版本之外，还有许多其他的 Hadoop 发行版本和整合方案，如 Amazon EMR、Microsoft Azure HDInsight 等。

2.2　Hadoop 生态系统

Hadoop 是一个能够对大量数据进行分布式处理的软件框架。具有可靠、高效、可伸缩的特点，能用一种简单的编程模型来处理存储于集群上的大数据集。可以应用于企业中的数据存储、日志分析、商业智能、数据挖掘等。Hadoop 的核心是 HDFS 和 MapReduce，Hadoop 2.0 还包括 YARN，Hadoop 的生态系统，如图 2-3 所示。

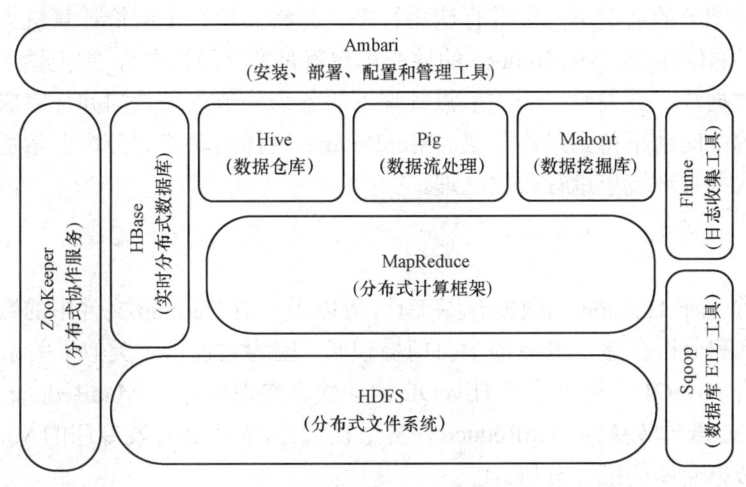

图 2-3　Hadoop 生态系统

2.2.1　HDFS

Hadoop 分布式文件系统（HDFS）是 Hadoop 项目的两大核心之一，是针对谷歌文件系统（Google file system，GFS）的开源实现。HDFS 具有超大数据流式处理、运行在廉价商用服务器上等优点。HDFS 在设计之初就是要运行在廉价的大型服务器集群上的，因此，在设计上就把硬件故障作为一种常态来考虑，可以保证在部分硬件发生故障的情况下仍然能够保证文件系统的整体可用性和可靠性。HDFS 放宽了一部分 POSIX（portable operating system interface，可移植操作系统接口），从而实现以流的形式访问文件系统中的数据。HDFS 在访问应用程序数据时，可以具有很高的吞吐率，因此，对于超大数据集的应用程序而言，选择 HDFS 作为底层数据存储是较好的选择。

2.2.2　HBase

HBase（分布式列存储数据库）是一个提供高可靠性、高性能、可伸缩、实时读写与分布式的列存储数据库，一般采用 HDFS 作为其底层数据存储。HBase 是针对谷歌 BigTable 的开源实现的，二者都采用了相同的数据模型：增强的稀疏排序映射表（Key/Value），其中，键由行关键字、列关键字和时间戳构成。具有强大的非结构化数据存储能力 HBase 与传统关系型数据库的一个重要区别是，前者采用基于列的存储，而后者采用基于行的存储。HBase 具有良好的横向扩展能力，可以通过不断增加廉价的商用服务器来增加存储能力。HBase 提供了对大规模数据的随机、实时读写访问，同时，HBase 中保存的数据可以使用 MapReduce 来处理，它将数据存储和并行计算完美地结合在一起。

2.2.3 MapReduce

Hadoop MapReduce（分布式计算框架）是针对谷歌 MapReduce 的开源实现。MapReduce 是一种计算模型，用于大规模数据集（大于 1 TB）的并行运算，它将复杂的、运行于大规模集群上的并行计算过程高度地抽象到了两个函数 Map 和 Reduce 上，并且允许用户在不了解分布式系统底层细节的情况下开发并行应用程序，并将其运行于廉价计算机集群上，完成海量数据的处理。通俗地说，MapReduce 的核心思想就是“分而治之”，它把输入的数据集切分为若干独立的数据块，分发给一个主节点管理下的各个分节点来共同并行完成；最后，通过整合各个节点的中间结果得到最终结果。MapReduce 这样的功能划分，非常适合在大量计算机组成的分布式并行环境里进行数据处理。

2.2.4 Hive

Hive 是一个基于 Hadoop 的数据仓库工具，可以用于对 Hadoop 文件中的数据集进行数据整理、特殊查询和分析存储。Hive 的学习门槛较低，因为它提供了类似于关系型数据库 SQL 语言的查询语言 HiveQL，可以通过 HiveQL 语句快速实现简单的 MapReduce 统计，Hive 自身可以将 HiveQL 语句转换为 MapReduce 任务进行运行，而不必开发专门的 MapReduce 应用，因而十分适合数据仓库的统计分析。

2.2.5 Pig

Pig 是一种数据流语言和运行环境，适合于使用 Hadoop 和 MapReduce 平台来查询大型半结构化数据集。由雅虎开源，设计动机是提供一种基于 MapReduce 的 ad-hoc（计算在 query 时发生）数据分析工具，定义了一种数据流语言——Pig Latin，将脚本转换为 MapReduce 任务在 Hadoop 上执行。虽然 MapReduce 应用程序的编写不是十分复杂，但毕竟也是需要一定的开发经验的。Pig 的出现大大简化了 Hadoop 常见的工作任务，它在 MapReduce 的基础上创建了更简单的过程语言抽象，为 Hadoop 应用程序提供了一种更加接近结构化查询语言（SQL）的接口，通常用于进行离线分析。

2.2.6 Mahout

Mahout（数据挖掘算法）起源于 2008 年，最初是 Apache Lucent 的子项目，它在极短的时间内取得了长足的发展，现在是 Apache 的顶级项目。

Mahout 的主要目标是实现一些可扩展的机器学习领域经典算法，旨在帮助开发人员更加方便快捷地创建智能应用程序。Mahout 现在已经包含了聚类、分类、推荐引擎（协同过滤）和频繁集挖掘等广泛使用的数据挖掘方法。除了算法，Mahout 还包含数据的输入/输出工具、与其他存储系统（如数据库、MongoDB 或 Cassandra）集成等数据挖掘支持架构。

2.2.7 ZooKeeper

源自谷歌公司的 Chubby 论文，发表于 2006 年 11 月，ZooKeeper（分布式协作服务）是

Chubby实现的。解决分布式环境下的数据管理问题：统一命名，状态同步，集群管理，配置同步等。用于构建分布式应用，减轻分布式应用程序所承担的协调任务。ZooKeeper使用Java编写，很容易编程接入，它使用了一个和文件树结构相似的数据模型，可以使用Java或者C来进行编程接入。

2.2.8 Flume

Flume（日志采集工具）是Cloudera开源的日志收集系统，具有分布式、高可靠、高容错、易于定制和扩展的特点。

将数据从产生、传输、处理并最终写入目标的路径的过程抽象为数据流，在具体的数据流中，数据源支持在Flume中定制数据发送方，从而支持收集各种不同协议数据。同时，Flume数据流提供对日志数据进行简单处理的能力，如过滤、格式转换等。此外，Flume还具有能够将日志写往各种数据目标（可定制）的能力。总的来说，Flume是一个可扩展、适合复杂环境的海量日志收集系统。

2.2.9 Sqoop

Sqoop（数据同步工具）是SQL-to-Hadoop的缩写，主要用来在Hadoop和关系型数据库之间交换数据，可以改进数据的互操作性。通过Sqoop可以方便地将数据从MySQL、Oracle、PostgreSQL等关系型数据库中导入Hadoop（可以导入HDFS、HBase或Hive），或者将数据从Hadoop导出到关系型数据库，使得传统关系型数据库和Hadoop之间的数据迁移变得非常方便。Sqoop是专门为大数据集设计的，支持增量更新，可以将新记录添加到最近一次导出的数据源上，或者指定上次修改的时间戳。

2.2.10 Ambari

Ambari跟Hadoop等开源软件一样，也是Apache Software Foundation中的一个顶级项目。Ambari是一种基于Web的工具，支持Apache Hadoop集群的安装、部署、配置和管理。Ambari目前已支持大多数Hadoop组件，包括HDFS、MapReduce、Hive、Pig、HBase、ZooKeeper、Sqoop等。Ambari就是为了让Hadoop及相关的大数据软件更容易使用的一个工具。

本章小结

Hadoop被视为事实上的大数据处理标准，本章介绍了Hadoop起源、发展历程，并阐述了Hadoop的高可靠性、高效性、高可扩展性、高容错性、成本低、运行在Linux平台上、支持多种编程语言等特性。

Hadoop目前已经在各个领域得到了广泛的应用，如雅虎、Facebook、百度、华为、腾讯等公司都建立了自己的Hadoop集群。

经过多年发展，Hadoop生态系统已经变得非常成熟和完善，包括ZooKeeper、HDFS、MapReduce、Hbase、Hive、Pig等子项目，其中HDFS和MapReduce是Hadoop的两大核心组件。

习　题

1. 简述 Hadoop 的发展过程。
2. 试述 Hadoop 与谷歌的 MapReduce、GFS 等技术之间的关系。
3. 试述 Hadoop 具有哪些特性。
4. 试述 Hadoop 在各个领域的应用情况。
5. 试述 Hadoop 生态系统及每个部分的具体功能。

实验 2.1　CentOS 7 集群环境配置

1. 实验目的

（1）熟练掌握系统环境配置。

（2）熟练掌握 JDK 的安装。

（3）熟练掌握 SSH 免密钥配置。

2. 实验环境

（1）Xftp-7.0.0119p.exe。

（2）jdk-8u281-linux-x64.tar.gz。

3. 实验步骤

（1）系统环境配置。

① 新建用户。

使用“su-”命令切换为 root 用户。

```
[hadoop@localhost ～]$ ls
公共　模板　视频　图片　文档　下载　音乐　桌面
[hadoop@localhost ～]$ cd /
[hadoop@localhost /]$ ls
bin   dev   home   lib64   mnt   proc   run   srv   tmp   var
boot   etc   lib   media   opt   root   sbin   sys   usr
[hadoop@localhost /]$ cd opt
[hadoop@localhost opt]$ ls
rh
[hadoop@localhost opt]$ su -
密码：
上一次登录：一 3 月　6 17:04:31 CST 2023pts/0 上
```

使用 adduser 命令创建用户。

```
[root@localhost ～]# adduser marry
[root@localhost ～]# su - marry
[marry@localhost ～]$
```

② 修改用户权限。为了使普通用户可以使用 root 权限执行相关命令（如系统文件的修

改等），而不需要切换到 root 用户，可以在命令前面加入指令 sudo。文件/etc/sudoers 中设置了可执行 sudo 指令的用户，因此需要修改该文件，添加相关用户。

使 Hadoop 用户可以执行 sudo 指令，操作步骤如下：

• 使用"su-"命令切换为 root 用户，然后执行以下命令，修改 sudoers 文件。

```
[root@ localhost ~]# vi  /etc/sudoers
```

• 在文本中 root ALL=（ALL） ALL 的下一行加入以下代码，使 Hadoop 用户可以使用 sudo 指令。

```
Hadoop ALL=(ALL)ALL
```

• 执行 sudo 指令对系统文件进行修改时需要验证当前用户的密码，默认 5 min 后密码过期，下次使用 sudo 需要重新输入密码。如果不想输入密码，则把上方的代码换成以下内容即可。

```
## Allow root to run any commands anywhere
root      ALL=(ALL)          ALL
hadoop    ALL=(ALL) NOPASSWD:ALL
## Allows members of the 'sys' group to run networking, software,
## service management apps and more.
:wq
```

vim 修改文件出现错误

```
E45: 'readonly' option is set(add ! to override)
```

:wq!命令是强制保存退出。

```
:wq!
```

• 执行 exit 命令回到 Hadoop 用户，此时使用 root 权限的命令只需要在命令前面加入 sudo 即可，无须输入密码。

```
[hadoop@ localhost opt]$ sudo cat /etc/sudoers
## Sudoers allows particular users to run various commands as
## the root user, without needing the root password.
##
## Examples are provided at the bottom of the file for collections
## of related commands, which can then be delegated out to particular
## users or groups.
```

③ 关闭防火墙。集群通常都是内网搭建的，如果内网开启防火墙，内网集群通信则会受到防火墙的干扰，因此，需要关闭集群中所有节点的防火墙。

```
[hadoop@localhost opt]$ sudo systemctl stop firewalld.service
[hadoop@localhost opt]$ sudo systemctl disable firewalld.service
Removed symlink /etc/systemd/system/multi-user.target.wants/firewalld.service.
Removed symlink /etc/systemd/system/dbus-org.fedoraproject.FirewallD1.service.
[hadoop@localhost opt]$ sudo firewall-cmd --state
not running
```

开启防火墙命令：

```
[hadoop@localhost opt]$ sudo systemctl start firewalld.service
```

```
[hadoop@localhost opt]$ sudo firewall-cmd --state
running
```

④ 设置固定 IP。为了避免后续启动操作系统后，IP 地址改变，导致集群间通信失败、节点间无法正常访问的问题，需要将操作系统的 IP 状态设置为固定 IP，具体操作步骤如下。

查看 VMware 网段与网关。单击 VMware 菜单栏中的【编辑】|【虚拟网络编辑器】命令，在弹出的“虚拟网络编辑器”窗口的上方表格中选择最后一行，即外部连接为“NAT 模式”，然后单击下方的【NAT 设置】按钮，如图 2-4 所示。

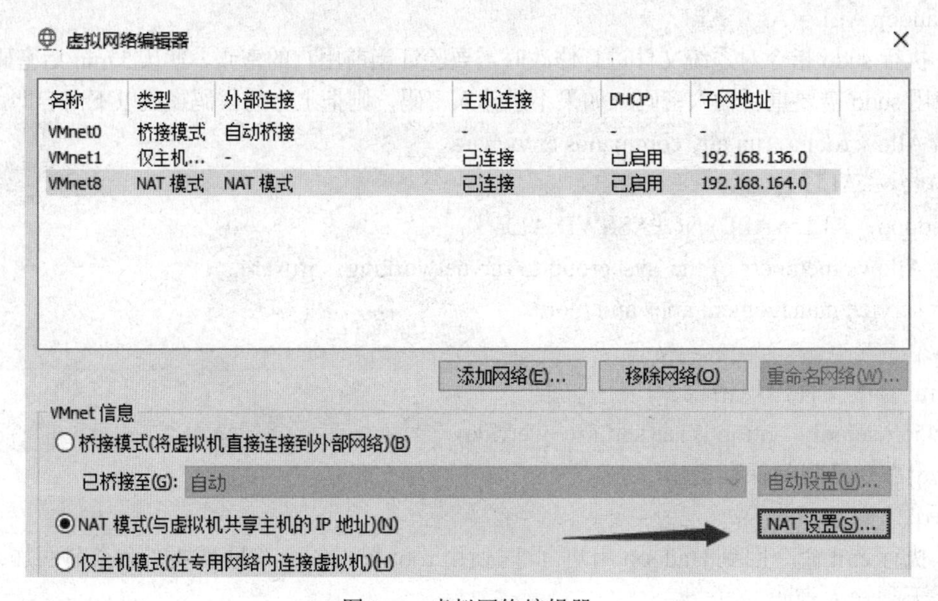

图 2-4 虚拟网络编辑器

后续给 VMware 中的虚拟机器设置 IP 时，应该在这个网段内，并且网关是 192.168.5.2，如图 2-5 所示。

配置系统 IP。CentOS 7 系统 IP 配置有两种方法：桌面配置方式和命令行配置方式。此处采用桌面配置方式，如图 2-6 所示。

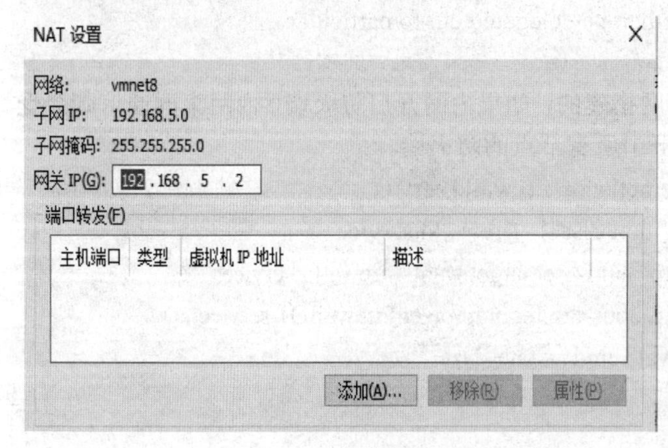

图 2-5 网关

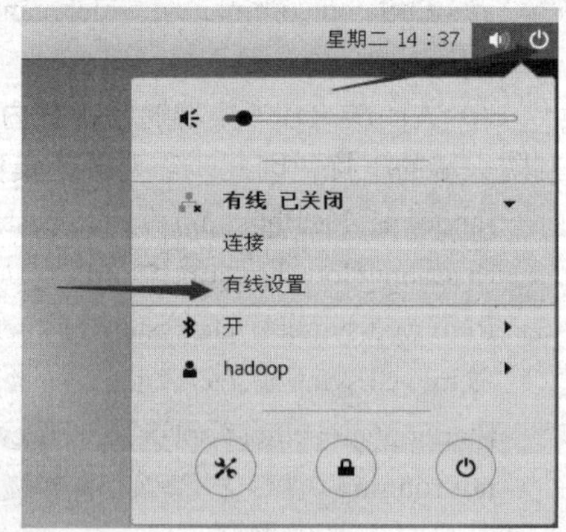

图 2-6 有线设置

单击【网络】选项，单击【+】，进行新配置，如图 2-7 所示。

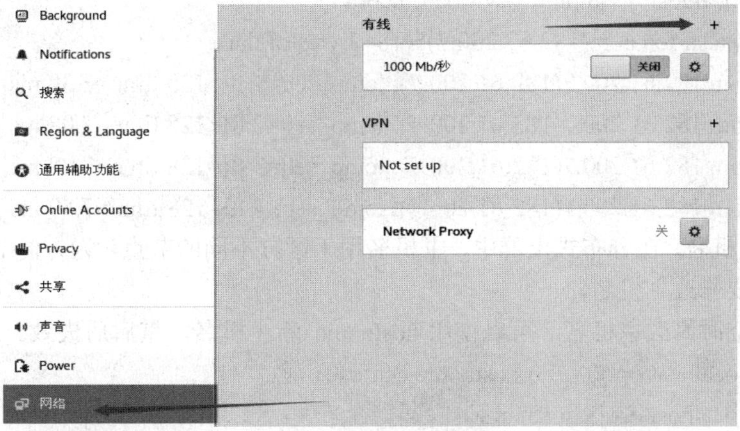

Background
Notifications
搜索
Region & Language
通用辅助功能
Online Accounts
Privacy
共享
声音
Power
网络
有线 +
1000 Mb/秒 关闭
VPN +
Not set up
Network Proxy 关

图 2-7　选择网络选项

选择【IPv4】选项，选择手动方法进行地址配置，如图 2-8 所示。

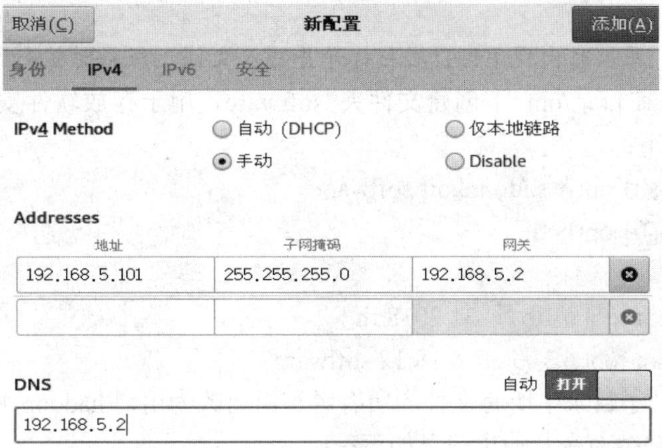

取消(C) 新配置 添加(A)
身份 IPv4 IPv6 安全
IPv4 Method 自动 (DHCP) 仅本地链路
手动 Disable
Addresses
地址 子网掩码 网关
192.168.5.101 255.255.255.0 192.168.5.2
DNS 自动 打开
192.168.5.2

图 2-8　配置 IP

单击【应用】按钮，IP 地址配置完成，如图 2-9 所示。

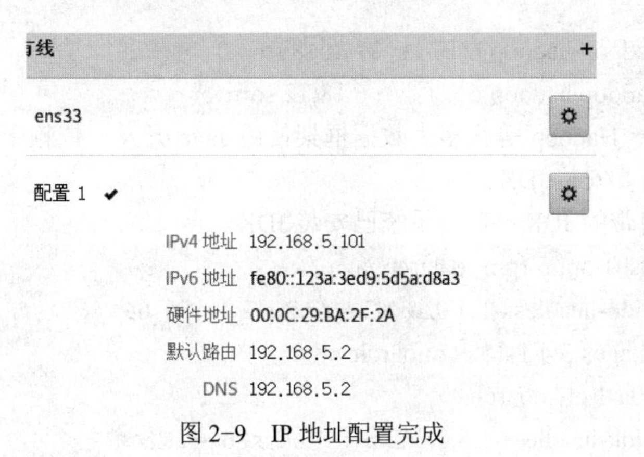

图 2-9　IP 地址配置完成

网络测试。

```
[hadoop@localhost ～]$ ping www.baidu.com
PING www.a.shifen.com(182.61.200.7)56(84)bytes of data.
64 bytes from 182.61.200.7(182.61.200.7): icmp_seq=1 ttl=128 time=7.30 ms
64 bytes from 182.61.200.7(182.61.200.7): icmp_seq=2 ttl=128 time=7.08 ms
64 bytes from 182.61.200.7(182.61.200.7): icmp_seq=3 ttl=128 time=7.48 ms
64 bytes from 182.61.200.7(182.61.200.7): icmp_seq=4 ttl=128 time=7.59 ms
```

⑤ 修改主机名。在分布式集群中，主机名用于区分不同的节点，为方便节点之间相互访问，因此，需要修改主机名。

如果只是临时修改主机名，可以使用 hostname 新主机名，重启后失效。

```
[hadoop@localhost opt]$ sudo hostname centos01
[hadoop@localhost opt]$ hostname
centos01
```

若永久修改，则修改/etc/hostname 文件，重启客户端。

```
[hadoop@centos01 opt]$ sudo vi /etc/hostname
centos01
```

注意：vim /etc 写入时出现 E121:无法打开并写入文件，保存时执行:w !sudo tee %。

⑥ 新建目录。在目录/opt 下创建文件夹 software，用于存放软件安装包和软件安装后程序文件，命令如下：

```
[hadoop@centos01 opt]$ sudo mkdir software
[hadoop@centos01 opt]$ ll
总用量 0
drwxr-xr-x. 2 root root 6 10 月  31 2018 rh
drwxr-xr-x. 2 root root 6 3 月     6 18:12 software
```

将目录/opt 及其子目录中所有文件的所有者和组更改为用户 hadoop 和组 hadoop，查看目录权限是否修改成功，命令及输出信息如下：

```
[hadoop@centos01 opt]$ sudo chown -R hadoop:hadoop /opt/*
[hadoop@centos01 opt]$ ll
总用量 0
drwxr-xr-x. 2 hadoop hadoop 6 10 月  31 2018 rh
drwxr-xr-x. 2 hadoop hadoop 6 3 月     6 18:12 software
```

（2）安装 JDK。Hadoop 等很多大数据框架使用 Java 开发，依赖于 Java，因此，在搭建 Hadoop 集群之前需要安装 JDK。

① 卸载系统自带的 JDK，查询系统已安装 JDK。

```
[hadoop@centos01 opt]$ rpm -qa|grep java
java-1.7.0-openjdk-headless-1.7.0.261-2.6.22.2.el7_8.x86_64
python-javapackages-3.4.1-11.el7.noarch
tzdata-java-2020a-1.el7.noarch
java-1.8.0-openjdk-headless-1.8.0.262.b10-1.el7.x86_64
```

```
java-1.8.0-openjdk-1.8.0.262.b10-1.el7.x86_64
javapackages-tools-3.4.1-11.el7.noarch
java-1.7.0-openjdk-1.7.0.261-2.6.22.2.el7_8.x86_64
```

卸载以上查询出的系统自带的 JDK。

```
$ sudo rpm -e --nodeps java-1.7.0-openjdk-headless-1.7.0.261-2.6.22.2.el7_8.x86_64
$ sudo rpm -e --nodeps python-javapackages-3.4.1-11.el7.noarch
$ sudo rpm -e --nodeps tzdata-java-2020a-1.el7.noarch
$ sudo rpm -e --nodeps java-1.8.0-openjdk-headless-1.8.0.262.b10-1.el7.x86_64
$ sudo rpm -e --nodeps java-1.8.0-openjdk-1.8.0.262.b10-1.el7.x86_64
$ sudo rpm -e --nodeps javapackages-tools-3.4.1-11.el7.noarch
$ sudo rpm -e --nodeps java-1.7.0-openjdk-1.7.0.261-2.6.22.2.el7_8.x86_64
```

② 上传并解压 JDK。使用 ftp7 上传，将 jdk-8u281-linux-x64.tar.gz 上传到/opt/software 中并解压。

安装 ftp7，新建会话，设置属性，如图 2-10 所示。

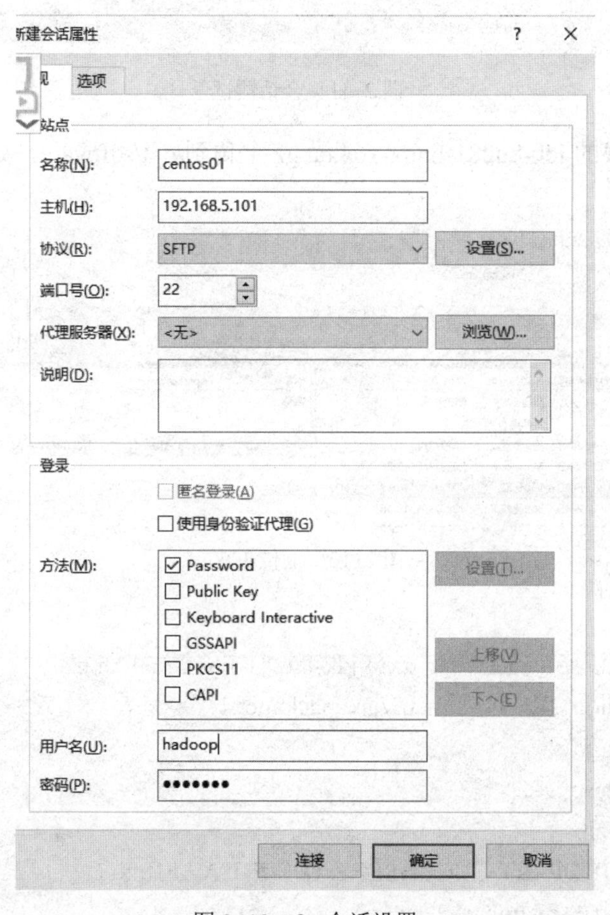

图 2-10　ftp 会话设置

单击【连接】按钮，出现秘钥，连接成功，如图 2-11 所示。

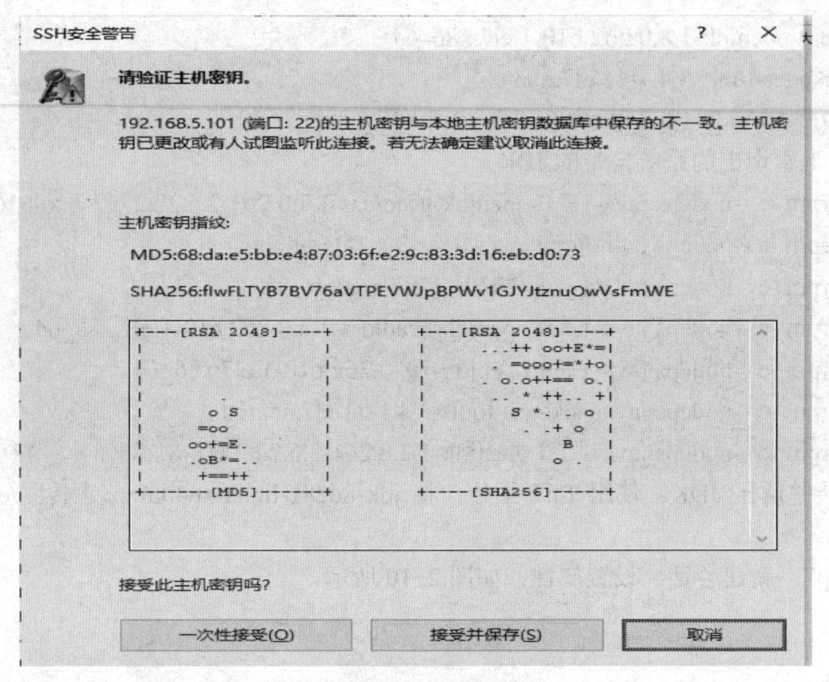

图 2-11　会话测试

将 Windows 下载的 jdk-8u281-linux-x64.tar.gz 上传到/opt/software，如图 2-12 所示。

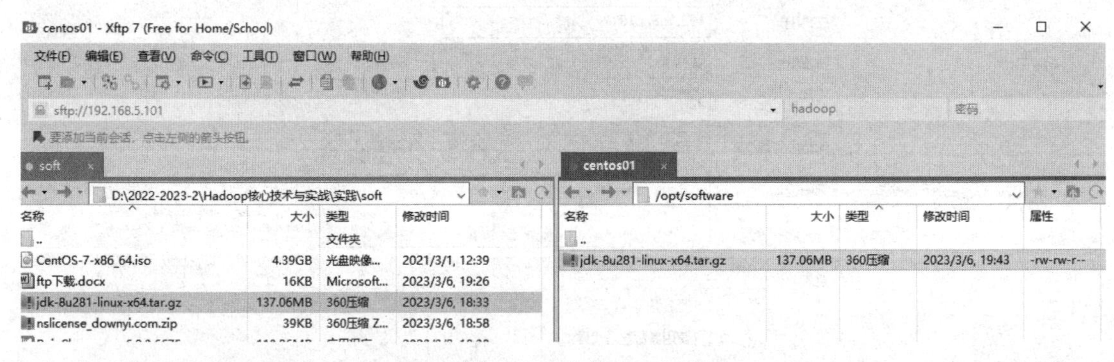

图 2-12　上传 JDK

解压 tar 文件。

```
[hadoop@centos01 software]$ tar -zxvf jdk-8u281-linux-x64.tar.gz
jdk1.8.0_281/man/ja_JP.UTF-8/man1/javapackager.1
jdk1.8.0_281/man/ja
jdk1.8.0_281/release
jdk1.8.0_281/src.zip
jdk1.8.0_281/THIRDPARTYLICENSEREADME-JAVAFX.txt
jdk1.8.0_281/javafx-src.zip
jdk1.8.0_281/jmc.txt
…
```

③ 配置环境变量。修改文件/etc/profile，在文件的末尾加入 jdk 的路径。

```
[hadoop@centos01 software]$ sudo vi /etc/profile
…
done


unset i
unset -f pathmunge
export JAVA_HOME=/opt/software/jdk1.8.0_281
export PATH=$PATH:$JAVA_HOME/bin
```

注意：*每次修改/etc/profile 文件后，执行 source /etc/profile 命令，使修改生效。*

```
[hadoop@centos01 software]$ source /etc/profile
[hadoop@centos01 software]$ java -version
java version "1.8.0_281"
Java(TM)SE Runtime Environment(build 1.8.0_281-b09)
Java HotSpot(TM)64-Bit Server VM(build 25.281-b09, mixed mode)
[hadoop@centos01 software]$ java
用法: java [-options] class [args...]
             (执行类)
    或   java [-options] -jar jarfile [args...]
             (执行 jar 文件)
…
[hadoop@centos01 software]$ javac
用法: javac <options> <source files>
其中, 可能的选项包括:
  -g                                  生成所有调试信息
  -g:none                             不生成任何调试信息
  -g:{lines,vars,source}              只生成某些调试信息
  -nowarn                             不生成任何警告
```

（3）克隆虚拟机。由于集群环境需要多个节点，当一个节点配置完毕后，可以通过 VMware 的克隆功能，将配置好的节点进行完整克隆，而不需要重新新建虚拟机和安装操作系统。

通过已经安装好 JDK 的 centos01 节点的方法，克隆两个节点 centos02 和 centos03。

① 克隆 centos02。关闭虚拟机 centos01，在 VMware 左侧的虚拟机列表中右击 centos01 虚拟机，选择【管理】|【克隆】|【下一步】命令，进入克隆虚拟机向导，选择虚拟机的当前状态，如图 2-13 所示。

选择创建完整克隆，如图 2-14 所示。

设置虚拟机的名称和位置，如图 2-15 所示。

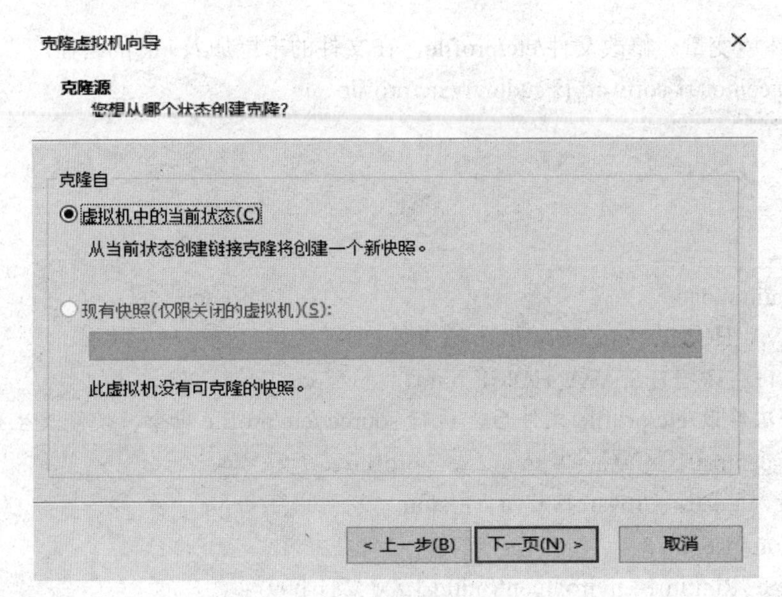

图 2-13　虚拟机的当前状态

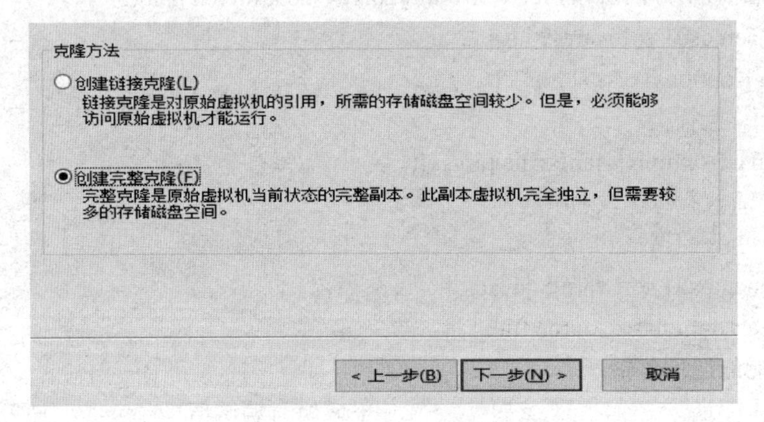

图 2-14　创建完整克隆

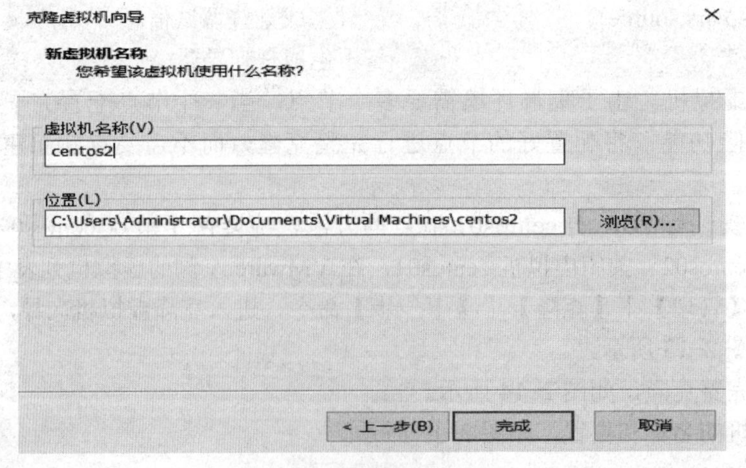

图 2-15　虚拟机名称与位置

克隆完成，如图 2-16 所示。

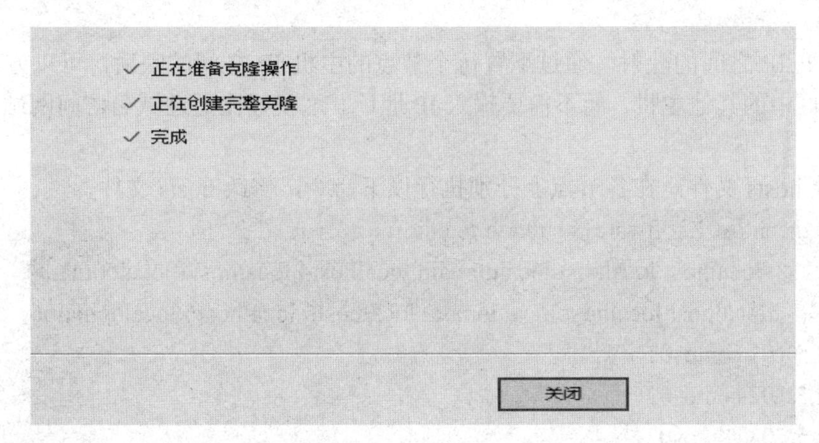

图 2-16　克隆完成

② 克隆 centos03 节点。同样的方法，克隆 centos01 节点，生成 centos03。

③ 修改 IP 与主机名。修改节点主机名与 IP，由于节点 centos02 与 centos03 都是从 centos01 克隆而来，三者完全一致，因此，需要修改这两个节点的主机名与 IP，centos02 改为 192.168.5.102，centos03 改为 192.168.5.103，如图 2-17 与图 2-18 所示。

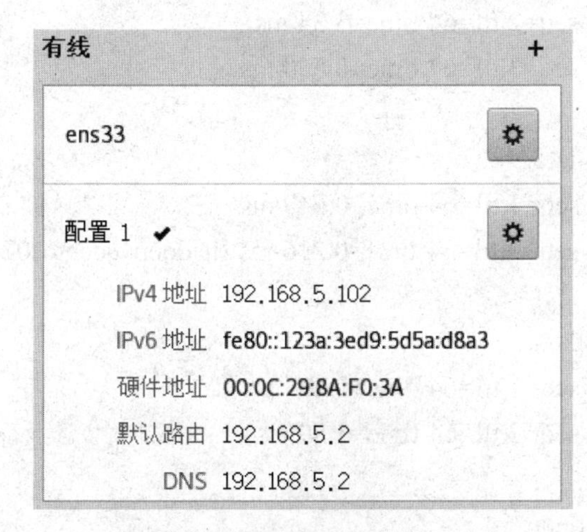

图 2-17　centos02 配置 IP

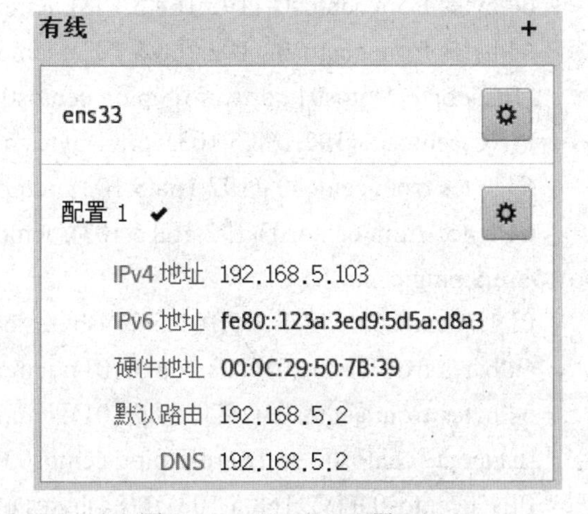

图 2-18　centos03 配置 IP

修改 centos02 主机名。

```
[hadoop@centos01 opt]$ sudo vi /etc/hostname
[hadoop@centos01 opt]$ hostname
centos02
```

关闭重新打开终端。

```
[hadoop@centos02 ~]$
```

修改 centos03 主机名。

```
[hadoop@centos01 opt]$ sudo vi /etc/hostname
[hadoop@centos01 opt]$ hostname
```

```
centos03
[hadoop@centos03～]$
```

（4）主机 IP 之间的映射。通过配置每个节点的主机 IP 之间的映射，可以方便地使用主机名访问集群中的其他主机，而不需要输入 IP 地址。这就好比通过域名访问网站一样，方便快捷。

① 修改 hosts 文件。在各节点上分别执行以下命令，修改 hosts 文件。

```
[hadoop@centos01 software]$ sudo vi /etc/hosts
127.0.0.1      localhost localhost.localdomain localhost4 localhost4.localdomain4
::1            localhost localhost.localdomain localhost6 localhost6.localdomain6
192.168.5.101 centos01
192.168.5.102 centos02
192.168.5.103 centos03
```

注意：主机名后面不要有空格，3 个节点进行同样的设置。

② 节点互 ping 成功。配置完成后，在各节点上执行 ping 命令，各节点验证配置是否成功。

```
[hadoop@centos01 software]$ ping centos02
PING centos02(192.168.5.102)56(84)bytes of data.
64 bytes from centos02(192.168.5.102): icmp_seq=1 ttl=64 time=0.734 ms
64 bytes from centos02(192.168.5.102): icmp_seq=2 ttl=64 time=3.34 ms
64 bytes from centos02(192.168.5.102): icmp_seq=3 ttl=64 time=0.530 ms
 [hadoop@centos01 software]$ ping centos03
PING centos03(192.168.5.103)56(84)bytes of data.
64 bytes from centos03(192.168.5.103): icmp_seq=1 ttl=64 time=0.649 ms
64 bytes from centos03(192.168.5.103): icmp_seq=2 ttl=64 time=0.216 ms [hadoop@centos02
software]$ ping centos01
PING centos01(192.168.5.101)56(84)bytes of data.
64 bytes from centos01(192.168.5.101): icmp_seq=1 ttl=64 time=0.293 ms
64 bytes from centos01(192.168.5.101): icmp_seq=2 ttl=64 time=3.89 ms
[hadoop@centos02 software]$ ping centos03
PING centos03(192.168.5.103)56(84)bytes of data.
64 bytes from centos03(192.168.5.103): icmp_seq=1 ttl=64 time=1.09 ms
64 bytes from centos03(192.168.5.103): icmp_seq=2 ttl=64 time=0.869 ms
[hadoop@centos01  ～]$ ping centos01
PING centos01(192.168.5.101)56(84)bytes of data.
64 bytes from centos01(192.168.5.101): icmp_seq=1 ttl=64 time=0.265 ms
64 bytes from centos01(192.168.5.101): icmp_seq=2 ttl=64 time=0.568 ms
[hadoop@centos01  ～]$ ping centos02
PING centos02(192.168.5.102)56(84)bytes of data.
64 bytes from centos02(192.168.5.102): icmp_seq=1 ttl=64 time=1.42 ms
64 bytes from centos02(192.168.5.102): icmp_seq=2 ttl=64 time=0.314 ms
```

③ 本地映射 IP。配置本地 Windows 系统的主机 IP 映射，以便可以本地访问集群节点资源。编辑本地 Windows 操作系统 C:\Windows\System32\drivers\etc\hosts 文件，将各节点 IP、名称写入即可。

```
# localhost name resolution is handled within DNS itself.
#      127.0.0.1            localhost
#      ::1                  localhost
192.168.5.101 centos01
192.168.5.102 centos02
192.168.5.103 centos03
```

（5）配置集群各节点 SSH 免密钥登录。Hadoop 集群需要确保在每一个节点上都能无密钥登录到其他节点。具体配置分为手动复制和命令复制。此处具体介绍手动复制。

① 在 centos01 节点生成密钥。在 centos01 节点中，查看.ssh 目录。

```
[hadoop@centos01 software]$ cd  ~/.ssh/
```

其中 ssh 文件夹为系统隐藏文件夹，若无此目录，可以执行 ssh localhost 命令生成该目录，或者直接手动创建该目录。

```
[hadoop@centos01 opt]$ ssh localhost
[hadoop@centos01 opt]$ cd  ~/.ssh/
[hadoop@centos01 .ssh]$
```

生成密钥文件。使用 ssh-keygen-trsa 生成密钥文件，会有提示输入加密信息，都按 Enter 键即可。

```
[hadoop@centos01 .ssh]$ ssh-keygen   -t   rsa
Generating public/private rsa key pair.
Enter file in which to save the key(/home/hadoop/.ssh/id_rsa):
Enter passphrase(empty for no passphrase):
Enter same passphrase again:
Your identification has been saved in /home/hadoop/.ssh/id_rsa.
Your public kcy has been saved in /home/hadoop/.ssh/id_rsa.pub.
The key fingerprint is:
SHA256:GKVaTU2jZ9+IcxGmQw5fSUQgL1D3UrebPEVW/KzMOos hadoop@centos01
The key's randomart image is:
+---[RSA 2048]----+
|         ..*o*=O...=|
|          * X.B.o +.|
|         + + X o ..o|
|        o o + = = +o|
|       . . S o +o*. |
|              o   +. |
|                 .   |
|              .o     |
```

```
|              E .o     |
+----[SHA256]-----+
[hadoop@centos01 .ssh]$ ll
总用量 12
-rw-------. 1 hadoop hadoop 1675 3 月    7 10:14 id_rsa
-rw-r--r--. 1 hadoop hadoop  397 3 月    7 10:14 id_rsa.pub
-rw-r--r--. 1 hadoop hadoop  171 3 月    7 10:05 known_hosts
```

② 在 centos02 节点生成密钥文件。

```
[hadoop@centos02 ~]$ ssh localhost
hadoop@localhost's password:
Last login: Tue Mar  7 10:18:59 2023 from localhost
[hadoop@centos02 ~]$ cd ~/.ssh
[hadoop@centos02 .ssh]$ ssh-keygen -t rsa
Generating public/private rsa key pair.
Enter file in which to save the key(/home/hadoop/.ssh/id_rsa):
Enter passphrase(empty for no passphrase):
Enter same passphrase again:
Your identification has been saved in /home/hadoop/.ssh/id_rsa.
Your public key has been saved in /home/hadoop/.ssh/id_rsa.pub.
The key fingerprint is:
SHA256:HfciJRCsSHOebTz/j0BcJMavG/1ujEo3Tt6WMAn/848 hadoop@centos02
The key's randomart image is:
+---[RSA 2048]----+
|          .ooo .     |
|      o . .o.o       |
|    . = =   o.+      |
|     . + =o.*..    |
|          .So==...   |
|             .+.*.    |
|               o++B . |
|             ..*o+O. |
|               ..+=Eo+|
+----[SHA256]-----+
[hadoop@centos02 .ssh]$ ll
总用量 12
-rw-------. 1 hadoop hadoop 1679 3 月    7 10:20 id_rsa
-rw-r--r--. 1 hadoop hadoop  397 3 月    7 10:20 id_rsa.pub
-rw-r--r--. 1 hadoop hadoop  171 3 月    7 10:18 known_hosts
```

将公钥文件远程复制到 centos01 节点的相同目录，且重命名为 id_：rsa.pub.centos02。

```
[hadoop@centos02.ssh]$scp ～/.ssh/id_rsa.pub hadoop@centos01: ～/.ssh/id_rsa.pub.centos02
hadoop@centos01's password:
id_rsa.pub          100%   397     355.1KB/s     00:00
```

③ 在 centos03 节点生成密钥文件。

```
[hadoop@centos03 ～]$ ssh localhost
The authenticity of host 'localhost(::1)' can't be established.
ECDSA key fingerprint is SHA256:ld+63sGNSQsddGHoofuE8lg5 meAS6yvt ShWX HW +
PeSI.
ECDSA key fingerprint is MD5:46:aa:c7:1a:21:43:5b:4b:c3:dd:84:29:4a:1a:1b:3a.
Are you sure you want to continue connecting(yes/no)? yes
Warning: Permanently added 'localhost'(ECDSA)to the list of known hosts.
hadoop@localhost's password:
Last login: Mon Mar   6 21:09:22 2023
[hadoop@centos03 ～]$ cd .ssh
[hadoop@centos03 .ssh]$ ssh-keygen -t rsa
Generating public/private rsa key pair.
Enter file in which to save the key(/home/hadoop/.ssh/id_rsa):
Enter passphrase(empty for no passphrase):
Enter same passphrase again:
Your identification has been saved in /home/hadoop/.ssh/id_rsa.
Your public key has been saved in /home/hadoop/.ssh/id_rsa.pub.
The key fingerprint is:
SHA256:KDUKwYT40PU7UbqYcrESSz4wKYcgShVlGLYzD6/AK5s hadoop@centos03
The key's randomart image is:
+---[RSA 2048]----+
|+*+**o   .       |
|Oo+oo. o         |
|Bo==. *          |
|o*.+*B *         |
| o* Bo= S        |
|   o=.. .        |
|.. .             |
|.o               |
|E                |
+----[SHA256]-----+
[hadoop@centos03 .ssh]$ ll
总用量 12
-rw-------. 1 hadoop hadoop 1675 3 月    7 10:28 id_rsa
-rw-r--r--. 1 hadoop hadoop  397 3 月    7 10:28 id_rsa.pub
```

```
-rw-r--r--. 1 hadoop hadoop   171 3 月    7 10:28 known_hosts
```

将公钥文件远程复制到 centos01 节点的相同目录，且重命名为 id_ rsa.pub.centos03。

```
[hadoop@centos03.ssh]$scp ~/.ssh/id_rsa.pub hadoop@centos01: ~/.ssh/id_rsa.pub. centos03
hadoop@centos01's password:
id_rsa.pub                    100%   397    443.5KB/s    00:00
```

④ 将密钥内容加入到授权文件中。在 centos01 节点中，将 centos01、centos02 和 centos03 节点的密钥文件信息加入到授权文件中，命令如下：

```
[hadoop@centos01 .ssh]$ ll
总用量 20
-rw-------. 1 hadoop hadoop 1675 3 月    7 10:14 id_rsa
-rw-r--r--. 1 hadoop hadoop   397 3 月    7 10:14 id_rsa.pub
-rw-r--r--. 1 hadoop hadoop   397 3 月    7 10:27 id_rsa.pub.centos02
-rw-r--r--. 1 hadoop hadoop   397 3 月    7 10:32 id_rsa.pub.centos03
-rw-r--r--. 1 hadoop hadoop   171 3 月    7 10:05 known_hosts
[hadoop@centos01 .ssh]$ cat ./id_rsa.pub>>./authorized_keys
[hadoop@centos01 .ssh]$ cat ./id_rsa.pub.centos02>>./authorized_keys
[hadoop@centos01 .ssh]$ cat ./id_rsa.pub.centos03>>./authorized_keys
[hadoop@centos01 .ssh]$ ll
总用量 24
-rw-rw-r--. 1 hadoop hadoop 1191 3 月    7 10:35 authorized_keys
-rw-------. 1 hadoop hadoop 1675 3 月    7 10:14 id_rsa
-rw-r--r--. 1 hadoop hadoop   397 3 月    7 10:14 id_rsa.pub
-rw-r--r--. 1 hadoop hadoop   397 3 月    7 10:27 id_rsa.pub.centos02
-rw-r--r--. 1 hadoop hadoop   397 3 月    7 10:32 id_rsa.pub.centos03
-rw-r--r--. 1 hadoop hadoop   171 3 月    7 10:05 known_hosts
[hadoop@centos01 .ssh]$
```

⑤ 复制授权文件到各个节点。将 centos01 节点中的授权文件远程复制到其他节点的相同目录，命令如下：

```
[hadoop@centos01 .ssh]$ scp -r ~/.ssh/authorized_keys hadoop@centos02:~/.ssh
authorized_keys              100% 1191      1.5MB/s    00:00
[hadoop@centos01 .ssh]$ scp -r ~/.ssh/authorized_keys hadoop@centos03:~/.ssh
authorized_keys              100% 1191      1.3MB/s    00:00
hadoop@centos02 .ssh]$ ll
总用量 16
-rw-rw-r--. 1 hadoop hadoop 1191 3 月    7 10:37 authorized_keys
-rw-------. 1 hadoop hadoop 1679 3 月    7 10:20 id_rsa
-rw-r--r--. 1 hadoop hadoop   397 3 月    7 10:20 id_rsa.pub
-rw-r--r--. 1 hadoop hadoop   355 3 月    7 10:27 known_hosts
```

```
[hadoop@centos03 .ssh]$ ll
总用量 16
-rw-rw-r--. 1 hadoop hadoop 1191 3 月   7 10:39 authorized_keys
-rw-------. 1 hadoop hadoop 1675 3 月   7 10:28 id_rsa
-rw-r--r--. 1 hadoop hadoop  397 3 月   7 10:28 id_rsa.pub
-rw-r--r--. 1 hadoop hadoop  355 3 月   7 10:32 known_hosts
```

⑥ 免密钥登录测试。使用 ssh 命令测试从一个节点无密钥登录到另一个节点。

```
[hadoop@centos01 .ssh]$ ssh centos02
Last login: Mon May  3 11:53:20 2021 from localhost
[hadoop@centos02 ~]$ exit
登出
Connection to centos02 closed.
[hadoop@centos01 .ssh]$ ssh centos03
Last login: Mon May  3 12:13:15 2021 from localhost
[hadoop@centos03 ~]$ exit
登出
Connection to centos03 closed.
[hadoop@centos02 .ssh]$ ssh centos01
Last login: Mon May  3 09:56:30 2021 from 192.168.164.1
[hadoop@centos01 ~]$ exit
登出
Connection to centos01 closed.
[hadoop@centos02 .ssh]$ ssh centos03
Last login: Mon May  3 12:27:16 2021 from centos01
[hadoop@centos03 ~]$ exit
登出
Connection to centos03 closed.
[hadoop@centos03 .ssh]$ ssh centos01
Last login: Mon May  3 12:27:54 2021 from centos02
[hadoop@centos01 ~]$ exit
登出
Connection to centos01 closed.
[hadoop@centos03 .ssh]$ ssh centos02
Last login: Mon May  3 12:26:58 2021 from centos01
[hadoop@centos02 ~]$ exit
登出
Connection to centos02 closed.
```

注意：如果登录失败，原因是授权文件 authorized_keys 权限分配问题，分别在每个节点上执行以下命令，更改文件权限即可生效。

```
$ chmod  700  ~/.ssh      #只有拥有者有读、写权限
$ chmod  600  ~/.ssh/authorized_keys    #只有拥有者有读、写、执行权限
```

第3章　分布式文件系统 HDFS

学习目标

（1）HDFS 概念及体系结构；
（2）HDFS 特点及局限性；
（3）HDFS 主要组件；
（4）SecondaryNameNode 的功能；
（5）HDFS 数据读写过程。

谷歌公司开发了分布式文件系统，通过网络实现文件在多台机器上的分布式存储，较好地满足了大规模数据存储的需求。Hadoop 分布式文件系统是针对 GFS 的开源实现，它是 Hadoop 两大核心组成部分之一，提供了在廉价服务器集群中进行大规模分布式文件存储的能力。HDFS 具有很好的容错能力，并且兼容廉价的硬件设备，因此，可以以较低的成本利用现有机器实现大流量和大数据量的读写。

本章首先介绍分布式文件系统的基本概念、结构和设计需求，然后介绍 HDFS，详细阐述它的重要概念、体系结构、存储原理和读写过程，最后介绍一些 HDFS 编程实践方面的知识。

3.1　分布式文件系统介绍

随着互联网的发展，产生的数据量越来越大，文件和数据被越来越多地存储到系统管理的磁盘中，单台机器已经不能满足大量的文件存储需求，大数据时代必须解决海量数据的高效存储问题，迫切需要一种允许多机器上的多用户通过网络分享文件和存储空间的文件管理系统，这就是分布式文件系统。

3.1.1　什么是 DFS

由于一台机器的存储容量有限，一旦数据量达到足够的级别，就需要将数据存放在多台机器上，这就是分布式文件系统（distributed file system，DFS）。

相对于传统的本地文件系统而言，分布式文件系统是一种通过网络实现文件在多台主机上进行分布式存储的文件系统。分布式文件系统的设计一般采用客户-服务器（client/server）模式，客户端以特定的通信协议通过网络与服务器建立连接，提出文件访问请求，客户端和服务器可以通过设置访问权来限制请求方对底层数据存储块的访问。

目前，已得到广泛应用的分布式文件系统主要包括 GFS 和 HDFS 等，后者是针对前者的开源实现。

3.1.2 DFS 集群架构

普通的文件系统只需要单个计算机节点就可以完成文件的存储和处理，单个计算机节点由处理器、内存、高速缓存和本地磁盘构成。

分布式文件系统把文件分布存储到多个计算机节点上，成千上万的计算机节点构成计算机集群。与之前使用多个处理器和专用高级硬件的并行化处理装置不同的是，目前的分布式文件系统所采用的计算机集群都是由普通硬件构成的，这就大大降低了硬件上的开销。

集群中的计算机节点存放在机架（Rack）上，每个机架可以存放 8～64 个节点，同一机架上的不同节点之间通过网络互连（常采用吉比特以太网），多个不同机架之间采用另一级网络或交换机互连。

3.1.3 分布式文件系统的结构

在 Windows、Linux 操作系统中，文件系统一般会把磁盘空间划分为每 512 字节一组，称为“磁盘块”，它是文件系统读写操作的最小单位，文件系统的块（Block）通常是磁盘块的整数倍，即每次读写的数据量必须是磁盘块大小的整数倍。

与普通文件系统类似，分布式文件系统也采用了块的概念，文件被分成若干个块进行存储，块是数据读写的基本单元，只不过分布式文件系统的块要比操作系统中的块大很多。例如，HDFS 默认的一个块的大小是 128 MB（Hadoop 1.x 为 64 MB）。与普通文件不同的是，在分布式文件系统中，如果一个文件小于一个数据块的大小，它并不占用整个数据块的存储空间。

分布式文件系统在物理结构上是由计算机集群中的多个节点构成的，如图 3–1 所示。这些节点分为两类：一类叫“主节点”（Master Node），或者也被称为“名称节点”（NameNode）；另一类叫“从节点”（Slave Node），或者也被称为“数据节点”（DataNode）。

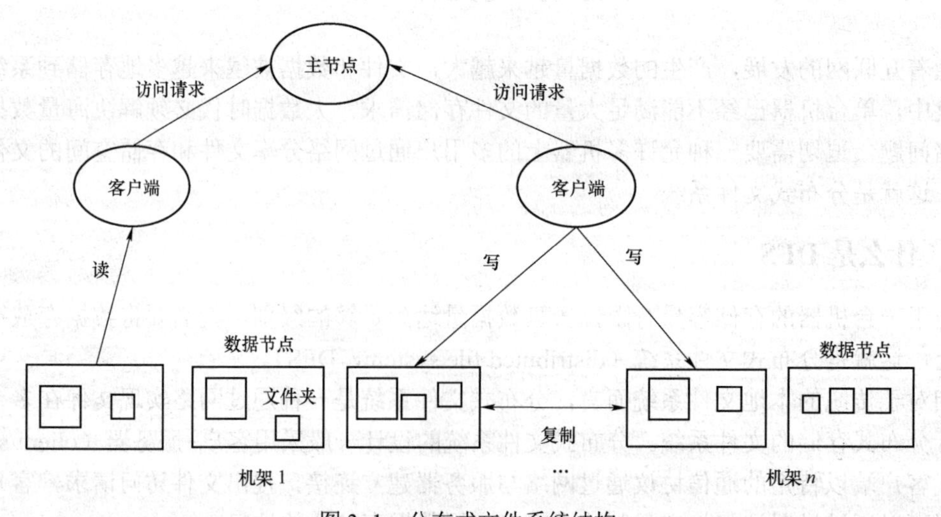

图 3–1 分布式文件系统结构

名称节点负责文件和目录的创建、删除及重命名等，同时管理数据节点和文件块的映射关系，因此，客户端只有访问名称节点才能找到请求的文件块所在的位置，进而到相应位置读取所需文件块。

数据节点负责数据的存储和读取，在存储时，由名称节点分配存储位置，然后由客户端把数据直接写入相应的数据节点；在读取时，客户端从名称节点获得数据节点和文件块的映射关系，然后就可以到相应位置访问文件块。数据节点也要根据名称节点的命令创建、删除数据块和冗余复制。

计算机集群中的节点可能发生故障，因此，为了保证数据的完整性，分布式文件系统通常采用多副本存储。文件块会被复制为多个副本，存储在不同的节点上，而且存储同一文件块的不同副本的各个节点会分布在不同的机架上，这样，在单个节点出现故障时，就可以快速调用副本重启单个节点上的计算过程，而不用重启整个计算过程，当整个机架出现故障时也不会丢失所有文件块。文件块的大小和副本个数通常可以由用户指定。

分布式文件系统是针对大规模数据存储而设计的，主要用于处理大规模文件，如 TB 级文件。处理过小的文件不仅无法充分发挥其优势，而且会严重影响到系统的扩展和性能。

3.2 HDFS 简介

3.2.1 HDFS 概念

HDFS，是 Hadoop distributed file system（Hadoop 分布式文件系统）的简称，它是 Hadoop 核心组件之一，是大数据生态圈最底层的分布式存储服务，HDFS 开源实现了 GFS 的基本思想。HDFS 原来是 Apache Nutch 搜索引擎的一部分，后来独立出来作为一个 Apache 子项目，并和 MapReduce 一起成为 Hadoop 的核心组成部分。它是一个使用 Java 语言实现的分布式、可横向扩展的文件系统。

HDFS 和现有的分布式文件系统有很多共同点。但同时，它和其他的分布式文件系统的区别也是很明显的。HDFS 是一个高度容错性的系统，适合部署在廉价的机器上。HDFS 能提供高吞吐量的数据访问，非常适合大规模数据集上的应用。HDFS 放宽了一部分 POSIX 约束，来实现流式读取文件系统数据的目的。

3.2.2 HDFS 体系结构

HDFS 采用了主从（Master/Slave）结构模型，一个 HDFS 集群包括一个名称节点和若干个数据节点。名称节点作为中心服务器，负责管理文件系统的命名空间及客户端对文件的访问。集群中的数据节点一般是一个节点运行一个数据节点进程，负责处理文件系统客户端的读/写请求，在名称节点的统一调度下进行数据块的创建、删除和复制等操作。每个数据节点的数据实际上是保存在本地 Linux 文件系统中的。每个数据节点会周期性地向名称节点发送“心跳”信息，报告自己的状态，没有按时发送心跳信息的数据节点会被标记为“宕机”，不会再给它分配任何 I/O 请求。

用户在使用 HDFS 时，仍然可以像在普通文件系统中那样，使用文件名去存储和访问文件。实际上，在系统内部，一个文件会被切分成若干个数据块，这些数据块被分布存储到若干个数据节点上。当客户端需要访问一个文件时，首先把文件名发送给名称节点，名称节点根据文件名找到对应的数据块（一个文件可能包括多个数据块），再根据每个数据块信息找到实际存储各个数据块的数据节点的位置，并把数据节点位置发送给客户端，最后客户端直接访问这些数据节点获取数据。在整个访问过程中，名称节点并不参与数据的传输。这种设计方式，使得一个文件的数据能够在不同的数据节点上实现并发访问，大大提高了数据访问速度。

HDFS 采用 Java 语言开发，因此，任何支持 JVM 的机器都可以部署名称节点和数据节点。在实际部署时，通常在集群中选择一台性能较好的机器作为名称节点，其他机器作为数据节点。当然，一台机器可以运行任意多个数据节点，甚至名称节点和数据节点也可以放在一台机器上运行，不过，很少在正式部署中采用这种模式。HDFS 集群中只有唯一一个名称节点，该节点负责所有元数据的管理，这种设计大大简化了分布式文件系统的结构，可以保证数据不会脱离名称节点的控制，同时，用户数据也永远不会经过名称节点，这大大减轻了中心服务器的负担，方便了数据管理。

3.2.3 HDFS 命名空间

HDFS 使用的是传统的分级文件体系，因此，用户可以像使用普通文件系统一样，创建、删除目录和文件，在目录间转移文件、重命名文件等。

HDFS 的命名空间包含目录、文件和块。命名空间管理是指命名空间支持对 HDFS 中的目录、文件和块做类似文件系统的创建、修改、删除等基本操作。在当前的 HDFS 体系结构中，在整个 HDFS 集群中只有一个命名空间，并且只有唯一一个名称节点，该节点负责对这个命名空间进行管理。

3.2.4 HDFS 通信协议

HDFS 是一个部署在集群上的分布式文件系统，因此，很多数据需要通过网络进行传输。所有的 HDFS 通信协议都是构建在 TCP/IP 协议基础之上的。客户端通过一个可配置的端口向名称节点主动发起 TCP 连接，并使用客户端协议与名称节点进行交互。名称节点和数据节点之间则使用数据节点协议进行交互。客户端与数据节点的交互是通过 RPC（remote procedure call）来实现的。在设计上，名称节点不会主动发起 RPC，而是响应来自客户端和数据节点的 RPC 请求。

3.2.5 HDFS 客户端

客户端是用户操作 HDFS 最常用的方式，HDFS 在部署时都提供了客户端。不过需要说明的是，严格来说，客户端并不算是 HDFS 的一部分。客户端可以支持打开、读取、写入等常见的操作，并且提供了类似 Shell 的命令行方式来访问 HDFS 中的数据。此外，HDFS 也提供了 Java API，作为应用程序访问文件系统的客户端编程接口。

3.2.6 HDFS 特点

HDFS 用来设计存储大数据，并且是分布式存储，所以所有特点都与大数据及分布式有关，其特点可概括如下。

1）简单一致性

对 HDFS 的大部分应用都是一次写入多次读（只能有一个 writer，但可以有多个 reader），如搜索引擎程序，一个文件写入后就不能修改了。因此，写入 HDFS 的文件不能修改或编辑，如果一定要进行这样的操作，只能在 HDFS 外修改好了再上传。

2）故障检测和自动恢复

企业级的 HDFS 文件由数百甚至上千个节点组成，而这些节点往往是一些廉价的硬件，这样故障就成了常态。HDFS 具有容错性，能够自动检测故障并迅速恢复，因此，用户察觉不到明显的中断。

3）流式数据访问

Hadoop 的访问模式是一次写多次读，而读可以在不同的节点的冗余副本读，所以读数据的时间相应可以非常短，非常适合大数据读取。运行在 HDFS 上的程序必须是流式访问数据集，接着长时间在大数据集上进行各类分析，所以 HDFS 的设计旨在提高数据吞吐量，而不是用户交互型的小数据。HDFS 放宽了对 POSIX（可移植操作系统接口）规范的强制性要求，去掉一些没必要的语义，这样可以获得更好的吞吐量。

4）支持超大文件

由于更高的访问吞吐量，HDFS 支持 GB 级甚至 TB 级的文件存储，但如果存储大量小文件的话对主节点的内存影响会很大。

5）优化的读取

由于 HDFS 集群往往是建立在跨多个机架的集群机器上的，而同一个机架节点间的网络带宽要优于不同机架上的网络带宽，所以 HDFS 集群中的读操作往往被转换成离读节点最近的一个节点的数据读取；如果 HDFS 跨越多个数据中心，那么该数据中心的数据复制优先级要高于其他远程数据中心的优先级。

6）数据完整性

从某个数据节点上获取的数据块有可能是损坏的，损坏可能是由于存储设备错误、网络错误或者软件 bug 造成的。HDFS 客户端软件实现了对 HDFS 文件内容的校验和检查，当客户端创建一个新的 HDFS 文件时，会计算这个文件每个数据块的校验和，并将校验和作为一个单独的隐藏文件保存在同一个 HDFS 命名空间下。当客户端获取到文件内容后，会对此节点获取的数据与相应文件中的校验和进行匹配。如果不匹配，客户端可以选择从其余节点获取该数据块进行复制。

3.2.7 HDFS 的局限性

HDFS 特殊的设计，在实现上述优良特性的同时，也使得自身具有一些局限性。

1. 应用局限性

1）不适合低延迟数据访问

HDFS 主要是面向大规模数据批量处理而设计的，采用流式数据读取，具有很高的数据吞吐率，但是，这也意味着较高的延迟。因此，HDFS 不适合用在需要较低延迟（如数十毫秒）的应用场合。对于低延时要求的应用程序而言，HBase 是一个更好的选择。

2）无法高效存储大量小文件

小文件是指文件大小小于一个块的文件，HDFS 无法高效存储和处理大量小文件，过多小文件会给系统扩展性和性能带来诸多问题。首先，HDFS 采用名称节点（NameNode）来管理文件系统的元数据，这些元数据被保存在内存中，从而使客户端可以快速获取文件实际存储位置。通常，每个文件、目录和块大约占 150 字节，如果有 1 000 万个文件，每个文件对应一个块，那么，名称节点至少要消耗 3 GB 的内存来保存这些元数据信息。很显然，这时元数据检索的效率就比较低了，需要花费较多的时间找到一个文件的实际存储位置。而且，如果继续扩展到数十亿个文件时，名称节点保存元数据所需要的内存空间就会大大增加，以现有的硬件水平，是无法在内存中保存如此大量的元数据的。其次，在用 MapReduce 处理大量小文件时，会产生过多的 Map 任务，线程管理开销会大大增加，因此，处理大量小文件的速度远远低于处理同等大小的大文件的速度。再次，访问大量小文件的速度远远低于访问几个大文件的速度，因为访问大量小文件，需要不断从一个数据节点跳到另一个数据节点，严重影响性能。

3）不支持多用户写入及任意修改文件

HDFS 只允许一个文件有一个写入者，不允许多个用户对同一个文件执行写操作，而且只允许对文件执行追加操作，不能执行随机写操作。

2. 体系结构的局限性

HDFS 只设置唯一一个名称节点，这样做虽然大大简化了系统设计，但也带来了一些明显的局限性，具体如下。

（1）命名空间的限制。名称节点是保存在内存中的，因此，名称节点能够容纳对象（文件、块）的个数会受到内存空间大小的限制。

（2）性能的瓶颈。整个分布式文件系统的吞吐量受限于单个名称节点的吞吐量。

（3）隔离问题。由于集群中只有一个名称节点，只有一个命名空间，因此，无法对不同应用程序进行隔离。

（4）集群的可用性。一旦这个唯一的名称节点发生故障，会导致整个集群变得不可用。

3.3 HDFS 主要组件

HDFS 系统的主要构成组件包括数据块、名称节点、数据节点及第二名称节点。

3.3.1 数据块

HDFS 中的文件是以数据块（Block）的形式存储的，默认最基本的存储单位是 128 MB（Hadoop 1.x 为 64 MB）的数据块。也就是说，存储在 HDFS 中的文件都会被分割成 128 MB 一块的数据块进行存储，如果文件本身小于一个数据块的大小，则按实际大小存储，并不占用整个数据块空间。

HDFS 的数据块之所以会设置这么大，其目的是减少寻址开销。数据块数量越多，寻址数据块所耗的时间就越多。当然也不会设置过大，MapReduce 中的 Map 任务通常一次只处理一个块中的数据，如果任务数太少，作业的运行速度就会比较慢。

1. 冗余存储

HDFS 的每一个数据块默认都有 3 个副本，分别存储在不同的数据节点（DataNode）上，以实现容错功能。因此，若数据块的某个副本丢失并不影响对数据块的访问。数据块大小和副本数量可在配置文件中更改。HDFS 数据块的存储结构如图 3-2 所示。

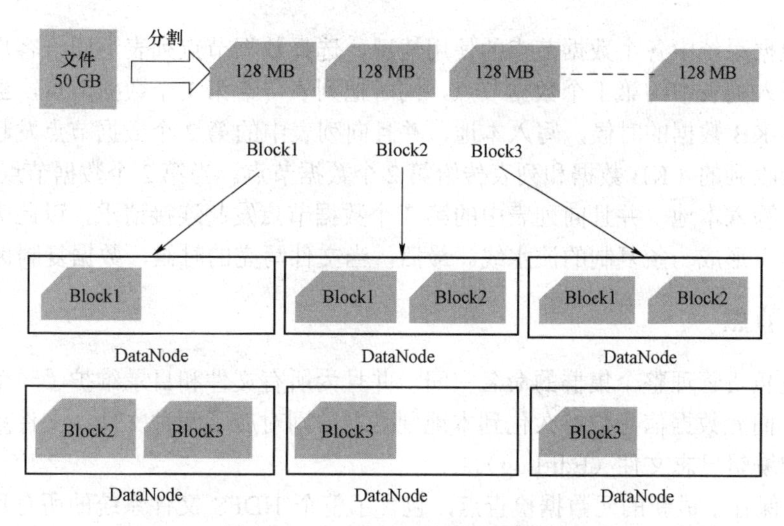

图 3-2　HDFS 数据块的存储结构

2. 存储策略

HDFS 中文件作为独立的存储单元，被划分为块（Block）大小的多个分块，在 Hadoop 2.x 中默认值为 128 MB。当 HDFS 中存储小于一个块大小的文件时不会占据整个块的空间，也就是说，1 MB 的文件存储时只占用 1 MB 的空间而不是 128 MB。HDFS 的容错性也要求数据自动保存多个副本，副本的放置策略如图 3-3 所示。

第 1 个副本：放置在上传文件的 DataNode；如果是集群外提交，则随机挑选一个磁盘不太满、CPU 不太忙的节点。

第 2 个副本：放置在与第 1 个副本不同机架的节点上。

第 3 个副本：放置在与第 2 个副本相同机架的节点上。

更多副本：随机节点。

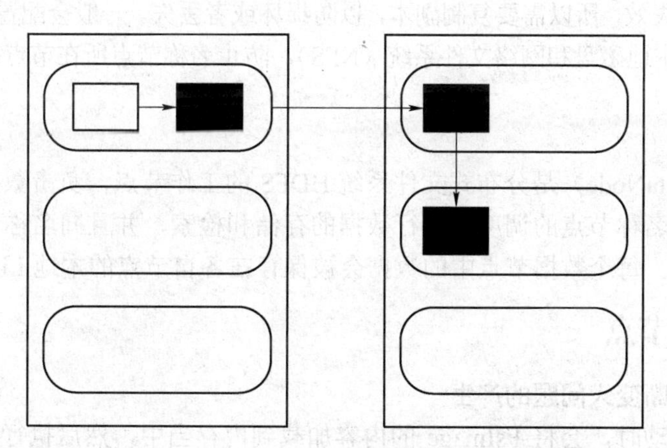

图 3-3　副本的放置策略

3. 数据复制

HDFS 的数据复制采用了流水线复制的策略，大大提高了数据复制过程的效率。当客户端要往 HDFS 中写入一个文件时，这个文件会首先被写入本地，并被切分成若干个块，每个块的大小是由 HDFS 的设定值来决定的。每个块都向 HDFS 集群中的名称节点发起写请求，名称节点会根据系统中各个数据节点的使用情况，选择数据节点列表返回给客户端，然后客户端就首先写入列表中的第 1 个数据节点，同时把列表传给第 1 个数据节点，当第 1 个数据节点接收到 4 KB 数据的时候，写入本地，并且向列表中的第 2 个数据节点发起连接请求，把自己已经接收到的 4 KB 数据和列表传给第 2 个数据节点。当第 2 个数据节点接收到 4 KB 数据的时候，写入本地，并且向列表中的第 3 个数据节点发起连接请求，以此类推，列表中的多个数据节点形成一条复制的流水线。最后，当文件写完的时候，数据复制也同时完成。

3.3.2 名称节点

名称节点负责管理整个集群的命名空间，并且为所有文件和目录维护了一个树状结构的元数据信息，而元数据信息被持久化到本地硬盘上分别对应了两种文件：文件系统镜像文件（FsImage）和编辑日志文件（EditLog）。

FsImage 保存了最新的元数据检查点，包含了整个 HDFS 文件系统的所有目录和文件的信息。对于文件来说包括了数据块描述信息、修改时间、访问时间等；对于目录来说包括修改时间、访问权限控制信息（目录所属用户，所在组）等。

EditLog 主要是在 NameNode 已经启动的情况下对 HDFS 进行的各种更新（创建、删除、重命名等事务）操作进行记录，HDFS 客户端执行所有的写操作都会被记录其中。

简单地说，NameNode 维护了文件与数据块的映射表及数据块与数据节点的映射表，什么意思呢？就是一个文件，它被切分成了几个数据块，以及这些数据块分别存储在哪些 DataNode 上，NameNode 一清二楚。FsImage 就是在某一时刻整个 HDFS 的快照，就是这个时刻 HDFS 上所有的文件块和目录各自的状态、位于哪些个 DataNode、各自的权限、各自的副本个数等。然后客户端对 HDFS 所有的更新操作，如移动数据或者删除数据，都会记录在 EditLog 中。

文件系统镜像文件和编辑日志文件是 HDFS 的核心数据结构，如果这些文件损坏了，整个 HDFS 实例都将失效，所以需要复制副本，以防损坏或者丢失。一般会配置两个目录来存储这两个文件，分别是本地磁盘和网络文件系统（NFS），防止名称节点所在节点磁盘数据丢失。

3.3.3 数据节点

数据节点（DataNode）是分布式文件系统 HDFS 的工作节点，负责数据的存储和读取，会根据客户端或者名称节点的调度来进行数据的存储和检索，并且向名称节点定期发送自己所存储的块的列表。每个数据节点中的数据会被保存在各自节点的本地 Linux 文件系统中。

3.3.4 第二名称节点

1. EditLog 不断变大问题的产生

名称节点在启动时，会将 FsImage 的内容加载到内存当中，然后执行 EditLog 文件中的各项操作，使得内存中的元数据保持最新。这个操作完成以后，就会创建一个新的 FsImage 文件和一个空的 EditLog 文件。名称节点启动成功并进入正常运行状态以后，HDFS 中的更新操作都会被写入 EditLog，而不是直接写入 FsImage，这是因为对于分布式文件系统而言，FsImage 文件通常都很庞大（一般都是 GB 级别以上），如果所有的更新操作都直接往 FsImage 文件中添加，那么系统就会变得非常缓慢。相对而言，EditLog 通常都要远远小于 FsImage，更新操作写入 EditLog 是非常高效的。名称节点在启动的过程中处于“安全模式”，只能对外提供读操作，无法提供写操作。启动过程结束后，系统就会退出安全模式，进入正常运行状态，对外提供读写操作。

在名称节点运行期间，HDFS 会不断发生更新操作，这些更新操作都是直接被写入 EditLog 文件，因此，EditLog 文件也会逐渐变大。在名称节点运行期间，不断变大的 EditLog 文件通常对于系统性能不会产生显著影响，但是当名称节点重启时，将 FsImage 加载到内存中，然后逐条执行 EditLog 中的记录，使得 FsImage 保持最新。可想而知，如果 EditLog 很大，就会导致整个过程变得非常缓慢，使得名称节点在启动过程中长期处于“安全模式”， 无法正常对外提供写操作，影响了用户的使用。

2. 第二名称节点的功能

为了有效解决 EditLog 逐渐变大带来的问题，HDFS 在设计中采用了第二名称节点（secondary NameNode）。第二名称节点是 HDFS 架构的一个重要组成部分，具有两个方面的功能：首先，可以完成 EditLog 与 FsImage 的合并操作，减小 EditLog 文件大小，缩短名称节点重启时间；其次，可以作为名称节点的“检查点”，保存名称节点中的元数据信息，保证了 HDFS 系统的完整性。

3. 第二名称节点的处理流程

第二名称节点不是真正意义上的名称数据节点，尽管名字很像，但它的主要工作是周期性地把文件系统镜像文件与编辑日志文件合并，然后清空旧的编辑日志文件。由于这种合并操作需要大量 CPU 和内存资源，所以往往把其配置在一台独立的节点上。第二名称节点合并编辑日志文件的过程如图 3-4 所示。

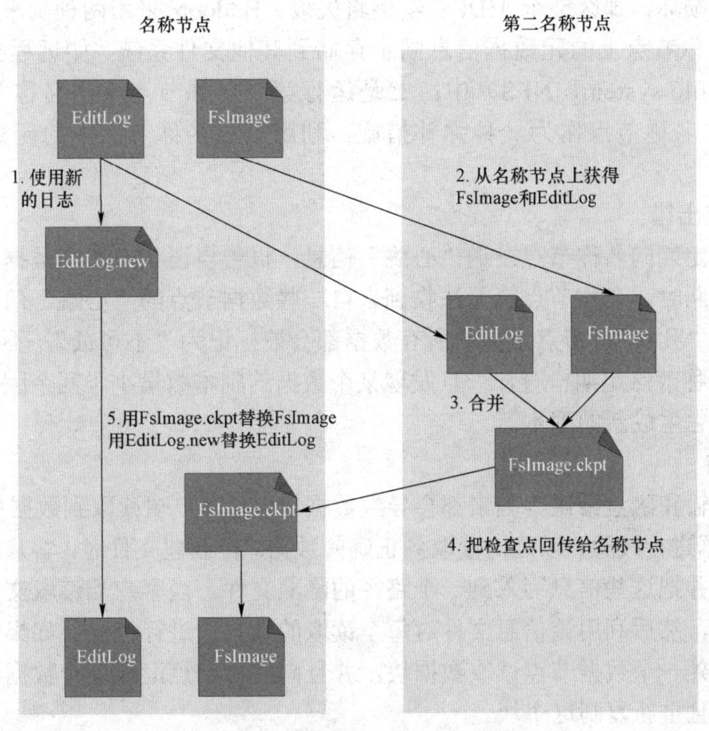

图 3-4　第二名称节点工作原理

（1）第二名称节点发送请求，名称节点停止把操作信息写进 EditLog 文件中，转而新建一个 EditLog.new 文件写入。

（2）通过 HTTP GET 请求，从名称节点获取旧的编辑日志文件和文件系统镜像文件。

（3）第二名称节点加载硬盘上的文件系统镜像文件和编辑日志文件，在内存中合并后成为新的文件系统镜像文件，然后写到磁盘上，这个过程称作保存点（Check Point），合并生成的文件为 FsImage.ckpt。

（4）通过 HTTP POST 请求将 FsImage.ckpt 发送回名称节点。

（5）名称节点更新文件系统镜像文件，同时把 EditLog.new 改名为 EditLog，同时还更新 FsImage 文件来记录保存点执行的时间。

需要注意的是，在第二名称节点上合并操作得到的新的 Fslmage 文件是合并操作发生时记录，并没有包含合并期间发生的更新操作，第二名称节点保存的状态要滞后于名称节点，所以当名称节点在合并期间发生故障，系统就会丢失部分元数据信息，在 HDFS 的设计中，也并不支持把系统直接切换到第二名称节点，因此，从这个角度来讲，第二名称节点只是起到了名称节点的“检查点”作用，并不能起到“热备份”作用。

3.3.5 数据错误与恢复

HDFS 具有较高的容错性，可以兼容廉价的硬件设备，它把硬件出错看成一种常态，而不是异常，并设计了相应的机制检测数据错误和进行自动恢复，主要包括以下 3 种情形。

1. 名称节点出错

名称节点保存了所有的元数据信息，其中最核心的两大文件是 FsImage 和 EditLog，如果这两个文件发生损坏，那么整个 HDFS 实例将失效。Hadoop 采用两种制来确保名称节点的安全：一是把名称节点上的元数据信息同步存储到其他文件系统，如远程挂载的网络文件系统（network file system，NFS）中；二是运行第二名称节点，当名称节点死机以后，可以把运行第二名称节点作为一种弥补措施，利用第二名称节点中的元数据信息进行系统恢复。

2. 数据节点出错

数据节点会定期向名称节点发送“心跳”信息，报告自己状态，当数据节点发生故障，或者网络发生断网时，名称节点就无法收到来自一些数据节点的“心跳”信息，这些数据节点就会被标记为“死机”，节点上面的所有数据都会被标记为“不可读”，不会给它们发送任何 I/O 请求。名称节点定期检查，一旦发现某个数据的副本数量小于冗余因子，就会启动数据冗余复制，为它生成新的副本。

3. 数据出错

由于网络传输和磁盘错误等因素都会导致数据错误，客户端读取到数据后，会进行 MD5 和 SHA-1 对数据进行校验，以确定读取到正确的数据。在创建文件时，客户端会对每个文件进行信息摘录，并把这些信息写入到一个路径的隐藏文件。当客户端读取文件的时候，会先读取该信息文件，然后利用该信息文件对每个读取的数据块进行校验。如果校验出错，客户端就会请求到另外一个数据节点读取数据块，并且向名称节点汇报这个数据块有错误，名称节点定期检查并且重新复制这个块。

3.4　HDFS 的数据读写过程

在介绍 HDFS 的数据读写过程之前，简单介绍一下相关的类。FileSystem 是一个通用文件系统的抽象基类，可以被分布式文件系统继承，所有使用 Hadoop 文件系统的代码都要使用到这个类。Hadoop 为 FileSystem 这个抽象类提供了多种具体的实现，DistributedFileSystem 就是 FileSystem 在 HDFS 文件系统中的实现。FileSystem 的 open( )方法返回的是一个输入流 FSDataInputStream 对象，在 HDFS 文件系统中具体的输入流就是 DFSInputStream；FileSystem 中的 create( )方法返回的是一个输出流 FSDataOutputStream 对象，在 HDFS 文件系统中具体的输出流就是 DFSOutputStream。

3.4.1　HDFS 读数据的过程

当客户端连续调用 open( )、read( )、close( )读取数据时，HDFS 的执行过程如图 3-5 所示。

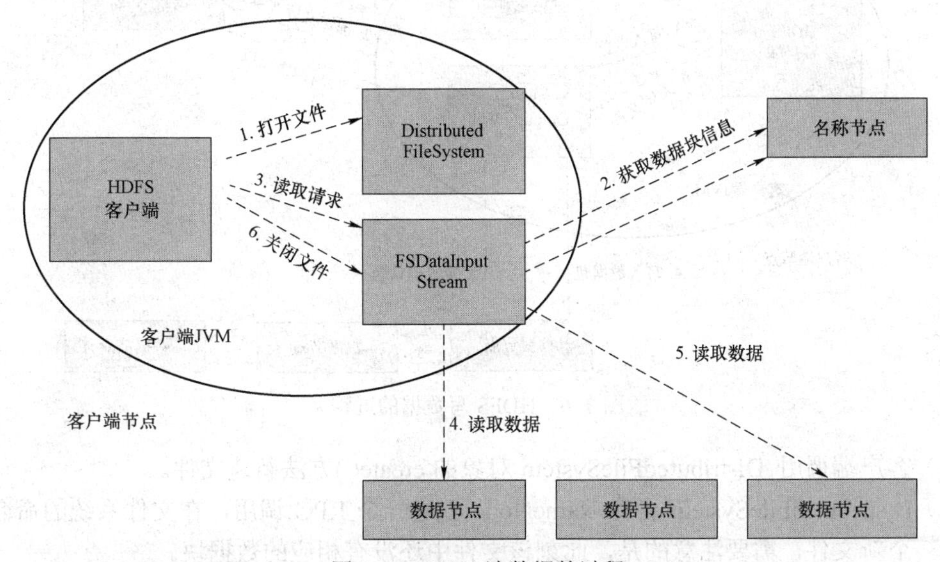

图 3-5　HDFS 读数据的过程

（1）客户端通过 FileSystem.open( )打开文件，对于 HDFS 而言，具体的输入流就是 DFSInputStream 的一个实例。

（2）DistributedFileSystem 通过使用远程过程调用（RPC）来调用 NameNode，以确定文件起始块的位置。

（3）对于每个块，NameNode 返回到存有该块副本的 DataNode 地址。此外，这些 DataNode 根据它们与客户端的距离来排序。如果该客户端本身就是一个 DataNode，那么该客户端将会从包含有相应数据块副本的本地 DataNode 读取数据。DistributedFileSystem 类返回一个 FSDataInputStream 对象给客户端并读取数据，FSDataInputStream 转而封装 DFSInputStream 对象，该对象管理着 DataNode 和 NameNode 的 IO。接着，客户端对这个输入流调用 read( )方法。

（4）存储着文件起始几个块的 DataNode 地址的 DFSInputStream，接着会连接距离最近的文件中第一个块所在的 DataNode。通过对数据流的反复调用 read( )方法，实现将数据从

DataNode 传输到客户端。

（5）当快到达块的末端时，DFSInputStream 会关闭与该 DataNode 的连接，然后寻找下一个块最佳的 DataNode。

（6）当客户端从流中读取数据时，块是按照打开的 DFSInputStream 与 DataNode 新建连接的顺序进行读取的。它也会根据需要询问 NameNode，从而检索下一批数据块的 DataNode 的位置。一旦客户端完成读取，就对 FSDataInputStream 调用 close( )方法。

3.4.2 HDFS 写数据的过程

客户端向 HDFS 写数据是一个复杂的过程，当客户端调用 create( )、write( )和 close( )时，HDFS 写数据的过程如图 3-6 所示。

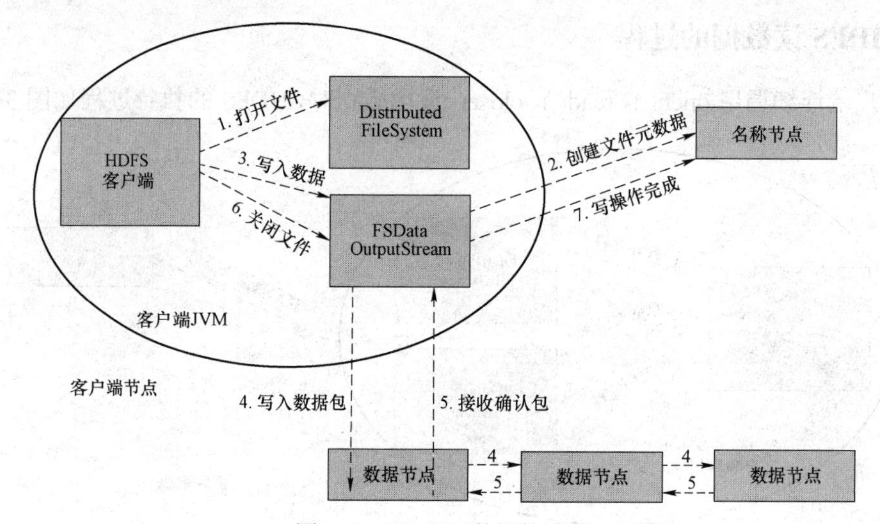

图 3-6　HDFS 写数据的过程

（1）客户端调用 DistributedFileSystem 对象的 create( )方法新建文件。

（2）DistributedFileSystem 会对 NameNode 创建一个 RPC 调用，在文件系统的命名空间中创建一个新文件，需要注意的是，此刻该文件中还没有相应的数据块。

（3）NameNode 通过执行不同的检查来确保这个文件不存在而且客户端有新建该文件的权限。如果这些检查都通过了，NameNode 就会为创建新文件写下一条记录；反之，如果文件创建失败，则向客户端抛出一个 IOException 异常。

（4）随后 DistributedFileSystem 向客户端返回一个 FSDataOutputStream 对象，这样客户端就可以调用 write( )写入数据了。和读取事件类似，FSDataOutputStream 封装一个 DFSOutputStream 对象，该对象会负责处理 DataNode 和 NameNode 之间的通信。在客户端写入数据的时候，DFSOutputStream 将它分成一个个的数据包，并且写入内部队列，称为“数据队列”（data queue）。

（5）DataStream 处理数据队列，它的任务是选出适合用来存储数据副本的一组 DataNode，并据此要求 NameNode 分配新的数据块。这一组 DataNode 会构成一条管线，DataStream 会将数据包流式传输到管道中的第一个 DataNode，然后依次存储并发送给下一个 DataNode。

（6）DFSOutPutStream 也维护一个内部数据包队列来等待 DataNode 的收到确认回执，称为“确认队列”（ask queue）。收到管道中所有的 DataNode 确认信息后，该数据包才会从确认队列删除。

（7）客户端完成数据的写入后，会对数据流调用 close( )方法关闭输出流。

本章小结

分布式文件系统是大数据时代解决大规模数据存储问题的有效解决方案，HDFS 开源实现了 GFS，可以利用由廉价硬件构成的计算机集群实现海量数据的分布式存储。

HDFS 采用了主从（master/slave）结构模型，一个 HDFS 集群包括一个名称节点和若干个数据节点。名称节点负责管理分布式文件系统的命名空间；数据节点是分布式文件系统 HDFS 的工作节点，负责数据的存储和读取。

HDFS 具有简单一致性、故障检测和自动恢复、流式数据访问、支持超大文件、优化的读取、数据完整性等特点。但是也要注意到，HDFS 也有自身的局限性，如不适合低延迟数据访问、无法高效存储大量小文件和不支持多用户写入及任意修改文件等。

块是 HDFS 的核心概念，一个大的文件会被拆分成很多个块。第二名称节点解决了 EditLog 不断变大的问题。

本章最后介绍了 HDFS 的数据读写过程。

习　题

1. 如何理解分布式文件系统？
2. 简述分布式文件系统的结构。
3. 如何理解 HDFS？
4. 试述 HDFS 的体系结构。
5. 请阐述 HDFS 有哪些特点。
6. 请阐述 HDFS 的局限性具体表现在哪些方面。
7. 试述 HDFS 的冗余数据保存策略。
8. 请阐述对 HDFS 块的理解。
9. 试述 HDFS 名称节点的两种数据结构。
10. 试述第二名称节点的功能。
11. 试述第二名称节点的工作过程。
12. 请阐述 HDFS 写文件的过程。

实验 3.1　完全分布式文件系统搭建

1. 实验目的

（1）熟练掌握 shell 的操作。

（2）理解并掌握完全分布式 HDFS 的配置过程。

2. 实验环境

（1）Xshell-7.0.0122p。

（2）hadoop-3.3.2.tar.gz。

3. 实验步骤

Hadoop 部署有 3 种模式，分别是单机模式、伪分布式运行模式和完全分布式模式。

单机模式：这种模式在一台单机上运行，没有分布式文件系统，而是直接读写本地操作系统的文件系统，一般仅用于本地 MR 程序的调试。

伪分布式运行模式：这种模式也是在一台单机上运行，但用不同的 Java 进程模仿分布式运行中的各类节点。

完全分布式模式：真正的分布式，由 3 个及以上的实体机或者虚拟机组成的机群。

本实验搭建的是完全分布式模式，搭建集群的思路是，在节点 centos01 中安装 Hadoop 并修改配置文件，然后将配置好的 Hadoop 安装文件远程复制到集群中的其他节点对应目录下。集群中各节点角色设置见表 3–1。

表 3–1　集群中各节点角色

节点	角色
Centos01	NameNode SecondaryNameNode DataNode ResourceManager NodeManager
Centos02	DataNode NodeManager
Centos03	DataNode NodeManager

（1）Xshell 的安装与使用。安装 Xshell-6.0.0184 软件，建立连接，以后的操作在 Xshell 交互界面中进行，方便快捷。设置会话属性，如图 3–7 所示。

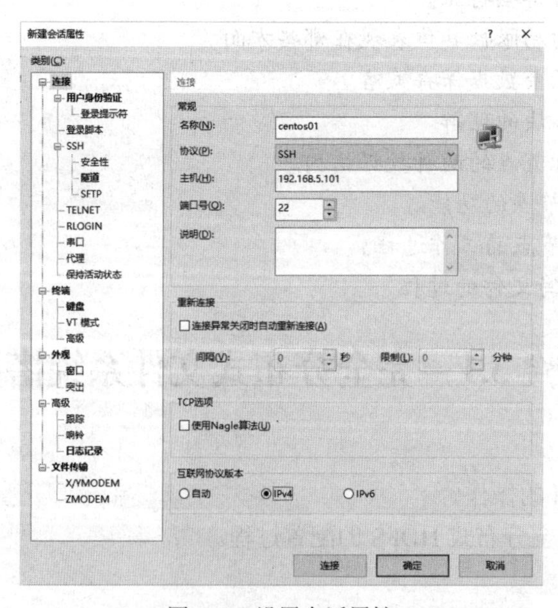

图 3–7　设置会话属性

单击连接，输入用户名称与密码，并选择记住用户名称与密码。创建 3 个节点的会话，如图 3-8 所示。

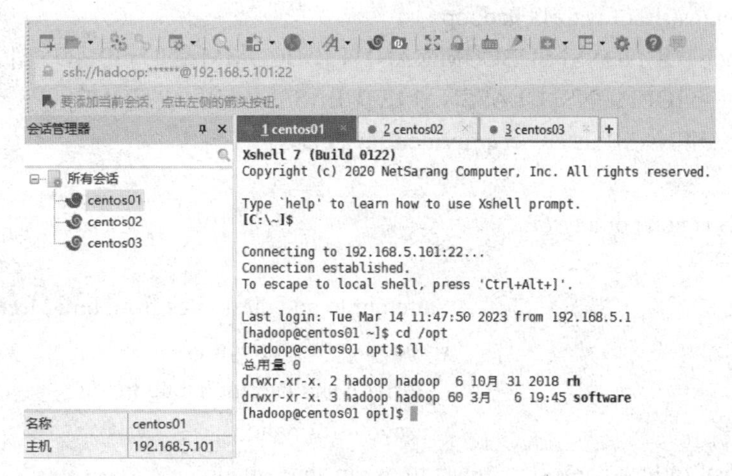

图 3-8　3 个节点的会话

（2）FTP 上传 Hadoop 并解压。

```
[hadoop@centos01 software]$ ll
总用量 764048
-rw-rw-r--. 1 hadoop hadoop     638660563 4 月    23 22:28 hadoop-3.3.2.tar.gz
drwxr-xr-x. 8 hadoop hadoop             273 12 月    9 2020 jdk1.8.0_281
-rw-rw-r--. 1 hadoop hadoop 143722924 4 月    23 21:33 jdk-8u281- linux- x64. tar .gz
[hadoop@centos01 software]$ tar -zxvf    hadoop-3.3.2.tar.gz
[hadoop@centos01 software]$ ll
总用量 764048
drwxr-xr-x. 10 hadoop hadoop            215 2 月    22 2022 hadoop-3.3.2
-rw-rw-r--.    1 hadoop hadoop 638660563 4 月    23 22:28 hadoop-3.3.2.tar.gz
drwxr-xr-x.    8 hadoop hadoop            273 12 月    9 2020 jdk1.8.0_281
-rw-rw-r--.    1 hadoop hadoop 143722924 4 月    23 21:33 jdk-8u281-linux-x64.tar.gz
```

（3）配置系统环境变量。为了可以在任意目录下执行 Hadoop 命令，而不需要进入到 Hadoop 安装目录下执行，需要配置 Hadoop 系统配置变量，在 centos01 上配置。

① 编辑/etc/profile。

```
[hadoop@centos01 software]$ sudo vi /etc/profile
unset i
unset -f pathmunge
export JAVA_HOME=/opt/softwares/jdk1.8.0_281
export HADOOP_HOME=/opt/software/hadoop-3.3.2


export PATH=$PATH:$JAVA_HOME/bin:$HADOOP_HOME/bin:$HADOOP_HOME/sbin
```

注意：vim /etc 写入时出现 E121:无法打开并写入文件，保存时用:w !sudo tee %。

② Profile 文件生效并测试。

```
[hadoop@centos01 software]$ source    /etc/profile
[hadoop@centos01 software]$ hadoop
Usage: hadoop [OPTIONS] SUBCOMMAND [SUBCOMMAND OPTIONS]
  or        hadoop [OPTIONS] CLASSNAME [CLASSNAME OPTIONS]
   where CLASSNAME is a user-provided Java class

   OPTIONS is none or any of:

buildpaths                                  attempt to add class files from build tree
--config dir                                Hadoop config directory
--debug                                     turn on shell script debug mode
--help                                      usage information
hostnames list[,of,host,names]     hosts to use in slave mode
hosts filename                              list of hosts to use in slave mode
loglevel level                              set the log4j level for this command
workers                                     turn on worker mode
```

Hadoop 所有的配置文件都存在于安装目录的 etc/Hadoop 中，进入该目录，修改以下 3 个配置文件，将 jdk 的安装目录进行配置。

```
[hadoop@centos01 hadoop-3.3.2]$ cd etc/hadoop/
[hadoop@centos01 hadoop]$ pwd
/opt/software/hadoop-3.3.2/etc/hadoop
[hadoop@centos01 hadoop]$ ll
总用量 176
-rw-r--r--. 1 hadoop hadoop   9213 2 月    22 2022 capacity-scheduler.xml
-rw-r--r--. 1 hadoop hadoop   1335 2 月    22 2022 configuration.xsl
-rw-r--r--. 1 hadoop hadoop   2567 2 月    22 2022 container-executor.cfg
-rw-r--r--. 1 hadoop hadoop    774 2 月    22 2022 core-site.xml
-rw-r--r--. 1 hadoop hadoop   3999 2 月    22 2022 hadoop-env.cmd
-rw-r--r--. 1 hadoop hadoop 16654 2 月    22 2022 hadoop-env.sh
-rw-r--r--. 1 hadoop hadoop   3321 2 月    22 2022 hadoop-metrics2.properties
-rw-r--r--. 1 hadoop hadoop 11765 2 月    22 2022 hadoop-policy.xml
-rw-r--r--. 1 hadoop hadoop   3414 2 月    22 2022 hadoop-user-functions.sh.example
-rw-r--r--. 1 hadoop hadoop    683 2 月    22 2022 hdfs-rbf-site.xml
-rw-r--r--. 1 hadoop hadoop    775 2 月    22 2022 hdfs-site.xml
-rw-r--r--. 1 hadoop hadoop   1484 2 月    22 2022 httpfs-env.sh
-rw-r--r--. 1 hadoop hadoop   1657 2 月    22 2022 httpfs-log4j.properties
-rw-r--r--. 1 hadoop hadoop    620 2 月    22 2022 httpfs-site.xml
-rw-r--r--. 1 hadoop hadoop   3518 2 月    22 2022 kms-acls.xml
```

```
-rw-r--r--. 1 hadoop hadoop    1351 2 月    22 2022 kms-env.sh
-rw-r--r--. 1 hadoop hadoop    1860 2 月    22 2022 kms-log4j.properties
-rw-r--r--. 1 hadoop hadoop     682 2 月    22 2022 kms-site.xml
-rw-r--r--. 1 hadoop hadoop 13700 2 月    22 2022 log4j.properties
-rw-r--r--. 1 hadoop hadoop     951 2 月    22 2022 mapred-env.cmd
-rw-r--r--. 1 hadoop hadoop    1764 2 月    22 2022 mapred-env.sh
-rw-r--r--. 1 hadoop hadoop    4113 2 月    22 2022 mapred-queues.xml.template
-rw-r--r--. 1 hadoop hadoop     758 2 月    22 2022 mapred-site.xml
drwxr-xr-x. 2 hadoop hadoop       24 2 月    22 2022 shellprofile.d
-rw-r--r--. 1 hadoop hadoop    2316 2 月    22 2022 ssl-client.xml.example
-rw-r--r--. 1 hadoop hadoop    2697 2 月    22 2022 ssl-server.xml.example
-rw-r--r--. 1 hadoop hadoop    2681 2 月    22 2022 user_ec_policies.xml.template
-rw-r--r--. 1 hadoop hadoop      10 2 月    22 2022 workers
-rw-r--r--. 1 hadoop hadoop    2250 2 月    22 2022 yarn-env.cmd
-rw-r--r--. 1 hadoop hadoop    6329 2 月    22 2022 yarn-env.sh
-rw-r--r--. 1 hadoop hadoop    2591 2 月    22 2022 yarnservice-log4j.properties
-rw-r--r--. 1 hadoop hadoop     690 2 月    22 2022 yarn-site.xml
```

③ 编辑 hadoop-env.sh 配置文件。

```
[hadoop@centos01 hadoop]$ vi hadoop-env.sh
# The java implementation to use. By default, this environment
# variable is REQUIRED on ALL platforms except OS X!
export JAVA_HOME=/opt/software/jdk1.8.0_281
```

（4）配置 HDFS。在/opt/software/hadoop-3.3.2/etc/hadoop 目录下，进行以下配置。

① 编辑配置文件 core-site.xml。在配置文件 core-site.xml 中加入以下内容：

```
<configuration>
    <property>
        <name>fs.defaultFS</name>
        <value>hdfs://centos01:9000</value>
</property>
<property>
        <name>hadoop.tmp.dir</name>
        <value>file:/opt/software/hadoop-3.3.2/tmp</value>
</property>
</configuration>
```

② 编辑配置文件 hdfs-site.xml。在配置文件 hdfs-site.xml 中加入以下内容：

```
<property>
    <name>dfs.replication</name>
    <value>2</value>
</property>
```

```
<property>
    <name>dfs.namenode.name.dir</name>
    <value>file:/opt/software/hadoop-3.3.2/tmp/dfs/name</value>
 </property>
 <property>
     <name>dfs.datanode.data.dir</name>
     <value>file:/opt/software/hadoop-3.3.2/tmp/dfs/data</value>
 </property>
```

注意：每次格式化之前，要将临时文件/opt/softwarc/hadoop-3.3.2/tmp 删除。

```
[hadoop@centos01 hadoop-3.3.2]$ rm -r tmp
```

③ 编辑 workers 文件。将所有 DataNode 节点的主机名都添加进去，每个主机占一行。

```
[hadoop@centos01 hadoop]$ vi workers
centos01
centos02
centos03
```

（5）配置 YARN 运行环境。在/opt/software/hadoop-3.3.2/etc/hadoop 目录下，进行以下配置。

① 编辑 mapred-site.xml 文件。Vi 打开 mapred-site.xml，添加以下内容：

```
[hadoop@centos01 hadoop]$ vi mapred-site.xml
<configuration>
     <property>
          <name>mapreduce.framework.name</name>
          <value>yarn</value>
     </property>
</configuration>
```

② 编辑 yarn-site.xml 文件。在 yarn-site.xml 文件中添加以下内容：

```
[hadoop@centos01 hadoop]$ vi yarn-site.xml
<configuration>
<!-- Site specific YARN configuration properties -->
    <property>
        <name>yarn.nodemanager.aux-services</name>
        <value>mapreduce_shuffle</value>
    </property>
    <property>
        <name>yarn.resourcemanager.address</name>
        <value>192.168.5.101:8032</value>
    </property>
</configuration>
```

（6）复制 Hadoop 安装文件。复制完成配置的 Hadoop 安装文件到其他节点对应文件目录下。

```
[hadoop@centos01 software]$ scp -r hadoop-3.3.2/ hadoop@centos02:/opt/software/
```

```
[hadoop@centos01 software]$ scp -r hadoop-3.3.2/ hadoop@centos03:/opt/software/
```

（7）格式化 NameNode。在 centos01 节点上执行格式化命令。

```
[hadoop@centos01 software]$ hadoop namenode -format
2023-04-23 23:20:56,149 INFO namenode.NameNode: STARTUP_MSG:
/************************************************************
STARTUP_MSG: Starting NameNode
STARTUP_MSG:     host = centos01/192.168.5.101
STARTUP_MSG:     args = [-format]
STARTUP_MSG:     version = 3.3.2
```

临时文件目录中产生以下文件，格式化成功。

```
[hadoop@centos04 current]$ pwd
/opt/software/hadoop-3.3.2/tmp/dfs/name/current
[hadoop@centos01 current]$ ll
总用量 16
-rw-rw-r--. 1 hadoop hadoop 401 4 月   23 23:20 fsimage_0000000000000000000
-rw-rw-r--. 1 hadoop hadoop   62 4 月   23 23:20 fsimage_0000000000000000000.md5
-rw-rw-r--. 1 hadoop hadoop     2 4 月   23 23:20 seen_txid
-rw-rw-r--. 1 hadoop hadoop 217 4 月   23 23:20 VERSION
```

（8）启动 HDFS 集群。

① start-all.sh 启动集群。在 centos01 节点上执行 start-all.sh 命令，启动集群。

```
[hadoop@centos01 hadoop-3.3.2]$ start-all.sh
This script is Deprecated. Instead use start-dfs.sh and start-yarn.sh
Starting namenodes on [centos01]
centos01: starting namenode, logging to /opt/software/hadoop-3.3.2/logs/hadoop- hadoop
–namenode-centos01.out
centos01: starting datanode, logging to /opt/software/hadoop-2.8.2/logs/hadoop-hadoop-
datanode-centos01.out
centos02: starting datanode, logging to /opt/software/hadoop-3.3.2/logs/hadoop-hadoop- data
node-centos02.out
centos03: starting datanode, logging to /opt/software/hadoop-3.3.2/logs/hadoop-hadoop- data
node-centos03.out
Starting secondary namenodes [0.0.0.0]
0.0.0.0: starting secondarynamenode, logging to /opt/software/hadoop-3.3.2/logs/ hadoop -
hadoop-secondarynamenode-centos01.out
starting yarn daemons
starting resourcemanager, logging to /opt/software/hadoop-2.8.2/logs/yarn- hadoop- resource
manager-centos01.out
centos03: starting nodemanager, logging to /opt/software/hadoop-3.3.2/logs/yarn- hadoop-
nodemanager-centos03.out
```

```
centos02: starting nodemanager, logging to /opt/software/hadoop-3.3.2/logs/yarn- hadoop-nodemanager-centos02.out
centos01: starting nodemanager, logging to /opt/software/hadoop-3.3.2/logs/yarn- hadoop-nodemanager-centos01.out
```

也可以执行 start-dfs.sh 和 start-yarn.sh，分别启动 HDFS 和 YARN 集群。

② 测试各节点进程。启动后各节点进程如下则表示成功。

Centos01 节点进程：

```
[hadoop@centos01 hadoop-3.3.2]$ jps
71762 DataNode
72103 ResourceManager
71942 SecondaryNameNode
71610 NameNode
72543 Jps
72254 NodeManager
```

Centos02 节点进程：

```
[hadoop@centos02 hadoop]$ jps
93376 DataNode
93635 Jps
93501 NodeManager
```

Centos03 节点进程：

```
[hadoop@centos03 hadoop]$ jps
92375 NodeManager
92250 DataNode
92509 Jps
```

③ 浏览器测试。在 Windows 系统打开浏览器，输入 centos01 的 IP 地址：http://192.168.5.101:9870/，出现以下界面，说明集群搭建成功，如图 3-9 所示，可以浏览 HDFS 的信息。

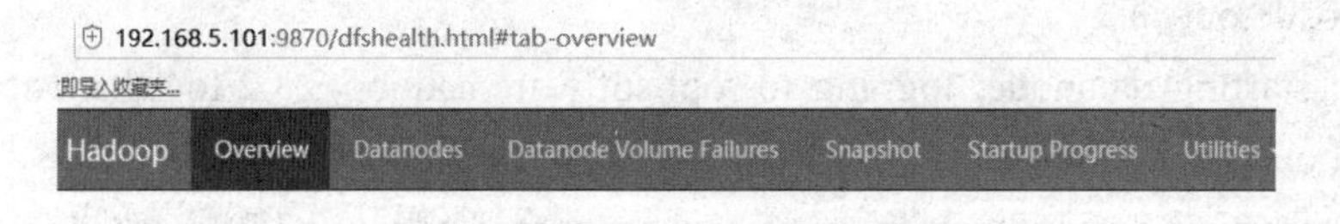

Overview 'centos01:9000' (✔active)

Namespace:	mycluster
Namenode ID:	nn1
Started:	Tue Aug 08 20:59:37 +0800 2023
Version:	3.3.2, r0bcb014209e219273cb6fd4152df7df713cbac61
Compiled:	Tue Feb 22 02:39:00 +0800 2022 by chao from branch-3.3.2
Cluster ID:	CID-16feda96-049e-4f8b-b09a-d1719a2fb52e
Block Pool ID:	BP-1353289803-192.168.5.101-1691499474846

图 3-9 浏览器访问 HDFS

实验 3.2　HDFS 基本访问操作

1. 实验目的

（1）熟练掌握 jdk 的安装与配置。

（2）理解并掌握完全分布式 HDFS 的访问操作。

2. 实验环境

（1）jdk8u202x64.zip。

（2）MyEclipse2014_59969.rar。

（3）JavaSERuntime_8085.rar。

（4）hadoop-3.3.0。

3. 实验步骤

（1）HDFS 命令操作。HDFS 的命令行接口类似传统的 shell 命令，可以通过命令行接口与 HDFS 系统进行交互，从而对系统的文件进行读取、移动、创建等操作。

命令行格式为：

hadoop fs -命令　文件路径或 hdfs dfs -命令　文件路径。

上述格式中的 hadoop fs 与 hdfs dfs 为命令前缀，使用其中一个即可。

① 命令列表。

```
$ hadoop fs
Usage: hadoop fs [generic options]
        [-appendToFile <localsrc> ... <dst>]
        [-cat [-ignoreCrc] <src> ...]
        [-checksum <src> ...]
        [-chgrp [-R] GROUP PATH...]
        [-chmod [-R] <MODE[,MODE]... | OCTALMODE> PATH...]
        [-chown [-R] [OWNER][:[GROUP]] PATH...]
        [-copyFromLocal [-f] [-p] [-l] [-d] <localsrc> ... <dst>]
        [-copyToLocal [-f] [-p] [-ignoreCrc] [-crc] <src> ... <localdst>]
        [-count [-q] [-h] [-v] [-t [<storage type>]] [-u] [-x] <path> ...]
        [-cp [-f] [-p | -p[topax]] [-d] <src> ... <dst>]
        [-createSnapshot <snapshotDir> [<snapshotName>]]
        [-deleteSnapshot <snapshotDir> <snapshotName>]
        [-df [-h] [<path> ...]]
        [-du [-s] [-h] [-x] <path> ...]
        [-expunge]
        [-find <path> ... <expression> ...]
…
```

命令解析。

```
$ hadoop fs -help ls
```

```
-ls [-C] [-d] [-h] [-q] [-R] [-t] [-S] [-r] [-u] [<path> ...] :
  List the contents that match the specified file pattern. If path is not
  specified, the contents of /user/<currentUser> will be listed. For a directory a
  list of its direct children is returned(unless -d option is specified).

  Directory entries are of the form:
    permissions - userId groupId sizeOfDirectory(in bytes)
  modificationDate(yyyy-MM-dd HH:mm)directoryName

  and file entries are of the form:
    permissions numberOfReplicas userId groupId sizeOfFile(in bytes)
  modificationDate(yyyy-MM-dd HH:mm)fileName

    -C  Display the paths of files and directories only.
    -d  Directories are listed as plain files.
    -h  Formats the sizes of files in a human-readable fashion
        rather than a number of bytes.
    -q  Print ? instead of non-printable characters.
    -R  Recursively list the contents of directories.
    -t  Sort files by modification time(most recent first).
    -S  Sort files by size.
    -r  Reverse the order of the sort.
    -u  Use time of last access instead of modification for
        display and sorting.
```

② mkdir。使用 mkdir 命令可以在 HDFS 系统中创建文件或目录。

```
[[hadoop@centos01 opt]$ hdfs dfs -ls /
[hadoop@centos01 opt]$ hdfs dfs -mkdir /output
```

③ ls。使用 ls 命令可以查看 HDFS 系统中的目录和文件。

```
[hadoop@centos01 opt]$ hdfs dfs -ls /
Found 1 items
drwxr-xr-x   - hadoop supergroup          0 2023-05-02 20:53 /output
```

递归列出 HDFS 文件系统根目录下的所有目录和文件。

```
[hadoop@centos01 opt]$ hdfs dfs -ls -R /
drwxr-xr-x   - hadoop supergroup          0 2023-05-02 20:53 /output
```

④ put。使用 put 命令可以将本地文件上传到 HDFS 系统中。例如，将本地当前目录下的 user.txt 文件上传到 HDFS 文件系统根目录下的 output 目录中。

```
[hadoop@centos01 opt]$ sudo mkdir data
[hadoop@centos01 opt]$ ll
总用量 0
```

```
drwxr-xr-x. 2 root      root          6 5 月      2 21:03 data
drwxr-xr-x. 2 hadoop hadoop      6 10 月  31 2018 rh
drwxr-xr-x. 4 hadoop hadoop 107 4 月    23 23:18 software
[hadoop@centos01 opt]$ sudo chown -R hadoop:hadoop /opt/*
[hadoop@centos01 opt]$ ll
总用量 0
drwxr-xr-x. 2 hadoop hadoop      6 5 月      2 21:03 data
drwxr-xr-x. 2 hadoop hadoop      6 10 月  31 2018 rh
drwxr-xr-x. 4 hadoop hadoop 107 4 月    23 23:18 software
[hadoop@centos01 opt]$ cd data
[hadoop@centos01 data]$ ll
总用量 0
```

使用 ftp 上传 user.txt 至 data 目录下。

```
[hadoop@centos01 data]$ ll
总用量 4
-rw-rw-r--. 1 hadoop hadoop          426 5 月      2 21:09 user.txt
```

使用 put 命令将此节点的 uest.txt 上传至 hdfs 的 output 目录下。

```
[hadoop@centos01 data]$ hdfs dfs -put user.txt /output
[hadoop@centos01 data]$ hdfs dfs -ls -R /
drwxr-xr-x     - hadoop supergroup                 0 2023-05-02 21:14 /output
-rw-r--r--     2 hadoop supergroup               426 2023-05-02 21:14 /output/user.txt
```

⑤ rm。使用 rm 命令可以删除 HDFS 系统中的目录或文件，每次可以删除多个文件或目录。例如，删除 HDFS 系统根目录的 output 目录中的文件 user.txt。

```
[hadoop@centos01 opt]$ hdfs dfs -rm /output/user.txt
Deleted /output/user.txt
```

递归删除 HDFS 根目录的 output 目录及该目录下的所有文件。

```
[hadoop@centos01 opt]$ hdfs dfs -rm -r /output
```

⑥ get。使用 get 命令可以将 HDFS 系统中的文件下载到本地。下载的文件名不能与本地的文件名相同。下载多个文件或目录到本地时，要将本地路径设置为目录。

将 HDFS 根目录的 output 目录下的 user.txt 文件下载到本地当前目录下为 user2.txt。

```
[hadoop@centos01 data]$ hdfs dfs -get /output/user.txt user2.txt
[hadoop@centos01 data]$ ll
总用量 8
-rw-r--r--. 1 hadoop hadoop 426 3 月    20 16:10 user2.txt
-rw-rw-r--. 1 hadoop hadoop 426 3 月    20 15:51 user.txt
```

将 HDFS 根目录的 output 目录下载到本地当前目录。

```
[hadoop@centos01 opt]$ hadoop fs -get /output/ ./
[hadoop@centos01 opt]$ ll
总用量 0
```

```
drwxr-xr-x. 2 hadoop hadoop   63 5 月      2 21:21 data
drwxr-xr-x. 2 hadoop hadoop   22 5 月      2 21:24 output
drwxr-xr-x. 2 hadoop hadoop    6 10 月  31 2018 rh
drwxr-xr-x. 4 hadoop hadoop 107 4 月    23 23:18 software
```

注意：对/opt 设置权限 777 为最高权限。

```
[hadoop@centos01 opt]$ sudo chmod 777 /opt
```

⑦ cp。使用 cp 命令可以复制 HDFS 中的文件为另一个文件，相当于给文件重命名并保存，源文件仍存在。手动离开安全模式。

```
[hadoop@centos01 opt]$ hadoop dfsadmin -safemode leave
DEPRECATED: Use of this script to execute hdfs command is deprecated.
Instead use the hdfs command for it.


Safe mode is OFF
```

将/output/user.txt 文件复制到/output/user2.txt，原文件保留。

```
[hadoop@centos01 opt]$ hadoop fs -cp /output/user.txt /output/user2.txt
[hadoop@centos01 opt]$ hadoop fs -ls -R /
drwxr-xr-x   - hadoop supergroup          0 2023-05-02 21:26 /output
-rw-r--r--   2 hadoop supergroup        426 2023-05-02 21:14 /output/user.txt
-rw-r--r--   2 hadoop supergroup        426 2023-05-02 21:26 /output/user2.txt
```

⑧ appendToFile。使用 appendToFile 命令可以将单个或多个文件的内容从本地系统追加 HDFS 系统的文件系统中。将本地当前目录的文件 user.txt 追加到 HDFS 系统的/output/user2.txt 文件中。

```
[hadoop@centos01 data]$ hdfs dfs -appendToFile user.txt /output/user2.txt
```

⑨ cat。使用 cat 命令可以查看输出 HDFS 系统中某个文件的所有内容。

```
[hadoop@centos01 data]$ hdfs dfs -cat /output/user2.txt
00000000,Mcdaniel,F,1980-04-12,BeiJing
00000001,Harrell, F,1989-05-12,HuNan
00000002,Robinson,F,1972-07-17,JiangXi
```

（2）HDFS Web 界面操作。实验中 NameNode 部署在节点 centos01 上，IP 地址为 192.168.5.101，则浏览器访问地址为 http://192.168.5.101:9870，也可以访问 http://centos01:9870，如图 3-10 所示。

从图 3-10 中可以看出，HDFS 的 Web 首页中包含了很多文件系统基本信息，例如，系统启动时间、Hadoop 的版本号、Hadoop 的源码编译时间、集群 ID 等。HDFS Web 界面还提供了浏览文件系统的功能，单击导航栏的【Utilities】选项，在下拉菜单中选择【Browse the file system】命令，即可看到 HDFS 系统的文件目录结构，默认显示根目录下的所有目录和文件，并且能够显示目录和文件的权限、拥有者、文件大小、最近更新时间、副本数等信息，如图 3-11 所示。

此外，还可以从 HDFS Web 界面中直接下载文件，单击文件列表中需要下载的文件名超链接，在弹出的窗口中单击“Download”超链接，将文件下载到本地，如图 3-12 所示。

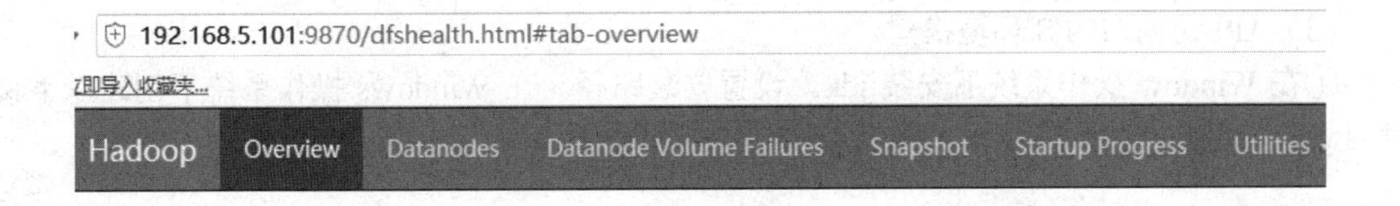

Overview 'centos01:9000' (✔active)

Namespace:	mycluster
Namenode ID:	nn1
Started:	Tue Aug 08 20:59:37 +0800 2023
Version:	3.3.2, r0bcb014209e219273cb6fd4152df7df713cbac61
Compiled:	Tue Feb 22 02:39:00 +0800 2022 by chao from branch-3.3.2

图 3-10　主界面

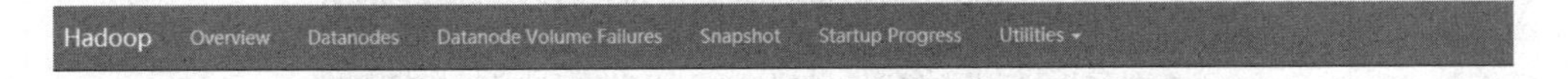

Browse Directory

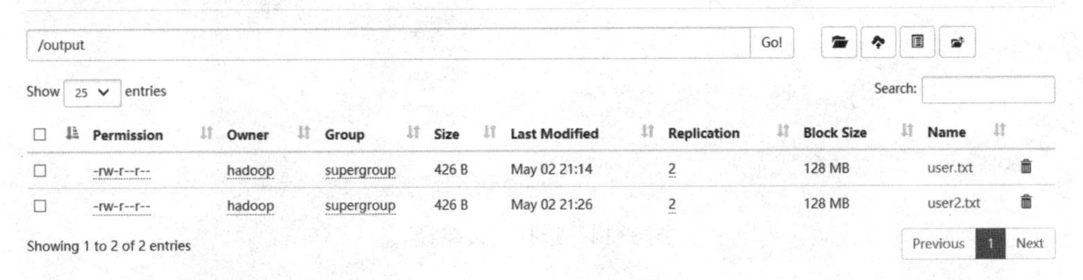

/output
Go!
Show 25 entries
Search:
Permission
Owner
Group
Size
Last Modified
Replication
Block Size
Name
-rw-r--r--
hadoop
supergroup
426 B
May 02 21:14
2
128 MB
user.txt
-rw-r--r--
hadoop
supergroup
426 B
May 02 21:26
2
128 MB
user2.txt
Showing 1 to 2 of 2 entries
Previous
1
Next

图 3-11　文件浏览

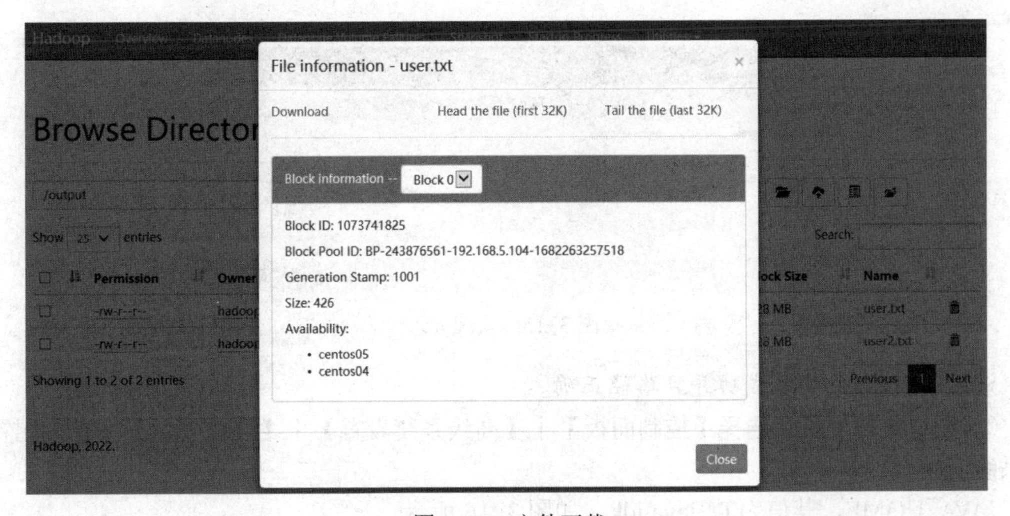

图 3-12　文件下载

（3）API 访问 HDFS 环境搭建。

①在 Window 操作系统下安装 jdk。设置安装路径。在 Windows 操作系统下创建以下文件目录，如图 3-13 所示。

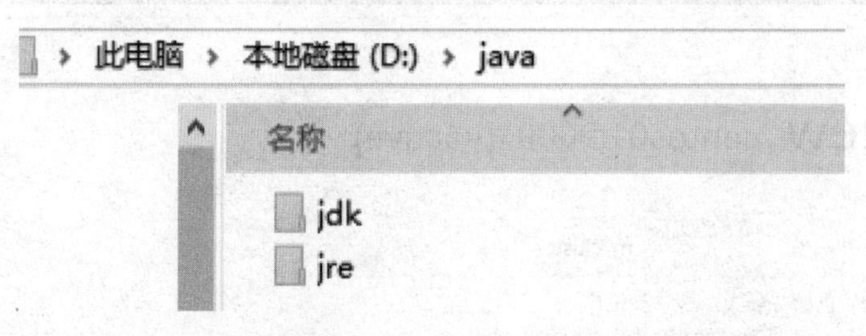

图 3-13　文件目录

单击 jdk 安装包，选择此功能及其所有子功能安装到本地硬盘上。选择安装路径，如图 3-14 所示。

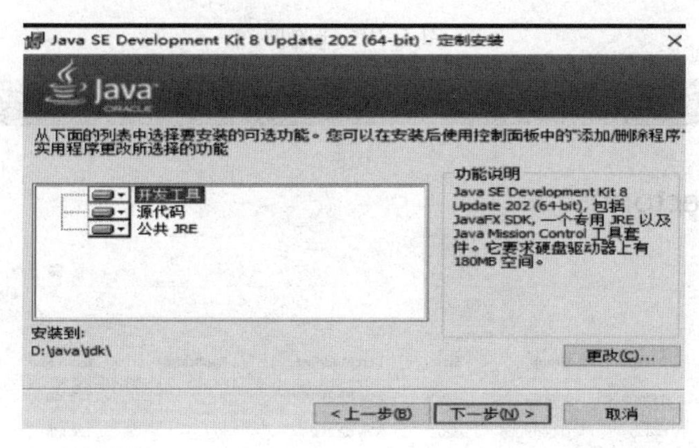

图 3-14　选择安装路径

jre 的安装如图 3-15 所示。

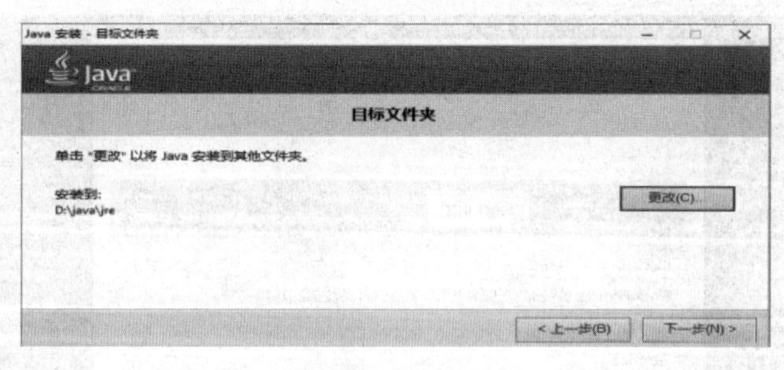

图 3-15　安装 jre

注意：确保 jre 安装成功并且路径正确。

② 配置环境变量。选择【控制面板】|【高级系统设置】|【环境变量】命令，配置 3 个系统变量。

JAVA_HOME，其值为 D:\java\jdk，如图 3-16 所示。

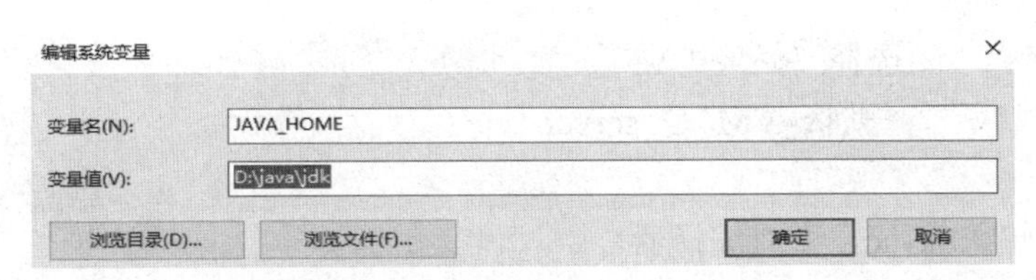

图 3-16　JAVA_HOME 的设置

CLASSPATH，其值为.;%JAVA_HOME%\lib\dt.jar;%JAVA_HOME%\lib\ tools.jar;（变量值前面有点号和分号，后边结尾也有分号），如图 3-17 所示。

图 3-17　CLASSPATH 的设置

Path 环境变量中添加%JAVA_HOME%\bin，如图 3-18 所示。

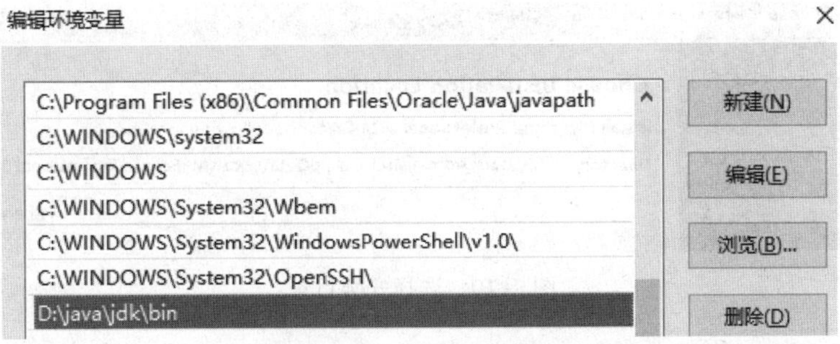

图 3-18　PATH 的设置

③ jdk 安装测试。在命令行中输入 java -version 查看 java 版本信息。

```
C:\Users\HP>java   -version
java version "1.8.0_202"
Java(TM)SE Runtime Environment(build 1.8.0_202-b08)
Java HotSpot(TM)64-Bit Server VM(build 25.202-b08, mixed mode)
```

在命令行中输入 java，查看解析器。

```
C:\Users\HP>java
用法: java [-options] class [args...]
           (执行类)
   或  java [-options] -jar jarfile [args...]
           (执行  jar  文件)
其中选项包括:
    -d32          使用  32  位数据模型(如果可用)
    -d64          使用  64  位数据模型(如果可用)
```

```
    -server         选择 "server" VM
                      默认 VM 是 server.
…
```

在命令行中输入 javac，查看编译器。

```
C:\Users\HP>javac
用法: javac <options> <source files>
其中, 可能的选项包括:
  -g                               生成所有调试信息
  -g:none                          不生成任何调试信息
  -g:{lines,vars,source}       只生成某些调试信息
  -nowarn                          不生成任何警告
  -verbose                         输出有关编译器正在执行的操作的消息
…
```

④ 安装 MyEclipse2014。解压 MyEclipse2014_59969.rar，单击 myeclipse2014.exe 进行安装。选择安装目录，单击【Next】按钮，如图 3-19 所示。

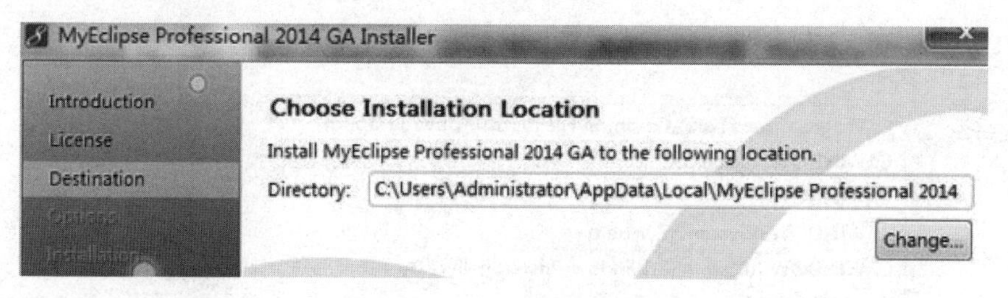

图 3-19　选择安装目录

选择安装功能，单击【Next】按钮，如图 3-20 所示。

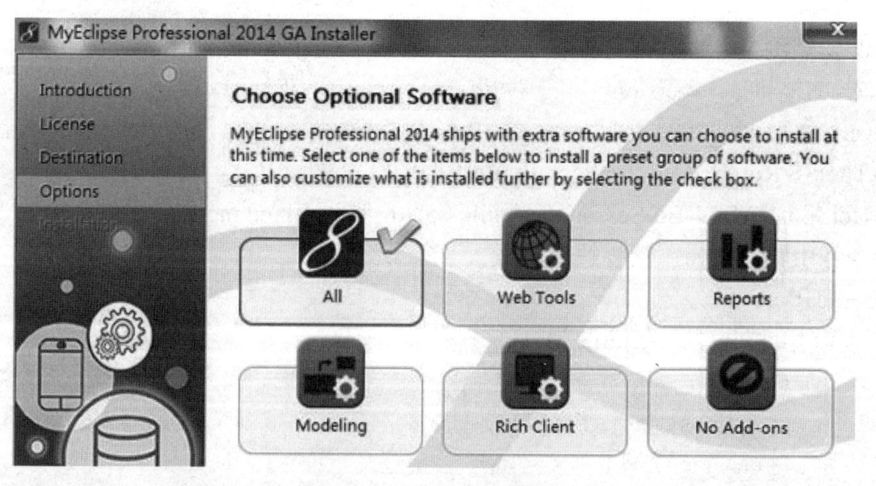

图 3-20　选择安装功能

选择操作系统，单击【Next】按钮，如图 3-21 所示。

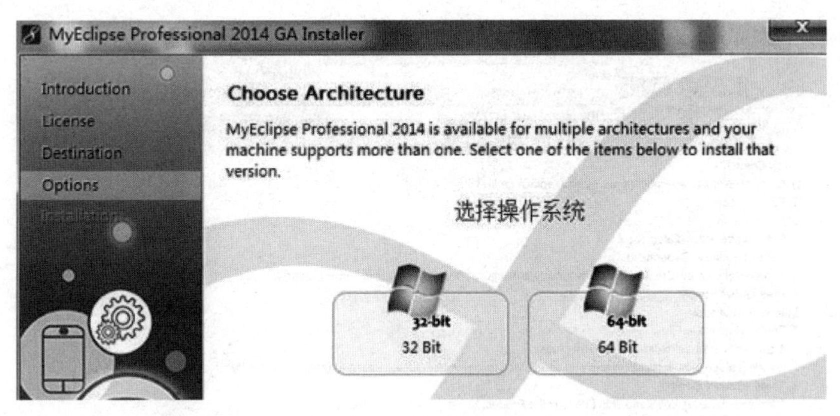

图 3-21　选择操作系统

安装完成，将弹出窗口关闭。

⑤ 破解 MyEclipse2014。主文件 cracker.jar 用于运行并破解 MyEclipse。破解工具是由 java 开发，在运行前需要安装 jre 运行库 JavaSERuntime_8085.rar。

双击运行 run.bat，生成注册码相关信息，如图 3-22 所示。先输入 Usercode（可任意输入），然后依次单击【SystemId】和【Active】按钮。破解程序生成了 License Key、Activation Code、Activation Key 等信息。

Opreate　Tools

Usercode: chen　PROFESSIONAL

SystemId: 1f1B6ea0A1Fbda51477632　SystemId...　Active

```
Fllow Orders.
1. Close MyEclipse Application(if you wanna replace jar file).
2. Fill usercode
3. Fill systemid
  *. myeclipse active dialog show
  *. Press Button to Generate id
4. Tools->RebuildKey {Create or Replace [private/public]Key.bytes (if not exists in current folder).}
5. Press Active Buttom
belows not options
6. Tools->ReplaceJarFile
  *. choose MyEclipseFolder->Common->plugins
  *. it will replace SignatureVerifier and publicKey.bytes in jars under plugins folder, opreation will do together.
7. Tools->SaveProperites
  *. MyEclipse Startup Will Read This File to Active Product.
8. Open MyEclipse Application.

2023-3-20 18:20:23
LICENSEE
          chen
LICENSE_KEY
          pLR8ZC-855555-71586457573802283
ACTIVATION_CODE
          11f1B6ea0A1Fbda5147731pLR8ZC-855555-7158645757380228326031 9
ACTIVATION_KEY
          9aad8f5636bc8172b3edd3da85f80a45e01e4e4f01da5482db4b2aa488b26fa954fc7787c99aada46f17cbd24d287484279
```

图 3-22　生成注册码

替换 MyEclipse 相关 JAR 文件。选择菜单【Tools】|【ReplaceJarFile】命令，确保此时的 MyEclipse 处于未运行状态，否则替换无法成功，如图 3-23 所示。

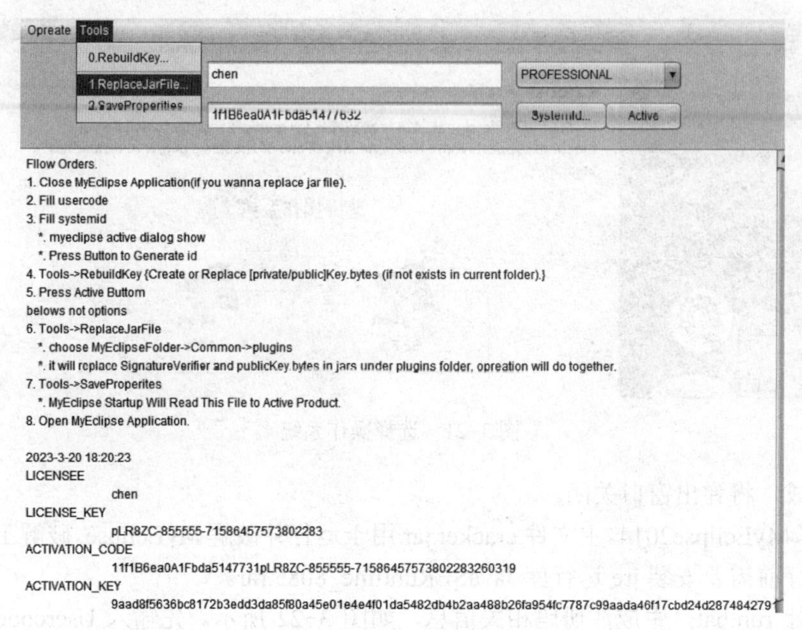

图 3-23　替换 JAR

在弹出的目录选择对话框中，选中 MyEclipse 的插件目录，然后单击【打开】按钮。默认目录为：C:\Users\Administrator\AppData\ Local\MyEclipse Professional 2014\ plugins。本环境目录为：C:\Users\HP\MyEclipse Professional 2014\plugins，如图 3-24 所示。

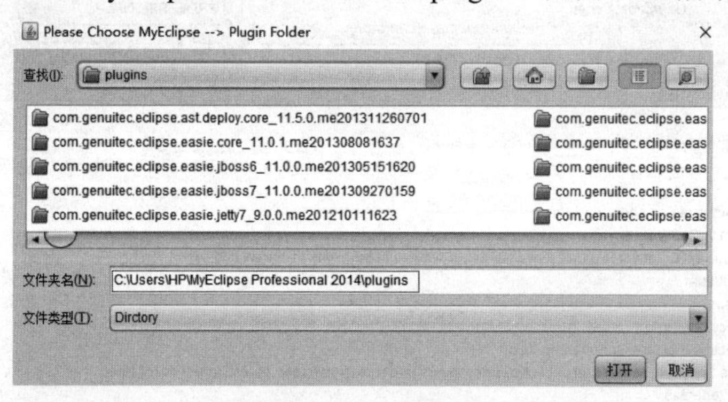

图 3-24　插件目录

保存 MyEclipse 用户配置文件。选择菜单【Tools】|【SaveProperties】命令，如图 3-25 所示。

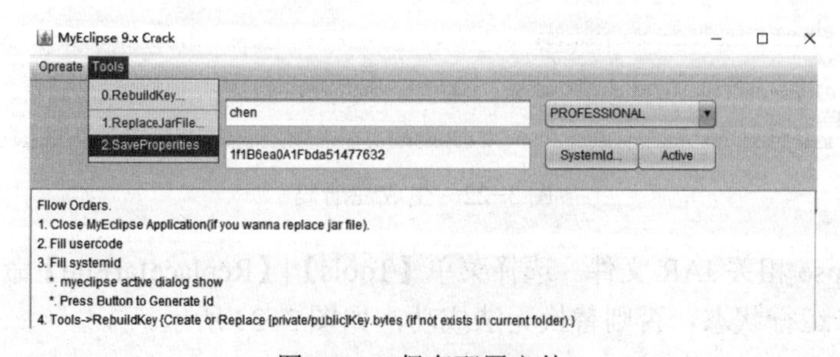

图 3-25　保存配置文件

MyEclipse 破解成功了。

当出现 error:unable to access jarfile cracker.jar 异常时，直接双击 cracker.jar 即可。

⑥ 替换 jdk。将 MyEclipse2014 中默认 jdk 版本修改为本地安装的 jdk。

打开 MyEclipse2014 集成开发环境，选择【windows】|【preferences】|【Java】|【InstalledJREs】命令，可以看到右侧的是 MyEclipse 自带的 jdk，如图 3-26 所示。

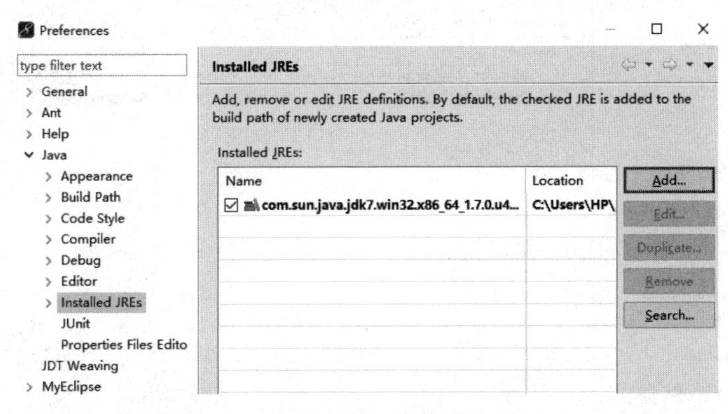

图 3-26　MyEclipse 自带默认的 jdk

单击【Add】|【StandardVM】|【Next】|【Directory】按钮，选择安装的 jdk 的本地路径，单击【确定】按钮，如图 3-27 所示。自动加载本地 jdk 需要的包，单击【finish】按钮即可。

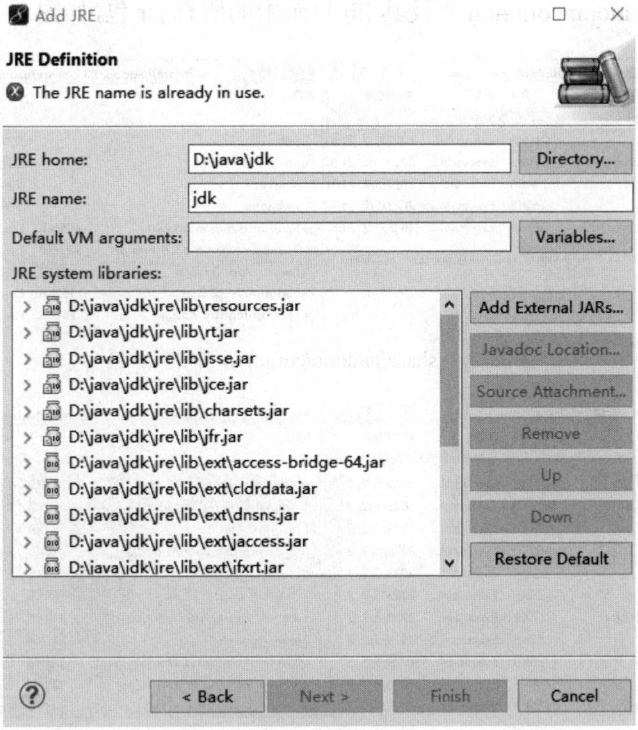

图 3-27　加载 jdk

此时有两个 jdk 供选择，选择刚刚加载的 jdk，勾选后单击【OK】按钮，jdk 添加就完成了，如图 3-28 所示。

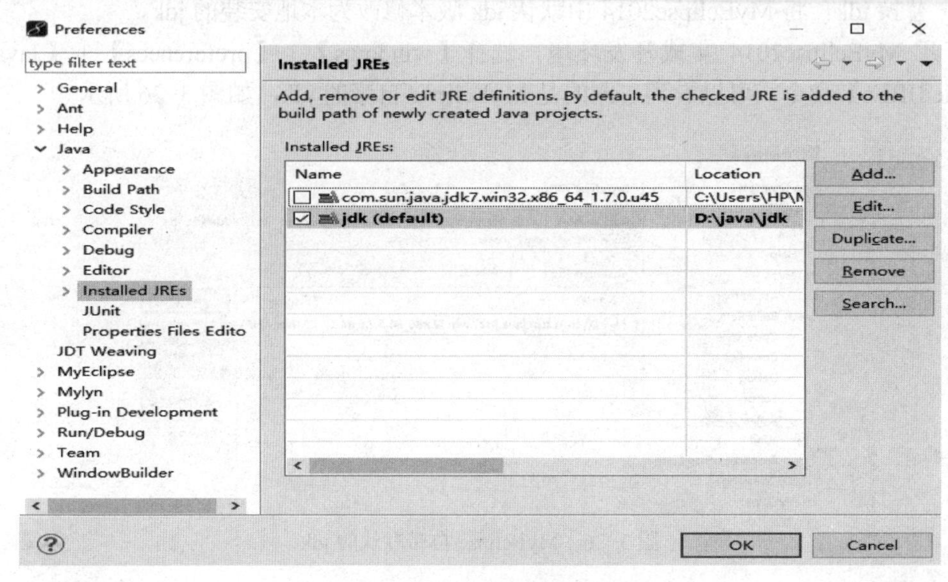

图 3-28　选择加载的 jdk

⑦ Hadoop 的 jar 包的导出。在 Window 操作系统下创建一个 hadooplib 文件夹，将 centos01 节点中以下的 126 个 jar 包文件复制到 hadooplib 文件夹中。分别是：使用 ftp 导出/opt/software/hadoop-3.3.2/share/hadoop/common 下及其 lib 目录中的所有 jar 包，如图 3-29 与图 3-30 所示。

D:\2022-2023-2\大数据分析算法\soft\hadooplib

名称	大小	类型	修改时间
..		文件夹	
hadoop-common-3.3.2.jar	4.26MB	Executabl...	2023/5/2, 21:5
hadoop-common-3.3.2-tests.jar	3.23MB	Executabl...	2023/5/2, 21:5
hadoop-kms-3.3.2.jar	94KB	Executabl...	2023/5/2, 21:5
hadoop-nfs-3.3.2.jar	163KB	Executabl...	2023/5/2, 21:5
hadoop-registry-3.3.2.jar	187KB	Executabl...	2023/5/2, 21:5

›t/software/hadoop-3.3.2/share/hadoop/common

名称	大小	类型	修改时间	属
..				
jdiff		文件夹	2022/2/22, 04:42	d
lib		文件夹	2022/2/22, 02:44	d
sources		文件夹	2022/2/22, 04:42	d
webapps		文件夹	2022/2/22, 04:42	d
hadoop-common-3.3.2.jar	4.26MB	Executabl...	2022/2/22, 02:42	-r
hadoop-common-3.3.2-tests.jar	3.23MB	Executabl...	2022/2/22, 02:42	-r
hadoop-kms-3.3.2.jar	94KB	Executabl...	2022/2/22, 02:44	-r
hadoop-nfs-3.3.2.jar	163KB	Executabl...	2022/2/22, 02:43	-r
hadoop-registry-3.3.2.jar	187KB	Executabl...	2022/2/22, 02:44	-r

图 3-29　share/hadoop/common　中的 jar 包

D:\2022-2023-2\大数据分析算法\soft\hadooplib

名称	大小	类型	修改时间
..		文件夹	
hadoop-common-3.3.2.jar	4.26MB	Executabl...	2023/5/2, 2
hadoop-common-3.3.2-tests.jar	3.23MB	Executabl...	2023/5/2, 2
hadoop-kms-3.3.2.jar	94KB	Executabl...	2023/5/2, 2
hadoop-nfs-3.3.2.jar	163KB	Executabl...	2023/5/2, 2
hadoop-registry-3.3.2.jar	187KB	Executabl...	2023/5/2, 2
accessors-smart-2.4.7.jar	29KB	Executabl...	2023/5/2, 2
animal-sniffer-annotations-1.17.jar	3KB	Executabl...	2023/5/2, 2
asm-5.0.4.jar	52KB	Executabl...	2023/5/2, 2
audience-annotations-0.5.0.jar	20KB	Executabl...	2023/5/2, 2
avro-1.7.7.jar	426KB	Executabl...	2023/5/2, 2
checker-qual-2.5.2.jar	189KB	Executabl...	2023/5/2, 2

oftware/hadoop-3.3.2/share/hadoop/common/lib

名称	大小	类型	修改时间
..			
accessors-smart-2.4.7.jar	29KB	Executabl...	2022/2/22, 02:44
animal-sniffer-annotations-1.1...	3KB	Executabl...	2022/2/22, 02:44
asm-5.0.4.jar	52KB	Executabl...	2022/2/22, 02:44
audience-annotations-0.5.0.jar	20KB	Executabl...	2022/2/22, 02:44
avro-1.7.7.jar	426KB	Executabl...	2022/2/22, 02:44
checker-qual-2.5.2.jar	189KB	Executabl...	2022/2/22, 02:44
commons-beanutils-1.9.4.jar	241KB	Executabl...	2022/2/22, 02:44
commons-cli-1.2.jar	40KB	Executabl...	2022/2/22, 02:44
commons-codec-1.11.jar	327KB	Executabl...	2022/2/22, 02:44
commons-collections-3.2.2.jar	575KB	Executabl...	2022/2/22, 02:44
commons-compress-1.21.jar	994KB	Executabl...	2022/2/22, 02:44

图 3-30　share/hadoop/common/lib　中的 jar 包

依次导出/opt/softwares/hadoop-3.3.2/share/hadoop/hdfs 下及其 lib 目录中的所有 jar 包库，相同的覆盖，如图 3–31 与图 3–32 所示。

D:\2022-2023-2\大数据分析算法\soft\hadooplib

名称	大小	类型	修改时间
..		文件夹	
hadoop-common-3.3.2.jar	4.26MB	Executabl...	2023/5/2, 2
hadoop-common-3.3.2-tests.jar	3.23MB	Executabl...	2023/5/2, 2
hadoop-kms-3.3.2.jar	94KB	Executabl...	2023/5/2, 2
hadoop-nfs-3.3.2.jar	163KB	Executabl...	2023/5/2, 2
hadoop-registry-3.3.2.jar	187KB	Executabl...	2023/5/2, 2
accessors-smart-2.4.7.jar	29KB	Executabl...	2023/5/2, 2
animal-sniffer-annotations-1.17.jar	3KB	Executabl...	2023/5/2, 2
asm-5.0.4.jar	52KB	Executabl...	2023/5/2, 2
audience-annotations-0.5.0.jar	20KB	Executabl...	2023/5/2, 2
avro-1.7.7.jar	426KB	Executabl...	2023/5/2, 2
checker-qual-2.5.2.jar	189KB	Executabl...	2023/5/2, 2
commons-beanutils-1.9.4.jar	241KB	Executabl...	2023/5/2, 2
commons-cli-1.2.jar	40KB	Executabl...	2023/5/2, 2
commons-codec-1.11.jar	327KB	Executabl...	2023/5/2, 2

/opt/software/hadoop-3.3.2/share/hadoop/hdfs

名称	大小	类型	修改时间	属
..				
jdiff		文件夹	2022/2/22, 04:42	d
lib		文件夹	2022/2/22, 03:01	d
sources		文件夹	2022/2/22, 04:42	d
webapps		文件夹	2022/2/22, 04:42	d
hadoop-hdfs-3.3.2.jar	5.98MB	Executabl...	2022/2/22, 02:49	-r
hadoop-hdfs-3.3.2-tests.jar	5.80MB	Executabl...	2022/2/22, 02:49	-r
hadoop-hdfs-client-3.3.2.jar	5.25MB	Executabl...	2022/2/22, 02:46	-r
hadoop-hdfs-client-3.3.2-tests....	127KB	Executabl...	2022/2/22, 02:46	-r
hadoop-hdfs-httpfs-3.3.2.jar	246KB	Executabl...	2022/2/22, 03:01	-r
hadoop-hdfs-native-client-3.3....	9KB	Executabl...	2022/2/22, 03:00	-r
hadoop-hdfs-native-client-3.3....	9KB	Executabl...	2022/2/22, 03:00	-r
hadoop-hdfs-nfs-3.3.2.jar	113KB	Executabl...	2022/2/22, 03:01	-r
hadoop-hdfs-rbf-3.3.2.jar	1.07MB	Executabl...	2022/2/22, 03:02	-r
hadoop-hdfs-rbf-3.3.2-tests.jar	430KB	Executabl...	2022/2/22, 03:02	-r

图 3–31　share/hadoop/hdfs 中的 jar 包

D:\2022-2023-2\大数据分析算法\soft\hadooplib

名称	大小	类型	修改时间
..		文件夹	
hadoop-common-3.3.2.jar	4.26MB	Executabl...	2023/5/2, 2
hadoop-common-3.3.2-tests.jar	3.23MB	Executabl...	2023/5/2, 2
hadoop-kms-3.3.2.jar	94KB	Executabl...	2023/5/2, 2
hadoop-nfs-3.3.2.jar	163KB	Executabl...	2023/5/2, 2
hadoop-registry-3.3.2.jar	187KB	Executabl...	2023/5/2, 2
accessors-smart-2.4.7.jar	29KB	Executabl...	2023/5/2, 2
animal-sniffer-annotations-1.17.jar	3KB	Executabl...	2023/5/2, 2
asm-5.0.4.jar	52KB	Executabl...	2023/5/2, 2
audience-annotations-0.5.0.jar	20KB	Executabl...	2023/5/2, 2
avro-1.7.7.jar	426KB	Executabl...	2023/5/2, 2

/opt/software/hadoop-3.3.2/share/hadoop/hdfs/lib

名称	大小	类型	修改时间
..			
accessors-smart-2.4.7.jar	29KB	Executabl...	2022/2/22, 03:00
animal-sniffer-annotations-1.1...	3KB	Executabl...	2022/2/22, 03:00
asm-5.0.4.jar	52KB	Executabl...	2022/2/22, 03:00
audience-annotations-0.5.0.jar	20KB	Executabl...	2022/2/22, 03:00
avro-1.7.7.jar	426KB	Executabl...	2022/2/22, 03:01
checker-qual-2.5.2.jar	189KB	Executabl...	2022/2/22, 03:00
commons-beanutils-1.9.4.jar	241KB	Executabl...	2022/2/22, 03:01
commons-cli-1.2.jar	40KB	Executabl...	2022/2/22, 03:00
commons-codec-1.11.jar	327KB	Executabl...	2022/2/22, 03:00
commons-collections-3.2.2.jar	575KB	Executabl...	2022/2/22, 03:01

图 3–32　share/hadoop/ hdfs/lib 中的 lib 库

依次导出/opt/softwares/hadoop-3.3.2/share/hadoop/mapreduce 下的所有 jar 包，如图 3–33 所示。

D:\2022-2023-2\大数据分析算法\soft\hadooplib

名称	大小	类型	修改时间
..		文件夹	
hadoop-common-3.3.2.jar	4.26MB	Executabl...	2023/5/2, 2
hadoop-common-3.3.2-tests.jar	3.23MB	Executabl...	2023/5/2, 2
hadoop-kms-3.3.2.jar	94KB	Executabl...	2023/5/2, 2
hadoop-nfs-3.3.2.jar	163KB	Executabl...	2023/5/2, 2
hadoop-registry-3.3.2.jar	187KB	Executabl...	2023/5/2, 2
accessors-smart-2.4.7.jar	29KB	Executabl...	2023/5/2, 2
animal-sniffer-annotations-1.17.jar	3KB	Executabl...	2023/5/2, 2
asm-5.0.4.jar	52KB	Executabl...	2023/5/2, 2
audience-annotations-0.5.0.jar	20KB	Executabl...	2023/5/2, 2
avro-1.7.7.jar	426KB	Executabl...	2023/5/2, 2
checker-qual-2.5.2.jar	189KB	Executabl...	2023/5/2, 2
commons-beanutils-1.9.4.jar	241KB	Executabl...	2023/5/2, 2
commons-cli-1.2.jar	40KB	Executabl...	2023/5/2, 2
commons-codec-1.11.jar	327KB	Executabl...	2023/5/2, 2

software/hadoop-3.3.2/share/hadoop/mapreduce

名称	大小	类型	修改时间	属
..				
jdiff		文件夹	2022/2/22, 04:42	d
lib-examples		文件夹	2022/2/22, 04:42	d
sources		文件夹	2022/2/22, 04:42	d
hadoop-mapreduce-client-ap...	577KB	Executabl...	2022/2/22, 04:19	-r
hadoop-mapreduce-client-co...	787KB	Executabl...	2022/2/22, 04:19	-r
hadoop-mapreduce-client-cor...	1.56MB	Executabl...	2022/2/22, 04:19	-r
hadoop-mapreduce-client-hs-...	177KB	Executabl...	2022/2/22, 04:19	-r
hadoop-mapreduce-client-hs-...	10KB	Executabl...	2022/2/22, 04:19	-r
hadoop-mapreduce-client-job...	49KB	Executabl...	2022/2/22, 04:19	-r
hadoop-mapreduce-client-job...	1.58MB	Executabl...	2022/2/22, 04:19	-r
hadoop-mapreduce-client-nati...	89KB	Executabl...	2022/2/22, 04:19	-r
hadoop-mapreduce-client-shu...	61KB	Executabl...	2022/2/22, 04:19	-r
hadoop-mapreduce-client-upl...	22KB	Executabl...	2022/2/22, 04:19	-r
hadoop-mapreduce-examples...	274KB	Executabl...	2022/2/22, 04:19	-r

图 3–33　share/hadoop/ mapreduce 中的 jar 包

⑧ 创建 Java 工程，导入 hadooplib 中的 lib 库。打开 MyEclipse2014 集成开发环境，单击【File】|【new】|【other】|【Java Proect】|【Next】按钮，项目名后缀为学号、姓名，选择【jdk】，单击【Finish】按钮完成，如图 3–34 所示。

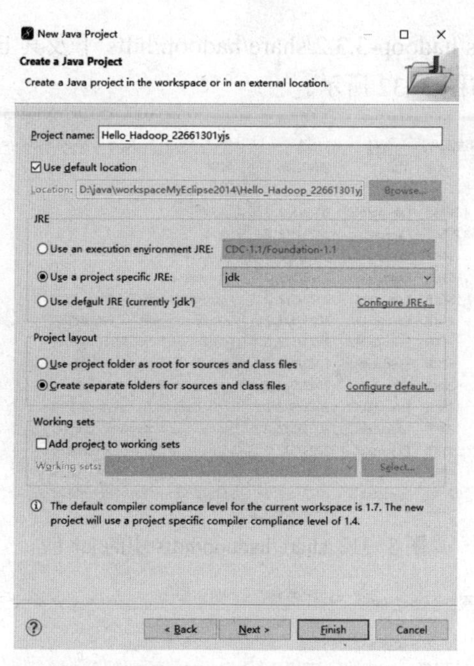

图 3-34　创建项目

在创建的项目根目录下创建 lib 文件夹，将 hadooplib 中的 126 个 jar 文件复制其中，如图 3-35 所示。

将 lib 文件中的库关联到 Java 项目。右击选中的所有 lib 库文件，在出现的菜单中选择【Build Path】｜【Add To Build Path】命令即可，最终项目结构如图 3-36 所示。

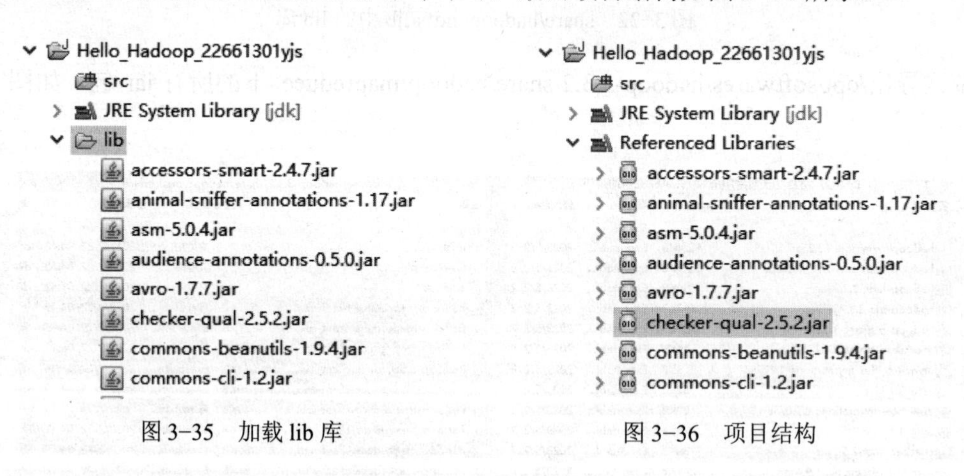

图 3-35　加载 lib 库　　　　图 3-36　项目结构

（4）使用 HDFS Java API 访问 HDFS。FileSystem 是 HDFS Java API 的核心工具类，该类是一个抽象类，其中封装了很多操作文件的方法，使用这些方法可以很轻松地操作 HDFS 中的文件。例如，在 HDFS 文件系统有一个文件/intput/API/user.txt，可以直接使用 FileSystem API 读取该文件内容。

①读取 HDFS 中文件数据内容。在项目中选择【src】｜【New】｜【Class】，填写 FileSystemCatjava 类名，如图 3-37 所示。

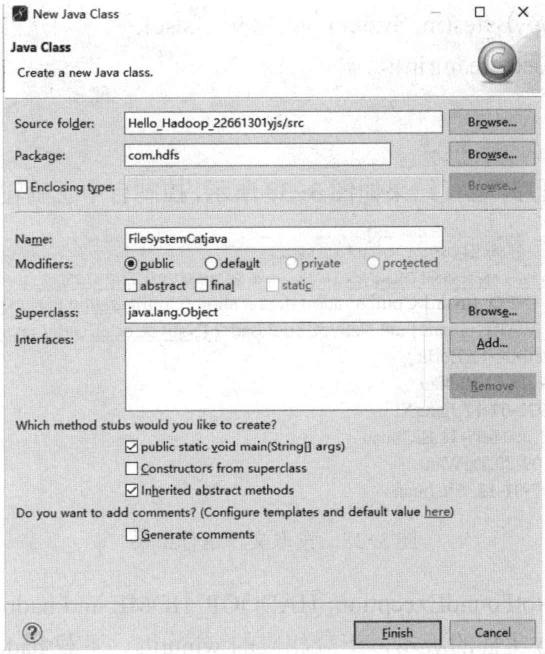

图 3-37　类的创建

在 FileSystemCatjava 类写入代码，用以查询显示 HDFS 中的/input/API/user.txt 文件内容的代码。

```
package com.hdfs;
import java.io.IOException;
import java.io.InputStream;
import org.apache.hadoop.conf.Configuration;
import org.apache.hadoop.fs.FileSystem;
import org.apache.hadoop.fs.Path;
import org.apache.hadoop.io.IOUtils;

public class FileSystemCatJava {
    public static void main(String[] args)throws IOException {
        // TODO Auto-generated method stub
        Configuration conf = new Configuration( );
        // 1.设置 HDFS 访问地址
        conf.set("fs.default.name", "hdfs://192.168.5.101:9000");
        // 2.取得 FileSystem 文件系统 实例
        FileSystem fs = FileSystem.get(conf);
        // 3.打开文件输入流
        InputStream in = fs.open(new Path("hdfs:/output/user.txt"));
        // 4. 输出文件内容
```

```
            IOUtils.copyBytes(in, System.out, 4096, false);
            IOUtils.closeStream(in);
        }
    }
```

单击 ▶ 运行该程序，运行结果如图 3-38 所示，控制台中正确输出文件 user.txt 的内容。

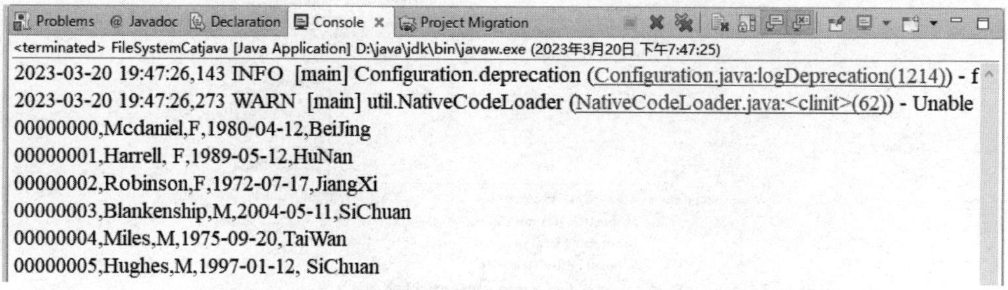

```
Problems  @ Javadoc  Declaration  Console ×  Project Migration
<terminated> FileSystemCatjava [Java Application] D:\java\jdk\bin\javaw.exe (2023年3月20日 下午7:47:25)
2023-03-20 19:47:26,143 INFO  [main] Configuration.deprecation (Configuration.java:logDeprecation(1214)) - f
2023-03-20 19:47:26,273 WARN  [main] util.NativeCodeLoader (NativeCodeLoader.java:<clinit>(62)) - Unable
00000000,Mcdaniel,F,1980-04-12,BeiJing
00000001,Harrell, F,1989-05-12,HuNan
00000002,Robinson,F,1972-07-17,JiangXi
00000003,Blankenship,M,2004-05-11,SiChuan
00000004,Miles,M,1975-09-20,TaiWan
00000005,Hughes,M,1997-01-12, SiChuan
```

图 3-38　读取文件运行结果

当出现 java.io.FileNotFoundException: HADOOP_HOME and hadoop.home.dir are unset.异常时，根据安装 Hadoop 集群的版本，下载相应的 winutils。下载 hadoop-3.3.0 放到 Windows 指定目录下，其中 bin 目录下有 winutils.exe 文件，设置系统环境变量，如图 3-39 与图 3-40 所示。

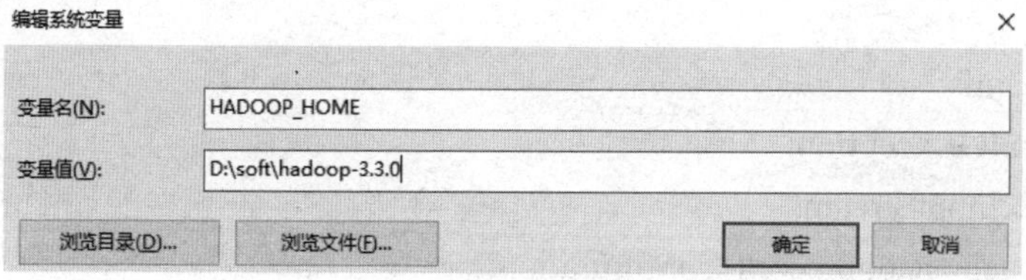

编辑系统变量

变量名(N): HADOOP_HOME

变量值(V): D:\soft\hadoop-3.3.0

浏览目录(D)...　浏览文件(F)...　确定　取消

图 3-39　HADOOP_HOME 变量设置

C:\WINDOWS\System32\WindowsPowerShell\v1.0\
C:\WINDOWS\System32\OpenSSH\
D:\java\jdk\bin
D:\soft\hadoop-3.3.0\bin
D:\2020-2021-2soft\hadoop-2.8.2\bin\native

图 3-40　PATH 变量设置

② 创建目录。使用 FileSystem 的创建目录方法 mkdirs( )，可以在 HDFS 文件系统中创建未存在的目录。在 HDFS 文件系统根目录下创建一个 mydir 目录，在 hello_hadoop 项目中新建 CreateDir.java 类。

```
public class CreateDir {
    public static void main(String[] args)throws IOException {
        Configuration conf = new Configuration( );
        conf.set("fs.default.name", "hdfs://192.168.5.101:9000");
        FileSystem fs = FileSystem.get(conf);
```

```
        // 创建目录
        boolean mydir = fs.mkdirs(new Path("hdfs:/mydir"));
        if(mydir){
            System.out.print("创建目录成功！");
        } else {
            System.out.print("创建目录失败！");
        }
        fs.close( );
    }
```

运行与测试，创建成功，结果如下：

```
[hadoop@centos01 opt]$ hdfs dfs -ls /
Found 2 items
drwxr-xr-x   - hadoop supergroup          0 2023-05-02 22:28 /mydir
drwxr-xr-x   - hadoop supergroup          0 2023-05-02 21:26 /output
```

这个操作需要对操作目录赋予一定权限，否则运行时产生异常。

```
[hadoop@centos01 opt]$ hadoop fs -chmod -R 777 /
```

③ 创建文件。使用 FileSystem 的创建文件方法 create( )，可以在 HDFS 文件系统的指定路径创建一个文件，并写入内容。

在 HDFS 文件系统/mydir 目录下创建一个 Hello.txt 文件，并写入内容。

```
public class CreatFile {
    public static void main(String[] args)throws IOException {
Configuration conf = new Configuration( );
        conf.set("fs.default.name", "hdfs://192.168.5.101:9000");
        FileSystem fs = FileSystem.get(conf);
         //打开一个输出流
        FSDataOutputStream outputStream=fs.create(new Path("hdfs:/mydir/Hello. txt"));
        //写入文件内容
        outputStream.write("Hello,I am learning hadoop".getBytes( ));
        outputStream.close( );
        fs.close( );
        System.out.print("文件创建成功！");
    }
}
```

运行与测试，创建成功，结果如下：

```
[hadoop@centos01 ~]$ hdfs dfs -cat /mydir/Hello.txt
Hello,I am learning hadoop
```

④ 删除文件。使用 FileSystem 的删除文件方法 deleteOnExit( )，可以对 HDFS 文件系统已经存在的文件进行删除。

删除 HDFS 文件系统/mydir 的文件 c.txt，代码如下：

```
public class DeleteFile {
    public static void main(String[] args)throws IOException {
        Configuration conf = new Configuration( );
        conf.set("fs.default.name", "hdfs://192.168.5.101:9000");
        FileSystem fs = FileSystem.get(conf);
        Path path=new Path("hdfs:/mydir/Hello.txt");
         //删除文件
         boolean deleteFile=fs.deleteOnExit(path);
         if(deleteFile){
             System.out.print("文件删除成功！");
         }
         else{System.out.print("文件删除失败！");}
         fs.close( );
    }
}
```

⑤ 遍历文件和目录。使用 FileSystem 的 listStatus( )方法，可以对 HDFS 文件系统指定路径下的所有目录和文件进行遍历。

遍历 HDFS 文件系统根目录下的所有文件和目录并输出路径信息，代码如下。

```
public class ListStatus {
    public static void main(String[] args)throws Exception, IOException {
        listFile(new Path("hdfs:/"));
    }
    public static void listFile(Path path)throws IOException{
        Configuration conf = new Configuration( );
        conf.set("fs.default.name", "hdfs://192.168.5.101:9000");
        FileSystem fs = FileSystem.get(conf);
        // 遍历 HDFS 上的文件和目录
        FileStatus[] fileStatusArry = fs.listStatus(path);
        for(int i = 0; i < fileStatusArry.length; i++){
            FileStatus fileStatus = fileStatusArry[i];
            if(fileStatus.isDirectory( )){
                System.out.println("当前路径是" + fileStatus.getPath( ));
                listFile(fileStatus.getPath( ));
            }
            else{
                System.out.println("当前路径是" + fileStatus.getPath( ));
            }
        }
    }
```

```
}
```

终端显示：

```
当前路径是 hdfs://192.168.5.101:9000/mydir
当前路径是 hdfs://192.168.5.101:9000/mydir/Hello.txt
当前路径是 hdfs://192.168.5.101:9000/output/user.txt
当前路径是 hdfs://192.168.5.101:9000/output/user2.txt
```

⑥ 获取文件或目录的元数据。使用 FileSystem 的 getFileStatus( )方法，可以获得 HDFS 文件系统中的文件或目录的元数据信息，包括文件路径、修改时间、访问时间、文件长度、备份数、文件大小等，getFileStatus( )方法返回一个 FileStatus 对象，元数据信息封装在该对象中。代码如下：

```
public class FileStatusCat {
    public static void main(String[] args)throws IOException {
        Configuration conf = new Configuration( );
        conf.set("fs.default.name", "hdfs://192.168.5.101:9000");
        FileSystem fs = FileSystem.get(conf);
        FileStatus fileStatus = fs.getFileStatus(new Path("hdfs:/output/user.txt"));
        //判断是文件夹还是文件
        if(fileStatus.isDirectory( )){
          System.out.println("这是一个文件夹");
        } else {
          System.out.println("这是一个文件");
        }
        //输出元数据信息
        System.out.println("文件路径：" + fileStatus.getPath( ));
        System.out.println("文件修改日期："
            + new Timestamp(fileStatus.getModificationTime( )).toString( ));
        System.out.println("文件上次访问日期："
            + new Timestamp(fileStatus.getAccessTime( )).toString( ));
        System.out.println("文件长度：" + fileStatus.getLen( ));
        System.out.println("文件备份数：" + fileStatus.getReplication( ));
        System.out.println("文件块大小：" + fileStatus.getBlockSize( ));
        System.out.println("文件所有者：" + fileStatus.getOwner( ));
        System.out.println("文件所在分组：" + fileStatus.getGroup( ));
        System.out.println("文件的权限：" + fileStatus.getPermission( ).toString( ));
    }
}
```

运行结果为：

```
这是一个文件
文件路径：hdfs://192.168.5.101:9000/output/user.txt
```

```
文件修改日期：2023-05-02 21:14:20.378
文件上次访问日期：2023-05-02 22:44:50.144
文件长度：426
文件备份数：2
文件块大小：134217728
文件所有者：hadoop
文件所在分组：supergroup
文件的权限：rw-r--r--
```

⑦ 上传本地文件。使用 FileSystem 的 copyFromLocalFile( )方法，可以将操作系统本地的文件上传到 HDFS 文件系统中，该方法需要传入两个 Path 类型的参数，分别表示本地目录/文件和 HDF 系统中的目录/文件。

将 Windows 系统中 D 盘下的 test.txt 文件上传到 HDFS 文件系统中的/mydir 目录下。代码如下：

```
public class UploadFileToHDFS {
    public static void main(String[] args)throws IOException {
        Configuration conf = new Configuration( );
        conf.set("fs.default.name", "hdfs://192.168.5.101:9000");
        FileSystem fs = FileSystem.get(conf);
        // 创建可供 hadoop 使用的文件系统路径
        Path src = new Path("D:/test.txt"); // 本地目录/文件
        Path dst = new Path("hdfs:/mydir"); // 目标目录/文件
        // 拷贝上传本地文件(本地文件，目标路径)至 HDFS 文件系统中
        fs.copyFromLocalFile(src, dst);
        System.out.println("文件上传成功!");
    }
}
```

⑧ 下载文件到本地。使用 FileSystem 的 copyToLocalFile( )方法，可以将 HDFS 文件系统中的文件下载到本地，该方法需要传入两个 Path 类型的参数，分别表示 HDFS 系统中的目录/文件和本地目录/文件。

将 HDFS 文件系统中的/mydir 目录下 Hello.txt 下载到 Windows 系统中 D 盘根目录下，文件名为 Hello.txt。代码如下：

```
public class DownloadFileToLocal {
    public static void main(String[] args)throws IOException {
        Configuration conf = new Configuration( );
        conf.set("fs.default.name", "hdfs://192.168.5.101:9000");
        FileSystem fs = FileSystem.get(conf);
        // 创建可供 hadoop 使用的文件系统路径
        Path src = new Path("hdfs:/mydir/Hello.txt");// 目标目录/文件
        Path dst = new Path("D:/test/Hello.txt"); // 本地目录/文件
```

```
        // 从 HDFS 文件系统中拷贝下载文件(目标路径，本地文件)至本地
        fs.copyToLocalFile(false, src, dst, true);
        System.out.println("文件下载成功!");
    }
}
```

⑨ 部署在 HDFS 集群服务器上运行，可以将项目导出为 jar 包，部署在 hdfs 集群服务器上运行，部署过程如下：

生成 jar 包。选中【项目】|【File】|【Export】|【Java】|【JAR file】|【Next】，选择资源及存放目录，单击【Finish】按钮，如图 3–41 所示。

将生成的 D:\test\Hello_Hadoop_22661301yjs.jar 文件通过 ftp 发到集群服务器/opt/ software 路径下，如图 3–42 所示。

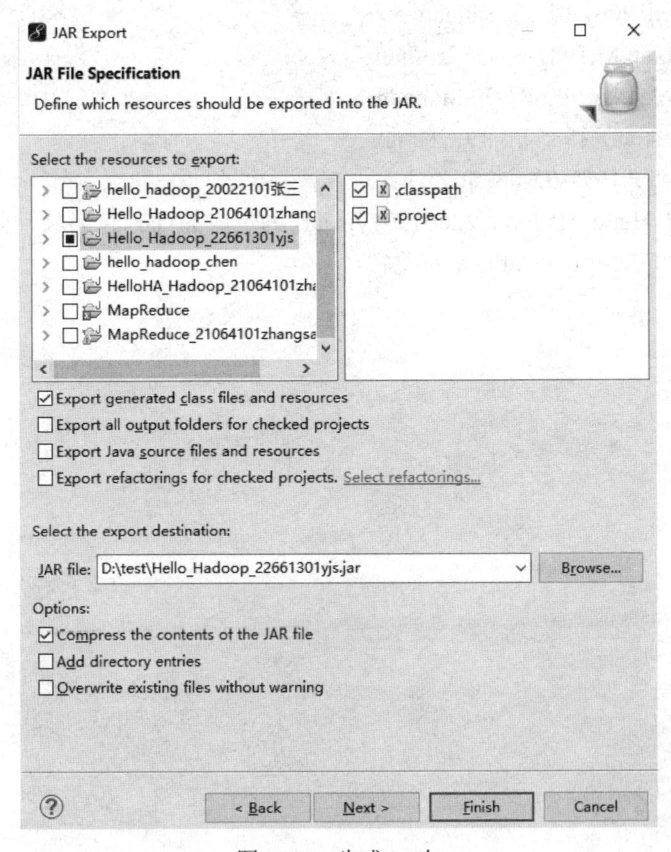

图 3–41　生成 jar 包

D:\test

名称	大小	类型	修改时间
..		文件夹	
hello_hadoop_21064101zhangsan.jar	45.17MB	Executabl...	2023/3/27, 14:
Hello_Hadoop_22661301yjs.jar	65.68MB	Executabl...	2023/5/2, 23:1
MapReduce_21064101zhangsan.jar	55.53MB	Executabl...	2023/4/3, 20:0
Hello.txt	26 Bytes	文本文档	2023/3/27, 14:
test.txt	19 Bytes	文本文档	2023/3/27, 14:

/opt/software

名称	大小
..	
hadoop-3.3.2	
jdk1.8.0_281	
hadoop-3.3.2.tar.gz	609.07MB
jdk-8u281-linux-x64.tar.gz	137.06MB
Hello_Hadoop_22661301yjs.jar	65.68MB

图 3–42　将 jar 文件上传到集群

执行命令，运行该程序。

```
[hadoop@centos01 software]$ hadoop jar Hello_Hadoop_22661301yjs.jar com.hdfs.FileSystemCatjava
2023-05-02 23:23:50,252 INFO Configuration.deprecation: fs.default.name is deprecated. Instead, use fs.defaultFS
00000000,Mcdaniel,F,1980-04-12,Beijing
00000001,Harrell, F,1989-05-12,Hunan
00000002,Robinson,F,1972-07-17,Jiangxi
00000003,Blankenship,M,2004-05-11,Sichuan
00000004,Miles,M,1975-09-20,Taiwan
00000005,Hughes,M,1997-01-12, Sichuan
00000006,Hale,F,2001-01-27,Yunnan
00000007,Jackson,M,1987-03-05,Xinjiang
00000008,Brooks,M,1990-03-20,Sichuan
00000009,Johnston,F,1985-02-19,Guangxi
00000010,Smith,F,1977-02-06, Shanghai
```

上述命令中的 Hello_Hadoop_22661301yjs.jar 为生成的 jar 包名称，此处为相对路径，com.hdfs 为包名，FileSystemCatjava 为类名。

第4章　HDFS 2.0 新特性

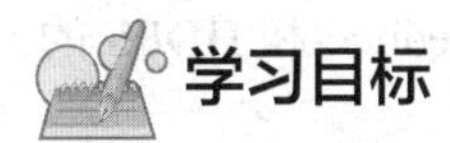

学习目标

（1）Hadoop 1.0 的局限性；

（2）不断完善的 Hadoop 生态系统；

（3）Hadoop 的改进；

（4）HDFS HA；

（5）HDFS 联邦。

Hadoop 作为一种开源的大数据处理架构，在业内得到了广泛的应用，几乎成为大数据技术的代名词。但是，Hadoop 在诞生之初，在架构设计和应用性能方面仍然存在一些不尽人意的地方，不过在后续发展过程中得到了逐渐的改进和完善。Hadoop 的优化与发展主要体现在两个方面：一方面是 Hadoop 自身两大核心组件 HDFS 和 MapReduce 的架构设计改进，另一方面是 Hadoop 生态系统其他组件的不断丰富。通过这些优化和提升，Hadoop 可以支持更多的应用场景，提供更高的集群可用性，同时也带来了更高的资源利用率。

本章首先介绍 Hadoop 的局限与不足，并从全局视角系统总结针对 Hadoop 的改进与提升；然后介绍 HDFS 2.0 新特性 HDFS HA 和 HDF 联邦的工作原理，并阐述如何解决 HDFS 1.0 体系结构存在的局限性。

4.1　Hadoop 的优化与发展

本节首先指出 Hadoop 1.0 的局限性与不足之处，然后介绍针对 Hadoop 1.0 的相关改进和提升。

4.1.1　Hadoop 1.0 的局限性与不足

Hadoop 1.0 的核心组件 HDFS 和 MapReduce 主要存在以下不足。

（1）抽象层次低。为了实现一个简单的功能，也需要编写大量的代码。

（2）表达能力有限。MapReduce 把复杂分布式编程工作高度抽象到两个函数上，即 Map 和 Reduce，在降低开发人员程序开发复杂度的同时，却也带来了表达能力有限的问题，在实际生产环境中的一些应用是无法用简单的 Map 和 Reduce 来完成的。

（3）管理作业之间的依赖关系。实际应用问题需要大量的作业进行协作才能顺利解决，这些作业之间往往存在复杂的依赖关系，但是 MapReduce 框架本身并没有提供相关的机制对这些依赖关系进行有效管理，只能由开发者自己管理。

（4）执行迭代操作效率低。对于一些大型的机器学习、数据挖掘任务，往往需要多轮迭代才能得到结果。反复读写 HDFS 文件中的数据，大大降低了迭代操作的效率。

（5）资源浪费。在 MapReduce 框架设计中，Reduce 任务需要等待所有 Map 任务都完成后才可以开始，造成了不必要的资源浪费。

（6）实时性差。只适用于离线批数据处理，无法支持交互式数据处理、实时数据处理。

4.1.2 针对 Hadoop 的改进与提升

针对 Hadoop 1.0 存在的局限和不足，在发展过程中，Hadoop 对 MapReduce 和 HDFS 的许多方面做了有针对性的改进提升，见表 4-1。

表 4-1 Hadoop 框架自身的改进：从 1.0 到 2.0

组件	Hadoop 1.0 的问题	Hadoop 2.0 的改进
HDFS	第一名称节点，存在单点失效问题	设计了 HDFS HA，提供名称节点热备份机制
	单一命名空间，无法实现资源隔离	设计了 HDFS 联邦，管理多个命名空间
MapReduce	资源管理效率低	设计了新的资源管理框架 YARN

同时在 Hadoop 生态系统中也融入了更多的新成员，使得 Hadoop 功能更加完善，比较有代表性的产品包括 Pig、Oozie、Tez、Kafka 等，见表 4-2。

表 4-2 不断完善的 Hadoop 生态系统

组件	功能	解决 Hadoop 中存在的问题
Pig	处理大规模数据的脚本语言，用户只需要编写几条简单的语句，系统会自动转换为 MapReduce 作业	抽象层次低，需要手工编写大量代码
Oozie	工作流和协作服务引擎，协调 Hadoop 上运行的不同任务	没有提供作业依赖关系管理机制，需要用户自己处理作业之间的依赖关系
Tez	支持 DAG 作业的计算框架，对作业的操作进行重新分解和组合，形成一个大的 DAG 作业，减少不必要操作	不同的 MapReduce 任务之间存在重复操作，降低了效率
Kafka	分布式发布订阅信息系统，一般作业为企业大数据分析平台的数据交换枢纽，不同类型的分布式系统可以统一接入到 Kafka，实现和 Hadoop 各个组件之间的不同类型数据的实时高效交换	Hadoop 生态系统中各个组件和其他产品之间缺乏统一的、高效的数据交换中介

4.2 HDFS 2.0 的新特性

由前面叙述可知，HDFS 1.0 体系结构存在命名空间的限制、性能的瓶颈、隔离问题、集群的可用性等局限性。为此，HDFS 2.0 增加了 HDFS HA 和 HDFS 联邦等新特征，来解决存在的问题。

4.2.1　HDFS HA

1. 产生的背景

对于分布式文件系统 HDFS 而言，名称节点（NameNode）是系统的核心节点，存储了各类元数据信息，并负责管理文件系统的命名空间和客户端对文件的访问。但是，在 HDFS 1.0 中，只存在一个名称节点，一旦这个唯一的名称节点发生故障，就会导致整个集群变得不可用，这就是常说的“单点故障问题”。虽然 HDFS 1.0 中存在一个“第二名称节点（Secondary NameNode）”，但是第二名称节点并不是名称节点的备用节点，它与名称节点有不同的职责，其主要功能是周期性地从名称节点获取 FsImage 和 EditLog，进行合并后再发送给名称节点，替换掉原来的 FsImage，以防止日志文件 EditLog 过大，导致名称节点由于种种原因重启时消耗过多时间。合并后的 FsImage 在第二名称节点中也保存一份，当名称节点失效的时候，可以使用第二名称节点中的 FsImage 进行恢复。

2. HDFS HA 架构

由于第二名称节点无法提供“热备份”功能，即在名称节点发生故障的时候，系统无法实时切换到第二名称节点立即对外提供服务，仍然需要进行停机恢复，因此，HDFS 1.0 的设计是存在单点故障问题的。为了解决单点故障问题，HDFS 2.0 采用了 HA（High Availbility）架构。在一个典型的 HA 集群中，一般设置两个名称节点（HDFS 2.0 支持一主一备，HDFS 3.0 最多支持一主五备），其中一个名称节点处于“活跃（Active）”状态，另一个处于“待命（Standby）”状态，如图 4-1 所示。处于活跃状态的名称节点负责对外处理所有客户端的请求，而处于待命状态的名称节点则作为备用节点，保存了足够多的系统元数据信息，当名称节点出现故障时提供快速恢复能力。也就是说，在 HDFS HA 中，处于待命状态的名称节点提供了“热备份”，一旦活跃名称节点出现故障，就可以立即切换到待命名称节点，不会影响到系统的正常对外服务。

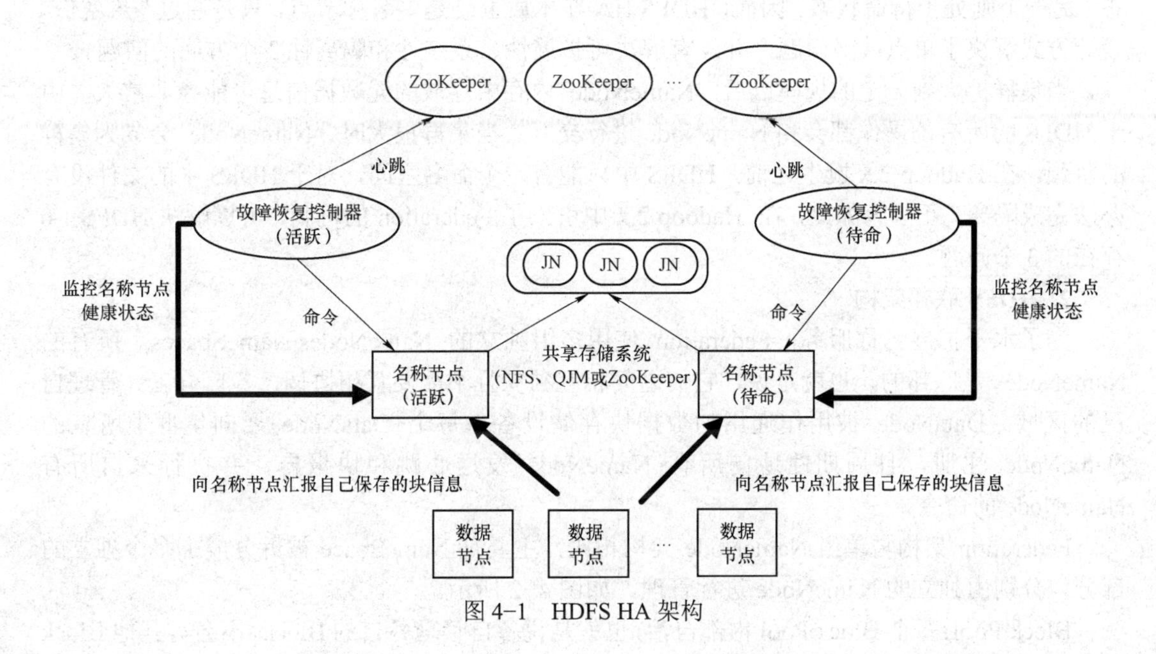

图 4-1　HDFS HA 架构

3. HDFS HA 的实现流程

主（处于 Active 状态）NameNode 处理所有的操作请求，而 Standby 只是作为 Slave，主要进行同步主 NameNode 的状态，保证发生故障时能够快速切换，并且数据一致。为了两个 NameNode 数据保持同步，两个 Name Node 都与一组 Journal Node 进行通信。当主 NameNode 进行任务的 NameSpace 操作时，都会同步修改日志到 Journal Node 节点中。

Standby NameNode 持续监控这些 EditLog，当监测到变化时，将这些修改同步到自己的 NameSpace。当进行故障转移时，Standby 在成为 Active NameNode 之前，会确保自己已经读取了 Journal Node 中的所有 EditLog，从而保持数据状态与故障发生前一致。

为了确保故障转移能够快速完成，Standby NameNode 需要维护最新的 Block 位置信息，即每个 Block 副本存放在集群中的哪些节点上。为了达到这一点，DataNode 同时配置主备两个 NameNode，并同时发送 Block 报告和心跳到两台 NameNode。

任何时刻集群中只有一个 NameNode 处于 Active 状态，否则可能出现数据丢失或者数据损坏。当两台 NameNode 都认为自己的 Active NameNode 时，会同时尝试写入数据。为了防止这种脑裂现象，Journal Node 只允许一个 NameNode 写入数据，系统通过 ZKFC 机制进行处理，从而安全地进行故障转移。这个任务是由 ZooKeeper 来实现的，ZooKeeper 可以确保任意时刻只有一个名称节点提供对外服务。

4.2.2 HDFS 联邦

Federation 即为“联邦”，该特性允许一个 HDFS 集群中存在多组 NameNode 同时对外提供服务，分管一部分目录（水平切分），彼此之间相互隔离，但共享底层的 DataNode 存储资源。

1. 产生的背景

HDFS HA 虽然提供了两个名称节点，但是在某个时刻也只会有一个名称节点处于活跃状态，另一个则处于待命状态。因而，HDFS HA 在本质上还是单名称节点，只是通过“热备份”设计方式解决了单点故障问题，并没有解决可扩展性、系统性和隔离性 3 个方面的问题。

当集群扩大到一定的规模以后，NameNode 内存中存放的元数据信息可能会非常大，由于 HDFS 的所有的操作都会和 NameNode 进行交互，当集群很大时，NameNode 会成为集群的瓶颈。在 Hadoop 2.x 诞生之前，HDFS 中只能有一个命名空间，对于 HDFS 中的文件没有办法完成隔离。正因为如此，在 Hadoop 2.x 中引入了 Federation 的机制，可以解决 HDFS 1.0 存在的 3 个问题。

2. HDFS 联邦架构

为了水平扩展名称服务，Federation 使用多组独立的 NameNodes/NameSpaces。所有的 NameNodes 是联邦的，也就是说，它们之间相互独立且不需要互相协调，各自分工，管理自己的区域。DataNode 被用作通用的数据块存储设备，每个 DataNode 要向集群中所有的 NameNode 注册，且周期性地向所有 NameNode 发送心跳和块报告，并执行来自所有 NameNode 的命令。

Federation 架构与单组 NameNode 架构相比，主要是 NameSpace 被拆分成了多个独立的部分，分别由独立的 NameNode 进行管理，如图 4−2 所示。

Block Pool：每个 Block Pool 内部自治，也就是说各自管理各自的 Block，不会与其他 Block

Pool 交流。一个 NameNode 出问题，不会影响其他 NameNode。

命名空间卷：由 NameNode 上的 NameSpace 和它对应的 Block Pool 组成，被称为 NameSpace Volume。它是管理的基本单位。当一个 NameNode / NameSpace 被删除后，其所有 DataNode 上对应的 Block Pool 也会被删除，当集群升级时，每个 NameSpace Volume 作为一个基本单元进行升级。

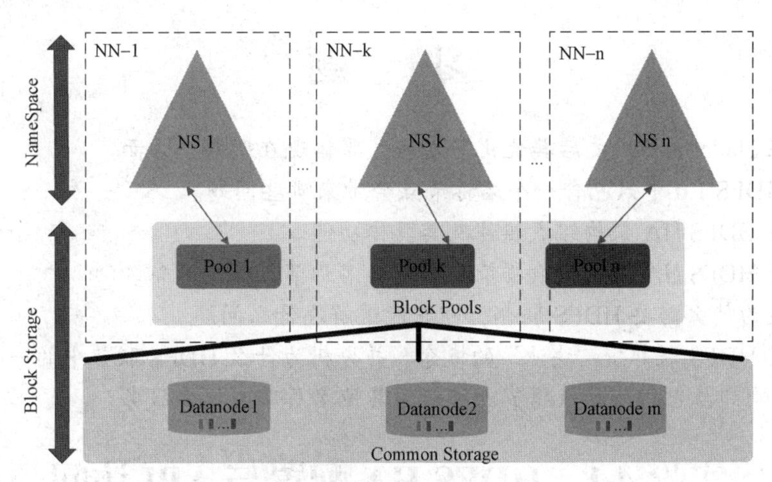

图 4–2　HDFS Federation 架构

3. HDFS 联邦相对于 HDFS 1.0 的优势

对于 HDFS 联邦中的多个命名空间，可以采用客户端挂载表（Client Side Mount Table）方式进行数据共享和访问。主要有以下 3 个优点。

（1）NameSpace 的可扩展性。HDFS 1.0 的水平扩展，但是命名空间不能扩展，通过在集群中增加 NameNode 来扩展 NameSpace，以达到大规模部署或者解决有很多小文件的情况。

（2）Performance（性能）。在之前的框架中，单个 NameNode 文件系统的吞吐量是有限制的，增加更多的 NameNode 能增大文件系统读写操作的吞吐量。

（3）Isolation（隔离）。一个单一的 NameNode 不能对多用户环境进行隔离，一个实验性的应用程序会加大 NameNode 的负载，减慢关键的生产应用程序，在多个 NameNode 情况下，不同类型的程序和用户可以通过不同的 NameSpace 来进行隔离。

4. HDFS 联邦主要缺点

（1）交叉访问问题。由于 NameSpace 被拆分成多个且互相独立，一个文件路径只允许存在一个 NameSpace 中。如果应用程序要访问多个文件路径，那么不可避免地会产生交叉访问 NameSpace 的情况。如 MR、Spark 任务，都会存在此类问题。

（2）管理性问题。启用 Federation 后，HDFS 很多管理命令都会失效，如“hdfs dfsadmin、hdfs fsck”等，除此之外，“hdfs dfs cp/mv”命令同样失效，如果要在不同 NameSpace 间复制或移动数据，需要使用 distcp 命令，指定绝对路径。

本 章 小 结

Hadoop 在不断完善自身核心组建性能的同时，生态系统也在不断丰富发展。本章介绍了

Hadoop 存在的不足之处，以及针对这些缺陷发展出来的一系列解决方案，包括 HDFS HA、HDFS 联邦、YARN 等，这些技术改进都为 Hadoop 的长远发展奠定了坚实的基础。针对 HDFS 1.0 体系结构存在的命名空间的限制、性能的瓶颈、隔离问题、集群的可用性等局限性，HDFS 2.x 发展了 HDFS HA 和 HDFS 联邦等新特性来解决这些问题。详细阐述了 HDFS HA 和 HDFS 联邦的产生背景、架构等。

习　题

1. 试述在 Hadoop 推出之后其优化与发展主要体现在哪两个方面。

2. 试述 HDFS 1.0 中只包含一个名称节点会带来哪些问题。

3. 请描述 HDFS HA 架构组成组件及其具体功能。

4. 请分析 HDFS HA 架构中数据节点如何和名称节点保持通信。

5. 请阐述为什么需要 HDFS 联邦，即它能够解决什么问题。

6. 请描述 HDFS 联邦中“块池”的概念，并分析为什么 HDFS 联邦中的一个名称节点失效，也不会影响到与它相关的数据节点继续为其他名称节点提供服务。

实验 4.1　HDFS HA 配置与 API 访问

1. 实验目的

（1）熟练掌握 ZooKeeper 的安装与配置。

（2）理解并掌握 HDFS HA 访问操作。

2. 实验环境

（1）zookeeper-3.4.6.tar。

（2）core-site.xml。

（3）hdfs-site.xml。

3. 实验步骤

在配置 HDFS HA 时，可以没有 Secondary NameNode 节点，其合并功能由 standby 的 NameNode 替代了。在实验 3.1 的基础上进行修改与配置，将 3 个节点的 Hadoop 配置文件与数据文件夹进行备份。

```
[hadoop@centos01 hadoop-3.3.2]$ cp -r etc/hadoop/ back-hadoop
[hadoop@centos01 hadoop-3.3.2]$ cp -r tmp/ back-tmp
[hadoop@centos01 hadoop-3.3.2]$ ll
总用量 96
drwxr-xr-x. 3 hadoop hadoop    4096 5 月    3 10:04 back-hadoop
drwxrwxr-x. 4 hadoop hadoop      37 5 月    3 10:05 back-tmp
drwxr-xr-x. 2 hadoop hadoop     203 2 月   22 2022 bin
drwxr-xr-x. 3 hadoop hadoop      20 2 月   22 2022 etc
drwxr-xr-x. 2 hadoop hadoop     106 2 月   22 2022 include
drwxr-xr-x. 3 hadoop hadoop      20 2 月   22 2022 lib
```

```
drwxr-xr-x. 4 hadoop hadoop      288 2 月    22 2022 libexec
-rw-r--r--. 1 hadoop hadoop 23424 1 月    16 2022 LICENSE-binary
drwxr-xr-x. 2 hadoop hadoop   4096 2 月    22 2022 licenses-binary
-rw-r--r--. 1 hadoop hadoop 15217 1 月    16 2022 LICENSE.txt
drwxrwxr-x. 3 hadoop hadoop   4096 5 月     2 19:41 logs
-rw-r--r--. 1 hadoop hadoop 29473 2 月     1 2022 NOTICE-binary
-rw-r--r--. 1 hadoop hadoop   1541 12 月    2 2021 NOTICE.txt
-rw-r--r--. 1 hadoop hadoop     175 12 月    2 2021 README.txt
drwxr-xr-x. 3 hadoop hadoop   4096 2 月    22 2022 sbin
drwxr-xr-x. 4 hadoop hadoop       31 2 月    22 2022 share
drwxrwxr-x. 4 hadoop hadoop       37 4 月    23 23:25 tmp
```

（1）ZooKeeper 的安装与配置。

① 上传 ZooKeeper 安装文件。在 centos01 节点上，上传 ZooKeeper 安装文件 zookeeper-3.4.6.tar.gz 到/opt/ software/中，并解压。

```
[hadoop@centos01 software]$ tar -zxvf zookeeper-3.4.6.tar.gz
[hadoop@centos01 software]$ ll
总用量 848604
drwxr-xr-x. 14 hadoop hadoop           273 5 月     3 10:05 hadoop-3.3.2
-rw-rw-r--.   1 hadoop hadoop 638660563 4 月    23 22:28 hadoop-3.3.2.tar.gz
-rw-rw-r--.   1 hadoop hadoop   68874531 5 月     2 23:21 Hello_Hadoop_22661301yjs.jar
drwxr-xr-x.   8 hadoop hadoop           273 12 月    9 2020 jdk1.8.0_281
-rw-rw-r--.   1 hadoop hadoop 143722924 4 月    23 21:33 jdk-8u281-linux-x64.tar.gz
drwxr-xr-x. 10 hadoop hadoop          4096 2 月    20 2014 zookeeper-3.4.6
-rw-rw-r--.   1 hadoop hadoop   17699306 5 月     3 10:09 zookeeper-3.4.6.tar.gz
```

② 配置系统环境变量。vi 打开/etc/profile 文件，配置 ZooKeeper 系统环境变量。

```
export JAVA_HOME=/opt/softwaresjdk1.8.0_281
export HADOOP_HOME=/opt/software/hadoop-3.3.2
export ZOOKEEPER_HOME=/opt/software/zookeeper-3.4.6


export   PATH=$PATH:$JAVA_HOME/bin:$HADOOP_HOME/bin:$HADOOP_HOME/sbin:
$ZOOKEEPER_HOME/bin
```

注意：当 vim /etc 写入时出现 E121:无法打开并写入文件，退出保存用:w !sudo tee %。

每个节点都要配置，并使文件生效！

```
[hadoop@centos01 ~]$ source /etc/profile
```

③ 配置 zoo.cfg 文件。在 ZooKeeper 安装目录下新建文件夹 dataDir，存放 ZooKeeper 相关数据。

```
[hadoop@centos01 zookeeper-3.4.6]$ mkdir dataDir
```

由备份文件生成 zoo.cfg 文件。

```
[hadoop@centos01 zookeeper-3.4.6]$ cd conf
```

```
[hadoop@centos01 conf]$ ll
总用量 12
-rw-rw-r--. 1 hadoop hadoop  535 2 月  20 2014 configuration.xsl
-rw-rw-r--. 1 hadoop hadoop 2161 2 月  20 2014 log4j.properties
-rw-rw-r--. 1 hadoop hadoop  922 2 月  20 2014 zoo_sample.cfg
[hadoop@centos01 conf]$ cp zoo_sample.cfg zoo.cfg
```

vi 修改 zoo.cfg 文件，编辑 dataDir 的路径与 ZooKeeper 集群信息。

```
# The number of milliseconds of each tick
tickTime=2000
# The number of ticks that the initial
# synchronization phase can take
initLimit=10
# The number of ticks that can pass between
# sending a request and getting an acknowledgement
syncLimit=5
# the directory where the snapshot is stored.
# do not use /tmp for storage, /tmp here is just
# example sakes.
dataDir=/opt/software/zookeeper-3.4.6/dataDir
# the port at which the clients will connect
clientPort=2181
# the maximum number of client connections.
# increase this if you need to handle more clients
#maxClientCnxns=60
#
# Be sure to read the maintenance section of the
# administrator guide before turning on autopurge.
#
# http://zookeeper.apache.org/doc/current/zookeeperAdmin.html#sc_maintenance
#
# The number of snapshots to retain in dataDir
#autopurge.snapRetainCount=3
# Purge task interval in hours
# Set to "0" to disable auto purge feature
#autopurge.purgeInterval=1
#2888、3888 代表 Leader 端口和 Follower 端口
server.1=centos01:2888:3888
server.2=centos02:2888:3888
server.3=centos03:2888:3888
```

④ 新建 myid 文件。在 zoo.cfg 中的参数 dataDir 指定的目录下新建一个名为 myid 的文件，这个文件仅包含一行内容一个数字，即当前服务器的 id 值，与 zoo.cfg 文件中参数 server.id 的 id 值相同。例如，centos01 的 id 值为 1，则应在 myid 文件中写入 1。当 ZooKeeper 启动时会读取该文件，将其中的数据与 zoo.cfg 里写的配置信息进行对比，从而获得当前服务器的身份信息。

```
[hadoop@centos01 zookeeper-3.4.6]$ cd dataDir/
[hadoop@centos01 dataDir]$ vi myid
[hadoop@centos01 dataDir]$ more myid
1
```

⑤ 同步 ZooKeeper 安装信息到其他节点并修改节点 myid 数值。

同步/etc/profile 文件，每个节点配置相同的/etc/profile 文件。

同步 zookeeper-3.4.6 文件。

```
[hadoop@centos01 software]$ scp -r zookeeper-3.4.6/ hadoop@centos02:/opt/software/
[hadoop@centos01 software]$ scp -r zookeeper-3.4.6/ hadoop@centos03:/opt/software/
```

修改 Centos02 节点信息为：

```
[hadoop@centos02 dataDir]$ vi myid
[hadoop@centos02 dataDir]$ more myid
2
```

修改 Centos03 节点信息为：

```
[hadoop@centos03 dataDir]$ vi myid
[hadoop@centos03 dataDir]$ more myid
3
```

（2）Hadoop 的配置。在 centos01 节点对/opt/software/hadoop-3.3.2/etc/hadoop 目录下的 3 个文件进行配置，配置完成后将 Hadoop 同步到其他节点。

① core-site.xml 的配置。

```
<property>
<name>fs.defaultFS</name>
<value>hdfs://mycluster</value>
 </property>
 <property>
     <name>hadoop.tmp.dir</name>
     <value>/opt/software/hadoop-3.3.2/tmp</value>
 </property>
 <property>
      <name>ha.zookeeper.quorum</name>
      <value>centos01:2181,centos02:2181,centos03:2181</value>
 </property>
```

② hdfs-site.xml 的配置。

```
<property>
      <name>dfs.replication</name>
```

```
        <value>2</value>
    </property>
    <!--dfs.permissions 属性重新启动 hdfs，可以避免 hdfs 的权限问题，便于开发测试-->
    <property>
        <name>dfs.permissions</name>
        <value>false</value>
    </property>
    <!--开启自动转移功能，mycluster 为自定义配置的 nameservice ID 值-->
    <property>
        <name>dfs.ha.automatic-failover.enabled.mycluster</name>
        <value>true</value>
    </property>
    <!--mycluster 为自定义配置的 nameservice ID 值-->
    <property>
    <name>dfs.nameservices</name>
    <value>mycluster</value>
    </property>
    <!--配置两个 NameNode 的标识符-->
    <property>
        <name>dfs.ha.namenodes.mycluster</name>
        <value>nn1,nn2</value>
    </property>
    <!--定义 namenode 主机名和 RPC 协议端口号-->
    <property>
        <name>dfs.namenode.rpc-address.mycluster.nn1</name>
        <value>centos01:9000</value>
    </property>
    <property>
        <name>dfs.namenode.rpc-address.mycluster.nn2</name>
        <value>centos02:9000</value>
    </property>
    <!--定义 namenode 的 Web 页面访问地址-->
    <property>
        <name>dfs.namenode.http-address.mycluster.nn1</name>
        <value>centos01:9870</value>
    </property>
    <property>
        <name>dfs.namenode.http-address.mycluster.nn2</name>
        <value>centos02:9870</value>
```

```
  </property>
<!--定义一组 JournalNode 的 URL 地址-->
  <property>
        <name>dfs.namenode.shared.edits.dir</name>
<value>qjournal://centos01:8485;centos02:8485;centos03:8485/mycluster</value>
  </property>
  <!--JournalNode 用于存放元数据和状态信息的路径-->
  <property>
        <name> dfs.journalnode.edits.dir</name>
  <value>/opt/software/hadoop-3.3.2/tmp/dfs/jn</value>
  </property>

  <!--客户端与 NameNode 通信的 Java 类-->
  <property>
  <name>dfs.client.failover.proxy.provider.mycluster</name>
<value>org.apache.hadoop.hdfs.server.namenode.ha.ConfiguredFailoverProxyProvider</value>
  </property>
  <!--解决 HA 集群脑裂问题,只有一个提供服务-->
  <property>
        <name>dfs.ha.fencing.methods</name>
        <value>sshfence</value>
  </property>
  <!--上述属性 SSH 通信使用的密钥文件-->
  <property>
        <name>dfs.ha.fencing.ssh.private-key-files</name>
        <value>/home/hadoop/.ssh/id_rsa</value><!--hadoop 为当前用户名-->
  </property>
```

③ yarn-site.xml 的配置。

```
<!--YARN HA 配置-->
  <!--指定在 YARN 运行的 MapReduce 程序 -->
  <property>
        <name>yarn.nodemanager.aux-services</name>
        <value>mapreduce_shuffle</value>
  </property>

  <!--开启 ResourceManager HA 功能-->
  <property>
        <name>yarn.resourcemanager.ha.enabled</name>
        <value>true</value>
```

```
</property>
<!--标志 ResourceManager-->
<property>
    <name>yarn.resourcemanager.cluster-id</name>
<value>cluster1</value>
</property>
<!--集群中 ResourceManager 的 ID 列表，后面的配置将引用该 ID-->
<property>
    <name>yarn.resourcemanager.ha.rm-ids</name>
    <value>rm1,rm2</value>
</property>
<!--ResourceManager 所在的节点主机名-->
<property>
    <name>yarn.resourcemanager.hostname.rm1</name>
<value>centos01</value>
</property>
<property>
    <name>yarn.resourcemanager.hostname.rm2</name>
    <value>centos02</value>
</property>
<!--ResourceManager 的 Web 访问地址-->
<property>
    <name>yarn.resourcemanager.webapp.address.rm1</name>
    <value>centos01:8088</value>
</property>
<property>
    <name>yarn.resourcemanager.webapp.address.rm2</name>
    <value>centos02:8088</value>
</property>
<!--Zookeeper 集群列表-->
<property>
    <name>yarn.resourcemanager.zk-address</name>
<value>centos01:2181,centos02:2181,centos03:2181</value>
</property>
<!--ResourceManager 重启的功能，默认 flase-->
<property>
    <name>yarn.resourcemanager.recovery.enable</name>
    <value>true</value>
</property>
```

```
<!--ResourceManager 状态存储的类-->
  <property>
  <name>yarn.resourcemanager.store.class</name>
<value>org.apache.hadoop.yarn.server.resourcemanager.recovery.ZKRMStateStore</value>
  </property>
```

④ 将 hadoop-3.3.2 同步到其他节点。同步前将 tmp 临时文件删除。

```
[hadoop@centos01 hadoop-3.3.2]$ rm -rf tmp
[hadoop@centos01 software]$ scp -r hadoop-3.3.2/ hadoop@centos02:/opt/software/
[hadoop@centos01 software]$ scp -r hadoop-3.3.2/ hadoop@centos03:/opt/software/
```

（3）启动 ZooKeeper 进程。

① 关闭所有进程，删除相关文件。在每个节点关闭前执行 stop-all.sh 命令，关闭所有进程，或用 kill -9 杀死进程。

```
[hadoop@centos01 opt]$ jps
41604 Jps
12267 JournalNode
41564 ResourceManager
13150 NameNode
12143 QuorumPeerMain
[hadoop@centos01 opt]$ stop-all.sh
[hadoop@centos01 opt]$ kill -9 12267
```

将每个节点 ZooKeeper 中 dataDir 目录下除 log 文件夹、myid 外其他的文件删除。

```
[hadoop@centos01 dataDir]$ ll
总用量 24
-rw-rw-r--. 1 hadoop hadoop 2 4 月 2 11:49 myid
drwxrwxr-x. 2 hadoop hadoop 86 4 月 2 19:20 version-2
-rw-rw-r--. 1 hadoop hadoop 12900 4 月 2 19:37 zookeeper.out
-rw-rw-r--. 1 hadoop hadoop 5 4 月 2 19:13 zookeeper_server.pid
[hadoop@centos01 dataDir]$ rm -rf version-2/
[hadoop@centos01 dataDir]$ rm -rf zookeeper.out
[hadoop@centos01 dataDir]$ rm -rf zookeeper_server.pid
[hadoop@centos01 dataDir]$ ll
总用量 4
-rw-rw-r--. 1 hadoop hadoop 2 4 月 2 11:49 myid
[hadoop@centos02 dataDir]$ rm -rf version-2/
[hadoop@centos02 dataDir]$ rm -rf zookeeper.out
[hadoop@centos02 dataDir]$ rm -rf zookeeper_server.pid
[hadoop@centos02 dataDir]$ ll
总用量 4
-rw-rw-r--. 1 hadoop hadoop 2 4 月 2 11:50 myid
```

```
[hadoop@centos03 dataDir]$ rm -rf version-2/
[hadoop@centos03 dataDir]$ rm -rf zookeeper.out
[hadoop@centos03 dataDir]$ rm -rf zookeeper_server.pid
[hadoop@centos03 dataDir]$ ll
总用量 4
-rw-rw-r--. 1 hadoop hadoop 3 4 月 2 11:51 myid
```

② 启动 ZooKeeper 集群。在每个节点执行 zkServer.sh start 命令，启动 ZooKeeper 集群。

```
[hadoop@centos01 software]$ zkServer.sh start
JMX enabled by default
Using config: /opt/software/zookeeper-3.4.6/bin/../conf/zoo.cfg
Starting zookeeper ... STARTED
[hadoop@centos01 software]$ jps
92592 QuorumPeerMain
93500 Jps
[hadoop@centos02 ~]$
[hadoop@centos02 software]$ jps
74727 QuorumPeerMain
75382 Jps
[hadoop@centos03 software]$ jps
69796 QuorumPeerMain
70326 Jps
```

③ 查看 ZooKeeper 集群状态。在每个节点执行 zkServer.sh status 命令，查看 ZooKeeper 状态，有一个状态是 leader，其他两个节点是 follower。

```
[hadoop@centos01 opt]$ zkServer.sh status
JMX enabled by default
Using config: /opt/software/zookeeper-3.4.6/bin/../conf/zoo.cfg
Mode: follower
[hadoop@centos02 software]$ zkServer.sh status
JMX enabled by default
Using config: /opt/software/zookeeper-3.4.6/bin/../conf/zoo.cfg
Mode: leader
[hadoop@centos03 software]$ zkServer.sh status
JMX enabled by default
Using config: /opt/software/zookeeper-3.4.6/bin/../conf/zoo.cfg
Mode: follower
```

（4）启动 JournalNode 进程。在每个节点执行 hadoop-daemon.sh start journalnode 命令，启动 JournalNode 进程。

```
[hadoop@centos01 software]$ hadoop-daemon.sh start journalnode
WARNING: Use of this script to start HDFS daemons is deprecated.
```

```
WARNING: Attempting to execute replacement "hdfs --daemon start" instead.
[hadoop@centos01 software]$ jps
55833 Jps
55627 QuorumPeerMain
55787 JournalNode
[hadoop@centos02 software]$ jps
2993 JournalNode
3041 Jps
2790 QuorumPeerMain
[hadoop@centos03 software]$ jps
3648 QuorumPeerMain
3875 JournalNode
3923 Jps
```

（5）格式化 NameNode。

① 首先格式化 NameNode。在 centos01 节点上执行 hdfs namenode -format 命令。

```
[hadoop@centos01 software]$ hdfs namenode -format
2023-05-03 11:39:54,531 INFO namenode.NameNode: STARTUP_MSG:
/************************************************************
STARTUP_MSG: Starting NameNode
STARTUP_MSG:    host = centos04/192.168.5.101
STARTUP_MSG:    args = [-format]
STARTUP_MSG:    version = 3.3.2
⋮
```

出现以下信息表示格式化成功。

```
2023-05-03 11:39:57,081 INFO common.Storage: Storage directory /opt/software/ hadoop-3.3.2/tmp/dfs/name has been successfully formatted.
2023-05-03 11:39:57,217 INFO namenode.FSImageFormatProtobuf: Saving image file /opt/software/hadoop-3.3.2/tmp/dfs/name/current/fsimage.ckpt_0000000000000000000 using no compression
2023-05-03 11:39:57,303 INFO namenode.FSImageFormatProtobuf: Image file /opt/software/hadoop-3.3.2/tmp/dfs/name/current/fsimage.ckpt_0000000000000000000 of size 398 bytes saved in 0 seconds .
2023-05-03 11:39:57,312 INFO namenode.NNStorageRetentionManager: Going to retain 1 images with txid >= 0
2023-05-03 11:39:57,355 INFO namenode.FSNamesystem: Stopping services started for active state
2023-05-03 11:39:57,355 INFO namenode.FSNamesystem: Stopping services started for standby state
2023-05-03 11:39:57,360 INFO namenode.FSImage: FSImageSaver clean checkpoint: txid=0
```

```
when meet shutdown.
    /************************************************************
    SHUTDOWN_MSG: Shutting down NameNode at centos01/192.168.5.101
    ************************************************************/
```

②将产生的 tmp 文件同步到 centos02、centos03 节点。

```
[hadoop@centos01 hadoop-3.3.2]$ scp -r tmp hadoop@centos02:/opt/software/ hadoop-3.3.2/
in_use.lock                          100%   14    13.6KB/s   00:00
VERSION                              100%  166   181.5KB/s   00:00
committed-txid                       100%    0     0.0KB/s   00:00
VERSION                              100%  217   290.2KB/s   00:00
seen_txid                            100%    2     3.7KB/s   00:00
fsimage_0000000000000000000.md5      100%   62    81.0KB/s   00:00
fsimage_0000000000000000000          100%  398   835.6KB/s   00:00
[hadoop@centos01 hadoop-3.3.2]$ scp -r tmp hadoop@centos03:/opt/software/hadoop-3.3.2/
in_use.lock                          100%   14    13.6KB/s   00:00
VERSION                              100%  166   181.5KB/s   00:00
committed-txid                       100%    0     0.0KB/s   00:00
VERSION                              100%  217   290.2KB/s   00:00
seen_txid                            100%    2     3.7KB/s   00:00
fsimage_0000000000000000000.md5      100%   62    81.0KB/s   00:00
fsimage_0000000000000000000          100%  398   835.6KB/s   00:00
```

（6）启动守护进程 zkfc。

① 格式化 zkfc。在 centos01 节点上执行 hdfs zkfc -formatZK，在 ZooKeeper 中创建一个 znode 节点，存储自动故障转移系统的数据，初始化 HA 在 ZooKeeper 中的状态。

```
[hadoop@centos01 hadoop-3.3.2]$ hdfs zkfc -formatZK
2023-05-03 11:46:43,557 INFO tools.DFSZKFailoverController: STARTUP_MSG:
/************************************************************
STARTUP_MSG: Starting DFSZKFailoverController
STARTUP_MSG:    host = centos04/192.168.5.104
STARTUP_MSG:    args = [-formatZK]
STARTUP_MSG:    version = 3.3.2
…
```

② 启动守护进程 zkfc。在 centos01、centos02 节点上执行 hadoop-daemon.sh start zkfc 命令，启动 zkfz 进程。

```
[hadoop@centos01 software]$ hadoop-daemon.sh start zkfc
WARNING: Use of this script to start HDFS daemons is deprecated.
WARNING: Attempting to execute replacement "hdfs --daemon start" instead.
[hadoop@centos01 software]$ jps
56164 DFSZKFailoverController
```

```
55627 QuorumPeerMain
55787 JournalNode
56203 Jps
[hadoop@centos02 software]$ hadoop-daemon.sh start zkfc
WARNING: Use of this script to start HDFS daemons is deprecated.
WARNING: Attempting to execute replacement "hdfs --daemon start" instead.
[hadoop@centos02 software]$ jps
2993 JournalNode
3301 Jps
2790 QuorumPeerMain
3274 DFSZKFailoverController
[hadoop@centos03 software]$ jps
3648 QuorumPeerMain
3875 JournalNode
4062 Jps
```

（7）启动 HDFS 集群。

① 先启动 HDFS 集群。在 centos01 节点上执行 start-dfs.sh 命令，启动 HDFS 集群。

```
[hadoop@centos01 hadoop-3.3.2]$ start-dfs.sh
Starting namenodes on [centos01 centos02]
Starting datanodes
Starting journal nodes [centos01 centos02 centos03]
centos02: journalnode is running as process 10521.  Stop it first and ensure /tmp/ hadoop-hadoop-journalnode.pid file is empty before retry.
centos01: journalnode is running as process 66102.  Stop it first and ensure /tmp/ hadoop-hadoop-journalnode.pid file is empty before retry.
centos03: journalnode is running as process 8048.  Stop it first and ensure /tmp/ hadoop-hadoop-journalnode.pid file is empty before retry.
```

② 显示每个节点的进程。

```
[hadoop@centos01 hadoop-3.3.2]$ jps
66384 DFSZKFailoverController
66102 JournalNode
66598 NameNode
65983 QuorumPeerMain
66735 DataNode
67086 Jps
[hadoop@centos02 software]$ jps
10688 DFSZKFailoverController
10789 NameNode
10521 JournalNode
```

```
10394 QuorumPeerMain
11083 Jps
10892 DataNode
[hadoop@centos03 software]$ jps
8048 JournalNode
7923 QuorumPeerMain
8244 DataNode
8393 Jps
```

（8）测试 HDFS HA。

① 查看名称节点状态。分别访问 centos01、centos02 节点，查看节点状态：centos01 为 standby 状态，如图 4-3 所示；centos02 为 active 状态，如图 4-4 所示。

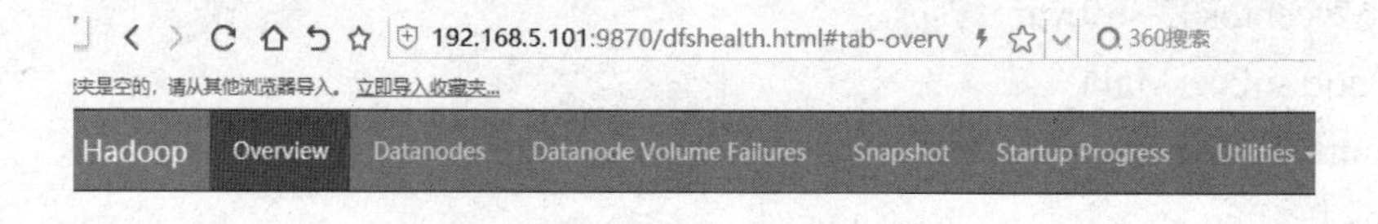

Overview 'centos01:9000' (standby)

Namespace:	mycluster
Namenode ID:	nn1
Started:	Tue Aug 08 20:59:37 +0800 2023
Version:	3.3.2, r0bcb014209e219273cb6fd4152df7df713cbac61
Compiled:	Tue Feb 22 02:39:00 +0800 2022 by chao from branch-3.3.2
Cluster ID:	CID-16feda96-049e-4f8b-b09a-d1719a2fb52e
Block Pool ID:	BP-1353289803-192.168.5.101-1691499474846

图 4-3　centos01 状态为 standby

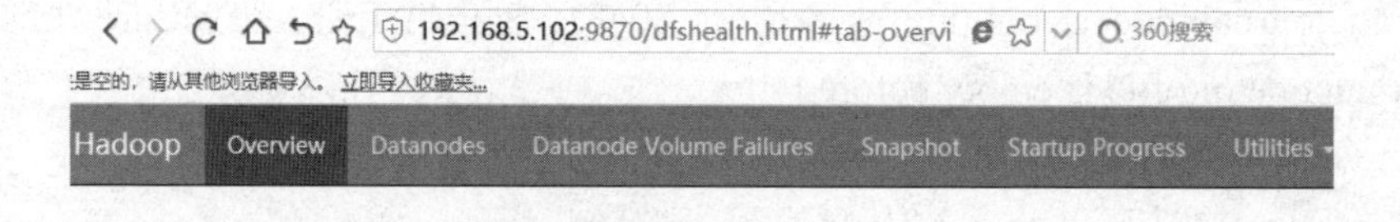

Overview 'centos02:9000' (✔active)

Namespace:	mycluster
Namenode ID:	nn2
Started:	Tue Aug 08 20:59:37 +0800 2023
Version:	3.3.2, r0bcb014209e219273cb6fd4152df7df713cbac61
Compiled:	Tue Feb 22 02:39:00 +0800 2022 by chao from branch-3.3.2
Cluster ID:	CID-16feda96-049e-4f8b-b09a-d1719a2fb52e
Block Pool ID:	BP-1353289803-192.168.5.101-1691499474846

图 4-4　centos02 状态为 active

② 名称节点状态转换。在 centos02 节点上杀死 NmaeNode 进程。

```
[hadoop@centos02 software]$ jps
10688 DFSZKFailoverController
13026 Jps
10789 NameNode
11893 ResourceManager
12037 NodeManager
10521 JournalNode
10394 QuorumPeerMain
10892 DataNode
[hadoop@centos02 software]$ kill -9 10789
[hadoop@centos02 software]$ jps
10688 DFSZKFailoverController
11893 ResourceManager
12037 NodeManager
10521 JournalNode
10394 QuorumPeerMain
10892 DataNode
13054 Jps
```

cengtos01 节点将由 standby 状态转变为 active 状态，如图 4-5 所示。此时访问 centos02 节点将出错，如图 4-6 所示。

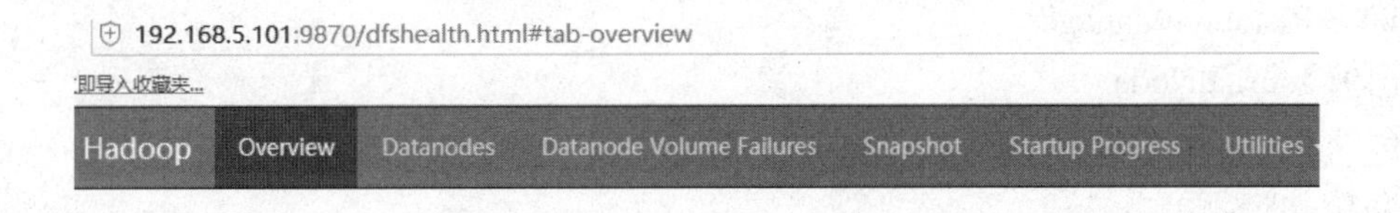

Overview 'centos01:9000' (✔active)

Namespace:	mycluster
Namenode ID:	nn1
Started:	Tue Aug 08 20:59:37 +0800 2023
Version:	3.3.2, r0bcb014209e219273cb6fd4152df7df713cbac61
Compiled:	Tue Feb 22 02:39:00 +0800 2022 by chao from branch-3.3.2
Cluster ID:	CID-16feda96-049e-4f8b-b09a-d1719a2fb52e
Block Pool ID:	BP-1353289803-192.168.5.101-1691499474846

图 4-5　centos01 状态转换为 active

192.168.5.102:9870/dfshealth.html#tab-overview
收藏夹...

您访问的网页出错了！
网络连接异常、网站服务器失去响应
刷新网页

图 4-6　centos02 杀死 NameNode 进程后不可访问

如果节点状态进行正常转换，说明结合 ZooKeeper 进行 HDFS 自动故障转移功能 HA 就配置成功。

（9）启动 YARN 进程。与 HDFS HA 类似，YARN 集群也可以搭建 HA 功能。

① 启动 ResourceManager 进程。根据配置，在 centos01、centos02 节点上执行 yarn-daemon.sh start resourcemanager 命令，启动 ResourceManager 进程。

```
[hadoop@centos01 hadoop-3.3.2]$  yarn-daemon.sh start resourcemanager
WARNING: Use of this script to start YARN daemons is deprecated.
WARNING: Attempting to execute replacement "yarn --daemon start" instead.
[hadoop@centos01 hadoop-3.3.2]$ jps
66384 DFSZKFailoverController
68083 ResourceManager
66102 JournalNode
66598 NameNode
68315 Jps
65983 QuorumPeerMain
66735 DataNode
[hadoop@centos02 software]$  yarn-daemon.sh start resourcemanager
WARNING: Use of this script to start YARN daemons is deprecated.
WARNING: Attempting to execute replacement "yarn --daemon start" instead.
[hadoop@centos02 software]$ jps
10688 DFSZKFailoverController
11921 Jps
10789 NameNode
11893 ResourceManager
10521 JournalNode
10394 QuorumPeerMain
10892 DataNode
```

```
[hadoop@centos03 software]$ jps
8048 JournalNode
7923 QuorumPeerMain
8244 DataNode
9037 Jps
```

② 启动 NodeManager 进程。根据配置，在 centos01、centos02 和 centos03 节点执行 yarn-daemon.sh start nodemanager 命令，启动 NodeManager 进程。

```
[hadoop@centos01 hadoop-3.3.2]$  yarn-daemon.sh start nodemanager
WARNING: Use of this script to start YARN daemons is deprecated.
WARNING: Attempting to execute replacement "yarn --daemon start" instead.
[hadoop@centos01 hadoop-3.3.2]$ jps
66384 DFSZKFailoverController
68083 ResourceManager
68501 Jps
66102 JournalNode
66598 NameNode
65983 QuorumPeerMain
66735 DataNode
68415 NodeManager
[hadoop@centos02 software]$  yarn-daemon.sh start nodemanager
WARNING: Use of this script to start YARN daemons is deprecated.
WARNING: Attempting to execute replacement "yarn --daemon start" instead.
[hadoop@centos02 software]$ jps
10688 DFSZKFailoverController
10789 NameNode
11893 ResourceManager
12037 NodeManager
10521 JournalNode
10394 QuorumPeerMain
10892 DataNode
12127 Jps
[hadoop@centos03 software]$  yarn-daemon.sh start nodemanager
WARNING: Use of this script to start YARN daemons is deprecated.
WARNING: Attempting to execute replacement "yarn --daemon start" instead.
[hadoop@centos03 software]$ jps
8048 JournalNode
7923 QuorumPeerMain
8244 DataNode
9125 NodeManager
```

```
9210 Jps
```

③ 运行。在浏览器中输入 http://192.168.5.101:8088，访问活动 ResourceManager，在浏览器中输入 http://192.168.5.102:8088，访问活动 ResourceManager，都指向 YARN 唯一活动的节点，如图 4-7 所示。

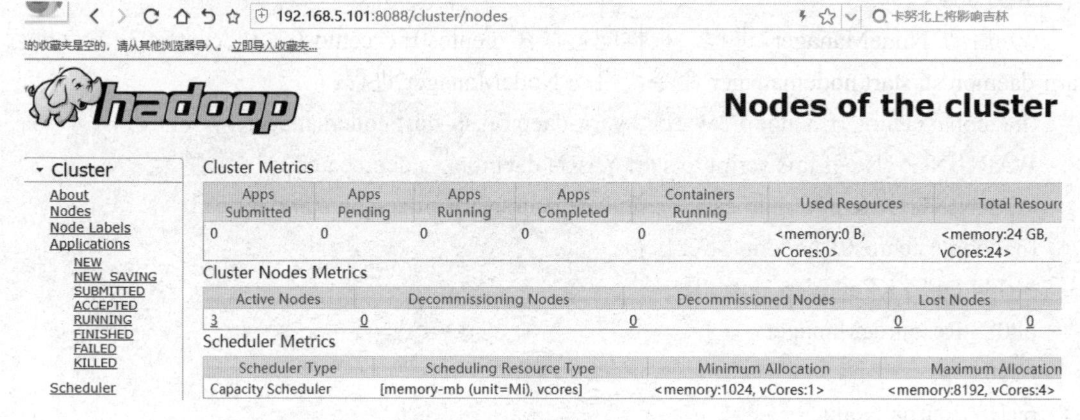

图 4-7　活动的 YARN 节点

④ 测试 YARN 进程的高可用。杀死 centos01 节点上的 ResourceManager 进程，访问 http://192.168.5.101:8088 为宕机，如图 4-8 所示。

```
[hadoop@centos01 hadoop-3.3.2]$ kill -9 68083
[hadoop@centos01 hadoop-3.3.2]$ jps
66384 DFSZKFailoverController
68805 Jps
66102 JournalNode
66598 NameNode
65983 QuorumPeerMain
66735 DataNode
68415 NodeManager
```

图 4-8　YARN 进程宕机

访问地址 http://192.168.5.102:8088/，查看 YARN 的启动状态为 active，如图 4-9 所示。

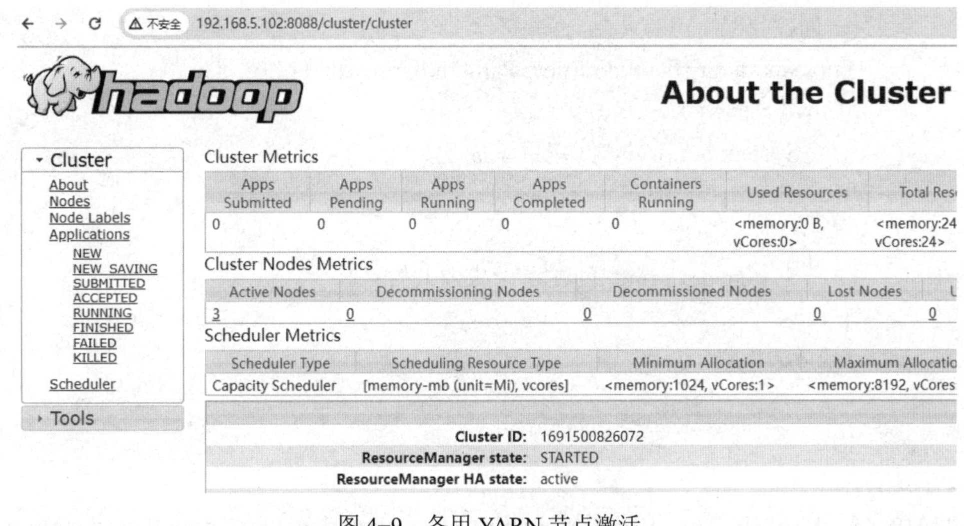

图 4-9　备用 YARN 节点激活

（10）Java API 访问 HDFS HA。

① 创建项目。参照完全分布式 Hello_Hadoop 项目新建 HAHello_Hadoop 项目，导入 hadooplib 依赖包。

② 添加配置文件。使用 XFtp 导出 HDFS 集群中 core-site.xml、hdfs-site.xml 配置文件添加到项目 src 目录下，项目结构如图 4-10 所示。

图 4-10　HDFS HA 项目结构图

③ 创建目录功能的实现。HDFS HA 实现创建目录功能的代码为：

```
public class CreateDir {
    public static void main(String[] args)throws IOException {
        Configuration conf = new Configuration( );
          conf.set("fs.default.name", "hdfs://mycluster");
          FileSystem fs = FileSystem.get(conf);
```

```
            //创建目录
            boolean mydir=fs.mkdirs(new Path("hdfs:/mydirHA"));
            if(mydir){
                System.out.print("创建目录成功！ ");
            }
            else{
                System.out.print("创建目录失败！ ");
            }
            fs.close( );
        }
    }
```

运行调试。

```
2023-05-03 13:58:30,726 INFO [main] Configuration.deprecation(Configuration.java:logDeprecation(1441))- fs.default.name is deprecated. Instead, use fs.defaultFS
创建目录成功!
```

命令行访问集群查看创建的目录。

```
[hadoop@centos01 software]$ hdfs dfs -ls /
Found 1 items
drwxr-xr-x   - hadoop supergroup          0 2023-05-03 13:58 /mydirHA
```

浏览器查看，如图 4-11 所示。

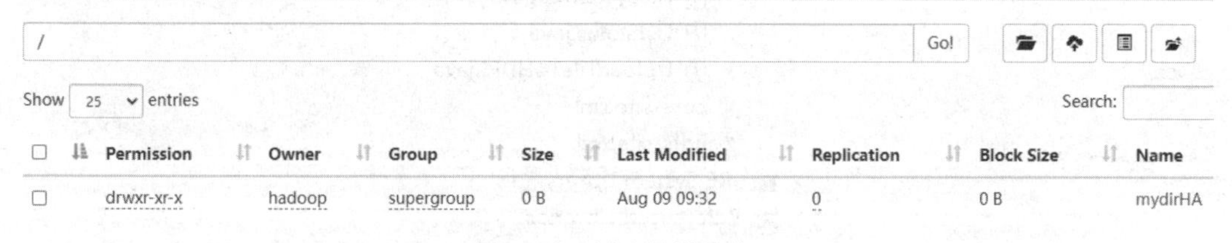

图 4-11 创建目录结构

④ 上传本地文件。将 Windows 系统中 D 盘下的 earthquake.csv 文件上传到 HDFS 文件系统中的/mydirHA 目录下。代码如下：

```
public class UploadFileToHDFS {
    public static void main(String[] args)throws IOException {
        // TODO Auto-generated method stub
        Configuration conf = new Configuration( );
        conf.set("fs.default.name", "hdfs://mycluster");
```

```
        FileSystem fs = FileSystem.get(conf);
        // 创建可供 hadoop 使用的文件系统路径
        Path src = new Path("D:/earthquake.csv"); // 本地目录/文件
        Path dst = new Path("hdfs:/mydirHA"); // 目标目录/文件
// 拷贝上传本地文件(本地文件，目标路径)至 HDFS 文件系统中
        fs.copyFromLocalFile(src, dst);
        System.out.println("文件上传成功!");
    }
}
```

⑤ 读取 HDFS 中文件数据内容。读取 HDFS 文件系统中/mydirHA/earthquake.csv 文件的内容。

```
public class FileSystemCatjava {
    public static void main(String[] args)throws IOException {
        // TODO Auto-generated method stub
        Configuration conf = new Configuration( );
        // 1.设置  HDFS  访问地址
        conf.set("fs.default.name", "hdfs://mycluster");
        // 2.取得  FileSystem  文件系统  实例
        FileSystem fs = FileSystem.get(conf);
        // 3.打开文件输入流
        InputStream in = fs.open(new Path("hdfs:/mydirHA/earthquake.csv"));
        // 4. 输出文件内容
        IOUtils.copyBytes(in, System.out, 4096, false);
        IOUtils.closeStream(in);
    }
}
```

运行结果如图 4-12 所示。

```
Problems  Tasks  Web Browser  Console ×  Servers  Project Migration
<terminated> FileSystemCatjava [Java Application] D:\java\jdk\bin\javaw.exe (2023年8月9日 上午10:16:1
12/16/2013,4:11:47,-58.6854,149.3456,Earthquake,6.67,5.5
12/16/2013,12:07:25,-46.0838,165.9893,Earthquake,11.37,5.8
12/17/2013,12:30:00,-25.509,-70.521,Earthquake,71.5,5.5
12/17/2013,17:02:02,-20.7074,-178.6609,Earthquake,601.97,5.7
12/17/2013,23:38:07,20.7727,146.7903,Earthquake,9,6.2
12/19/2013,21:34:13,-6.9084,128.3228,Earthquake,10.63,5.7
12/21/2013,1:34:14,35.6065,140.6497,Earthquake,35.36,5.5
12/21/2013,6:38:29,-22.2795,171.7306,Earthquake,122,5.5
12/22/2013,7:29:04,-46.4494,96.133,Earthquake,9.87,5.5
```

图 4-12　读取文件运行结果

Java API 访问 HDFS HA 集群的其他功能实现可参阅 Java API 访问 HDFS 实现，此处不再赘述。

第 5 章　分布式计算框架 MapReduce

学习目标

（1）MapReduce 的核心思想；
（2）MapReduce 的编程模型；
（3）MapReduce 的执行过程；
（4）Shuffle 过程；
（5）YARN 的设计思想。

大数据时代除了需要解决大规模数据的高效存储问题，还需要解决大规模数据的高效处理问题。Hadoop 中有两个重要组件：一个是 HDFS，另一个是 MapReduce，HDFS 用来存储大批量的数据，而 MapReduce 则是通过计算来发现数据中有价值的内容。MapReduce 是一种并行编程模型，用于大规模数据集（大于 1 TB）的并行运算，它将复杂的、运行于大规模集群上的并行计算过程高度抽象为两个函数：Map 和 Reduce。MapReduce 极大地方便了分布式编程工作，编程人员在不会分布式并行编程的情况下，也可以很容易地将自己的程序运行在分布式系统上，完成海量数据集的计算。

本章介绍 MapReduce 模型，阐述其具体工作流程，并以单词统计为实例介绍 MapReduce 程序设计方法，同时还介绍了 MapReduce 的具体应用，最后讲解了 MapReduce 编程实践。

5.1　MapReduce 概述

Hadoop 作为开源组织下最重要的项目之一，自推出后便得到了全球学术界和工业界的广泛关注、推广和普及。它是开源项目 Lucene（搜索索引程序库）和 Nutch（搜索引擎）的创始人 Doug Cutting 于 2004 年推出的。当时 Doug Cutting 发现 MapReduce 正是其所需要解决大规模 Web 数据处理的重要技术，因而受 Google MapReduce 启发，基于 Java 设计开发了一个称为 Hadoop 的开源 MapReduce 并行计算框架和系统。

MapReduce 是一种思想，或是一种编程模型。对于 Hadoop 来说，MapReduce 则是一个分布式计算框架，是 Hadoop 的一个基础组件。当配置好 Hadoop 集群时，MapReduce 已然包含在内，使没有任何并行和分布式系统经验的编程者能轻松利用一个大型分布式系统中的资源。它主要解决海量数据的分析计算，是目前分布式计算模型中应用较为广泛的一种。使用该框架编写的应用程序能够以一种可靠的、容错的方式并行处理大型集群上 TB 级别以上的数据集，也可以对大数据进行加工、挖掘和优化等处理。

5.1.1　MapReduce 核心思想

MapReduce 的核心思想是“分而治之”。所谓“分而治之”，就是把一个复杂的问题，按照一定的“分解”方法分为等价的规模较小的若干部分，然后逐个解决，分别找出各部分的结果，把各部分的结果组成整个问题的结果，这种思想来源于日常生活与工作时的经验，同样也完全适合技术领域。

为了更好地理解“分而治之”的思想，先来看一个生活中的例子。如果某班级要组织一次春游活动，班主任要向大家收取春游的费用，那么班主任会告诉班长，让他把春游费用收取一下，而班长则会把任务分给各组组长，让他们把各自组员的费用收上来交给他，最后再把收上来的钱交给老师。这就是一个典型的 MapReduce 过程，在这个例子里面，班长把任务分给各组组长称为 Map 过程；各组组长把费用收齐后再交给班长进行汇总就是 Reduce 过程。

也就是说，一个大的 MapReduce 作业，首先会被拆分成许多个 Map 任务在多台机器上并行执行，每个 Map 任务通常运行在数据存储的节点上，这样计算和数据就可以放在一起运行，不需要额外的数据传输开销，如图 5-1 所示。

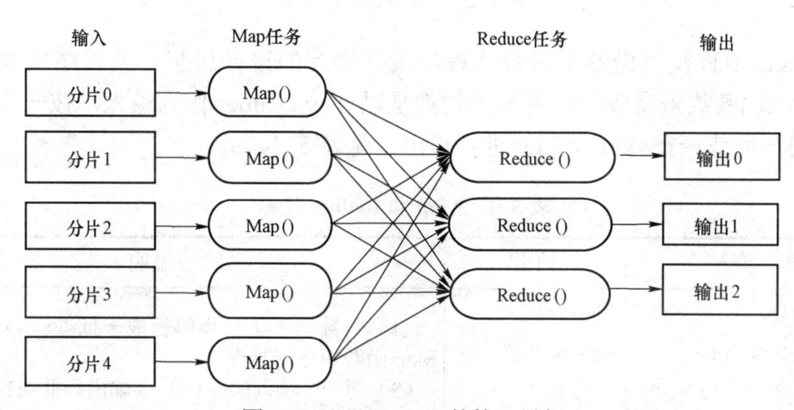

图 5-1　MapReduce 的核心思想

MapReduce 设计的一个理念就是“计算向数据靠拢”，而不是“数据向计算靠拢”，因为移动数据需要大量的网络传输开销，尤其是在大规模数据环境下，这种开销尤为惊人，所以，移动计算要比移动数据更加经济。本着这个理念，在一个集群中，只要有可能，MapReduce 框架就会将 Map 程序就近地在 HDFS 数据所在的节点运行，即将计算节点和存储节点放在一起运行，从而减少节点间的数据移动开销。

需要指出的是，不同的 Map 任务之间不会进行通信；不同的 Reduce 任务之间也不会发生任何信息交换；用户不能显式地从一台机器向另一台机器发送消息，所有的数据交换都是通过 MapRedce 框架自身去实现的。即使用户不懂分布式框架的内部运行机制，但是只要能用 Map 和 Reduce 思想描述清楚要处理的问题，就能轻松地在 Hadoop 集群上实现分布式计算功能。而不需要处理并行编程中的其他各种复杂问题，如分布式存储、任务调度、负载均衡、容错处理、一致性等，这些问题都会由 MapRdeuce 框架负责处理。

Hadoop 框架是基于 Java 开发实现的，但是 MapReduce 应用程序不一定要用 Java 来写。

5.1.2 MapReduce 编程模型

MapReduce 是一种编程模型，用于处理大规模数据集的并行运算。在使用 MapReduce 执行计算任务时，每个任务的执行过程都会被分为两个阶段，分别是 Map 和 Reduce 阶段，其中 Map 阶段用于对原始数据进行处理，Reduce 阶段用于对 Map 阶段的结果进行汇总，得到最终结果，这两个阶段的模型如图 5-2 所示。

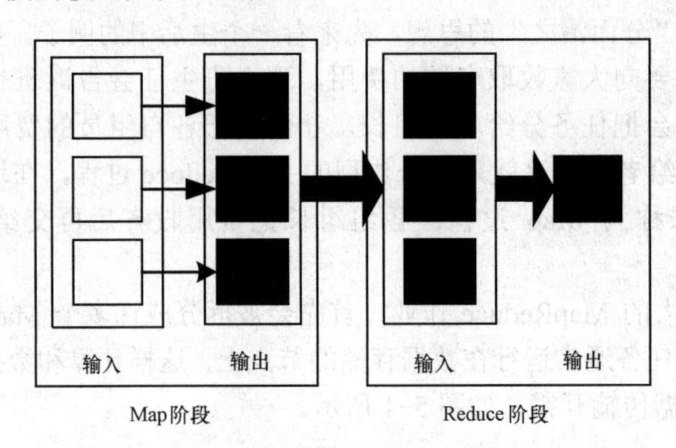

图 5-2　MapReduce 模型

MapReduce 编程模型借鉴了函数式程序设计语言的设计思想，其程序实现过程是通过 map( )和 reduce( )函数来完成的。两个函数都是以<key, value>作为输入，按一定的映射规则将其转换成另一种或一批<key, value>进行输出，见表 5-1。

表 5-1　Map 和 Reduce 函数

函数	输入	输出	说明
Map	<k1,v1> 如：<行号,“a b c”>	List（<k2,v2>） 如：<“a”,1> <“b”,1> <“c”,1>	（1）将数据集进一步解析成一批<key,value>对，输入 Map 函数中进行处理 （2）每一个输入的<k1,v1>会输出一批<k2,v2>，<k2,v2>是计算的中间结果
Reduce	<k2,List（v2）> 如：<“a”,<1,1,1>>	<k3,v3> 如：<“a”,3>	输入的中间结果<k2,List（v2）>中的 List（v2）表示是一批属于同一个 k2 的 value

Map 函数的输入来自分布式文件系统的文件块，这些文件块的格式是任意的，可以是文档，也可以是二进制格式的。文件块是一系列元素的集合，这些元素也是任意类型的，同一个元素不能跨文件块储存。Map 函数将输入的元素转换成<key,value>形式的键值对，键和值的类型也是任意的，其中键不同于一般的标志属性，即键没有唯一性，也不能作为输出的身份标识，即使是统一输入元素，也可通过一个 Map 任务生成具有相同键的多个<key,value>。

当 Map 任务结束后，会生成以<key, value>形式的许多中间结果，然后，这些中间结果会被分发到多个 Reduce 任务在多台机器上并行执行，具有相同 key 的<key,value>会被发送到同一个 Reduce 任务。用户可以指定 Reduce 任务的个数，并通知实现系统，然后主控进程会选择一个 Hash 函数，Map 任务输出的每一个键都会经过 Hash 函数计算，并根据哈希结果将该键值对输入相应的 Reduce 任务来处理。

Reduce 函数的任务就是将输入的一系列具有相同键的键值对应某种方式组合起来，输出处理后的键值对，输出结果会合并成一个文件。对于处理键为 k 的 Reduce 任务的输入形式为<k,<v1,v2,v3,…,vn>>，输出为<k,V>。

下面给出一个简单实例。例如，若想编写一个 MapReduce 程序来设计一个文本文件中每个单词出现的次数，对于表 5-1 中的 Map 函数的输入<k1,v1>而言，其具体数据就是<某一行文本在文件中的偏移位置，该行文本的内容>。用户可以自己编写 Map 函数处理过程，把文件中的一行读取后解析出每个单词，生成一批中间结果<单词，出现次数>，然后把这些中间结果作为 Reduce 函数的输入，Reduce 函数的具体处理过程也是由用户自己编写的，用户可以将相同单词的出现次数进行累加，得到每个单词出现的总次数。

5.1.3　MapReduce 的特点

MapReduce 作为并行计算框架，用来处理数据。MapReduce 适合处理离线的海量数据，这里的“离线”可以理解为存在本地，非实时处理。离线计算往往需要一段时间，如几分钟或者几个小时，根据业务数据和业务复杂度有所区别。MapReduce 往往处理大批量数据，如 PB 级别或者 ZB 级别。MapReduce 有以下特点。

（1）易于编程。如果要编写分布式程序，只需要实现一些简单接口，与编写普通程序类似，避免了复杂的过程。同时，编写的这个分布式程序可以部署到大批量廉价的普通机器上运行。

（2）具有良好的扩展性。当一台机器的计算资源不能满足存储或者计算的时候，可以通过增加机器来扩展存储和计算能力。

（3）具有高容错性。MapReduce 设计的初衷是可以使程序部署运行在廉价的机器上，廉价的机器发生故障的概率相对较高，这就要求其具有良好的容错性。当一台机器“挂掉”以后，相应数据的存储和计算能力会被移植到另外一台机器上，从而实现容错性。

5.1.4　MapReduce 的应用场景

需要注意的是，使用 MapReduce 来处理的数据集需要满足一个前提条件：待处理的数据集可以分解成许多小的数据集，而且每一个小数据集都可以完全并行地进行处理。

MapReduce 的应用场景主要表现在从大规模数据中进行计算，不要求即时返回结果的场景，如以下典型应用：

- 单词统计；
- 简单的数据统计，如网站 PV 和 UV 统计；
- 搜索引擎建立索引；
- 在搜索引擎中，统计最流行的 K 个搜索词；
- 统计搜索词频率，帮助优化搜索词提示；
- 复杂数据分析算法实现。

前面提到，Hadoop 的 MapReduce 是来自 Google 的 MapReduce，其实 Google 公司很早就将“搜索引擎建立索引”应用到了搜索中。

前面介绍了 MapReduce 的优点和适用场景，下面场景不适合 MapReduce 框架。

- 实时计算，MapReduce 不适合在毫秒级或者秒级内返回结果。
- 流式计算，MapReduce 的输入数据集是静态的，不能动态变化，所以不适合流式计算。
- DAG 计算，如果多个应用程序存在依赖关系，并且后一个应用程序的输入为前一个的输出，在这种情况下也不适合 MapReduce。

5.2 MapReduce 的工作原理

5.2.1 MapReduce 的执行过程

MapReduce 各阶段执行过程，如图 5-3 所示。

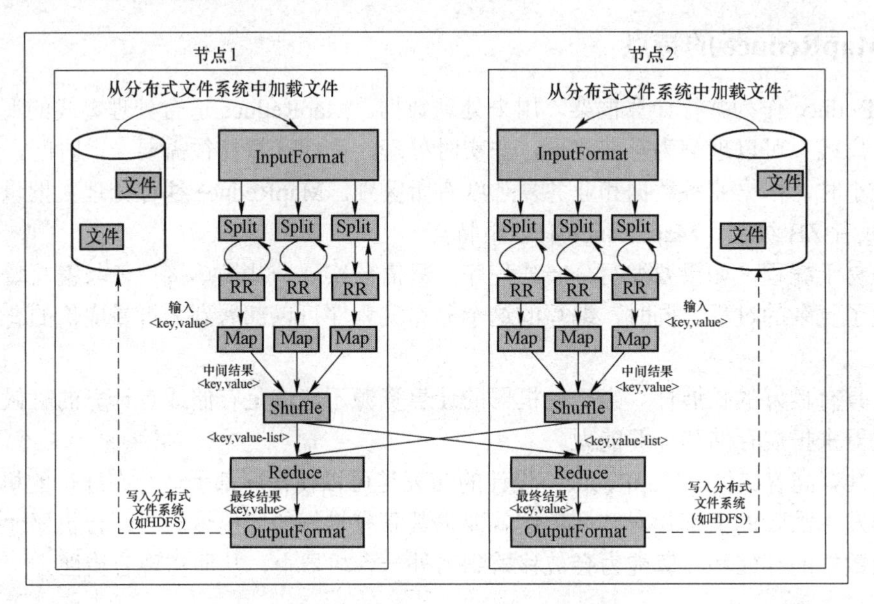

图 5-3 MapReduce 各阶段执行过程

（1）MapReduce 框架使用 InputFormat 模块做 Map 前的预处理，如验证输入的格式是否符合输入定义；然后，将输入文件切分为逻辑上的多个 InputSplit，InputSplit 是 MapReduce 对文件进行处理和运算的输入单位，只是一个逻辑概念，每个 InputSplit 并没有对文件进行实际切割，只是记录了要处理的数据的位置和长度。

（2）因为 InputSplit 是逻辑切分而非物理切分，所以还需要通过 RecordReader（RR）根据 InputSplit 中的信息来处理 InputSplit 中的具体记录，加载数据并转换为适合 Map 任务读取的键值对，输入给 Map 任务。

（3）Map 任务会根据用户自定义的映射规则，输出一系列的<key,value>作为中间结果。

（4）为了让 Reduce 可以并行处理 Map 的结果，需要对 Map 的输出进行一定的分区（Portion）、排序（Sort）、合并（Combine）及归并（Merge）等操作，得到<key,value-list>形式的中间结果，再交给对应的 Reduce 进行处理，这个过程称为 Shuffle（洗牌）。从无序的<key,value>到有序的<key, value-list>，这个过程用 Shuffle 来称呼。

（5）Reduce 以一系列< key,value-list>中间结果作为输入，执行用户定义的逻辑，输出结果给 OutputFormat 模块。

（6）OutputFormat 模块会验证输出目录是否已经存在及输出结果类型是否符合配置文件中的配置类型，如果都满足，就输出 Reduce 的结果到分布式文件系统。

在 MapReduce 的整个执行过程中，Map 任务的输入文件、Reduce 任务的处理结果都是保存在分布式文件系统中的，而 Map 任务处理得到的中间结果保存在本地存储中（如磁盘）。另外，只有当 Map 处理全部结束后，Reduce 过程才能开始；只有 Map 才需要考虑数据局部性实现“计算向数据靠拢”，Reduce 则无须考虑数据局部性。

5.2.2　Map 阶段工作原理

将输入的多个分片（Split）由 Map 任务以完全并行的方式处理。每个分片由一个 Map 任务来处理。默认情况下，输入分片的大小与 HDFS 中数据块（Block）的大小是相同的，即文件有多少个数据块就有多少个输入分片，也就会有多少个 Map 任务，从而可以通过调整 HDFS 数据块的大小来间接改变 Map 任务的数量。

每个 Map 任务对输入分片中的记录按照一定的规则解析成多个<key,value>对。默认将文件中的每一行文本内容解析成一个<key,value>对，key 为每一行的起始位置，value 为本行的文本内容，然后将解析出的所有<key,value>对分别输入到 map( )方法中进行处理（map( )方法一次只处理一个<key,value>对）。map( )方法将处理结果仍然是以<key,value>对的形式进行输出。

5.2.3　Shuffle 过程详解

Shuffle 过程是指从 Map 产生的直接输出结果，经过一系列的处理，成为最终的 Reduce 直接输入数据为止的整个过程，这一过程是 MapReduce 整个工作流程的核心环节，它的性能的高低直接决定了整个 MapReduce 程序的性能高低。整个 Shuffle 过程可以分为两个阶段，Map 端的 Shuffle 和 Reduce 端的 Shuffle，如图 5-4 所示。

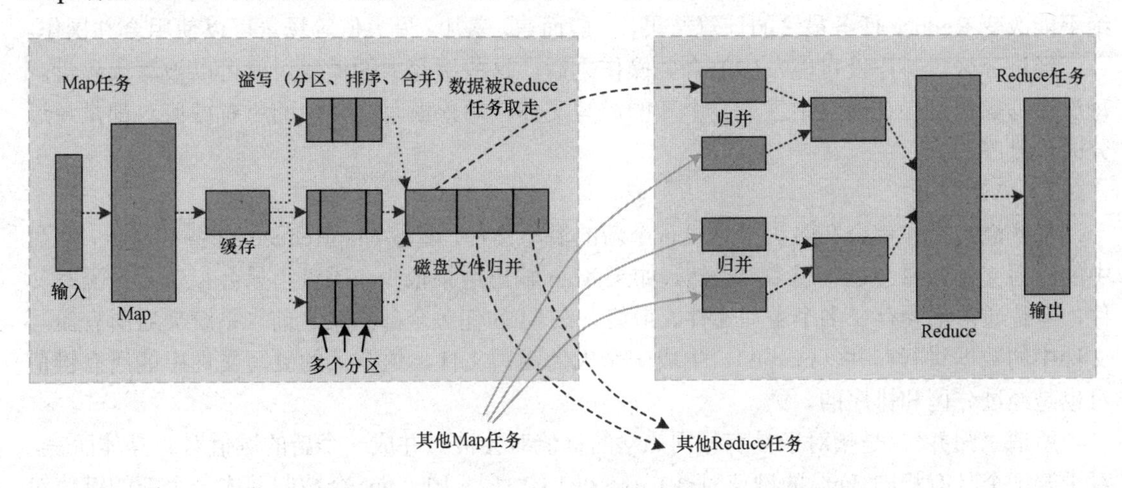

图 5-4　Shuffle 过程

1. Map 端的 Shuffle 过程

1）写入缓存

由于频繁的磁盘 IO 会降低效率，因此，Map 任务输出的<key,value>对会首先存储在 Map 任务所在节点的内存缓冲区中，缓冲区默认大小为 100 MB。当缓冲区中的数据量达到预先设置的阈值后（默认 0.8），便会将缓冲区中的数据溢写（spill）到磁盘的临时文件中。

2）溢写（分区、排序和合并）

随着 Map 任务的执行，缓存中 Map 任务结果的数量会不断增加，很快到达缓存的阈值。这时，就必须启动溢写操作（spill），把缓存中的数据循环写入到磁盘临时文件中。溢写的过程通常是由另外一个单独的后台线程完成的，不会影响 Map 结果循环向缓存写入。

但是，在溢写到磁盘之前，缓存中的数据首先会被分区（partition）。缓存中的数据是<key,value>形式的键值对，这些键值对最终需要交给不同的 Reduce 任务进行并行处理。MapReduce 通过 Partitioner 接口对这些键值对进行分区，默认采用的分区方式是采用 Hash 函数对 key 进行哈希后再用 Reduce 任务的数量进行取模，可以表示成 hash（key）mod R，其中 R 表示 Reduce 任务的数量，这样，就可以把 Map 输出结果均匀地分配给这 R 个 Reduce 任务去并行处理了。当然，MapReduce 也允许用户通过重载 Partitioner 接口来自定义分区方式。

对于每个分区内的所有键值对，后台线程会根据 key 对它们进行内存排序（sort），排序是 MapReduce 的默认操作。排序结束后，还包含一个可选的合并（combine）操作。如果用户事先没有定义 Combiner 函数，就不用进行合并操作。如果用户事先定义了 Combiner 函数，则这个时候会执行合并操作，从而减少需要溢写到磁盘的数据量。

所谓“合并”，是指将那些具有相同 key 的<key,value>的 value 加起来。例如，有两个键值对<“cidp”,1>和<“cidp”,1>，经过合并操作以后就可以得到一个键值对<“cidp”,2>，减少了键值对的数量。这里需要注意，Map 端的这种合并操作，其实和 Reduce 的功能相似，但是由于这个操作发生在 Map 端，所以只能称之为“合并”，从而有别于 Reduce。不过，并非所有场合都可以使用 Combiner，因为 Combiner 的输出是 Reduce 任务的输入，Combiner 绝不能改变 Reduce 任务最终的计算结果，一般而言，累加、最大值等场景可以使用合并操作。

经过分区、排序及可能发生的合并操作之后，这些缓存中的键值对就可以被写入磁盘。每次溢写操作都会在磁盘中生成一个新的溢写文件，写入溢写文件中的所有键值对都是经过分区和排序的。

3）文件归并

每次溢写操作都会在磁盘中生成一个新的溢写文件，随着 MapReduce 任务的进行，磁盘中的溢写文件数量会越来越多。当然，如果 Map 输出结果很少，磁盘上只会存在一个溢写文件，但是通常都会存在多个溢写文件。最终，在 Map 任务全部结束之前，系统会对所有溢写文件中的数据进行归并（merge），生成一个大的溢写文件，这个大的溢写文件中的所有键值对也是经过分区和排序的。

所谓“归并”，是指对于具有相同 key 的键值对会被归并成一个新的键值对。具体而言，对于若干个具有相同 key 的键值对<k1,v1>,<k1,v2>,…,<k1，vn>会被归并成一个新的键值对<k1,<v1,v2,…,vn>>。

另外，在进行文件归并时，如果磁盘中已经生成的溢写文件的数量超过参数值时（默认值是 3），那么，就可以再次运行 Combiner，对数据进行合并操作，从而减少写入磁盘的数据量。但是，如果当磁盘中只有一两个溢写文件时，执行合并操作就会“得不偿失”，因为执行合并操作本身也需要代价，因此，不会运行 Combiner。

经过上述 3 个步骤以后，Map 端的 Shuffle 过程全部完成，最终生成的一个大文件会被存放在本地磁盘上。这个大文件中的数据是被分区的，不同的分区会被发送到不同的 Reduce 任务进行并行处理。JobTracker 会时刻监测 Map 任务的执行，当监测到一个 Map 任务完成后，就会立即通知相关的 Reduce 任务来“领取”数据，然后开始 Reduce 端的 Shuffle 过程。

2. Reduce 端的 Shuffle 过程

相对 Map 端而言，Reduce 端的 Shuffle 过程非常简单，只需要从 Map 端读取 Map 结果，然后执行归并操作，最后输送给 Reduce 任务进行处理。具体而言，Reduce 端的 Shuffle 过程包括 3 个步骤，如图 5–5 所示。

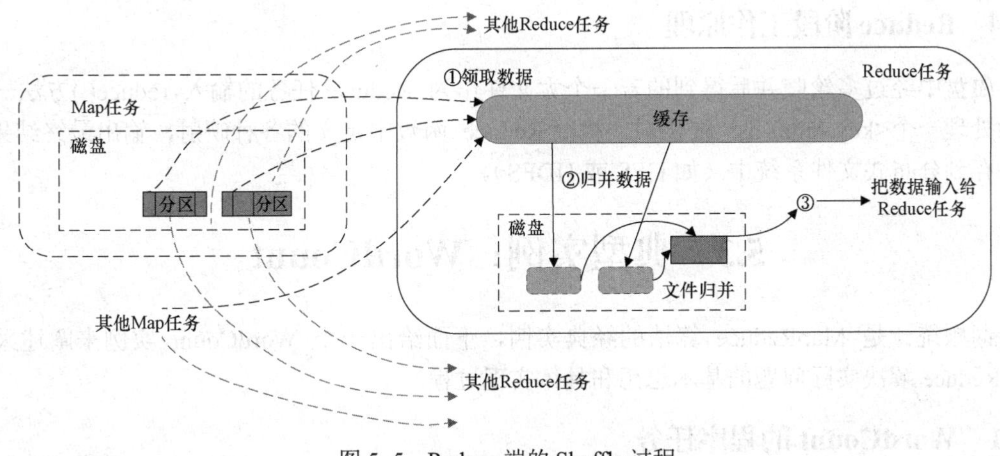

图 5–5　Reduce 端的 Shuffle 过程

1）“领取”数据

Map 端的 Shuffle 过程结束后，所有 Map 输出结果都保存在 Map 机器的本地磁盘上，Reduce 任务需要把这些数据“领取”（fetch）回来存放到自己所在机器的本地磁盘上。因此，在每个 Reduce 任务真正开始之前，它大部分时间都在从 Map 端把属于自己处理的那些分区的数据“领取”出来。每个 Reduce 任务会不断地通过 RPC 向 JobTracker 询问 Map 任务是否已经完成；JobTracker 监测到一个 Map 任务完成后，就会通知相关的 Reduce 任务来“领取”数据。一般系统中会存在多个 Map 机器，因此，Reduce 任务会使用多个线程同时从多个 Map 机器领回数据。

2）归并数据

从 Map 端领回的数据会首先被存放在 Reduce 任务所在机器的缓存中，如果缓存被占满，就会像 Map 端一样被溢写到磁盘中。由于在 Shuffle 阶段 Reduce 任务还没有真正开始执行，因此，这时可以把内存的大部分空间分配给 Shuffle 过程作为缓存。需要注意的是，系统中一般存在多个 Map 机器，Reduce 任务会从多个 Map 机器“领取”属于自己处理的那些分区的数据，因此，缓存中的数据是来自不同的 Map 机器的，一般会存在很多可以合并（combine）的键值对。当溢写过程启动时，具有相同 key 的键值对会被归并（merge），如果用户定义了

Combiner，则归并后的数据还可以执行合并操作，减少写入磁盘的数据量。每个溢写过程结束后，都会在磁盘中生成一个溢写文件，因此，磁盘上会存在多个溢写文件。最终，当所有的 Map 端数据都已经被领回时，和 Map 端类似，多个溢写文件会被归并成一个大文件，归并的时候还会对键值对进行排序，从而使得最终大文件中的键值对都是有序的。

当然，在数据很少的情形下，缓存可以存储所有数据，就不需要把数据溢写到磁盘，而是直接在内存中执行归并操作，然后直接输出给 Reduce 任务。需要说明的是，把磁盘上的多个溢写文件归并成一个大文件可能需要执行多轮归并操作。每轮归并操作可以归并的文件数量是由参数 io.sort.factor 的值来控制的（默认值是 10）。假设磁盘中生成了 50 个溢写文件，每轮可以归并 10 个溢写文件，则需要经过 5 轮归并，得到 5 个归并后的大文件。

磁盘中经过多轮归并后得到的若干个大文件，不会继续归并成一个新的大文件，而是直接输入给 Reduce 任务，这样可以减少磁盘读写开销。至此，整个 Shuffle 过程顺利结束。

5.2.4 Reduce 阶段工作原理

磁盘中经过多轮归并后得到的若干个大文件作为 Reduce 任务的输入，reduce( )方法一次只能处理一个<key,value-list>键值对，执行 Reduce 函数中定义的各种映射，输出最终结果，并保存到分布式文件系统中（如 GFS 或 HDFS）。

5.3 典型实例：WordCount

词频统计是 MapReduce 算法的经典实例，下面给出一个 WordCount 实例来阐述采用 MapReduce 解决实际问题的基本思想和具体实现过程。

5.3.1 WordCount 的程序任务

在编程语言的学习过程中，都会以“Hello World”程序作为入门范例，WordCount 就是 MapReduce 算法的入门程序，表 5-2 给出了一个 WordCount 的输入和输出实例。

表 5-2 WordCount 输入和输出实例

输入	输出
Hello World Hello Hadoop Hello MapReduce	Hadoop 1 Hello 3 MapReduce 1 World 1

5.3.2 WordCount 的设计思路

首先，检查 WordCount 程序任务是否可以采用 MapReduce 来实现。适合用 MapReduce 来处理的数据集需要满足一个前提条件：待处理的数据集可以分解成许多小的数据集，而且每一个小数据集都可以完全并行地进行处理。在 WordCount 程序任务中，不同行之间不存在相关性，彼此独立，可以把不同的行分发给不同的机器进行并行处理，因此，可以采用

MapReduce 来实现词频统计任务。

其次，确定 MapReduce 程序的设计思路。思路很简单，把文件内容解析成许多个单词，然后把所有相同的单词聚集到一起，最后计算出每个单词出现的次数进行输出。

最后，确定 MapReduce 程序的执行过程。把一个大文件切分成许多个分片，每个分片输入给不同机器上的 Map 任务，并行执行完成“从文件中解析出所有单词”的任务。Map 的输入采用 Hadoop 默认的<key,value>输入方式，即文件的行号作为 key，该行号对应文件的一行内容为 value；Map 的输出以单词作为 key，1 作为 value，即<单词,1>表示单词出现了 1 次。Map 阶段完成后，会输出一系列<单词，1>这种形式的中间结果，然后 Shuffle 阶段会对这些中间结果进行分区、排序，得到<key, value-list>的形式（如<Hello,<1,1,1>>），分发给不同的 Reduce 任务。Reduce 任务接收到所有分配给自己的中间结果（一系列键值对）以后，就开始执行汇总计算工作，计算得到每个单词的频数并把结果输出到分布式文件系统。

5.3.3　一个 WordCount 执行过程实例

假设一个文档包含 3 行内容，每行分配给一个 Map 任务来处理。Map 操作的输入是<key, value>形式，其中，key 是文档中某行的行号，value 是该行的内容。Map 操作会将输入文档中每一个单词以<key,value>的形式作为中间结果进行输出，如图 5-6 所示。

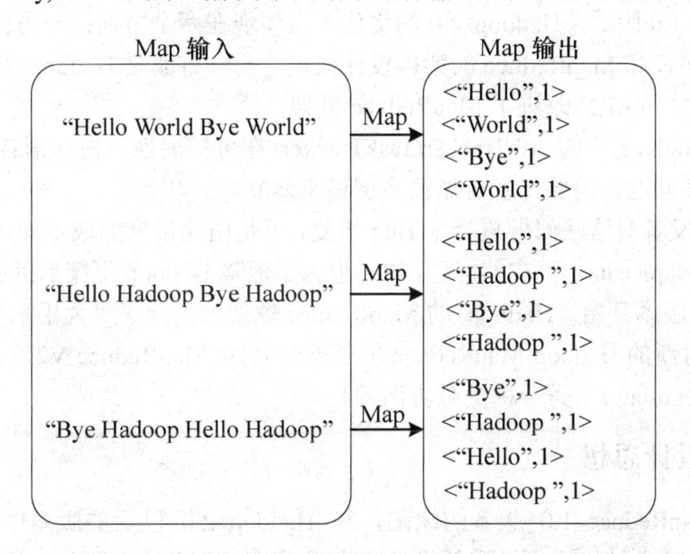

图 5-6　Map 过程示意图

然后，在 Map 端的 Shuffle 过程中，如果用户没有定义 Combiner 函数，则 Shuffle 过程会把具有相同 key 的键值对归并（Merge）成一个新键值对，如图 5-7 所示。具体而言，对于若干个具有相同 key 的键值对<k1, v1>, <k1, v2>...<k1, vn>，会被归并成一个新的键值对<k1, <v1, v2, …, vn>>。例如，在图 5-6 最上面的 Map 任务输出结果中，存在 key 都是"World"的两个键值对<"World",1>，经过 Map 端的 Shuffle 过程以后，这两个键值对会被归并得到一个键值对<"World", <1,1>>，同理，Reduce 端 Shuffle 做相应的处理。然后，这些归并后的键值对会作为 Reduce 任务的输入，由 Reduce 任务为每个单词计算出总的出现次数。最后，输出排序后的最终结果就会是：<"Bye", 3>. <"Hadoop", 4>. <Hello'", 3>". <"World", 2>。

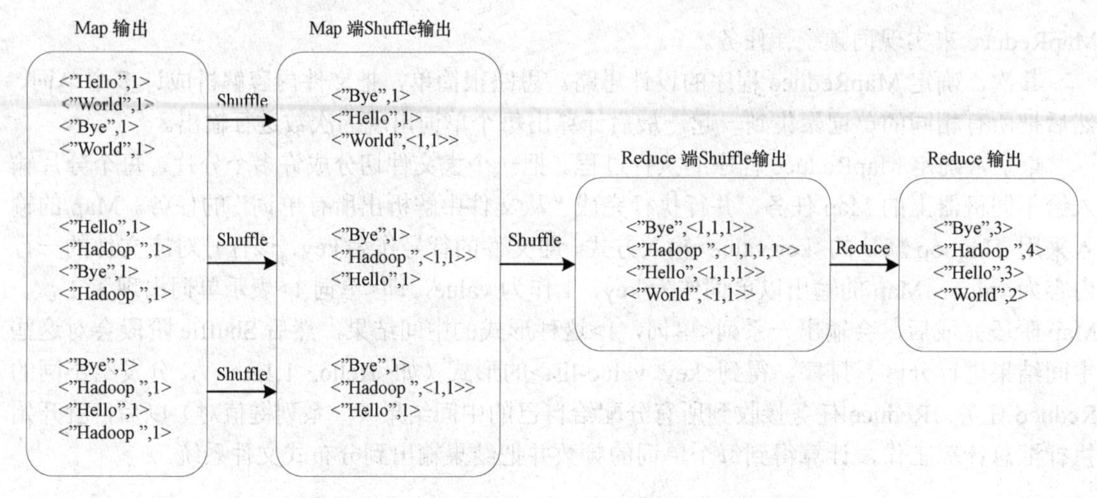

图 5-7　用户没有定义 Combiner 时的 Reduce 过程

5.4　资源管理系统 YARN

相比 Hadoop 1.0 版本，Hadoop 2.0 的优化改良体现在两个方面：一方面是 Hadoop 自身两大核心组件 HDFS 和 MapReduce 的架构设计改进，另一方面是 Hadoop 生态系统其他组件的不断丰富。其中，YARN 改进了 MapReduce 框架。

旧版本 MapReduce 中的 JobTracker/TaskTracker 在可扩展性、内存消耗、可靠性和线程模型方面存在很多问题，需要开发者做很多调整来修复。

Hadoop 的开发者对这些问题进行了 Bug 修复，可是由此带来的成本却越来越高，为了从根本上解决版本 MapReduce 存在的问题，同时也为了保障 Hadoop 框架后续能够健康地发展，从 Hadoop 0.23.0 版本开始，Hadoop 的 MapReduce 框架就被做了"大手术"，从根本上发生了较大变化。同时新的 Hadoop MapReduce 框架被命名为 MapReduce V2，也叫 YARN（yet another resource negotiator，另一种资源协调者）。

5.4.1　YARN 设计思想

为了克服 MapReduce 1.0 版本的缺陷，在 Hadoop 2.0 以后的版本中对其核心子项目 MapReduce 1.0 的体系结构进行了重新设计，生成了 MapReduce 2.0 和 YARN。YARN 架构设计思路如图 5-8 所示，其基本思路就是"放权"，即不让 JobTracker 这一个组件承担过多的功能，对原 JobTracker 三大功能（资源管理、任务调度和任务监控）进行拆分，分别交给不同的新组件去处理。重新设计后得到的 YARN 包括 ResourceManager 、ApplicationMaster 和 NodeManager，其中，由 ResourceManager 负责资源管理，由 ApplicationMaster 负责任务调度和监控，由 NodeManager 负责执行原 TaskTracker 的任务。这种"放权"的设计，大大降低了 JobTracker 的负担，提升了系统运行的效率和稳定性。

MapReduce 1.0 既是一个计算框架，也是一个资源管理调度框架。到了 Hadoop 2.0 以后，MapReduce 1.0 中的资源管理调度功能，被单独分离出来形成了 YARN，它是一个纯粹的资源管理调度框架，而不是一个计算框架。被剥离了资源管理调度功能的 MapReduce 框架就变成了 MapReduce 2.0，它是运行在 YARN 之上的一个纯粹的计算框架，不再自己负责资源调度管理服务，而是由 YARN 为其提供资源管理调度服务。

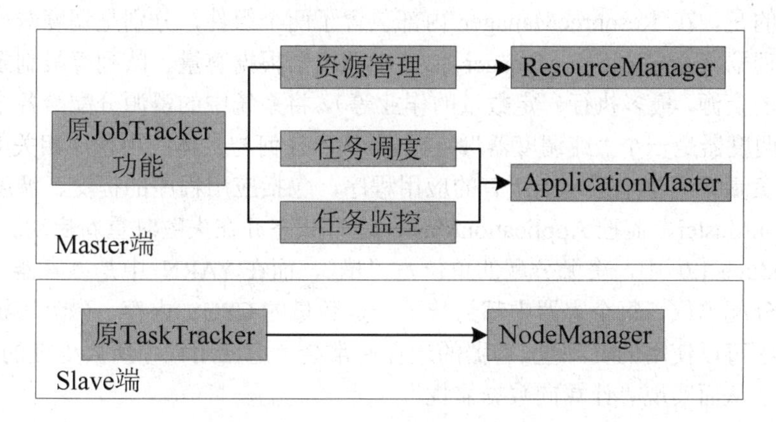

图 5-8　YARN 架构设计思路

5.4.2　YARN 体系结构

YARN 体系结构的核心组件有 3 个，分别是 ResourceManager 、ApplicationMaster 和 NodeManager，如图 5-9 所示。

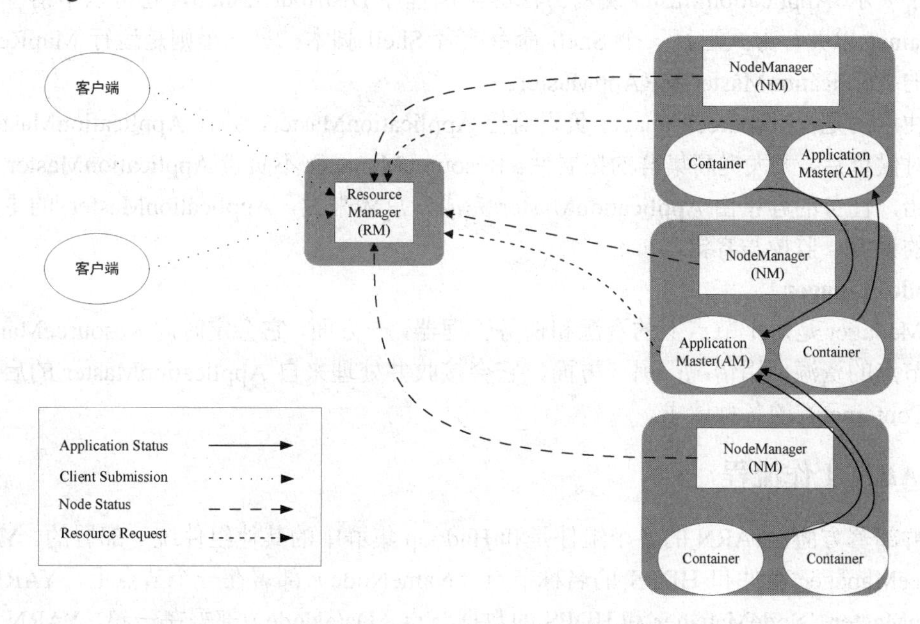

图 5-9　YARN 的体系结构

1. ResourceManager

ResourceManager 是一个全局的资源管理系统，它负责的是整个 YARN 集群资源的监控、分配和管理工作，具体工作如下。

（1）负责处理客户端请求。

（2）接收和监控 NodeManager（NM）的资源情况。

（3）启动和监控 ApplicationMaster（AM）。

（4）资源的分配和调度。

值得一提的是，在 ResourceManager 内部包含了两个组件，分别是调度器（Scheduler）和应用程序管理器（Application Manager），其中调度器根据容量、队列等限制条件（如每个队列分配一定的资源，最多执行一定数量的作业等），将系统中的资源分配给各个正在运行的应用程序。该调度器是一个“纯调度器”，它不再从事任何与具体应用程序相关的工作；而应用程序管理器负责管理整个系统中所有的应用程序，包括应用程序的提交、调度协调资源以启动 ApplicationMaster、监控 ApplicationMaster 运行状态并在失败时重新启动。

在 MapReduce 1.0 中，资源分配的单位是“槽”，而在 YARN 中是以容器（Container）作为动态资源分配单位，每个容器中都封装了一定数量的 CPU、内存、磁盘等资源，从而限定每个应用程序可以使用的资源量。容器的选择通常会考虑应用程序所要处理的数据的位置，就近进行选择，从而实现“计算向数据靠拢”。

2. ApplicationMaster

用户提交的每个应用程序都包含一个 ApplicationMaster，它负责协调 ResourceManager 的资源，把获得的资源分配给内部的各个任务，从而实现“二次分配”。除此之外，ApplicationMaster 还会通过 NodeManager 监控容器的执行和资源使用情况，并在任务运行失败时重新为任务申请资源以重启任务。当前的 YARN 自带了两个 ApplicationMaster 的实现，一个是用于演示 ApplicationMaster 编写方法的实例程序 DistributedShell，它可以申请一定数目的 Container 以并行方式运行一个 Shell 命令或者 Shell 脚本；另一个则是运行 MapReduce 应用程序的 ApplicationMaster-MRAppMaster。

需要注意的是，ResourceManager 负责监控 ApplicationMaster，并在 ApplicationMaster 运行失败的时候重启，大大提高集群的拓展性。ResourceManager 不负责 ApplicationMaster 内部任务的容错，任务的容错由 ApplicationMaster 完成，总体来说，ApplicationMaster 的主要功能是资源的调度、监控与容错。

3. NodeManager

NodeManager 是每个节点上的资源和任务管理器，一方面，它会定时向 ResourceManager 汇报所在节点的资源使用情况；另一方面，它会接收并处理来自 ApplicationMaster 的启动停止容器（Container）的各种请求。

5.4.3 YARN 工作流程

在集群部署方面，YARN 的各个组件是和 Hadoop 集群中的其他组件统一部署的。YARN 的 ResourceManager 组件和 HDFS 的名称节点（NameNode）部署在一个节点上，YARN 的 ApplicationMaster、NodeManager 和 HDFS 的数据节点（DataNode）部署在一起。YARN 中的容器也和 HDFS 的数据节点部署在一起。

YARN 的工作流程如图 5-10 所示，在 YARN 框架中执行一个 MapReduc 程序，从提交到完成需要经历 8 个步骤。

（1）用户通过客户端 Client 向 YARN 提交应用程序 Application，提交的内容包含 Application 的必备信息，如 ApplicationMaster 程序、启动 ApplicationMaster 的命令、用户程序等。

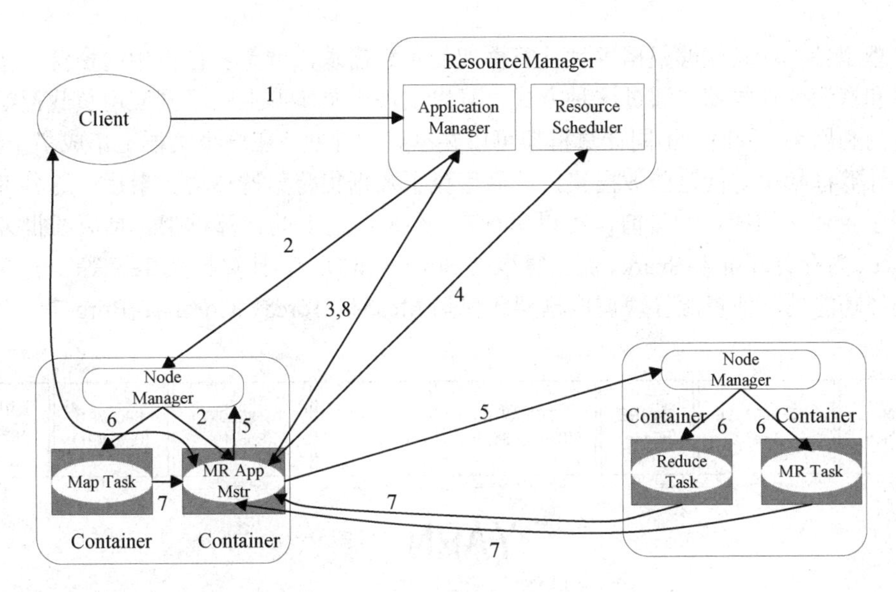

图 5-10　YARN 工作流程

（2）YARN 中的 ResourceManager 接收到客户端应用程序的请求后，ResourceManager 中的调度器（Scheduler）会为应用程序分配一个容器，用于运行本次程序对应的 ApplicationMaster。图中的 MR AppMstr 表示的是 MapReduce 程序的 ApplicationMaster。

（3）ApplicationMaster 被创建后，首先向 ResourceManager 注册信息，这样用户可以通过 ResourceManager 查看应用程序的运行状态。接下来第（4）～（7）步是应用程序的具体执行步骤。

（4）ApplicationMaster 采用轮询的方式通过 RPC 协议向 ResourceManager 申请资源。

（5）ResourceManager 向提出申请的 ApplicationMaster 分配资源。一旦 ApplicationMaster 申请到资源后，便与对应的 NodeManager 通信，要求启动任务。

（6）NodeManager 为任务设置好运行环境（包括环境变量、jar 包、二进制程序等）后，将任务启动命令写到一个脚本中，并通过运行该脚本启动任务。

（7）各个任务通过某个 RPC 协议向 ApplicationMaster 汇报自己的状态和进度，让 ApplicationMaster 随时掌握各个任务的运行状态，从而可以在任务失败时重新启动任务。

（8）应用运行结束后，ApplicationMaster 向 ResourceManager 注销自己，并关闭自己。如果 ApplicationMaster 因为发生故障导致任务失败，那么 ResourceManager 中的应用程序管理器会将其重新启动，直到所有任务执行完毕。

5.4.4　YARN 的发展目标

YARN 的提出，并非仅仅为了解决 MapReduce 1.0 框架中存在的缺陷，实际上，YARN 有更加“宏伟”的发展构想，即发展成为集群中统一的资源管理调度框架，在一个集群中为上层的各种计算框架提供统一的资源管理调度服务。

YARN 的目标就是实现“一个集群多个框架”，即在一个集群上部署一个统一的资源调度管理框架 YARN，在 YARN 之上可以部署各种计算框架，如图 5-11 所示，如 MapReduce、Tez、HBase、Storm、Giraph、Spark、OpenMPI 等，由 YARN 为这些计算框架提供统一的资源调度管理服务，并且能够根据各种计算框架的负载需求，调整各自占用的资源，实现集群资源共享和资源弹性收缩。通过这种方式，可以实现一个集群上的不同应用负载混搭，有效提高集群的利用率。同时，不同计算框架可以共享底层存储，在一个集群上集成多个数据集，使用多个计算框架来访问这些数据集，从而避免了数据集跨集群移动。最后，这种部署方式大大降低了企业运维成本。目前，可以运行在 YARN 之上的计算框架包括离线批处理框架 MapReduce、内存计算框架 Spark、流计算框架 Storm 和 DAG 计算框架 Tez 等。与 YARN 一样提供类似功能的其他资源管理调度框架还包括 Mesos、Torca、Corona、Borg 等。

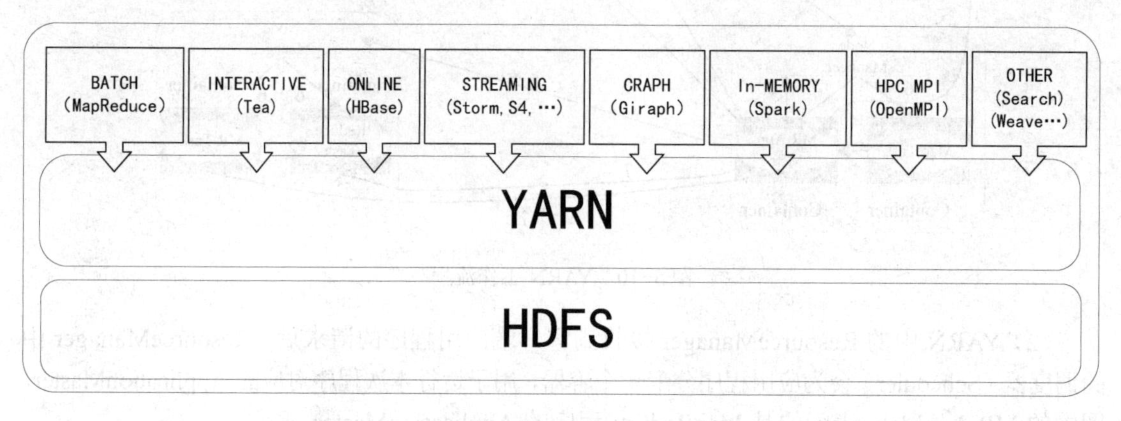

图 5-11 YARN 上部署各种计算框架

本 章 小 结

本章介绍了 MapReduce 并行编程模型的相关知识。MapReduce 的核心思想是“分而治之”，将复杂的、运行于大规模集群上的并行计算过程高度抽象为两个函数：Map 和 Reduce，极大地方便了分布式编程工作，编程人员在不会分布式并行编程的情况下，也可以很容易地将自己的程序运行在分布式系统上，完成海量数据集的计算。

MapReduce 具有易于编程、良好的扩展性、高容错性的特点。主要应用在从大规模数据中进行计算，不要求即时返回结果的场景。

MapReduce 执行的全过程包括以下几个主要阶段：从分布式文件系统读入数据、执行 Map 任务输出中间结果、通过 Shuffle 阶段把中间结果分区排序整理后发送给 Reduce 任务、执行 Reduce 任务得到最终结果并写入分布式文件系统。在这几个阶段中，Shuffle 阶段非常关键，必须深刻理解这个阶段的详细执行过程。

以一个单词统计程序为实例，详细演示了如何编写 MapReduce 程序代码及如何运行程序。

YARN 包括 ResourceManager、ApplicationMaster 和 NodeManager，提供资源管理调度服务。还介绍了 YARN 的工作流程和发展目标等。

习 题

1. 如何理解 MapReduce 的核心思想“分而治之”？

2. 简述 MapReduce 的编程模型。

3. MapReduce 计算模型的核心是 Map 函数和 Reduce 函数，试述这两个函数各自的输入、输出及处理过程。

4. MapReduce 计算框架有哪些特点？

5. MapReduce 是处理大数据的有力工具，不是每个任务都可以使用 MapReduce 来进行处理的。试述适合用 MapReduce 来处理的任务或者数据集需满足怎样的要求及应用场景。

6. 试述 MapReduce 的工作流程（需包括提交任务、Map、Shuffle、Reduce 的过程）。

7. 分别描述 Map 端和 Reduce 端的 Shuffle 过程（需包括溢写、排序、归并、“领取”的过程）。

8. 是否所有的 MapReduce 程序都需要经过 Map 和 Reduce 这两个过程？如果不是，请举例说明。

9. 试分析为何采用 Combiner 可以减少数据传输量。是否所有的 MapReduce 程序都可以采用 Combiner？为什么？

10. 试画出使用 MapReduce 来对英语句子“Whatever is worth doing is worth doing well”进行单词统计的过程。

11. 在基于 MapReduce 的单词统计中，MapReduce 如何保证相同的单词数据会被划分到同一个 Reducer 上进行处理，以保证结果的正确性？

12. 画出词频统计实例中有合并的处理过程。

13. 现有一组数据，内容如下所示，请编程 MapReduce 程序提取出最大的 10 个数，并倒序排列。

10 3 8 7 6 5 1 2 9 4

11 12 17 14 15 20

19 18 13 16

14. 将下列 record.txt 数据中的时间戳字段转换为年、月、日形式。

0000000000,00000468,00000030,1494235629,347,HaiNan,LiaoNing,TIANMAO,869905775627268,YUANTONG,186.160.56.200,tr

0000000001,00000026,00000448,1543255462,339,YunNan,HeBei,TIANMAO,675929469467,SHENTONG,97.126.176.12,sid

15. 现有 x z b o h z c

a o z d z s m

两行数据，reduce 个数为 3，以哈希函数（key+1）%n 进行分区，写出利用 MapReduce 原理进行词频统计的过程。包括 Map 的输出、分区、排序、合并、归并、Reduce 的输入与 Reduce 的输出等步骤。

实验 5.1　MapReduce 并行编程基础

1. 实验目的

（1）熟练掌握 MapReduce 基本原理。

（2）理解并掌握 WordCount 的实现过程。

2. 实验环境

（1）hadoop-3.3.2-src.tar.gz。

（2）hadooplib。

（3）yarnlib。

3. 实验步骤

利用 MapReduce 实现统计文件 A.txt 与文件 B.txt 中各单词出现的次数。内容分别为：

A：China is my motherland

I love China

B:　I come from China

（1）WordCount 编程实现。

① 创建工程、包及相关源码。创建项目，导入需要的包，同时将集群中 core-site.xml 与 hdfs-site.xml 两个配置文件添加到项目中，项目结构如图 5–12 所示。

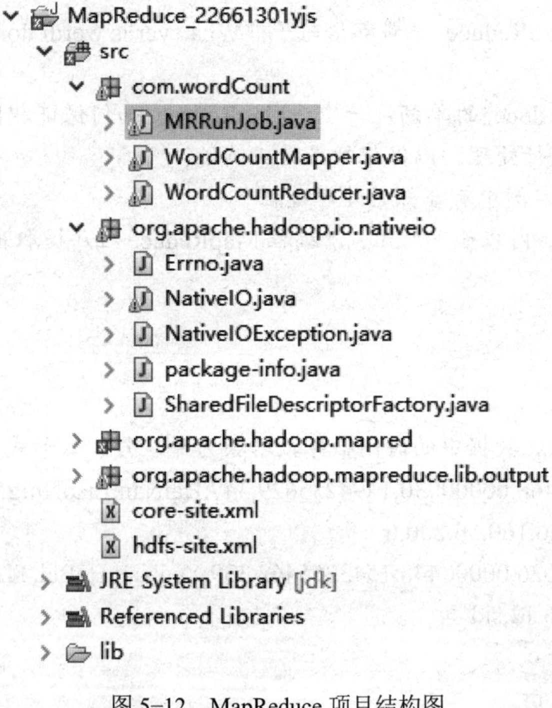

图 5–12　MapReduce 项目结构图

在 hadooplib 126 个包的基础上，将 hadoop-3.3.2/share/hadoop/yarn/所有 jar 文件与 share/hadoop/yarn/sources/hadoop-yarn-api-3.1.2-sources.jar 共计 20 个文件复制到 yarnlib 中，添加到项目的 lib 中并构建 Referenced Libraries，否则出现有关 YARN 的异常。

在项目中创建 org.apache.hadoop.io.nativeio、org.apache.hadoop.mapred 及 org.apache.hadoop.mapreduce.lib.output 共 3 个包。下载 hadoop-3.3.2-src.tar.gz 源码，将源码对应包中的所有类复制到包中，在调式过程中，若出现异常，需要对这 3 个包中的相应类进行改造。3 个包中类的路径为：

\hadoop-3.3.2-src\hadoop-common-project\hadoop-common\src\main\java\org\apache\hadoop\io\ nativeio

\hadoop-3.3.2-src\hadoop-mapreduce-project\hadoop-mapreduce-client\hadoop-mapreduce-client-core\src\main\java\org\apache\hadoop\mapred

\hadoop-3.3.2-src\hadoop-mapreduce-project\hadoop-mapreduce-client\hadoop-mapreduce-client-core\src\main\java\org\apache\hadoop\mapreduce\lib\output

若出现 Syntax error, parameterized types are only available if source level is 1.5 or greater 异常，此时修改 jre 为 1.7。选中【项目】|【Properties】|【Java Compiler】，选择 1.7，如图 5-13 所示。

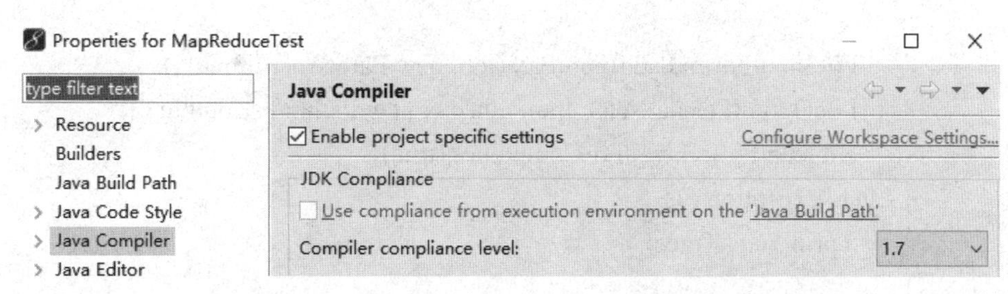

图 5-13　选择 1.7 Compiler

若出现 Access restriction:The type JPEGCodec is not accessible due to restriction on required library C:\Program Files\Java\jre6\lib\rt.jar 异常，进行操作【Project】|【Properties】|【libraries】，先对 JRE System Library 执行【remove】，然后重新加入【Add Library】。

② MRRunJob 类。

```
import java.io.IOException;
import org.apache.hadoop.conf.Configuration;
import org.apache.hadoop.fs.Path;
import org.apache.hadoop.io.IntWritable;
import org.apache.hadoop.io.Text;
import org.apache.hadoop.mapreduce.Job;
import org.apache.hadoop.mapreduce.lib.input.FileInputFormat;
import org.apache.hadoop.mapreduce.lib.output.FileOutputFormat;

public class MRRunJob {
    public static void main(String[] args){
        System.setProperty("HADOOP_USER_NAME", "root");
Configuration conf = new Configuration( );
        conf.set("fs.defaultFS", "hdfs://mycluster");
        Job job = null;
        try {
            job = Job.getInstance(conf, "mywc");
        } catch(IOException e1){
```

```
                e1.printStackTrace( );
            }
            job.setJarByClass(MRRunJob.class);
            job.setMapperClass(WordCountMapper.class);
            job.setReducerClass(WordCountReducer.class);
            job.setMapOutputKeyClass(Text.class);
            job.setMapOutputValueClass(IntWritable.class);
            job.setOutputKeyClass(Text.class);
            job.setOutputValueClass(IntWritable.class);
            try {
                FileInputFormat.addInputPath(job, new Path("/usr/input/"));
                FileOutputFormat.setOutputPath(job, new Path("/usr/output/"));
                boolean f = job.waitForCompletion(true);
            } catch(Exception e){
                e.printStackTrace( );
            }
        }
}
```

③ WordCountMapper 类。

```
import java.io.IOException;

import org.apache.hadoop.io.IntWritable;
import org.apache.hadoop.io.LongWritable;
import org.apache.hadoop.io.Text;
import org.apache.hadoop.mapreduce.Mapper;
public class WordCountMapper extends
            Mapper<LongWritable, Text, Text, IntWritable> {
        @Override
        protected void map(LongWritable key, Text value, Context context)
                throws IOException, InterruptedException {
            String [] str=value.toString( ).split(" ");
            for(int i=0;i<str.length;i++){
                context.write(new Text(str[i]),new IntWritable(1));
            }
        }
}
```

④ WordCountReducer 类。

```
import java.io.IOException;
```

```
import org.apache.hadoop.io.IntWritable;
import org.apache.hadoop.io.Text;
import org.apache.hadoop.mapreduce.Reducer;
public class WordCountReducer extends Reducer<Text, IntWritable,Text,IntWritable>{
    @Override
    protected void reduce(Text arg0, Iterable<IntWritable> arg1,Context arg2)
            throws IOException, InterruptedException {
        int sum=0;
        for(IntWritable i:arg1){
            sum=sum+i.get( );
        }
        arg2.write(arg0, new IntWritable(sum));
    }
}
```

⑤ 向 HDFS 集群添加数据。

```
[hadoop@centos01 data]$ ll
总用量 1060
-rw-rw-r--. 1 hadoop hadoop        36 5 月    3 14:45 A.txt
-rw-rw-r--. 1 hadoop hadoop        17 5 月    3 14:45 B.txt
-rw-rw-r--. 1 hadoop hadoop 1066164 5 月    2 21:10 earthquake.csv
-rw-r--r--. 1 hadoop hadoop       426 5 月    2 21:21 user2.txt
-rw-rw-r--. 1 hadoop hadoop       426 5 月    2 21:09 user.txt
[hadoop@centos01 data]$ hdfs dfs -mkdir /usr
[hadoop@centos01 data]$ hdfs dfs -mkdir /usr/input
[hadoop@centos01 data]$ hdfs dfs -mkdir /usr/input/wordcount
[hadoop@centos01 data]$ hdfs dfs -put A.txt /usr/input/wordcount
[hadoop@centos01 data]$ hdfs dfs -put B.txt /usr/input/wordcount
```

⑥ 运行与调试。调试过程中常见问题有以下几个。

- org.apache.hadoop.io.nativeio.NativeIO$Windows.access0（Ljava/lang/String;I）异常，改造 org.apache.hadoop.io.nativeio 中 NativeIO 类的源码。

```
public static boolean access(String path, AccessRight desiredAccess)
        throws IOException {
    //return access0(path, desiredAccess.accessRight( ));
    return true;
}
```

- 权限访问 output 目录。

```
Permission denied: user=administrator, access=WRITE, inode="/":root:supergroup: drwxr-xr-x
```

在系统的环境变量里面添加 HADOOP_USER_NAME=hadoop，如图 5-14 所示。

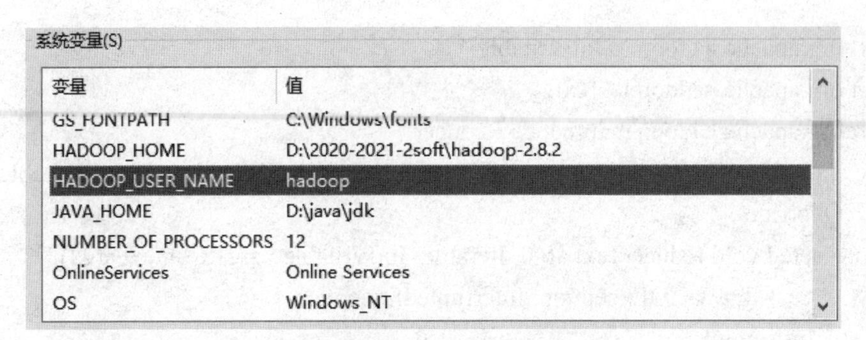

图 5-14　增加用户权限

- Job job_local1114211371_0001 failed with state FAILED due to: NA 异常。

出现这个问题是因为输入文件中有多余的空格，把这些空格取消掉即可。jre 版本不一致也会产生同样的异常，本实验 jre 为 1.7。

⑦ 控制台运行结果。

```
2023-05-03 15:38:54,308 INFO [pool-7-thread-1] mapred.LocalJobRunner(LocalJobRunner.java:run(353))- Finishing task: attempt_local284082857_0001_r_000000_0
2023-05-03 15:38:54,308 INFO [Thread-6] mapred.LocalJobRunner(LocalJobRunner.java:runTasks(486))- reduce task executor complete.
2023-05-03 15:38:54,752 INFO [main] mapreduce.Job(Job.java:monitorAndPrintJob(1648))- map 100% reduce 100%
2023-05-03 15:38:54,752 INFO [main] mapreduce.Job(Job.java:monitorAndPrintJob(1659))- Job job_local284082857_0001 completed successfully
2023-05-03 15:38:54,757 INFO [main] mapreduce.Job(Job.java:monitorAndPrintJob(1666))- Counters: 36
    File System Counters
        FILE: Number of bytes read=1679
        FILE: Number of bytes written=1927657
        …
    File Output Format Counters
        Bytes Written=56
```

⑧ 查看处理后的数据。

```
[hadoop@centos01 hadoop-3.3.2]$ hdfs dfs -ls /usr/output/wc
Found 2 items
-rw-r--r--   2 hadoop supergroup          0 2023-05-03 15:38 /usr/output/wc/_SUCCESS
-rw-r--r--   2 hadoop supergroup         56 2023-05-03 15:38 /usr/output/wc/part-r-00000
[hadoop@centos06 hadoop-3.3.2]$ hdfs dfs -cat /usr/output/wc/part-r-00000
China   3
I       2
come    1
from    1
```

```
is          1
love        1
motherland    1
my          1
```

至此，基本并行计算运行成功。完成后可以参照前述内容部署在 HDFS 集群服务器上运行，此处不再赘述。

实验 5.2　MapReduce 应用实例

1. 实验目的

（1）熟练掌握 MapReduce 基本原理。

（2）理解并掌握 MapReduce 的应用实践。

2. 实验环境

（1）record.txt。

（2）File1.txt 与 File2.txt。

（3）Chinese.txt、English.txt 和 Math.txt。

（4）access.log.txt。

（5）logTcl.txt。

3. 实验步骤

（1）时间戳处理。将下列 record.txt 数据中的时间戳字段转换为年、月、日形式。

0000000000,00000468,00000030,1494235629,347,HaiNan,LiaoNing,TIANMAO,869905775627268,YUANTONG,186.160.56.200,tr

0000000001,00000026,00000448,1543255462,339,YunNan,HeBei,TIANMAO,675929469467,SHENTONG,97.126.176.12,sid

0000000002,00000543,00000081,1694234355,332,SiChuan,TaiWan,TIANMAOCHAOSHI,4010167066854172,SHENTONG,20.130.157.1,byn

① 类的实现。新建 com.time 包，结构如图 5-15 所示。

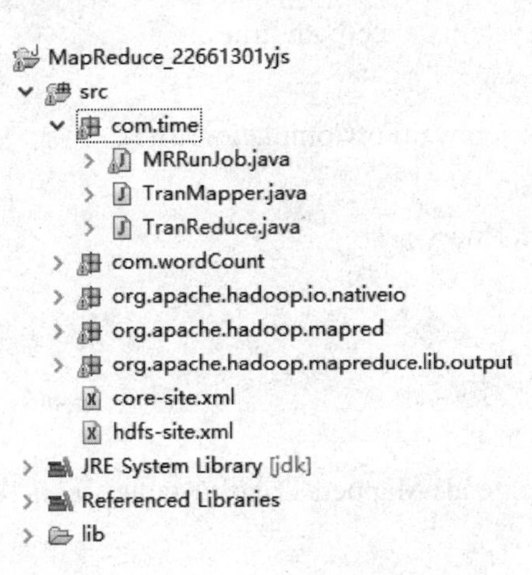

图 5-15　项目结构

MRRunJob 类的实现：

```
public class MRRunJob {
    public static void main(String[] args){
            System.setProperty("HADOOP_USER_NAME", "root");
        Configuration   conf = new Configuration( );
        conf.set("fs.defaultFS", "hdfs://mycluster");
        Job job = null;
        try {
            job = Job.getInstance(conf, "dataup");
        } catch(IOException e1){
            e1.printStackTrace( );
        }
        job.setJarByClass(MRRunJob.class);
        job.setMapperClass(TranMapper.class);
        job.setReducerClass(TranReduce.class);
        job.setMapOutputKeyClass(Text.class);
        job.setMapOutputValueClass(LongWritable.class);
        job.setOutputKeyClass(Text.class);
        job.setOutputValueClass(NullWritable.class);
        try {
            FileInputFormat.addInputPath(job, new Path("/usr/input/time"));
            Path path = new Path("hdfs://mycluster/usr/output/time");
            TextOutputFormat.setOutputPath(job,path);
            FileSystem   fileSystem   =   FileSystem.get(new   URI("hdfs://mycluster/usr/
output/time"), conf);
            boolean bl2 = fileSystem.exists(path);
            if(bl2){
                fileSystem.delete(path, true);
            }
            boolean f = job.waitForCompletion(true);
        } catch(Exception e){
            e.printStackTrace( );
        }
    }
}
```

TranMapper 类的实现：

```
public class TranMapper extends Mapper<LongWritable, Text, Text, LongWritable> {
    @Override
    protected void map(LongWritable key, Text value, Context context)throws IOException,
```

```
InterruptedException {
            LongWritable longWritable = new LongWritable( );
            String[] split = value.toString( ).split(",");
            longWritable.set(Long.parseLong(split[3]));
            context.write(value, longWritable);
        }
    }
```

TranReduce 类的实现：

```
    public class TranReduce extends Reducer<Text, LongWritable, Text, NullWritable> {
        @Override
        protected void reduce(Text key, Iterable<LongWritable> values, Context context)throws
IOException, InterruptedException {
            Text text = new Text( );
            String str = "";
            String sd ;
            String[] split=key.toString( ).split(",");
            for(LongWritable value:values){
                SimpleDateFormat sdf=new SimpleDateFormat("yyyy-MM-dd HH:mm:ss");
                sd = sdf.format(value.get( ));
                split[3]=sd;
            }
            for(String a:split){
                str+=a+", ";
            }
            text.set(new Text(str));
            context.write(text,NullWritable.get( ));
        }
    }
```

② 运行与调试。将数据上传到集群中。

```
    [hadoop@centos01 ~]$ cd /opt
    [hadoop@centos01 opt]$ ll
    总用量 0
    drwxr-xr-x. 2 hadoop hadoop   65 4 月    3 19:11 data
    drwxr-xr-x. 2 hadoop hadoop    6 10 月  31 2018 rh
    drwxr-xr-x. 5 hadoop hadoop 260 4 月    3 20:09 software
    [hadoop@centos01 opt]$ hdfs dfs -mkdir /usr/input/time
    [hadoop@centos01 opt]$ cd data
    [hadoop@centos01 data]$ ll
    总用量 20
```

```
-rw-rw-r--. 1 hadoop hadoop    36 4 月    3 19:11 A.txt
-rw-rw-r--. 1 hadoop hadoop    17 4 月    3 19:11 B.txt
-rw-rw-r--. 1 hadoop hadoop 1215 4 月    8 20:51 record.txt
-rw-r--r--. 1 hadoop hadoop   426 3 月   20 16:10 user2.txt
-rw-rw-r--. 1 hadoop hadoop   426 3 月   20 15:51 user.txt
[hadoop@centos01 data]$ hdfs dfs -put record.txt /usr/input/time
[hadoop@centos01 data]$ hdfs dfs -cat /usr/input/time/record.txt
0000000000,00000468,00000030,1494235629,347,HaiNan,LiaoNing,TIANMAO,869905775627268,YUANTONG,186.160.56.200,tr
0000000001,00000026,00000448,1494235629,339,YunNan,HeBei,TIANMAO,675929469467,SHENTONG,97.126.176.12,sid
0000000002,00000543,00000081,1494235629,332,SiChuan,TaiWan,TIANMAOCHAOSHI,4010167066854172,SHENTONG,20.130.157.1,byn
```

运行程序，查看处理后的数据。

```
[hadoop@centos01 data]$ hdfs dfs -ls /usr/output/time
Found 2 item
-rw-r--r--   2   hadoop supergroup       0 2023-04-08 21:26 /usr/output/time/_SUCCESS
-rw-r--r--   2   hadoop supergroup    1316 2023-04-08 21:26 /usr/output/time/part- r-00000
[hadoop@centos01 data]$ hdfs dfs -cat /usr/output/time/part-r-00000
0000000000,00000468,00000030,1970-01-1815:03:55,347,HaiNan,LiaoNing,TIANMAO,869905775627268,YUANTONG,186.160.56.200,tr,
0000000001,00000026,00000448,1970-01-1815:03:55,339,YunNan,HeBei,TIANMAO,675929469467,SHENTONG,97.126.176.12,sid,
0000000002,00000543,00000081,1970-01-15:03:55,332,SiChuan,TaiWan,TIANMAOCHAOSHI,4010167066854172,SHENTONG,20.130.157.1,byn,
…
```

（2）数据去重。将 File1.txt 与 File2.txt 文件合并，重复数据只记录一次。

File1.txt 中的数据：

2021-4-1 a
2021-4-2 b
2021-4-3 c
2021-4-4 d
2021-4-5 a
2021-4-6 b
2021-4-7 c
2021-4-7 c

File2.txt 中的数据：

2021-4-1 b
2021-4-2 a

2021-4-3 b
2021-4-4 d
2021-4-5 a
2021-4-6 c
2021-4-7 d
2021-4-8 c

① 类的实现。新建 com.dataup 包，MRRunJob 类的实现：

```
public class MRRunJob {
    public static void main(String[] args){
        System.setProperty("HADOOP_USER_NAME", "root");
        Configuration conf = new Configration( );
        conf.set("fs.defaultFS", "hdfs://mycluster");
        Job job = null;
        try {
            job = Job.getInstance(conf, "dataup");
        } catch(IOException e1){
            e1.printStackTrace( );
        }
        job.setJarByClass(MRRunJob.class);
        job.setMapperClass(DataUpMapper.class);
        job.setReducerClass(DataUpReducer.class);
        job.setMapOutputKeyClass(Text.class);
        job.setMapOutputValueClass(Text.class);
        job.setOutputKeyClass(Text.class);
        job.setOutputValueClass(Text.class);
        try {
            FileInputFormat.addInputPath(job, new Path("/usr/input/dataup"));
            FileOutputFormat.setOutputPath(job, new Path("/usr/output/dataup"));
            boolean f = job.waitForCompletion(true);
        } catch(Exception e){
            e.printStackTrace( );
        }
    }
}
```

DataUpMapper 类的实现：

```
public class DataUpMapper extends Mapper<Object, Text, Text, Text> {
    Text line = new Text( );

    @Override
```

```
        protected void map(Object key, Text value, Context context)
                    throws IOException, InterruptedException {
                line = value;
                context.write(line, new Text(""));
        }
}
```

DataUpReducer 类的实现：

```
public class DataUpReducer extends Reducer<Text, Text, Text, Text>{
        @Override
        protected void reduce(Text key, Iterable<Text> values,Context context)
                    throws IOException, InterruptedException {
            context.write(key, new Text(""));
        }
}
```

② 运行与测试。将数据上传到集群中。

```
[hadoop@centos01 data]$ ll
总用量 28
-rw-rw-r--. 1 hadoop hadoop    36 4 月   3 19:11 A.txt
-rw-rw-r--. 1 hadoop hadoop    17 4 月   3 19:11 B.txt
-rw-rw-r--. 1 hadoop hadoop    96 4 月   8 21:48 File1.txt
-rw-rw-r--. 1 hadoop hadoop    96 4 月   8 21:48 File2.txt
-rw-rw-r--. 1 hadoop hadoop 1215 4 月   8 20:51 record.txt
-rw-r--r--. 1 hadoop hadoop   426 3 月  20 16:10 user2.txt
-rw-rw-r--. 1 hadoop hadoop   426 3 月  20 15:51 user.txt
[hadoop@centos01 data]$ hdfs dfs -mkdir /usr/input/dataup
[hadoop@centos01 data]$ hdfs dfs -put File1.txt /usr/input/dataup
[hadoop@centos01 data]$ hdfs dfs -put File2.txt /usr/input/dataup
[hadoop@centos01 data]$ hdfs dfs -ls /usr/input/dataup
Found 2 items
-rw-r--r--    2 hadoop supergroup         96 2023-04-08 21:50 /usr/input/dataup/File1.txt
-rw-r--r--    2 hadoop supergroup         96 2023-04-08 21:50 /usr/input/dataup/File2.txt
```

运行程序，查看处理后的数据。

```
[hadoop@centos01 data]$ hdfs dfs -ls /usr/output/dataup
Found 2 items
-rw-r--r--   2   hadoop supergroup    0 2023-04-08 21:53 /usr/output/dataup/_SUCCESS
-rw-r--r--   2   hadoop supergroup  156 2023-04-08 21:53 /usr/output/dataup/part-r-00000
[hadoop@centos01 data]$ hdfs dfs -cat /usr/output/dataup/part-r-00000
2021-4-1 a
2021-4-1 b
```

```
2021-4-2 a
2021-4-2 b
2021-4-3 b
2021-4-3 c
2021-4-4 d
2021-4-5 a
2021-4-6 b
2021-4-6 c
2021-4-7 c
2021-4-7 d
2021-4-8 c
```

（3）计算平均分。

① 类的实现。新建 com.average 包，MRRunJob 类的实现：

```
public class MRRunJob {
    public static void main(String[] args){
        System.setProperty("HADOOP_USER_NAME", "root");
        Configuration conf = new Configuration( );
        conf.set("fs.defaultFS", "hdfs://mycluster");
        Job job = null;
        try {
            job = Job.getInstance(conf, "average");
        } catch(IOException e1){
            e1.printStackTrace( );
        }
        job.setJarByClass(MRRunJob.class);
        job.setMapperClass(AverageMapper.class);
        job.setReducerClass(AverageReducer.class);
        job.setMapOutputKeyClass(Text.class);
        job.setMapOutputValueClass(IntWritable.class);
        job.setOutputKeyClass(Text.class);
        job.setOutputValueClass(IntWritable.class);
        try {
            FileInputFormat.addInputPath(job, new Path("/usr/input/average"));
            FileOutputFormat.setOutputPath(job, new Path("/usr/output/average"));
            boolean f = job.waitForCompletion(true);
        } catch(Exception e){
            e.printStackTrace( );
        }
    }
```

```
}
```

AverageMapper 类的实现：

```
public class AverageMapper extends
        Mapper<LongWritable, Text, Text, IntWritable> {

    @Override
    protected void map(LongWritable key, Text value, Context context)
            throws IOException, InterruptedException {
        String line = new String(value.getBytes( ), 0, value.getLength( ), "UTF-8");
        StringTokenizer itr = new StringTokenizer(line);
        String strName = itr.nextToken( );
        String strScore = itr.nextToken( );
        Text name = new Text(strName);
        int scoreInt = Integer.parseInt(strScore);
        context.write(name, new IntWritable(scoreInt));
    }
}
```

AverageReducer 类的实现：

```
public class AverageReducer extends Reducer<Text, IntWritable,Text,IntWritable>{
    @Override
    protected void reduce(Text key, Iterable<IntWritable> values, Context context)
            throws IOException, InterruptedException {
        int sum = 0;
        int count = 0;
        Iterator<IntWritable> iterator = values.iterator( );
        while(iterator.hasNext( )){
            sum += iterator.next( ).get( );
            count++;
        }
        int average =(int)sum / count;
        context.write(key, new IntWritable(average));
    }
}
```

② 运行与测试。将数据上传到集群中。

```
[hadoop@centos01 data]$ hdfs dfs -mkdir /usr/input/average
[hadoop@centos01 data]$ hdfs dfs -put Chinese.txt /usr/input/average
[hadoop@centos01 data]$ hdfs dfs -put English.txt /usr/input/average
[hadoop@centos01 data]$ hdfs dfs -put Math.txt /usr/input/average
[hadoop@centos01 data]$ hdfs dfs -ls /usr/input/average
```

```
Found 3 items
-rw-r--r--   2 hadoop supergroup   42 2023-04-08 22:11 /usr/input/average/Chinese.txt
-rw-r--r--   2 hadoop supergroup   42 2023-04-08 22:11 /usr/input/average/English.txt
-rw-r--r--   2 hadoop supergroup   43 2023-04-08 22:12 /usr/input/average/Math.txt
[hadoop@centos01 data]$ hdfs dfs -cat /usr/input/average/Chinese.txt
张三 82
李四 93
王五 86
赵六 95
```

运行程序，查看处理后的数据。

```
[hadoop@centos01 data]$ hdfs dfs -ls /usr/output/average
Found 2 items
-rw-r--r--   2 hadoop supergroup    0 2023-04-08 22:16 /usr/output/average/_SUCCESS
-rw-r--r--   2 hadoop supergroup   40 2023-04-08 22:16 /usr/output/average/part-r-00000
[hadoop@centos01 data]$ hdfs dfs -cat /usr/output/average/part-r-00000
张三          88
李四          87
王五          85
赵六          96
```

（4）网站日志分析。大型网站的服务器往往会产生海量的 log 日志，这些 log 日志记录的其他机器访问服务器的 ip、时间、http 协议、状态码等信息，用 MapReduce 分析 log 日志是一个很好的处理方案。例如，有日志文件 access.log.txt，内容格式为：

194.237.142.21--[18/Sep/2013:06:49:18 +0000] "GET /wp-content/uploads/2013/07/ rstudio-git3.png HTTP/1.1" 304 0 "-" "Mozilla/4.0（compatible;）"

183.49.46.228--[18/Sep/2013:06:49:23 +0000] "-" 400 0 "-" "-"

163.177.71.12--[18/Sep/2013:06:49:33 +0000] "HEAD / HTTP/1.1" 200 20 "-" "DNSPod-Monitor/1.0"

163.177.71.12--[18/Sep/2013:06:49:36 +0000] "HEAD / HTTP/1.1" 200 20 "-" "DNSPod-Monitor/1.0"

101.226.68.137--[18/Sep/2013:06:49:42 +0000] "HEAD / HTTP/1.1" 200 20 "-" "DNSPod-Monitor/1.0"

…

通过分析服务器的 log 日志，统计访问服务器的 ip 地址和访问的次数。

① 类的实现。新建 com.log 包，MRRunJob 类的实现：

```
public class MRRunJob {

    public static void main(String[] args){
        System.setProperty("HADOOP_USER_NAME", "root");
        Configuration conf = new Configuration( );
```

```
            conf.set("fs.defaultFS", "hdfs://mycluster");
            conf.set("mapred.textoutputformat.ignoreseparator", "true");
            conf.set("mapred.textoutputformat.separator", ",");
            Job job = null;
            try {
                job = Job.getInstance(conf, "log");
            } catch(IOException e1){
                e1.printStackTrace( );
            }
            job.setJarByClass(MRRunJob.class);
            job.setMapperClass(LogMapper.class);
            job.setReducerClass(LogReducer.class);
            job.setMapOutputKeyClass(Text.class);
            job.setMapOutputValueClass(IntWritable.class);
            job.setOutputKeyClass(Text.class);
            job.setOutputValueClass(IntWritable.class);
            try {
                FileInputFormat.addInputPath(job, new Path("/usr/input/log"));
                FileOutputFormat.setOutputPath(job, new Path("/usr/output/log"));
                boolean f = job.waitForCompletion(true);
            } catch(Exception e){
                e.printStackTrace( );
            }
        }
    }
```

LogMapper 类的实现：

```
    public class LogMapper extends Mapper<LongWritable,Text,Text,IntWritable>{
        protected void map(LongWritable key,Text value,Context context)throws IOException,
InterruptedException{
            String line=value.toString( );          //将这一行转化为 string
            String [] linewords = line.split(" ");   //以空格切分
            String ip=linewords[0];                 //获得 ip
            // 在 context 里面写的内容就是 key：ip ，value 是 1
            context.write(new Text(ip), new IntWritable(1));
        }
    }
```

LogReducer 类的实现：

```
    public class LogReducer extends  Reducer <Text,IntWritable,Text,IntWritable> {
        protected void reduce(Text key,Iterable<IntWritable> values,Context context)throws
```

```
IOException, InterruptedException{
            int count=0;
            for(IntWritable value :values){
                count=count+value.get( );
            }
            context.write(key,new IntWritable(count));
    }
}
```

②运行与测试。将数据上传到集群中。

```
[hadoop@centos01 data]$ hdfs dfs -mkdir /usr/input/log
[hadoop@centos01 data]$ hdfs dfs -put access.log.txt /usr/input/log
[hadoop@centos01 data]$ hdfs dfs -ls /usr/input/log
Found 1 items
-rw-r--r--   2   hadoop   supergroup   6050 2023-04-09 10:49 /usr/input/log/ access.log.txt
```

运行程序，查看处理后的数据。

```
[hadoop@centos01 opt]$ hdfs dfs -ls /usr/output/log
Found 2 items
-rw-r--r--     2 hadoop supergroup            0 2021-05-14 20:36 /usr/output/log/ _SUCCESS
-rw-r--r--     2 hadoop supergroup          213 2021-05-14 20:36 /usr/output/log/part-r- 00000
[hadoop@centos01 data]$ hdfs dfs -cat /usr/output/log/part-r-00000
101.226.68.137,2
157.55.35.40,1
163.177.71.12,2
183.195.232.138,2
183.49.46.228,1
194.237.142.21,1
221.130.41.168,1
222.68.172.190,2
50.116.27.194,1
58.215.204.118,7
58.248.178.212,6
60.208.6.156,1
66.249.66.84,1
```

（5）日志清洗过滤。对于可读性差的日志可以进行过滤清洗。有日志文件 logTcl.txt，内容为：

2016-04-18 16:00:00 {"areacode":" 浙 江 省 丽 水 市 ","countAll":0,"countCorrect":0, "datatime":"4134362","logid":"201604181600001184409476","requestinfo":"{\"sign\":\"4\",\"timestamp\":\"1460966390499\",\"remark\":\"4\",\"subjectPro\":\"123456\",\"interfaceUserName\":\"12345678900987654321\",\"channelno\":\"100\",\"imei\":\"12345678900987654321\",\"subjectNum\":

\"13989589062\",\"imsi\":\"12345678900987654321\",\"queryNum\":\"13989589062\"}","requestip":"36.16.128.234","requesttime":"2016-04-1816:00:00","requesttype":"0","responsecode":"010005","responsedata":"无查询结果"}

2016-04-18 16:00:00 {"areacode":"宁夏银川市","countAll":0,"countCorrect":0, "datatime":"4715990","logid":"201604181600001858043208","requestinfo":"{\"sign\":\"4\",\"timestamp\":\"1460966400120\",\"remark\":\"4\",\"subjectPro\":\"123456\",\"interfaceUserName\":\"12345678900987654321\",\"channelno\":\"1210\",\"imei\":\"A0000044ABFD25\",\"subjectNum\":\"15379681917\",\"imsi\":\"460036951451601\",\"queryNum\":\"\"}","requestip":"115.168.93.87","requesttime":"2016-04-18 16:00:00","requesttype":"0","responsecode": "010005","responsedata":"无查询结果","userAgent":"ZTE-Me/Mobile"}

…

通过清晰日志，提取需要的信息数据。

① 类的实现。新建 com.logTcl 包。LogTcl 类的实现：

```
public class LogTcl {
    public static class TokenizerMapper extends
            Mapper<Object, Text, Text, IntWritable> {
        private final static IntWritable one = new IntWritable(1);
        private Text word = new Text( );
        private String imei = new String( );
        private String areacode = new String( );
        private String responsedata = new String( );
        private String requesttime = new String( );
        private String requestip = new String( );
        public void map(Object key, Text value, Context context)
                throws IOException, InterruptedException {
            int areai = value.toString( ).indexOf("areacode", 21);
            int imeii = value.toString( ).indexOf("imei", 21);
            int redatai = value.toString( ).indexOf("responsedata", 21);
            int retimei = value.toString( ).indexOf("requesttime", 21);
            int reipi = value.toString( ).indexOf("requestip", 21);
            if(areai == -1){
                areacode = "";
            } else {
                areacode = value.toString( ).substring(areai + 11);
                int len2 = areacode.indexOf("\"");
                if(len2 <= 1){
                    areacode = "";
                } else {
                    areacode = areacode.substring(0, len2);
```

```
        }
    }
    if(imeii == -1){
        imei = "";
    } else {
        imei = value.toString( ).substring(imeii + 9);
        int len2 = imei.indexOf("\\");
        if(len2 <= 1){
            imei = "";
        } else {
            imei = imei.substring(0, len2);
        }
    }
    if(redatai == -1){
        responsedata = "";
    } else {
        responsedata = value.toString( ).substring(redatai + 15);
        int len2 = responsedata.indexOf("\"");
        if(len2 <= 1){
            responsedata = "";
        } else {
            responsedata = responsedata.substring(0, len2);
        }
    }
    if(retimei == -1){
        requesttime = "";
    } else {
        requesttime = value.toString( ).substring(retimei + 14);
        int len2 = requesttime.indexOf("\"");
        if(len2 <= 1){
            requesttime = "";
        } else {
            requesttime = requesttime.substring(0, len2);
        }
    }
    if(reipi == -1){
        requestip = "";
    } else {
        requestip = value.toString( ).substring(reipi + 12);
```

```
                int len2 = requestip.indexOf("\"");
                if(len2 <= 1){
                    requestip = "";
                } else {
                    requestip = requestip.substring(0, len2);
                }
            }
            if(imei != "" && areacode != "" && responsedata != ""
                    && requesttime != "" && requestip != ""){
                String wd = new String( );
                wd = imei + "\t" + areacode + "\t" + responsedata + "\t"
                        + requesttime + "\t" + requestip;
                word.set(wd);
                context.write(word, one);
            }
        }
    }
    public static class IntSumReducer extends
            Reducer<Text, IntWritable, Text, IntWritable> {
        private IntWritable result = new IntWritable( );
        public void reduce(Text key, Iterable<IntWritable> values,
                Context context)throws IOException, InterruptedException {
            int sum = 0;
            for(IntWritable val : values){
                sum += val.get( );
            }
            result.set(sum);
            context.write(key, result);
        }
    }
    public static void main(String[] args)throws Exception {
        System.setProperty("HADOOP_USER_NAME", "root");
        Configuration conf = new Configuration( );
        conf.set("fs.defaultFS", "hdfs://mycluster");
        Job job = null;
        try {
            job = Job.getInstance(conf, "logtcl");
        } catch(IOException e1){
            e1.printStackTrace( );
```

```
        }
        job.setJarByClass(LogTcl.class);
        job.setMapperClass(TokenizerMapper.class);
        job.setCombinerClass(IntSumReducer.class);
        job.setReducerClass(IntSumReducer.class);
        job.setOutputKeyClass(Text.class);
        job.setOutputValueClass(IntWritable.class);
        try {
            FileInputFormat.addInputPath(job, new Path("/usr/input/logTcl"));
            FileOutputFormat.setOutputPath(job, new Path("/usr/output/logTcl"));
            boolean f = job.waitForCompletion(true);
        } catch(Exception e){
            e.printStackTrace( );
        }
        System.exit(job.waitForCompletion(true)? 0 : 1);
    }
}
```

② 运行与测试。将数据上传到集群中。

```
[hadoop@centos01 data]$ hdfs dfs -mkdir /usr/input/logTcl
[hadoop@centos01 data]$ hdfs dfs -put logTcl.txt /usr/input/logTcl
[hadoop@centos01 data]$ hdfs dfs -ls /usr/input/logTcl
Found 1 items
-rw-r--r--    2 hadoop   supergroup    5779 2023-04-09 12:35 /usr/input/logTcl/ logTcl.txt
```

运行程序，查看处理后的数据。

```
[hadoop@centos01 data]$ hdfs dfs -ls /usr/output/logTcl
Found 2 items
-rw-r--r-- 2 hadoop   supergroup   0 2023-04-09 12:40 /usr/output/logTcl/_SUCCESS
-rw-r--r--2 hadoop   supergroup   767 2023-04-09 12:40 /usr/output/logTcl/part-r-00000
[hadoop@centos01 data]$ hdfs dfs -cat /usr/output/logTcl/part-r-00000
12345678900987654321 四川省 无查询结果 2016-04-18 16:00:00 182.144.66.97 1
12345678900987654321 江苏省连云港市 无查询结果 2016-04-18 16:00:00 58.223.4.210 1
12345678900987654321 浙江省 操作成功 2016-04-18 16:00:00 36.23.9.49 1
12345678900987654321 浙江省丽水市 无查询结果 2016-04-18 16:00:00 36.16.128.234 2
35460207765269 黑龙江省哈尔滨市 无查询结果 2016-04-18 16:00:00 42.184.41.1801
A0000044ABFD25 宁夏银川市 无查询结果 2016-04-18 16:00:00 115.168.93.87 1
A000004853168C 广西南宁市 无查询结果 2016-04-18 16:00:00 219.159.72.3 1
A000004FE0218A 山西省 无查询结果 2016-04-18 16:00:00 1.68.5.227 1
A000005543AFB7 海南省五指山市 无查询结果 2016-04-18 16:00:00 140.240.171.71 1
…
```

（6）数据排序。在电商网站上，当进入某电商页面里浏览商品时，就会产生用户对商品访问情况的数据。现在以点击次数为商品排序。

Sort1.txt 文件中，内容以“\t”分割。

商品 id　点击次数

1010037 100

1010102 100

1010152 97

1010178 96

1010280 104

1010320 103

1010510 104

1010603 96

1010637 97

① 类的实现。新建 com.sort 包，MRRunJob 类的实现：

```
public class MRRunJob {
    public static void main(String[] args){
        Configuration conf = new Configuration( );
        conf.set("fs.defaultFS", "hdfs://mycluster");
        Job job = null;
        try {
            job = Job.getInstance(conf, "sort");
        } catch(IOException e1){
            e1.printStackTrace( );
        }
        job.setJarByClass(MRRunJob.class);
        job.setMapperClass(sortMapper.class);
        job.setReducerClass(sortReducer.class);
        job.setMapOutputKeyClass(IntWritable.class);
        job.setMapOutputValueClass(Text.class);
        job.setOutputKeyClass(IntWritable.class);
        job.setOutputValueClass(Text.class);
        try {
            FileInputFormat.addInputPath(job, new Path("/usr/input/sort"));
            FileOutputFormat.setOutputPath(job, new Path("/usr/output/sort"));
            boolean f = job.waitForCompletion(true);
        } catch(Exception e){
            e.printStackTrace( );
        }
    }
```

```
    }
```

sortMapper 类的实现：

```
public class sortMapper    extends Mapper<LongWritable, Text, IntWritable, Text> {
    @Override
    protected void map(LongWritable key, Text value, Context context)throws IOException,
InterruptedException {
        Text goods=new Text( );
        IntWritable num=new IntWritable( );
        //map 将输入中的 value 化成 IntWritable 类型，作为输出的 key
        String line=value.toString( );
        String arr[]=line.split(" ");

        goods.set(arr[0]);
        num.set(Integer.parseInt(arr[1]));

        context.write(num, goods);
    }
}
```

SortReducer 类的实现：

```
public class sortReducer extends    Reducer <IntWritable,Text,IntWritable,Text> {
    protected void reduce(IntWritable key,Iterable<Text> values,Context context)throws
IOException, InterruptedException{
        int count=0;
        for(Text value :values){
            context.write(key, value);
        }
    }
}
```

② 运行与测试。上传数据。

```
[hadoop@centos01 data]$ hdfs dfs –mkdir /usr/input/sort/
[hadoop@centos01 data]$ hdfs dfs –put sort.txt /usr/input/sort/
[hadoop@centos01 data]$ $ hdfs dfs -ls /usr/input/sort/
Found 1 items
-rw-r--r--    2 hadoop supergroup    127 2023-04-17 19:10 /usr/input/sort/sort.txt
[hadoop@centos01 ～]$ hdfs dfs -cat /usr/input/sort/sort.txt
1010037 100
1010102 100
1010152 97
1010178 96
```

```
1010280 104
1010320 103
1010510 104
1010603 96
```

运行程序，查看处理后的数据。

```
[hadoop@centos01  ~]$ hdfs dfs -ls /usr/output/sort
Found 2 items
-rw-r--r--   2 hadoop supergroup   0     2023-04-17 19:30 /usr/output/sort/_SUCCESS
-rw-r--r--   2 hadoop supergroup   104   2023-04-17 19:30 /usr/output/sort/part-r-00000
[hadoop@centos01  ~]$ hdfs dfs -cat /usr/output/sort/part-r-00000
96          1010603
96          1010178
97          1010637
97          1010152
100         1010102
100         1010037
103         1010320
104         1010510
104         1010280
```

在排序实例中，由于 MapReduce 框架 Shuffle 阶段具有排序过程，因此，Reduce 函数可以省略不写。

第 6 章　数据仓库 Hive

学习目标

（1）数据仓库的定义；
（2）Hive 的含义；
（3）Hive 的特点及系统架构；
（4）Hive 的数据类型与数据模型；
（5）Hive 的工作过程与语句转换。

如何在分布式环境下采用数据仓库技术，从大量的数据中快速获取数据的有效价值？Hive 正是为了解决这种问题而生。Hive 起源于 Facebook（一个美国的社交服务网站，现改名为 Meta），Facebook 公司有大量的日志数据，而 Hadoop 是一个实现了 MapReduce 模式开源的分布式并行计算框架，可以轻松处理大规模的数据量，MapReduce 程序虽然对于熟悉 Java 语言的工程师来说比较容易开发，但是对于其他语言使用者来说难度较大。为此 Facebook 开发团队想到设计一种使用 SQL 语言就能够对日志数据查询分析的工具，这样只需要懂 SQL 语言，就能够胜任大数据分析方面的工作，大大节省开发人员的学习成本，Hive 则诞生于此。

本章首先介绍数据仓库的概念，Hive 的基本特征、与其他组件之间的关系、与传统数据库的区别及它在企业中的具体应用；接着详细介绍 Hive 的系统架构，包括基本组成模块、工作原理和几种外部访问方式，描述了 Hive 的具体应用及 Hive HA 原理；同时，介绍了新一代开源大数据分析引擎 Impala，它提供了与 Hive 类似的功能，但是，速度要比 Hive 快许多；最后，以单词统计为例，介绍了如何使用 Hive 进行简单编程，并说明了 Hive 编程相对于 MapReduce 编程的优势。

6.1　数据仓库简介

6.1.1　什么是数据仓库

1. 数据仓库概念

数据仓库的一个比较公认的定义是由 W.H.Inmon 于 1990 年给出的，即“数据仓库（data warehouse）是一个面向主题的（subject oriented）、集成的（integrated）、相对稳定的（non-volatile）、反映历史变化（time variant）的数据集合，用于支持管理决策”。通过定义指出了数据仓库的 3 个特点，具体如下。

1）数据仓库是面向主题的

操作型数据库的数据组织是面向事务处理任务的，而数据仓库中的数据是按照一定的主题域进行组织，这里说的“主题”是一个抽象的概念，它指的是用户使用数据仓库进行决策时关心的重点方面，一个主题通常与多个操作型信息系统相关。例如，商品的推荐系统就是基于数据仓库设计的，商品的信息就是数据仓库所面向的主题。

2）数据仓库是反映历史变化的

数据仓库是不同时间的数据集合，它所拥有的信息并不只是反映企业当前的运营状态，而是记录了从过去某一时间点到当前各个阶段的信息。可以这么说，数据仓库中的数据保存时限要能满足进行决策分析的需要（如过去的 5～10 年），而且数据仓库中的数据都要标明该数据的历史时期。

3）数据仓库相对稳定

数据仓库是不可更新的。因为数据仓库主要目的是为决策分析提供数据，所涉及的操作主要是数据的查询，一旦某个数据存入数据仓库以后，一般情况下将被长期保留，也就是数据仓库中一般有大量的查询操作，修改和删除操作很少，通常只需要定期地加载、刷新来更新数据。

2. 数据处理分类

数据处理大致可以分为两类，分别是联机事务处理（on-line transaction processing，OLTP）和联机分析处理（on-line analytical processing，OLAP），其中：

（1）OLTP 是传统关系型数据库的主要应用，主要针对的是基本的日常事务处理，例如，银行转账。

（2）OLAP 是数据仓库系统的主要应用，支持复杂的分析操作，侧重决策支持，并且提供直观易懂的查询结果，例如，商品的推荐系统。

6.1.2 数据仓库的结构

数据仓库的结构包含了 4 部分，分别是数据源、数据存储及管理、OLAP 服务器和前端工具。接下来，通过一张图来描述，具体如图 6-1 所示。

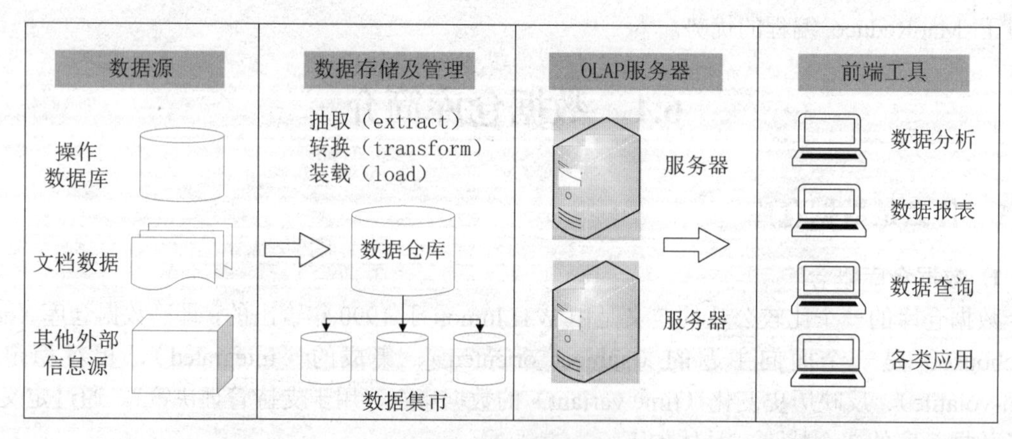

图 6-1　数据仓库的结构

1. 数据源

数据源是数据仓库的基础，即系统的数据来源，通常包含企业的各种内部信息和外部信息。内部信息如存在于操作数据库中的各种业务数据和自动化系统中包含的各类文档数据；外部信息如各类法律法规、市场信息、竞争对手的信息及外部统计数据和其他相关文档等。

2. 数据存储及管理

数据存储及管理是整个数据仓库的核心。数据仓库的组织管理方式决定了它有别于传统数据库，同时也决定了对外部数据的表现形式。针对系统现有的数据，进行抽取、清理并有效集成，按照主题进行组织。数据仓库按照数据的覆盖范围可以划分为企业级数据仓库和部门级数据仓库，也就是所谓的数据集市。数据集市可以理解为是一个小型的部门或者工作组级别的数据仓库。

3. OLAP 服务器

OLAP 服务器对需要分析的数据按照多维数据模型进行重组，以支持用户随时进行多角度、多层次的分析，并发现数据规律和趋势。

4. 前端工具

前端工具主要包含各种数据分析工具、报表工具、查询工具、数据挖掘工具及各种基于数据仓库或数据集市开发的应用。

6.2 Hive 基础

前面介绍了 HDFS 和 MapReduce。HDFS 用于存储数据，MapReduce 用于处理、分析数据。对于有一定开发经验，特别是有 Java 基础的程序员，学习 MapReduce 相对比较容易；可是对于习惯使用 SQL 的程序员来说，学习 MapReduce 的成本相对比较大。

如何能使习惯使用 SQL 的程序员在最短的时间内基于大数据技术完成数据的分析呢？在这种背景下 Hive 应运而生。

6.2.1 什么是 Hive

Hive 设计的目的就是让那些熟悉 SQL 但编程技能相对薄弱的分析师可以对存放在 HDFS 中的大规模数据集进行查询操作。最初，Hive 是由 Facebook 开发，后来由 Apache 软件基金会开发，并进一步将它作为 Apache Hive 的一个开源项目。

Hive 是建立在 Hadoop 文件系统上的数据仓库，它提供了一系列工具，能够对存储在 HDFS 中的数据进行数据提取、转换和加载（ETL），这是一种可以存储、查询和分析存储在 Hadoop 中的大规模数据的工具。

Hive 定义了简单的类 SQL 查询语言，称为 HiveQL，它可以将结构化的数据文件映射为一张数据表，允许熟悉 SQL 的用户查询数据，通过编写的 HiveQL 语句运行 MapReduce 任务。也允许熟悉 MapReduce 的开发者开发自定义的 mapper 和 reducer 来处理复杂的分析工作，相对于 Java 代码编写的 MapReduce 来说，Hive 的优势更加明显，学习成本低，大幅提高开发效率。

6.2.2 Hive 与传统数据库的区别

由于 Hive 采用了 SQL 的查询语言 HiveQL，因此，很容易将 Hive 理解为数据库。其实从结构上来看，Hive 和数据库除了拥有类似的查询语言外，再无类似之处。接下来，以传统数据库 MySQL 和 Hive 的对比为例，通过它们的对比来帮助大家理解 Hive 的特性，见表 6-1。

表 6-1 Hive 与传统数据库的对比

对比项	Hive	MySQL
查询语言	Hive QL	SQL
数据存储位置	HDFS	块设备、本地文件系统
索引	有限索引	复杂索引
分区	支持	支持
数据格式	用户定义	系统决定
数据更新	不支持	支持
事物	不支持	支持
执行延迟	高	低
可扩展性	高	低
数据规模	大	小
多表插入	支持	不支持

Hive 十分适合对数据进行统计分析，支持大规模数据存储、分析，例如，网络日志分析。Hive 并不适合那些需要低延迟的应用，例如，联机事务处理（OLTP）。Hive 也不提供实时的查询和基于行级的数据更新操作。

6.2.3 Hive 与其他组件的关系

Hive 与 Hadoop 生态系统组件之间的关系，如图 6-2 所示。HDFS 作为高可靠的底层存储方式，可以存储海量数据。MapReduce 对这些海量数据进行批处理，实现高性能计算。Hive 架构在 MapReduce、HDFS 之上，其自身并不存储和处理数据，而是分别借助于 HDFS 和 MapReduce 实现数据的存储和处理，用 HiveQL 语句编写的处理逻辑，最终都要转换成 MapReduce 任务来运行。

Pig 可以作为 Hive 的替代工具，它是一种数据流语言和运行环境，适用于在 Hadoop 平台上查询半结构化数据集，常用于 ETL 过程的一部分，即将外部数据装载到 Hadoop 集群中，然后转换为用户需要的数据格式。

HBase 是一个面向列的、分布式的开源数据库，它可以提供数据的实时访问功能，而 Hive 只能处理静态数据，主要是 BI 报表数据。就设计初衷而言，在 Hadoop 上设计 Hive，是为了减少复杂 MapReduce 应用程序的编写工作，在 Hadoop 上设计 HBase 则是为了实现对数据的实时访问，所以，HBase 与 Hive 的功能是互补的，它实现了 Hive 不能提供的功能。

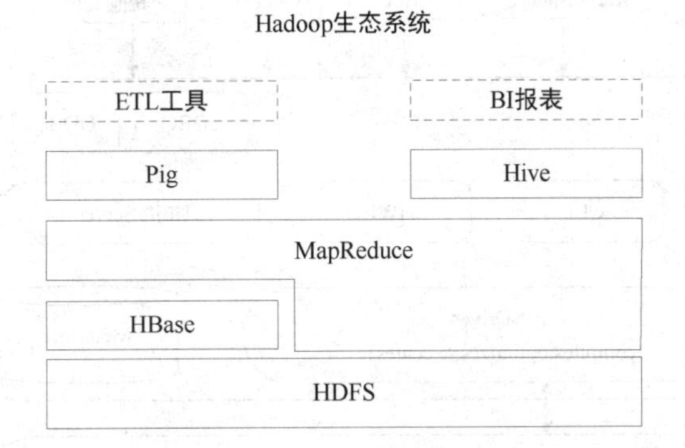

图 6-2　Hive 与 Hadoop 生态系统组件之间的关系

6.2.4　Hive 的特点

（1）针对海量数据的高性能查询和分析系统。由于 Hive 的查询是通过 MapReduce 框架实现的，而 MapReduce 本身就是为实现针对海量数据的高性能处理而设计的，所以 Hive 天然就能高效地处理海量数据。与此同时，Hive 针对 HiveQL 到 MapReduce 的翻译进行了大量的优化，从而保证了生成的 MapReduce 任务是高效的。在实际应用中，Hive 可以高效地对 TB 级甚至 PB 级的数据进行处理。

（2）类 SQL 的查询语言。HiveQL 和 SQL 非常类似，所以一个熟悉 SQL 的用户基本不需要培训就可以非常容易地使用 Hive 进行很复杂的查询。

（3）HiveQL 灵活的可扩展性。除了 HiveQL 自身提供的能力，用户还可以自定义其使用的数据类型，也可以用任何语言自定义 mapper 和 reducer 脚本，还可以自定义函数（普通函数、聚集函数）等。这就赋予了 HiveQL 极大的可扩展性。用户可以利用这种可扩展性实现非常复杂的查询。

（4）高扩展性和容错性。Hive 本身并没有执行机制，用户查询的执行是通过 MapReduce 框架实现的。由于 MapReduce 框架本身具有高度可扩展（计算能力随 Hadoop 机群中机器的数量增加而线性增加）和高容错的特点，所以 Hive 也相应具有这些特点。

（5）与 Hadoop 其他产品完全兼容。Hive 自身并不存储用户数据，而是通过接口访问用户数据。这就使得 Hive 支持各种数据源和数据格式。例如，它支持处理 HDFS 上的多种文件格式（TextFile、SequenceFile 等），还支持处理 HBase 数据库。用户也完全可以实现自己的驱动来增加新的数据源和数据格式。一种理想的应用模型是将数据存储在 HBase 中实现实时访问，而用 Hive 对 HBase 中的数据进行批量分析。

6.2.5　Hive 系统架构

Hive 是底层封装了 Hadoop 的数据仓库处理工具，它运行在 Hadoop 基础上，其系统架构组成主要包含 4 个部分，分别是用户接口、跨语言服务、底层的驱动引擎及元数据存储系统，如图 6-3 所示。

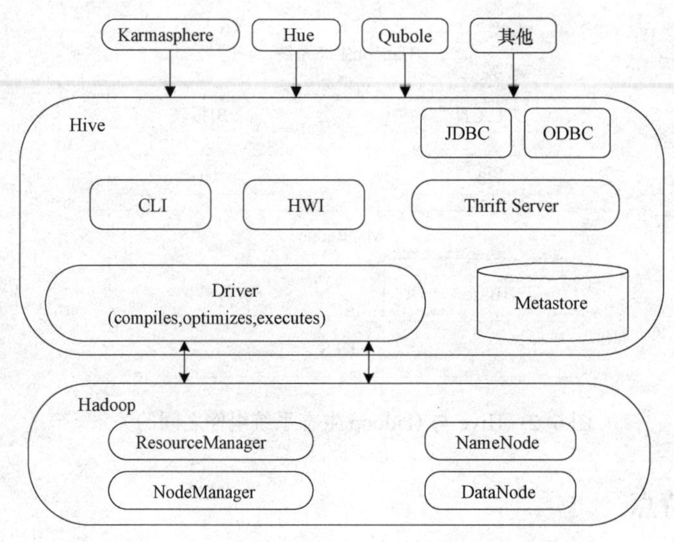

图 6–3　Hive 系统架构

（1）用户接口：主要分为 3 个，分别是 CLI、JDBC/ODBC 和 WebUI。其中，CLI 即 Shell 终端命令行，它是最常用的方式。JDBC/ODBC 是 Hive 的 Java 实现，与使用传统数据库 JDBC 的方式类似，WebUI 指的是通过浏览器访问 Hive。

（2）跨语言服务（Thrift Server）：Thrift 是 Facebook 开发的一个软件框架，可以用来进行可扩展且跨语言的服务。Hive 集成了该服务，能让不同的编程语言调用 Hive 的接口。

（3）底层的驱动引擎：主要包含编译器（Compiler）、优化器（Optimizer）和执行器（Executor），它们用于完成 HQL 查询语句从词法分析、语法分析、编译、优化及查询计划的生成，生成的查询计划存储在 HDFS 中，并在随后由 MapReduce 调用执行。

（4）元数据存储系统（Metastore）：Hive 中的元数据通常包含表名、列、分区及其相关属性，表数据所在目录的位置信息，Metastore 默认存在自带的 Derby 数据库中。由于 Derby 数据库不适合多用户操作，并且数据存储目录不固定，不方便管理，因此，通常都将元数据存储在 MySQL 数据库。

6.3 Hive 工作原理

6.3.1 Hive 的数据类型

Hive 支持两种数据类型，一类叫基础数据类型，另一类叫集合数据类型。基本数据类型包括数值型、布尔型和字符串类型，见表 6–2。

表 6–2　**Hive 基础数据类型**

类型	描述	示例
TINYINT	1 个字节（8 位）有符号整数	1
SMALLINT	2 个字节（16 位）有符号整数	1

续表

类型	描述	示例
INT	4个字节（32位）有符号整数	1
BIGINT	8个字节（64位）有符号整数	1
FLOAT	4个字节（32位）单精度浮点数	1.0
DOUBLE	8个字节（64位）双精度浮点数	1.0
BOOLEAN	布尔类型，true/false	true
STRING	字符串，可以指定字符集	“xmu”
TIMESTAMP	整数、浮点数或者字符串	1327882394（UNIX新纪元秒）
BINARY	字节数组	[0,1,0,1,0,1,0,1]

看到 Hive 不支持日期类型，在 Hive 里日期都是用字符串来表示的，而常用的日期格式转化操作则是通过自定义函数进行操作。

Hive 支持基础类型的转换，低字节的基本类型可以转化为高字节的类型，例如，TINYINT、SMALLINT、INT 可以转化为 FLOAT，而所有的整数类型、FLOAT 及 STRING 类型可以转化为 DOUBLE 类型，这些转化可以从 Java 语言的类型转化考虑，因为 Hive 就是用 Java 编写的。当然也支持高字节类型转化为低字节类型，这就需要使用 Hive 的自定义函数 CAST 了。

集合数据类型包括数组（ARRAY）、映射（MAP）和结构体（STRUCT），见表 6–3。

表 6–3　Hive 集合数据类型

类型	描述	示例
ARRAY	一组有序字段，字段的类型必须相同	Array（1,2）
MAP	一组无序的键/值对，键的类型必须是原子的，值可以是任何数据类型，同一个映射的键和值的类型必须相同	Map（‘a’,1,’b’,2）
STRUCT	一组命名的字段，字段类型可以不同	Struct（‘a’,1,1,0）

6.3.2　Hive 的数据模型

Hive 中所有的数据都存储在 HDFS 中，它包含数据库（Database）、表（Table）、分区表（Partition）和桶表（Bucket）4 种数据管理方式，其模型如图 6–4 所示。下面针对 Hive 数据模型中的数据类型进行介绍。

1）数据库

相当于关系型数据库中的命名空间（namespace），它的作用是将用户和数据库的应用隔离到不同的数据库或者模式中。

2）表

Hive 的表在逻辑上由存储的数据和描述表格数据形式的相关元数据组成。表存储的数据存放在分布式文件系统里，如 HDFS。Hive 中的表分为两种类型，一种叫作内部表，这种表的数据存储在 Hive 数据仓库中；另一种叫作外部表，这种表的数据可以存放在 Hive 数据仓库外的分布式文件系统中，也可以存储在 Hive 数据仓库中。

外部表与内部表的区别是 EXTERNAL 关键字和外部表所操作的数据源的管理方式。外部表所操作的数据源由用户管理而不是由 Hive 进行管理，与外部表相关联的数据源在创建表的时候即指定数据的存储位置，删除外部表时只会删除与外部表相关的元数据，对表所操作的数据源并不会删除。而如果要删除内部表，该表对应的所有数据包括元数据和表数据都会被删除。由此可见，内部表中的数据是由 Hive 进行管理的。

值得一提的是，Hive 数据仓库也就是 HDFS 中的一个目录，这个目录是 Hive 数据存储的默认路径，它可以在 Hive 的配置文件中配置，最终也会存放到元数据库中。

3）分区

分区的概念是根据“分区列”的值对表的数据进行粗略划分的机制，在 Hive 存储上的体现就是在表的主目录（Hive 的表实际显示就是一个文件夹）下的一个子目录，这个子目录的名字就是定义的分区列的名字。

分区是为了加快数据查询速度设计的，例如，现在有个日志文件，文件中的每条记录都带有时间戳。如果根据时间来分区，那么同一天的数据将会被分到同一个分区中。这样的话，如果查询每一天或某几天的数据就会变得很高效，因为只需要扫描对应分区中的文件即可。

分区列不是表里的某个字段，而是独立的列，根据这个列查询存储表中的数据文件。

4）桶表

简单来说，桶表就是把“大表”分成了“小表”。把表或者分区组织成桶表的目的主要是为了获得更高的查询效率，尤其是抽样查询更加便捷。桶表是 Hive 数据模型的最小单元，当数据加载到桶表时，会对字段的值进行哈希取值，然后除以桶个数得到余数进行分桶，保证每个桶中都有数据，在物理上，每个桶表就是表或分区的一个文件。

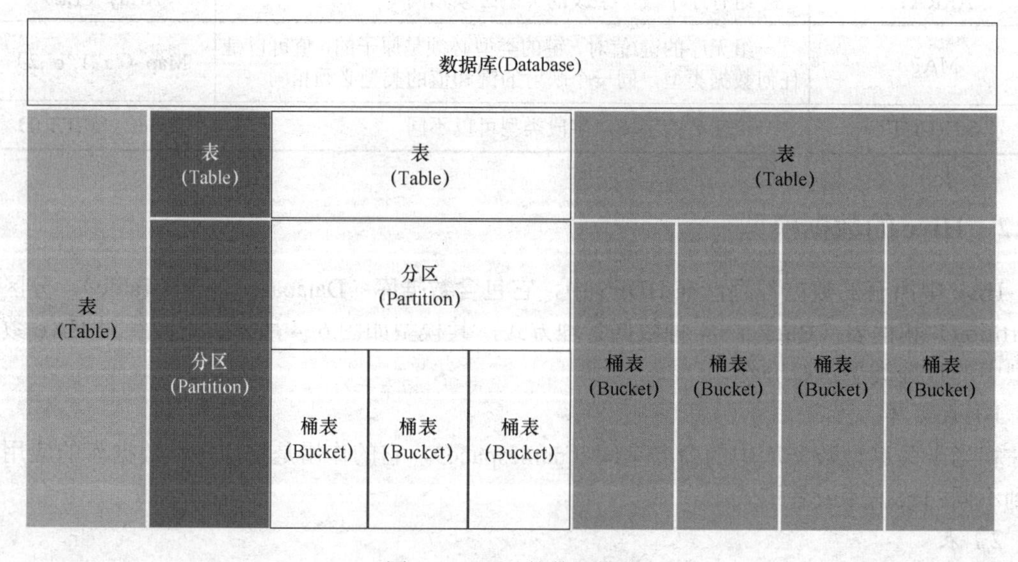

图 6-4　Hive 的数据模型

6.3.3　SQL 语句转换成 MapReduce

Hive 的执行引擎可以是 MapReduce、Tez 或 Spark，这里介绍采用 MapReduce 作为执行引擎时 Hive 的工作原理。Hive 可以快速实现简单的 MapReduce 作业，主要通过自身组件把 HiveQL 语句转换成 MapReduce 作业来实现。下面介绍几个简单 SQL 语句如何转换成 MapReduce 作业来执行。

1. 用 MapReduce 实现连接操作

假设参与连接（join）的两个表分别为用户（User）表和订单（Order）表，User 表有两个属性，即 uid 和 name，Order 表也有两个属性，即 uid 和 orderid，它们的连接键为公共属性 uid。这里对两个表执行连接操作，得到用户的订单号与用户名的对应关系，具体的 SQL 语句命令如下：

```
select name, orderid from user u join order o on u.uid=o.uid;
```

连接操作转换成 MapReduce 作业的具体执行过程如图 6-5 所示。

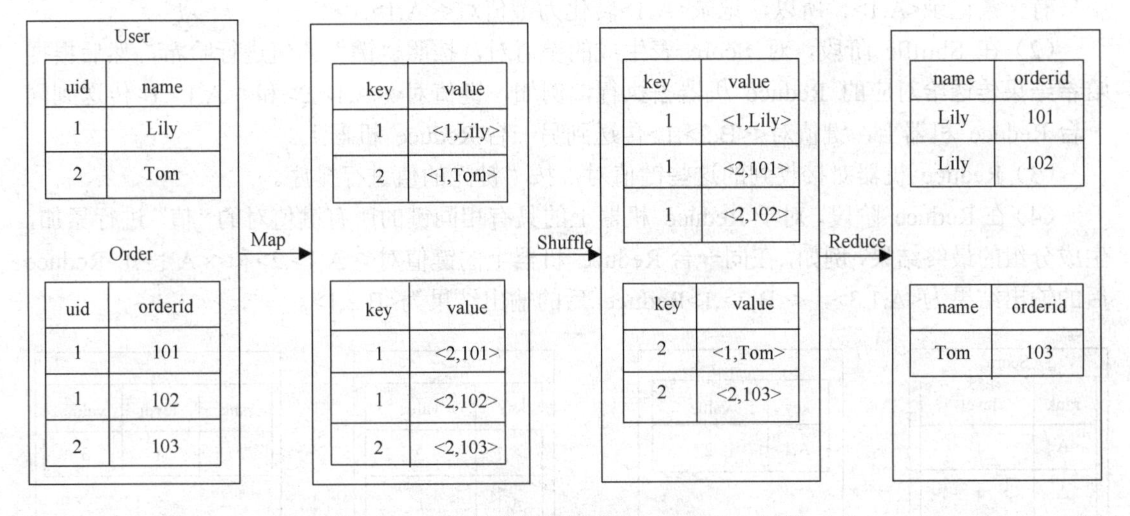

图 6-5　SQL 连接操作转换为 MapReduce 过程

（1）在 Map 阶段，User 表以 uid 为键（key），以 name 和表的标记位（这里 User 的标记位记为 1）为值（value）进行 Map 操作，把表中记录转化为一系列键值对的形式。同样地，Order 表以 uid 为键，以 orderid 和表的标记位（这里表 Order 的标记位记为 2）为值进行 Map 操作，把表中记录转化为一系列键值对的形式。例如，User 表中记录<1,Lily>转化为键值对<1,<1,Lily>>，其中，括号中的第一个“1”是 uid 的值，第二个“1”是 User 表的标记位，用来标识这个键值对来自 User 表；再如，Order 表中记录<1,101>转化为键值对<1,<2,101>>，其中，“2”是 Order 表的标记位，用来标识这个键值对来自 Order 表。

（2）在 Shuffle 阶段，把 User 表和 Order 表生成的键值对按键值进行哈希，然后传送给对应的 Reduce 机器执行，例如，键值对<1,<1,Lily>>、<1,<2,101>>和<1,<2,102>>传送到同一台 Reduce 机器上，键值对<2,<1,Tom>>和<2,<2,103>>传送到另一台 Reduce 机器上。当 Reduce 机器接收这些键值对时，还需要按表的标记位对这些键值对进行排序，以优化连接操作。

（3）在 Reduce 阶段，对同一台 Reduce 机器上的键值对，根据“值”（value）中的表标记位，对来自 User 和 Order 这两个表的数据进行笛卡儿积连接操作，以生成最终的连接结果。例如，键值对<1,<1,Lily>>与键值对<1,<2,101>>和<1,<2,102>>的连接结果分别为<Lily,101>和<Lily,102>，键值对<2,<1,Tom>>和键值对<2,<2,103>>的连接结果为<Tom,103>。

2. 用 MapReduce 实现分组操作

假设 Score 表具有两个属性，即 rank（排名）和 level（级别），这里存在一个分组（group by）操作，其功能是把 Score 表的不同片段按照 rank 和 level 的组合值进行合并，计算不同 rank 和 level 的组合值分别有几条记录。具体的 SQL 语句命令如下：

select rank, level ,count（*）as value from score group by rank, level;

分组操作转换 MapReduce 作业的具体执行过程如图 6-6 所示。

（1）在 Map 阶段，对 Score 表进行 Map 操作，生成一系列键值对，对于每个键值对，其键为“<rank,level>”，值为“拥有该<rank,value>组合值的记录的条数”。例如，Score 表的第一片段中有两条记录<A,1>，所以，记录<A,1>转化为键值对<<A,1>,2>，Score 表的第二片段中只有一条记录<A,1>，所以，记录<A,1>转化为键值对<<A,1>,1>。

（2）在 Shuffle 阶段，对 Score 表生成的键值对，按照“键”的值进行哈希，然后根据哈希结果传送给对应的 Reduce 机器去执行，例如，键值对<<A,1>,2>和<<A,1>,1>传送到同一台 Reduce 机器上，键值对<<B,2>,1>传送到另一台 Reduce 机器上。

（3）Reduce 机器对接收到的这些键值对，按“键”的值进行排序。

（4）在 Reduce 阶段，对于 Reduce 机器上的具有相同键的所有键值对的“值”进行累加，生成分组的最终结果，例如，在同一台 Reduce 机器上的键值对<<A,1>,2>和<<A,1>,1>Reduce 后的输出结果为<A,1,3>，<<B,2>,1>Reduce 后的输出结果为<B,2,1>。

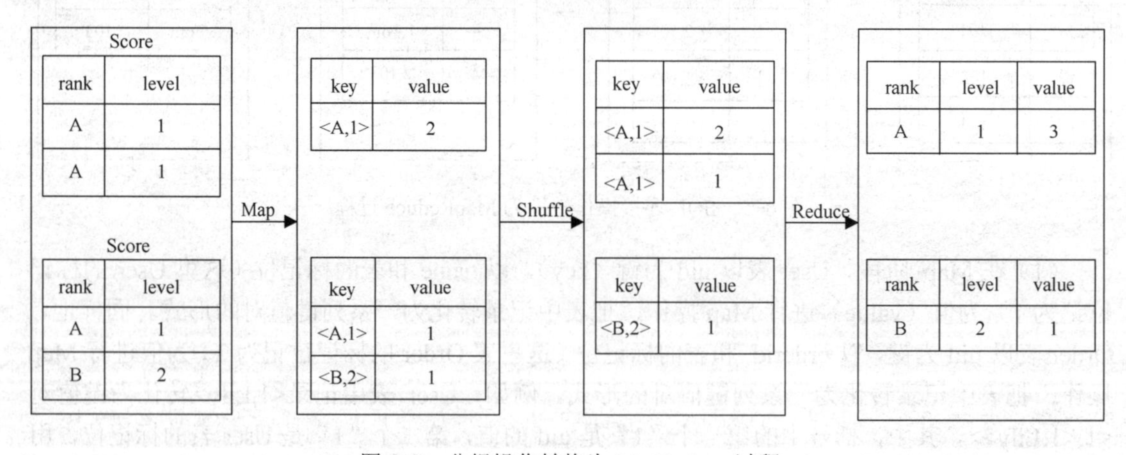

图 6-6 分组操作转换为 MapReduce 过程

6.3.4 Hive 工作过程

Hive 建立在 Hadoop 之上，那么它和 Hadoop 之间是如何工作的呢？对 Hive 和 Hadoop 组件之间的工作过程进行简单说明，如图 6-4 所示，具体如下。

（1）UI 将执行的查询操作发送给 Driver 执行。

（2）Driver 借助查询编译器解析查询，检查语法和查询计划或查询需求。

（3）编译器将元数据请求发送到 Metastore。

（4）编译器将元数据作为对编译器的响应发送出去。

（5）编译器检查需求并将计划重新发送给 Driver，至此，查询的解析和编译已经完成。

（6）Driver 将执行计划发送给执行引擎，执行 Job 任务。

（7）执行引擎从 DataNode 上获取结果集，并将结果发送给 UI 和 Driver。

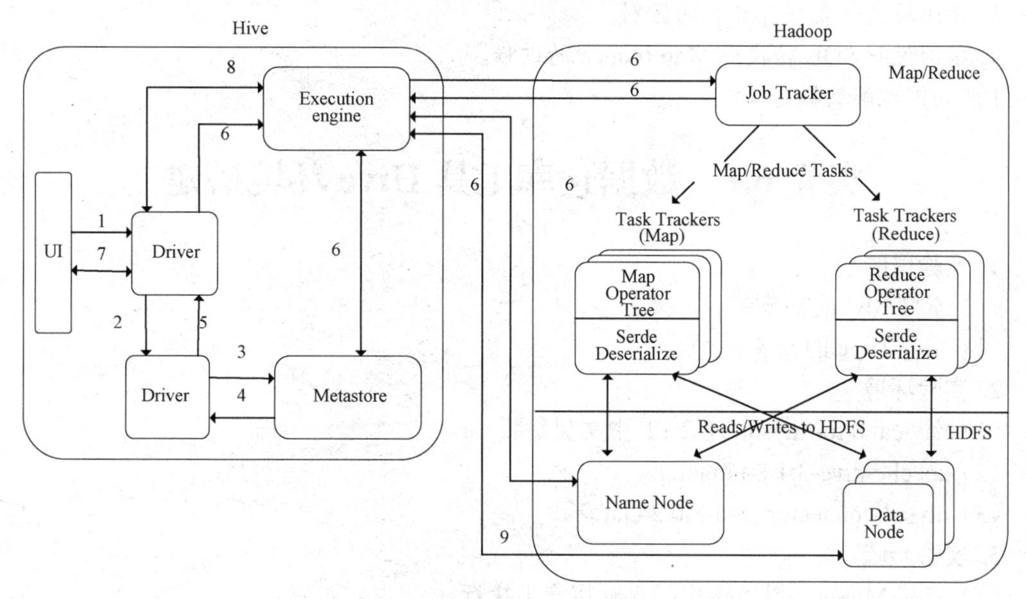

图 6-7 Hive 和 Hadoop 组件之间的工作过程

本章小结

本章详细介绍了 Hive 的基本知识。Hive 是一个构建在 Hadoop 之上的数据仓库工具，主要用于对存储在 Hadoop 文件中的数据集进行数据整理、特殊查询和分析处理。Hive 在某种程度上可以看作用户编程接口，本身不存储和处理数据，依赖 HDFS 存储数据，依赖 MapReduce（或者 Tez、Spark）处理数据。Hive 支持使用自身提供的命令行 CLI 和简单网页 HWI 访问方式。

Hive 支持两种数据类型，一类叫基础数据类型，另一类叫集合数据类型。Hive 支持基础类型的转换，集合数据类型包括数组（ARRAY）、映射（MAP）和结构体（STRUCT）。Hive 中所有的数据都存储在 HDFS 中，它包含数据库、表、分区表和桶表 4 种数据管理方式。另外，还介绍了采用 MapReduce 作为执行引擎时 Hive 的工作原理。

习 题

1. 如何理解 Hive，设计其目的是什么？
2. 请简述 Hive 与传统数据库的区别。

3. 试述在 Hadoop 生态系统中 Hive 与其他组件之间的关系。
4. Hive 的特点有哪些？
5. 请分别对 Hive 的几个主要组成模块进行简要介绍。
5. Hive 的简单数据类型有哪些？
6. 请简述 Hive 的数据类型。
7. 请简述 Hive 的数据模式。
8. 请比较内部表与外部表的区别。
9. 举例说明 SQL 转换为 MapReduce 的过程。
10. 如何理解数据仓库？

实验 6.1 数据仓库工具 Hive 环境搭建

1. 实验目的

（1）掌握 MySql 的安装。
（2）掌握 Hive 的安装。

2. 实验环境

（1）navicat 8 for mysql V8.2.12 中文免费版.rar。
（2）apache-hive-3.1.2-bin.tar.gz。
（3）mysql-connector-java-8.0.24.jar。

3. 实验步骤

（1）安装 MySql。以下操作在 root 用户下执行。

① 下载安装 mysql 数据库。使用 yum install -y mysql-server 安装 mysql 数据库。

```
[hadoop@centos01 software]$ su
密码：
```

下载相应 rpm 包。

```
[root@centos01 software]# wget http://repo.mysql.com/mysql-community-release-el7-5.noarch.rpm
--2023-05-03 21:12:50-- http://repo.mysql.com/mysql-community-release-el7-5.noarch.rpm
正在解析主机 repo.mysql.com(repo.mysql.com)... 184.50.240.231
正在连接 repo.mysql.com(repo.mysql.com)|184.50.240.231|:80... 已连接。
已发出 HTTP 请求，正在等待回应... 200 OK
长度：6140(6.0K)[application/x-redhat-package-manager]
正在保存至: “mysql-community-release-el7-5.noarch.rpm”
100%[======================================>] 6,140        --.-K/s 用时 0s
2023-05-03 21:12:50(644 MB/s)- 已保存 “mysql-community-release-el7-5.noarch.rpm”[6140/6140])
[root@centos01 software]$ ll
总用量 498976
drwxr-xr-x. 13 hadoop hadoop       228 4 月  22 21:32 hadoop-2.8.2
```

```
-rw-rw-r--.   1 hadoop hadoop 243900138 3 月    14 12:04 hadoop-2.8.2.tar.gz
-rw-rw-r--.1 hadoop hadoop 47362068 3 月  27 14:33 hello_hadoop_21064101 zhangsan.jar
drwxr-xr-x.   8 hadoop hadoop          73 12 月    9 2020 jdk1.8.0_281
-rw-rw-r--.   1 hadoop hadoop 143722924 3 月     6 19:43 jdk-8u281-linux-x64.tar.gz
-rw-rw-r--. 1 hadoop hadoop    58226398 4 月    3 20:09 MapReduce_21064101 zhangsan.jar
-rw-r--r--.1    root     root    6140 11 月  12 2015 mysql-community-release-el7-5. noarch.rpm
drwxr-xr-x. 11 hadoop hadoop          4096 3 月    27 15:50 zookeeper-3.4.6
-rw-rw-r--.   1 hadoop hadoop    17699306 3 月    27 15:33 zookeeper-3.4.6.tar.gz
-rw-rw-r--.   1 hadoop hadoop          13895 4 月    11 10:06 zookeeper.out
升级安装。
[root@centos01 software]# rpm -ivh mysql-community-release-el7-5.noarch.rpm
准备中...                          ################################# [100%]
正在升级/安装...
   1:mysql-community-release-el7-5      ################################# [100%]
```

使用 yum 进行 mysql-server 安装。

```
[root@centos01 software]# yum -y install mysql-server
已加载插件：fastestmirror, langpacks
/var/run/yum.pid 已被锁定，PID 为 126105 的另一个程序正在运行。
Another app is currently holding the yum lock; waiting for it to exit...
  …
  已安装:
  mysql-community-libs.x86_640:5.6.51-2.el7
mysql-community-server.x86_64 0:5.6.51-2.el7

作为依赖被安装:
  mysql-community-client.x86_640:5.6.51-2.el7
mysql-community-common.x86_64 0:5.6.51-2.el7
  perl-Compress-Raw-Bzip2.x86_640:2.061-3.el7
perl-Compress-Raw-Zlib.x86_64 1:2.061-4.el7
  perl-DBI.x86_640:1.627-4.el7
perl-Data-Dumper.x86_64 0:2.145-3.el7
  perl-IO-Compress.noarch0:2.061-2.el7
perl-Net-Daemon.noarch 0:0.48-5.el7
  perl-PlRPC.noarch 0:0.2020-14.el7

替代:
  mariadb-libs.x86_64 1:5.5.68-1.el7

完毕！
```

② 数据库字符集的设置。编辑/etc/my.cnf 配置文件，最后加入 default-charater-set=utf-8 可以识别中文。

```
[root@centos01 software]# vi /etc/my.cnf
# Disabling symbolic-links is recommended to prevent assorted security risks
symbolic-links=0

# Recommended in standard MySQL setup
sql_mode=NO_ENGINE_SUBSTITUTION,STRICT_TRANS_TABLES

[mysqld_safe]
log-error=/var/log/mysqld.log
pid-file=/var/run/mysqld/mysqld.pid
default-charater-set=utf-8
```

注意：vim /etc 写入时出现 E121:无法打开并写入文件。保存时用:w !sudo tee %。

③ 启动 mysql 服务。

```
service mysqld status        //查看 mysql 是否启动
service mysqld start         //启动 mysql
chkconfig mysqld on          //设置 mysql 开机自动启动
```

```
[root@centos01 software]# service mysqld status
Redirecting to /bin/systemctl status mysqld.service
● mysqld.service - MySQL Community Server
  Loaded: loaded(/usr/lib/systemd/system/mysqld.service; enabled; vendor preset: disabled)
  Active: inactive(dead)
[root@centos01 software]# service mysqld start
Redirecting to /bin/systemctl start mysqld.service
[root@centos01 software]# service mysqld status
Redirecting to /bin/systemctl status mysqld.service
● mysqld.service - MySQL Community Server
  Loaded: loaded(/usr/lib/systemd/system/mysqld.service; enabled; vendor preset: disabled)
  Active: active(running)since 二 2021-05-04 15:39:14 CST; 34s ago
  Process: 126515 ExecStartPost=/usr/bin/mysql-systemd-start post(code=exited, status=0/
SUCCESS)
  Process: 126448 ExecStartPre=/usr/bin/mysql-systemd-start pre(code=exited, status=0/
SUCCESS)
 Main PID: 126514(mysqld_safe)
   Tasks: 23
  CGroup: /system.slice/mysqld.service
          ├─126514 /bin/sh /usr/bin/mysqld_safe --basedir=/usr
          └─126692 /usr/sbin/mysqld --basedir=/usr --datadir=/var/lib/mysql --p...
```

```
5 月  04 15:39:13 centos01 mysql-systemd-start[126448]: Support MySQL by buying s...
5 月  04 15:39:13 centos01 mysql-systemd-start[126448]: Note: new default config ...
5 月  04 15:39:13 centos01 mysql-systemd-start[126448]: Please make sure your con...
5 月  04 15:39:13 centos01 mysql-systemd-start[126448]: WARNING: Default config f...
5 月  04 15:39:13 centos01 mysql-systemd-start[126448]: This file will be read by...
5 月  04 15:39:13 centos01 mysql-systemd-start[126448]: If you do not want to use...
5 月  04 15:39:13 centos01 mysql-systemd-start[126448]: --defaults-file argument ...
5 月  04 15:39:13 centos01 mysqld_safe[126514]: 210504 15:39:13 mysqld_safe Logg....
5 月  04 15:39:13 centos01 mysqld_safe[126514]: 210504 15:39:13 mysqld_safe Star...l
5 月  04 15:39:14 centos01 systemd[1]: Started MySQL Community Server.
Hint: Some lines were ellipsized, use -l to show in full.
[root@centos01 software]# chkconfig mysqld on
```

注意：正在将请求转发到“systemctl enable mysqld.service”。

④ 登录 mysql。

使用命令：

mysql -uroot -p

Enter password:　　　　//默认密码为空，回车即可。

```
[root@centos01 software]# mysql -uroot -p
Enter password:
Welcome to the MySQL monitor.   Commands end with ; or \g.
Your MySQL connection id is 2
Server version: 5.6.51 MySQL Community Server(GPL)
Copyright(c)2000, 2021, Oracle and/or its affiliates. All rights reserved.
Oracle is a registered trademark of Oracle Corporation and/or its
affiliates. Other names may be trademarks of their respective
owners.
Type 'help;' or '\h' for help. Type '\c' to clear the current input statement.
mysql>
```

⑤ 查看数据库、数据表及查看 user 表中的内容。

mysql> show databases;　　//查看有哪些数据库

mysql> use mysql;　　　　//使用数据库

mysql> show tables;　　　//显示数据库中的表

```
mysql> show databases;
+--------------------+
| Database           |
+--------------------+
| information_schema |
| mysql              |
```

```
| performance_schema |
+--------------------+
3 rows in set(0.00 sec)

mysql> use mysql;
Reading table information for completion of table and column names
You can turn off this feature to get a quicker startup with -A

Database changed
mysql> show tables;
+---------------------------+
| Tables_in_mysql           |
+---------------------------+
| columns_priv              |
| db                        |
| event                     |
…
| time_zone_transition      |
| time_zone_transition_type |
| user                      |
+---------------------------+
28 rows in set(0.00 sec)
```

显示 user 表中的内容。

```
mysql> select * from user;
| Host | User | Password | Select_priv | Insert_priv | Update_priv | Delete_priv | Create_priv | Drop_priv | Reload_priv | Shutdown_priv | Process_priv | File_priv | Grant_priv | References_priv | Index_priv | Alter_priv | Show_db_priv | Super_priv | Create_tmp_table_priv | Lock_tables_priv | Execute_priv | Repl_slave_priv | Repl_client_priv | Create_view_priv | Show_view_priv | Create_routine_priv | Alter_routine_priv | Create_user_priv | Event_priv | Trigger_priv | Create_tablespace_priv | ssl_type | ssl_cipher | x509_issuer | x509_subject | max_questions | max_updates | max_connections | max_user_connections | plugin | authentication_string | password_expired |
| localhost | root |  | Y | Y | Y | Y | Y | Y | Y | Y | Y | Y | Y | Y | Y | Y | Y | Y | Y | Y | Y | Y | Y | Y | Y | Y | Y | Y | Y | Y | Y |  |  |  |  | 0 | 0 | 0 | 0 | mysql_native_password |  | N |
| centos01 | root |  | Y | Y | Y | Y | Y | Y | Y | Y | Y | Y | Y | Y | Y | Y | Y | Y | Y | Y | Y | Y | Y | Y | Y | Y | Y | Y | Y | Y | Y |  |  |  |  | 0 | 0 | 0 | 0 | mysql_native_password |  | N |
| 127.0.0.1 | root |  | Y | Y | Y | Y | Y | Y | Y | Y | Y | Y | Y | Y | Y | Y | Y | Y | Y | Y | Y | Y | Y | Y | Y | Y | Y | Y | Y | Y | Y |  |  |  |  | 0 | 0 | 0 | 0 | mysql_native_password |  | N |
| ::1       | root |  | Y | Y | Y | Y | Y | Y | Y | Y | Y | Y | Y | Y | Y | Y | Y | Y | Y | Y | Y | Y | Y |
```

```
Y | Y | Y | Y | Y | Y | Y |  |  |  |  | 0 | 0 | 0 | 0 | mysql_native_password |  | N |
    | localhost |  |  | Y | Y | Y | Y | Y | Y | Y | Y | Y | Y | Y | Y | Y | Y | Y | Y | Y | Y | Y | Y | Y | Y
| Y | Y | Y | Y | Y | Y |  |  |  |  | 0 | 0 | 0 | 0 | mysql_native_password | NULL | N |
    | centos01 |  |  | Y | Y | Y | Y | Y | Y | Y | Y | Y | Y | Y | Y | Y | Y | Y | Y | Y | Y | Y | Y | Y | Y |
Y | Y | Y | Y | Y | Y | Y |  |  |  |  | 0 | 0 | 0 | 0 | mysql_native_password | NULL | N |
    6 rows in set(0.00 sec)
```

⑥ 将 user 为空的两个记录删除。删除后，变为 4 条记录。

```
mysql> delete from user where User="";
Query OK, 2 rows affected(0.00 sec)
mysql> select * from user;
| Host | User | Password | Select_priv | Insert_priv | Update_priv | Delete_priv | Create_priv |
Drop_priv | Reload_priv | Shutdown_priv | Process_priv | File_priv | Grant_priv | References_priv |
Index_priv | Alter_priv | Show_db_priv | Super_priv | Create_tmp_table_priv | Lock_tables_priv |
Execute_priv | Repl_slave_priv | Repl_client_priv | Create_view_priv | Show_view_priv |
Create_routine_priv | Alter_routine_priv | Create_user_priv | Event_priv | Trigger_priv |
Create_tablespace_priv | ssl_type | ssl_cipher | x509_issuer | x509_subject | max_questions |
max_updates | max_connections | max_user_connections | plugin | authentication_string |
password_expired |
| localhost | root |  | Y | Y | Y | Y | Y | Y | Y | Y | Y | Y | Y | Y | Y | Y | Y | Y | Y | Y | Y | Y | Y | Y |
Y | Y | Y | Y | Y | Y | Y |  |  |  |  | 0 | 0 | 0 | 0 | mysql_native_password |  | N |
| centos01 | root |  | Y | Y | Y | Y | Y | Y | Y | Y | Y | Y | Y | Y | Y | Y | Y | Y | Y | Y | Y | Y | Y | Y |
Y | Y | Y | Y | Y | Y | Y |  |  |  |  | 0 | 0 | 0 | 0 | mysql_native_password |  | N |
| 127.0.0.1 | root |  | Y | Y | Y | Y | Y | Y | Y | Y | Y | Y | Y | Y | Y | Y | Y | Y | Y | Y | Y | Y | Y | Y |
Y | Y | Y | Y | Y | Y | Y |  |  |  |  | 0 | 0 | 0 | 0 | mysql_native_password |  | N |
| ::1        | root |  | Y | Y | Y | Y | Y | Y | Y | Y | Y | Y | Y | Y | Y | Y | Y | Y | Y | Y | Y | Y | Y | Y |
Y | Y | Y | Y | Y | Y | Y |  |  |  |  | 0 | 0 | 0 | 0 | mysql_native_password |  | N |
```

⑦ Localhost 用户修改为%。Localhost 用户只允许本地访问，修改为%，使得任何机器都可以访问，否则外部连不上。

```
mysql> update user set Host='%' where Host='localhost';
Query OK, 1 row affected(0.00 sec)
Rows matched: 1    Changed: 1    Warnings: 0
mysql> select * from user;
| Host | User | Password | Select_priv | Insert_priv | Update_priv | Delete_priv | Create_priv |
Drop_priv | Reload_priv | Shutdown_priv | Process_priv | File_priv | Grant_priv | References_priv |
Index_priv | Alter_priv | Show_db_priv | Super_priv | Create_tmp_table_priv | Lock_tables_priv |
Execute_priv | Repl_slave_priv | Repl_client_priv | Create_view_priv | Show_view_priv |
Create_routine_priv | Alter_routine_priv | Create_user_priv | Event_priv | Trigger_priv |
Create_tablespace_priv | ssl_type | ssl_cipher | x509_issuer | x509_subject | max_questions |
max_updates | max_connections | max_user_connections | plugin | authentication_string |
```

```
password_expired |
    | %        | root |  | Y | Y | Y | Y | Y | Y | Y | Y | Y | Y | Y | Y | Y | Y | Y | Y | Y | Y | Y | Y | Y | Y |
Y | Y | Y | Y | Y | Y | Y |  |  |  |  | 0 | 0 | 0 | 0 | mysql_native_password |  | N |
    | centos01 | root |  | Y | Y | Y | Y | Y | Y | Y | Y | Y | Y | Y | Y | Y | Y | Y | Y | Y | Y | Y | Y | Y | Y |
Y | Y | Y | Y | Y | Y | Y |  |  |  |  | 0 | 0 | 0 | 0 | mysql_native_password |  | N |
    | 127.0.0.1 | root |  | Y | Y | Y | Y | Y | Y | Y | Y | Y | Y | Y | Y | Y | Y | Y | Y | Y | Y | Y | Y | Y | Y |
Y | Y | Y | Y | Y | Y | Y |  |  |  |  | 0 | 0 | 0 | 0 | mysql_native_password |  | N |
    | ::1      | root |  | Y | Y | Y | Y | Y | Y | Y | Y | Y | Y | Y | Y | Y | Y | Y | Y | Y | Y | Y | Y | Y | Y |
Y | Y | Y | Y | Y | Y | Y |  |  |  |  | 0 | 0 | 0 | 0 | mysql_native_password |  | N |
```

⑧ 修改密码。

update user set Password=PASSWORD（'123456'）；

```
mysql>update user set Password=PASSWORD('123456');
Query OK, 4 rows affected(0.02 sec)
Rows matched: 4    Changed: 4    Warnings: 0
mysql> select * from user;
| Host | User | Password | Select_priv | Insert_priv | Update_priv | Delete_priv | Create_priv |
Drop_priv | Reload_priv | Shutdown_priv | Process_priv | File_priv | Grant_priv | References_priv |
Index_priv | Alter_priv | Show_db_priv | Super_priv | Create_tmp_table_priv | Lock_tables_priv |
Execute_priv | Repl_slave_priv | Repl_client_priv | Create_view_priv | Show_view_priv |
Create_routine_priv | Alter_routine_priv | Create_user_priv | Event_priv | Trigger_priv |
Create_tablespace_priv | ssl_type | ssl_cipher | x509_issuer | x509_subject | max_questions |
max_updates | max_connections | max_user_connections | plugin | authentication_string |
password_expired |
| localhost | root | *6BB4837EB74329105EE4568DDA7DC67ED2CA2AD9 | Y | Y | Y | Y | Y |
Y | Y | Y | Y | Y | Y | Y | Y | Y | Y | Y | Y | Y | Y | Y | Y | Y | Y | Y | Y | Y | Y | Y |  |  |  |  | 0 | 0 | 0
| 0 | mysql_native_password |  | N |
| centos01 | root | *6BB4837EB74329105EE4568DDA7DC67ED2CA2AD9 | Y | Y | Y | Y | Y |
Y | Y | Y | Y | Y | Y | Y | Y | Y | Y | Y | Y | Y | Y | Y | Y | Y | Y | Y | Y | Y | Y | Y |  |  |  |  | 0 | 0 | 0
| 0 | mysql_native_password |  | N |
| 127.0.0.1 | root | *6BB4837EB74329105EE4568DDA7DC67ED2CA2AD9 | Y | Y | Y | Y | Y |
Y | Y | Y | Y | Y | Y | Y | Y | Y | Y | Y | Y | Y | Y | Y | Y | Y | Y | Y | Y | Y | Y | Y |  |  |  |  | 0 | 0 | 0
| 0 | mysql_native_password |  | N |
| ::1       | root | *6BB4837EB74329105EE4568DDA7DC67ED2CA2AD9 | Y | Y | Y | Y | Y |
Y | Y | Y | Y | Y | Y | Y | Y | Y | Y | Y | Y | Y | Y | Y | Y | Y | Y | Y | Y | Y | Y | Y |  |  |  |  | 0 | 0 | 0
| 0 | mysql_native_password |  | N |
```

⑨ 重启 mysql 服务。重启服务，登录时就需要输入密码“123456”了。

```
mysql> exit;
Bye
[root@centos01 software]# service mysqld restart
```

```
Redirecting to /bin/systemctl restart mysqld.service
[root@centos01 software]# mysql -uroot -p
Enter password:
Welcome to the MySQL monitor.   Commands end with ; or \g.
Your MySQL connection id is 2
Server version: 5.6.51 MySQL Community Server(GPL)

Copyright(c)2000, 2021, Oracle and/or its affiliates. All rights reserved.

Oracle is a registered trademark of Oracle Corporation and/or its
affiliates. Other names may be trademarks of their respective
owners.

Type 'help;' or '\h' for help. Type '\c' to clear the current input statement.
mysql>
```

⑩ 客户端连接 MySql。从客户端连接，这里通过 Navicat 软件连接 MySql，如图 6-8 所示。

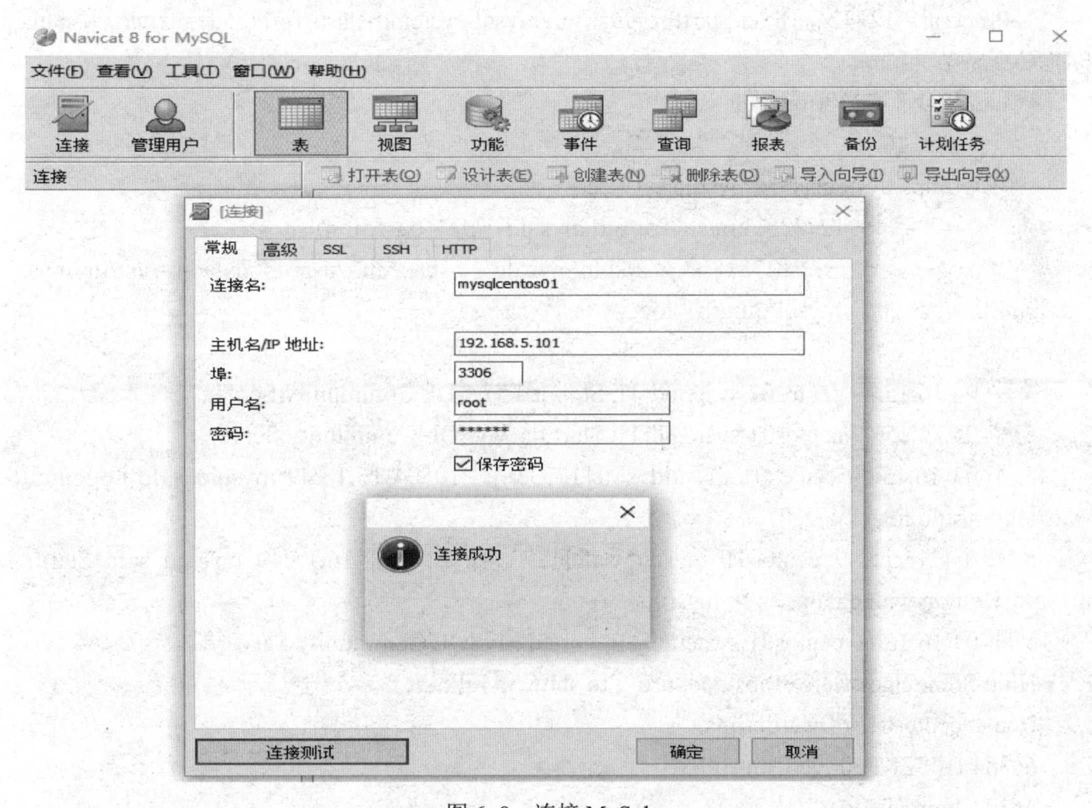

图 6-8　连接 MySql

user 表信息如图 6-9 所示。

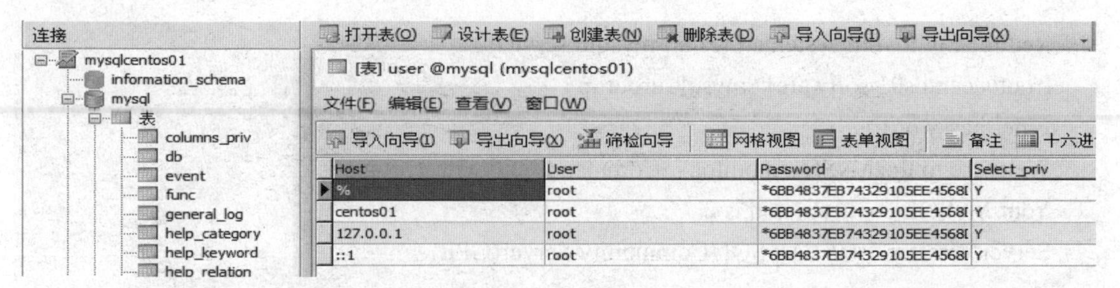

图 6-9　user 表信息

至此，MySql 数据库安装完毕。

（2）安装 hive 前，首先启动 mysql 服务，启动 HDFS 集群，否则会出现异常。

```
[root@centos01 software]# service mysqld status
Redirecting to /bin/systemctl status mysqld.service
● mysqld.service - MySQL Community Server
   Loaded: loaded(/usr/lib/systemd/system/mysqld.service; enabled; vendor preset: disabled)
   Active: active(running)since 二 2021-05-04 16:15:50 CST; 47min ago
   Process: 127339 ExecStartPost=/usr/bin/mysql-systemd-start post(code=exited, status=0/SUCCESS)
   Process: 127324 ExecStartPre=/usr/bin/mysql-systemd-start pre(code=exited, status=0/SUCCESS)
  Main PID: 127338(mysqld_safe)
     Tasks: 26
    CGroup: /system.slice/mysqld.service
            ├─127338 /bin/sh /usr/bin/mysqld_safe --basedir=/usr
            └─127518 /usr/sbin/mysqld --basedir=/usr --datadir=/var/lib/mysql --plugin-dir=/usr/lib64/mysql/plugin --log...

5 月 04 16:15:49 centos01 systemd[1]: Stopped MySQL Community Server.
5 月 04 16:15:49 centos01 systemd[1]: Starting MySQL Community Server...
5 月 04 16:15:49 centos01 mysqld_safe[127338]: 210504 16:15:49 mysqld_safe Logging to '/var/log/mysqld.log'.
5 月 04 16:15:49 centos01 mysqld_safe[127338]: 210504 16:15:49 mysqld_safe Starting mysqld daemon with databases f...mysql
5 月 04 16:15:50 centos01 systemd[1]: Started MySQL Community Server.
Hint: Some lines were ellipsized, use -l to show in full.
[root@centos01 software]# jps
66384 DFSZKFailoverController
66102 JournalNode
66598 NameNode
78264 Jps
```

```
65983 QuorumPeerMain
66735 DataNode
68415 NodeManager
69007 ResourceManager
```

① 上传 Hive 并解压缩。

```
[root@centos01 software]# tar -zxvf apache-hive-3.1.2-bin.tar.gz
apache-hive-3.1.2-bin/NOTICE
apache-hive-3.1.2-bin/LICENSE
apache-hive-3.1.2-bin/README.txt
apache-hive-3.1.2-bin/RELEASE_NOTES.txt
apache-hive-3.1.2-bin/examples/files/emp.txt
apache-hive-3.1.2-bin/examples/files/type_evolution.avro
apache-hive-3.1.2-bin/examples/files/extrapolate_stats_partial.txt
apache-hive-3.1.2-bin/examples/files/lineitem.txt
…
[root@centos01 software]# cd apache-hive-3.1.2-bin/
[root@centos01 apache-hive-3.1.2-bin]# ll
总用量 464
drwxr-xr-x. 3 root root      119 5 月    4 17:09 bin
drwxr-xr-x. 2 root root      212 5 月    4 17:09 conf
drwxr-xr-x. 4 root root       34 5 月    4 17:09 examples
drwxr-xr-x. 7 root root       68 5 月    4 17:09 hcatalog
drwxr-xr-x. 4 root root     8192 5 月    4 17:09 lib
-rw-rw-r--. 1 root root    24754 4 月   30 2015 LICENSE
-rw-rw-r--. 1 root root      397 6 月   19 2015 NOTICE
-rw-rw-r--. 1 root root     4366 6 月   19 2015 README.txt
-rw-rw-r--. 1 root root 421129 6 月   19 2015 RELEASE_NOTES.txt
drwxr-xr-x. 3 root root       23 5 月    4 17:09 scripts
```

② 配置环境变量。

```
[root@centos01 conf]# vi /etc/profile
fi

for i in /etc/profile.d/*.sh /etc/profile.d/sh.local ; do
    if [ -r "$i" ]; then
        if [ "${-#*i}" != "$-" ]; then
            . "$i"
        else
            . "$i" >/dev/null
        fi
```

```
        fi
    done

    unset i
    unset -f pathmunge
    export JAVA_HOME=/opt/software/jdk1.8.0_281
    export HADOOP_HOME=/opt/software/hadoop-2.8.2
    export ZOOKEEPER_HOME=/opt/software/zookeeper-3.4.6
    export HIVE_HOME=/opt/software/apache-hive-3.1.2-bin

    export
PATH=$PATH:$JAVA_HOME/bin:$HADOOP_HOME/bin:$HADOOP_HOME/sbin:$ZOOKEEP
ER_HOME/bin:$HIVE_HOME/bin
```

使配置文件生效。

```
[root@centos01 conf]# source /etc/profile
```

③ Jar 包冲突。

```
[root@centos01 conf]rm -rf $HIVE_HOME/lib/guava-19.0.jar
[root@centos01 conf]cp $HADOOP_HOME/share/hadoop/common/lib/guava-27.0-jre.jar
$HIVE_HOME/lib
```

④ 修改 core-site.xml 文件。修改$HADOOP_HOME/etc/hadoop/core-site.xml 文件，在其中添加以下配置：

```
<property>
    <name>hadoop.proxyuser.root.hosts</name>
    <value>*</value>
</property>
<property>
    <name>hadoop.proxyuser.root.groups</name>
    <value>*</value>
</property>
```

⑤ 编辑 hive-site.xml 文件。复制生成 apache-hive-3.1.2-bin/conf/hive-site.xml 文件。

```
[root@centos01 conf]# cp hive-default.xml.template hive-site.xml
[root@centos01 conf]# ll
总用量 356
-rw-rw-r--. 1 root root   1139 4 月  30 2015 beeline-log4j.properties.template
-rw-rw-r--. 1 root root 168431 6 月  19 2015 hive-default.xml.template
-rw-rw-r--. 1 root root   2378 4 月  30 2015 hive-env.sh.template
-rw-rw-r--. 1 root root   2662 4 月  30 2015 hive-exec-log4j.properties.template
-rw-rw-r--. 1 root root   3050 4 月  30 2015 hive-log4j.properties.template
-rw-r--r--. 1 root root 168431 5 月   4 17:14 hive-site.xml
```

```
-rw-rw-r--. 1 root root      1593 4 月    30 2015 ivysettings.xml
[root@centos01 conf]# vi hive-site.xml
--><configuration>
  <!-- WARNING!!! This file is auto generated for documentation purposes ONLY! -->
  <!-- WARNING!!! Any changes you make to this file will be ignored by Hive.    -->
  <!-- WARNING!!! You must make your changes in hive-site.xml instead.           -->
  <!-- Hive Execution Parameters -->
  <property>
    <name>hive.exec.script.wrapper</name>
    <value/>
    <description/>
  </property>
  <property>
    <name>hive.exec.plan</name>
    <value/>
    <description/>
  </property>
  <property>
    <name>hive.plan.serialization.format</name>
    <value>kryo</value>
    <description>
      Query plan format serialization between client and task nodes.
      Two supported values are : kryo and javaXML. Kryo is default.
    </description>
  </property>
  <property>
    <name>hive.exec.stagingdir</name>
    <value>.hive-staging</value>
:,$-1del
```

注意：:,$-1del 从当前位置到结尾删除。

将下面配置添加进去 hive-site.xml 文件。

```
<configuration>
  <!-- WARNING!!! This file is auto generated for documentation purposes ONLY! -->
  <!-- WARNING!!! Any changes you make to this file will be ignored by Hive.    -->
  <!-- WARNING!!! You must make your changes in hive-site.xml instead.           -->
  <!-- Hive Execution Parameters -->
      <property>
        <name>javax.jdo.option.ConnectionDriverName</name>
        <value>com.mysql.cj.jdbc.Driver</value>
```

```
    </property>
    <property>
        <name>javax.jdo.option.ConnectionURL</name>
        <value>jdbc:mysql://localhost:3306/hive</value>
    </property>
    <property>
        <name>javax.jdo.option.ConnectionUserName</name>
        <value>root</value>
    </property>
    <property>
        <name>javax.jdo.option.ConnectionPassword</name>
        <value>123456</value>
    </property>

    <property>
        <name>hive.metastore.uris</name>
        <value>thrift://centos01:9083</value>
    </property>

    <property>
        <name>hive.server2.thrift.bind.host</name>
        <value>centos01</value>
    </property>
</configuration>
```

⑥ 加载驱动与替换驱动。加载驱动，将 mysql 的驱动 jar 包复制到$HIVE_HOME/lib 目录下，需要给 lib 目录赋予一定权限。

```
[root@centos01 apache-hive-3.1.2-bin]# chmod 777 lib
[root@centos01 lib]# pwd
/opt/software/apache-hive-3.1.2-bin/lib
[root@centos01lib]curl    https://repo1.maven.org/maven2/mysql/mysql-connector-java/8.0.24/mysql-connector-java-8.0.24.jar -o $HIVE_HOME/lib/mysql-connector-java-8.0.24.jar
[root@centos01 lib]# ll
-rw-rw-r--. 1   root   root   94421 4 月   30 2015 maven-scm-api-1.4.jar
-rw-rw-r--.1   root   root   40066 4 月   30 2015 maven-scm-provider-svn-commons- 1.4.jar
-rw-rw-r--. 1   root   root   69858 4 月  30 2015 maven-scm-provider-svnexe-1.4.jar
-rw-rw-r--. 1 hadoop hadoop   969020 5 月    4 11:40 mysql-connector-java-8.0.24.jar
-rw-rw-r--. 1   root    root   1208356 4 月   30 2015   netty-3.7.0.Final.jar
-rw-rw-r--. 1   root    root     19827 4 月   30 2015   opencsv-2.3.jar
```

用 hive 中 lib 目录下 jline-2.12.jar 包去替换 hadoop 集群中 hadoop-3.3.2/ share/ Hadoop/

yarn/lib 下的低版本的 jar 包。

将 hive 中 lib 目录下 jline-2.12.jar 包复制到 Windos 目录下，如图 6-10 所示。

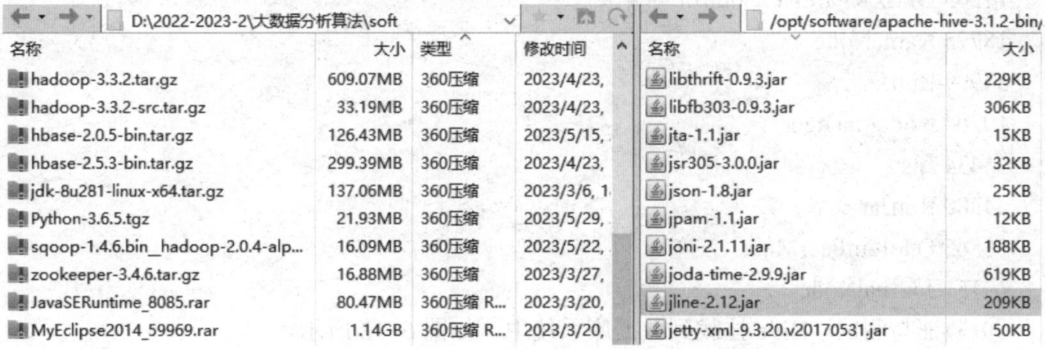

D:\2022-2023-2\大数据分析算法\soft

名称	大小	类型	修改时间
hadoop-3.3.2.tar.gz	609.07MB	360压缩	2023/4/23,
hadoop-3.3.2-src.tar.gz	33.19MB	360压缩	2023/4/23,
hbase-2.0.5-bin.tar.gz	126.43MB	360压缩	2023/5/15,
hbase-2.5.3-bin.tar.gz	299.39MB	360压缩	2023/4/23,
jdk-8u281-linux-x64.tar.gz	137.06MB	360压缩	2023/3/6, 1
Python-3.6.5.tgz	21.93MB	360压缩	2023/5/29,
sqoop-1.4.6.bin__hadoop-2.0.4-alp...	16.09MB	360压缩	2023/5/22,
zookeeper-3.4.6.tar.gz	16.88MB	360压缩	2023/3/27,
JavaSERuntime_8085.rar	80.47MB	360压缩 R...	2023/3/20,
MyEclipse2014_59969.rar	1.14GB	360压缩 R...	2023/3/20,

/opt/software/apache-hive-3.1.2-bin/

名称	大小
libthrift-0.9.3.jar	229KB
libfb303-0.9.3.jar	306KB
jta-1.1.jar	15KB
jsr305-3.0.0.jar	32KB
json-1.8.jar	25KB
jpam-1.1.jar	12KB
joni-2.1.11.jar	188KB
joda-time-2.9.9.jar	619KB
jline-2.12.jar	209KB
jetty-xml-9.3.20.v20170531.jar	50KB

图 6-10　jar 包复制到 Windows 目录

将 hadoop 集群中的 hadoop-3.3.2/share/hadoop/yarn/lib 中的 jline 删除。然后，将 Windows 系统目录下 jline-2.12.jar 复制其中。其他节点响应的 jiline 包也要进行替换，如图 6-11 所示。

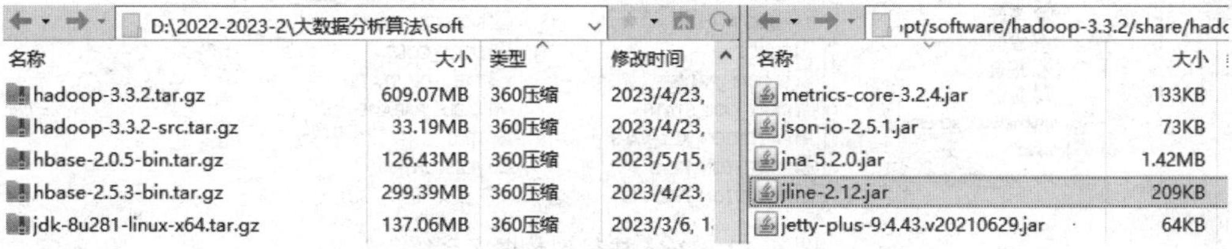

D:\2022-2023-2\大数据分析算法\soft

名称	大小	类型	修改时间
hadoop-3.3.2.tar.gz	609.07MB	360压缩	2023/4/23,
hadoop-3.3.2-src.tar.gz	33.19MB	360压缩	2023/4/23,
hbase-2.0.5-bin.tar.gz	126.43MB	360压缩	2023/5/15,
hbase-2.5.3-bin.tar.gz	299.39MB	360压缩	2023/4/23,
jdk-8u281-linux-x64.tar.gz	137.06MB	360压缩	2023/3/6, 1

›pt/software/hadoop-3.3.2/share/hadc

名称	大小
metrics-core-3.2.4.jar	133KB
json-io-2.5.1.jar	73KB
jna-5.2.0.jar	1.42MB
jline-2.12.jar	209KB
jetty-plus-9.4.43.v20210629.jar	64KB

图 6-11　jar 包复制到 hive 目录

⑦ 初始化元数据库并启动 MetaStore。

```
[root@centos01 software]# schematool -initSchema -dbType mysql
SLF4J: Class path contains multiple SLF4J bindings.
SLF4J: Found binding in [jar:file:/opt/software/apache-hive-3.1.2-bin/lib/ log4j-slf4j-impl
-2.10.0.jar!/org/slf4j/impl/StaticLoggerBinder.class]
SLF4J: Found binding in [jar:file:/opt/software/hadoop-3.3.2/share/hadoop/common/lib/slf4j
-log4j12-1.7.30.jar!/org/slf4j/impl/StaticLoggerBinder.class]
SLF4J: See http://www.slf4j.org/codes.html#multiple_bindings for an explanation.
SLF4J: Actual binding is of type [org.apache.logging.slf4j.Log4jLoggerFactory]
Metastore connection URL:     jdbc:mysql://localhost:3306/hive
Metastore Connection Driver :       com.mysql.cj.jdbc.Driver
Metastore connection User:      root
…
```

启动 MetaStore。

```
[hadoop@centos01 sqoop]$ nohup hive --service metastore 1>/dev/null 2>&1 &
[1] 68095
[root@centos01 software]# jps
```

```
20081 ResourceManager
18915 DataNode
17205 DFSZKFailoverController
18775 NameNode
34999 RunJar
19704 NodeManager
35434 Jps
34380 RunJar
16845 QuorumPeerMain
19151 JournalNode
```

⑧ 验证与测试。Hive 挂载到数据库系统中，如图 6-12 所示。

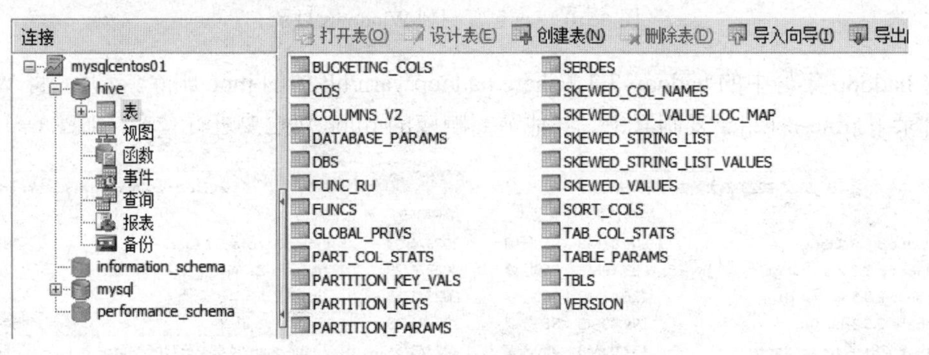

图 6-12　Hive 挂载到数据库系统

```
[root@centos01 software]# hive shell
21/05/04 17:56:43 WARN conf.HiveConf: HiveConf of name hive.metastor.local does not exist
21/05/04 17:56:43 WARN conf.HiveConf: HiveConf of name hive.metastor.warehose.dir does not exist
Logging initialized using configuration in jar:file:/opt/software/apache-hive-3.1.2-bin/lib/hive-common-3.1.2.jar!/hive-log4j.properties
hive> show databases;
OK
default
Time taken: 0.823 seconds, Fetched: 1 row(s)
hive> use default;
FAILED: SemanticException [Error 10072]: Database does not exist: dafault
hive> show tables;
OK
Time taken: 0.095 seconds
hive
```

实验 6.2　数据仓库工具 Hive 操作

1. 实验目的

（1）掌握 Hive 的各种基本操作。

（2）理解 Hive 的 WordCount 的实现。

2. 实验环境

（1）earthquake.csv。

（2）person.txt。

（3）person1.txt。

（4）record.txt。

3. 实验步骤

（1）创建表。

① 创建数据库。

```
[hadoop@centos01 data]$ hive
which: no hbase in(/usr/local/bin:/usr/bin:/usr/local/sbin:/usr/sbin:/opt/software/jdk1.8.0_281/bin:/opt/software/hadoop-3.3.2/bin:/opt/software/hadoop-3.3.2/sbin:/opt/software/zookeeper-3.4.6/bin:/opt/software/apache-hive-3.1.2-bin/bin:/home/hadoop/.local/bin:/home/hadoop/bin)
SLF4J: Class path contains multiple SLF4J bindings.
SLF4J: Found binding in [jar:file:/opt/software/apache-hive-3.1.2-bin/lib/log4j-slf4j-impl-2.10.0.jar!/org/slf4j/impl/StaticLoggerBinder.class]
SLF4J: Found binding in [jar:file:/opt/software/hadoop-3.3.2/share/hadoop/common/lib/slf4j-log4j12-1.7.30.jar!/org/slf4j/impl/StaticLoggerBinder.class]
SLF4J: See http://www.slf4j.org/codes.html#multiple_bindings for an explanation.
SLF4J: Actual binding is of type [org.apache.logging.slf4j.Log4jLoggerFactory]
Hive Session ID = 1d993e84-ba20-4cfe-be1b-70560dfae21c
Logging initialized using configuration in jar:file:/opt/software/apache-hive-3.1.2-bin/lib/hive-common-3.1.2.jar!/hive-log4j2.properties Async: true
Hive-on-MR is deprecated in Hive 2 and may not be available in the future versions. Consider using a different execution engine(i.e. spark, tez)or using Hive 1.X releases.
Hive Session ID = a1eac253-5c14-4e75-9ecf-9e60976ade8a
hive>
hive> show databases;
OK
default
Time taken: 0.34 seconds, Fetched: 1 row(s)
hive> create database earthquakedb;
OK
Time taken: 0.198 seconds
```

```
hive> show databases;
OK
default
earthquakedb
Time taken: 0.11 seconds, Fetched: 2 row(s)
hive> use earthquakedb;
OK
Time taken: 0.053 seconds
hive>
```

② 创建 earthquake 表。

```
hive> create external table earthquake('Date' string , 'Time' string ,Latitude string ,Longitude string ,Type string ,Depth string ,Magnitude string)row format delimited fields terminated by ',' lines terminated by '\n';
OK
Time taken: 0.187 seconds
hive> show tables;
OK
earthquake
Time taken: 0.046 seconds, Fetched: 1 row(s)
hive>

hive> create external table t_user(id int ,name string)row format delimited fields terminated by ',' lines terminated by '\n';
OK
Time taken: 0.633 seconds
hive> show tables;
OK
t_user
Time taken: 0.06 seconds, Fetched: 1 row(s)
hive>
```

③ 导入数据。和关系型数据库不一样，Hive 现在还不支持在 insert 语句里面直接给出一组记录的文字形式，也就是说，Hive 并不支持 insert into…values 形式的语句。

在 centos01 节点/opt/data 文件夹下有一个文件 earthquake.csv。

```
[root@centos01 data]# vi earthquake.csv


Date,Time,Latitude,Longitude,Type,Depth,Magnitude
01/02/1965,13:44:18,19.246,145.616,Earthquake,131.6,6
01/04/1965,11:29:49,1.863,127.352,Earthquake,80,5.8
01/05/1965,18:05:58,-20.579,-173.972,Earthquake,20,6.2
```

```
01/08/1965,18:49:43,-59.076,-23.557,Earthquake,15,5.8
01/09/1965,13:32:50,11.938,126.427,Earthquake,15,5.8
01/10/1965,13:36:32,-13.405,166.629,Earthquake,35,6.7
```

将 earthquake.csv 中的数据导入到数据仓库 earthquake 表。

```
LOAD DATA LOCAL INPATH 'earthquake.csv' OVERWRITE INTO TABLE earthquake;
hive> LOAD DATA LOCAL INPATH 'earthquake.csv' OVERWRITE INTO TABLE earthquake;
Loading data to table earthquakedb.earthquake
OK
Time taken: 3.395 seconds
hive> select * from earthquake;
…
12/28/2016    12:38:51  36.9179  140.4262 Earthquake    10   5.9
12/29/2016    22:30:19  -9.0283  118.6639 Earthquake    79   6.3
12/30/2016    20:08:28  37.3973  141.4103 Earthquake    11.94     5.5
Time taken: 3.56 seconds, Fetched: 23413 row(s)
```

这些普通的 select 语句不会生成 MapReduce。复杂的会生成 MapReduce 过程的函数运行过程。

④ 复杂语句生成 MapReduce。

```
hive> set hive.exec.mode.local.auto=true;        //内存空间不足
hive> select count(*)from earthquake;
Automatically selecting local only mode for query
Query ID = hadoop_20230809201659_a9973ead-dfd0-45f0-9762-e8f2cbb17c81
Total jobs = 1
Launching Job 1 out of 1
Number of reduce tasks determined at compile time: 1
In order to change the average load for a reducer(in bytes):
  set hive.exec.reducers.bytes.per.reducer=<number>
In order to limit the maximum number of reducers:
  set hive.exec.reducers.max=<number>
In order to set a constant number of reducers:
  set mapreduce.job.reduces=<number>
Job running in-process(local Hadoop)
2023-08-09 20:17:03,233 Stage-1 map = 0%,   reduce = 0%
2023-08-09 20:17:04,257 Stage-1 map = 100%,   reduce = 0%
2023-08-09 20:17:05,265 Stage-1 map = 100%,   reduce = 100%
Ended Job = job_local264743048_0001
MapReduce Jobs Launched:
Stage-Stage-1:   HDFS Read: 5114828 HDFS Write: 84586507 SUCCESS
```

```
Total MapReduce CPU Time Spent: 0 msec
OK
23413
Time taken: 5.559 seconds, Fetched: 1 row(s)
hive>
```

（2）分区 PARTITIONED。在 Hive Select 查询中扫描整个表内容，会消耗很多时间做没必要的工作。有时候只需要扫描表中关心的一部分数据，因此，建表时引入了 Partition 概念。

① 创建表。

```
hive> CREATE TABLE person(
    > id INT,
    > name STRING,
    > age   INT,
    > fav   ARRAY<STRING>,
    > addr MAP<STRING,STRING>
    > )
    > COMMENT 'This is the person table'
    > PARTITIONED BY(dt STRING)
    > ROW FORMAT DELIMITED FIELDS TERMINATED BY '\t'
    > COLLECTION ITEMS TERMINATED BY '-'
    > MAP KEYS TERMINATED BY ':'
    > STORED AS TEXTFILE;
OK
Time taken: 0.28 seconds
hive> select * from person;
OK
Time taken: 0.173 seconds
hive>
```

查看表的结构。

```
hive> desc person;
OK
id                  int
name                string
age                 int
fav                 array<string>
addr                map<string,string>
dt                  string

# Partition Information
# col_name          data_type           comment
```

```
dt                          string
Time taken: 0.152 seconds, Fetched: 11 row(s)
hive>
```

② 创建 person.txt 文件。

```
[hadoop@centos01 data]$ vi person.txt
1   od   18   study-game-driver   std_addr:beijing-work_addr:shanghai
2   tom   21   study-game-driver   std_addr:beijing-work_addr:shanghai
3   jerry   33   study-game-driver   std_addr:beijing-work_addr:shanghai
```

③ 导入数据。

```
hive> LOAD DATA LOCAL INPATH 'person.txt' OVERWRITE INTO TABLE person partition(dt='20170315');
Loading data to table userdb1.person partition(dt=20170315)
Partition userdb1.person{dt=20170315} stats: [numFiles=1, numRows=0, totalSize=191, rawDataSize=0]
OK
Time taken: 3.555 seconds
hive> LOAD DATA LOCAL INPATH 'person.txt' OVERWRITE INTO TABLE person partition(dt='20200415');
Loading data to table userdb1.person partition(dt=20200415)
Partition userdb1.person{dt=20200415} stats: [numFiles=1, numRows=0, totalSize=191, rawDataSize=0]
OK
Time taken: 2.397 seconds
hive> LOAD DATA LOCAL INPATH 'person.txt' OVERWRITE INTO TABLE person partition(dt='20230421');
Loading data to table userdb1.person partition(dt=20200421)
Partition userdb1.person{dt=20200421} stats: [numFiles=1, numRows=0, totalSize=191, rawDataSize=0]
OK
Time taken: 1.3 seconds
hive> select * from person;
OK
1   rod  18   ["study","game","driver"]   {"std_addr":"beijing","work_addr":"shanghai"}
20170315
2   tom  21   ["study","game","driver"]   {"std_addr":"beijing","work_addr":"shanghai"}
20170315
3   jerry33   ["study","game","driver"]   {"std_addr":"beijing","work_addr":"shanghai"}
20170315
```

```
1    rod  18   ["study","game","driver"]    {"std_addr":"beijing","work_addr":"shanghai"}
20200415
2    tom  21   ["study","game","driver"]    {"std_addr":"beijing","work_addr":"shanghai"}
20200415
3    jerry 33  ["study","game","driver"]    {"std_addr":"beijing","work_addr":"shanghai"}
20200415
1    rod  18   ["study","game","driver"]    {"std_addr":"beijing","work_addr":"shanghai"}
20230421
2    tom  21   ["study","game","driver"]    {"std_addr":"beijing","work_addr":"shanghai"}
20230421
3    jerry 33  ["study","game","driver"]    {"std_addr":"beijing","work_addr":"shanghai"}
20230421
Time taken: 0.122 seconds, Fetched: 9 row(s)
hive>
```

无分区查询。

```
hive> select fav[0] from person;
OK
study
study
study
study
study
study
study
study
study
Time taken: 0.377 seconds, Fetched: 9 row(s)
hive>
```

按分区查询。

```
hive> select fav[0] from person where dt='20170315';
OK
study
study
study
Time taken: 0.925 seconds, Fetched: 3 row(s)
hive>
```

无分区查询工作地址。

```
hive> select addr['work_addr'] from person;
OK
```

```
shanghai
shanghai
shanghai
shanghai
shanghai
shanghai
shanghai
shanghai
shanghai
Time taken: 0.174 seconds, Fetched: 9 row(s)
hive>
```

分区查询工作地址。

```
hive> select addr['work_addr'] from person where dt='20200421';
OK
shanghai
shanghai
shanghai
Time taken: 0.326 seconds, Fetched: 3 row(s)
hive>
```

④ Hive 存在于 HDFS 上，数据存放的位置。

```
[hadoop@centos01 opt]$ cd /opt/softwares/apache-hive-1.2.1-bin/conf/
[hadoop@centos01 conf]$ ll
总用量 192
-rw-rw-r--. 1 hadoop hadoop      1139 4 月    30 2015 beeline-log4j.properties.template
-rw-rw-r--. 1 hadoop hadoop 168431 6 月    19 2015 hive-default.xml.template
-rw-rw-r--. 1 hadoop hadoop      2378 4 月    30 2015 hive-env.sh.template
-rw-rw-r--. 1 hadoop hadoop      2662 4 月    30 2015 hive-exec-log4j.properties.template
-rw-rw-r--. 1 hadoop hadoop      3050 4 月    30 2015 hive-log4j.properties.template
-rw-rw-r--. 1 hadoop hadoop      2069 5 月     5 17:20 hive-site.xml
-rw-rw-r--. 1 hadoop hadoop      1593 4 月    30 2015 ivysettings.xml
[hadoop@centos01 conf]$ vi hive-site.xml

//Hive 数据仓库数据的位置
<property>
  <name>hive.metastor.warehose.dir</name>
  <value>/user/hive/warehouse</value>
</property>
```

查看数据。

```
[hadoop@centos01 data]$ hdfs dfs -ls /user/hive/warehouse/
```

```
Found 1 items
drwxr-xr-x - hadoop supergroup 0 2023-05-08 20:41 /user/hive/warehouse/earthquakedb.db
[hadoop@centos01 opt]$ hdfs dfs -ls /user/hive/warehouse/earthquakedb.db
Found 2 items
drwxr-xr-x - hadoop supergroup 0 0 2023-05-08 20:41 /user/hive/warehouse/earthquakedb.
db/person
drwxr-xr-x - hadoop supergroup 0 0 2023-05-08 20:41 /user/hive/warehouse/earthquakedb. db/
t_user
[hadoop@centos01 opt]$ hdfs dfs -ls /user/hive/warehouse/earthquakedb.db/person
Found 3 items
drwxr-xr-x - hadoop supergroup 0 2023-05-08 21:03 /user/hive/warehouse/earthquakedb.db
person/ dt=20170315
drwxr-xr-x - hadoop supergroup 0 2023-05-08 21:03 /user/hive/warehouse/ earthquakedb.db/
person/ dt=20200415
drwxr-xr-x - hadoop supergroup0 2023-05-08 21:03 /user/hive/warehouse/earthquakedb.db
person/ dt=20230421
[hadoop@centos01 opt]$ hdfs dfs -ls /user/hive/warehouse/earthquakedb.db/person/ dt= 20170315
Found 1 items
-rwxr-xr-x    2 hadoop supergroup    191 2023-05-08 21:03 /user/hive/warehouse
/earthquakedb.db /person/dt=20170315/person.txt
[hadoop@centos01 data]$ hdfs dfs -cat /user/hive/warehouse/earthquakedb.db/ person/dt=
20170315 /person.txt
1   rod  18  study-game-driver  std_addr:beijing-work_addr:shanghai
2   tom  21  study-game-driver  std_addr:beijing-work_addr:shanghai
3   jerry33  study-game-driver  std_addr:beijing-work_addr:shanghai
```

（3）分桶。分桶是相对分区进行更细粒度的划分。分桶将整个数据内容按照某列属性值的 hash 值进行区分。例如，如要按照 id 属性分为 4 个桶，就是对 id 属性值的 hash 值对 4 取模，按照取模结果对数据分桶。如取模结果为 0 的数据记录存放到一个文件，取模为 1 的数据存放到一个文件，取模为 2 的数据存放到一个文件。

对于 JOIN 操作两个表有一个相同的列，如果对这两个表都进行了桶操作。那么将保存相同列值的桶进行 JOIN 操作就可以，可以大大较少 JOIN 的数据量。

使取样（sampling）更高效。在处理大规模数据集时，在开发和修改查询的阶段，如果能在数据集的小部分数据上试运行查询，会带来很多方便。

① 创建表。以下也是在 earthquakedb 数据库中操作。

```
hive> CREATE TABLE person1(
    > id INT,
    > name STRING,
    > age   INT,
    > fav   ARRAY<STRING>,
```

```
    > addr MAP<STRING,STRING>
    > )
    > COMMENT 'This is the person table'
    > PARTITIONED BY(dt STRING)
    > clustered by(id)into 4 buckets
    > ROW FORMAT DELIMITED FIELDS TERMINATED BY '\t'
    > COLLECTION ITEMS TERMINATED BY '-'
    > MAP KEYS TERMINATED BY ':'
    > STORED AS TEXTFILE;
OK
Time taken: 0.28 seconds
hive> show tables;
OK
person
person1
t_user
Time taken: 0.067 seconds, Fetched: 3 row(s)
hive> desc person1;
OK
id                  int
name                        string
age                 int
fav                 array<string>
addr                map<string,string>
dt                  string

# Partition Information
# col_name          ata_type            comment

dt                  string
Time taken: 1.41 seconds, Fetched: 11 row(s)
hive>
```

② 创建 person1.txt 文件。

```
[hadoop@centos01 data]$ vi person1.txt
1    rod   18   study-game-driver  std_addr:beijing-work_addr:shanghai
2    tom   21   study-game-driver  std_addr:beijing-work_addr:shanghai
3    jerry 33   study-game-driver  std_addr:beijing-work_addr:shanghai
4    rod   18   study-game-driver  std_addr:beijing-work_addr:shanghai
5    tom   21   study-game-driver  std_addr:beijing-work_addr:shanghai
```

```
6    jerry 33    study-game-driver    std_addr:beijing-work_addr:shanghai
7    rod  18    study-game-driver    std_addr:beijing-work_addr:shanghai
8    tom  21    study-game-driver    std_addr:beijing-work_addr:shanghai
9    jerry 33    study-game-driver    std_addr:beijing-work_addr:shanghai
```

③ 导入数据。

```
hive> LOAD DATA LOCAL INPATH 'person1.txt' OVERWRITE INTO TABLE person1 partition(dt='2021509');
Loading data to table userdb1.person partition(dt=20200421)
Partition userdb1.person{dt=20200421} stats: [numFiles=1, numRows=0, totalSize=573, rawDataSize=0]
OK
Time taken: 10.181 seconds
hive> select * from person1;
OK
1    rod  18    ["study","game","driver "]    {"std_addr":"beijing","work_addr":"shanghai"}
20210509
2    tom  21    ["study","game","driver"]    {"std_addr":"beijing","work_addr":"shanghai"}
20210509
3    jerry 33    ["study","game","driver"]    {"std_addr":"beijing","work_addr":"shanghai"}
20210509
4    rod  18    ["study","game","driver"]    {"std_addr":"beijing","work_addr":"shanghai"}
20210509
5    tom  21    ["study","game","driver"]    {"std_addr":"beijing","work_addr":"shanghai"}
20210509
6    jerry 33    ["study","game","driver"]    {"std_addr":"beijing","work_addr":"shanghai"}
20210509
7    rod  18    ["study","game","driver"]    {"std_addr":"beijing","work_addr":"shanghai"}
20210509
8    tom  21    ["study","game","driver"]    {"std_addr":"beijing","work_addr":"shanghai"}
20210509
9    jerry 33    ["study","game","driver"]    {"std_addr":"beijing","work_addr":"shanghai"}
20210509
Time taken: 0.06 seconds, Fetched: 9 row(s)
hive>
```

④ 按桶查询操作数据。假设有 4 个桶，第 1 个桶中的数据记录为 4%4=0、8%4=0。

```
hive> select * from person1 tablesample(bucket 1 out of 4 on id);
OK
4    rod  18    ["study","game","driver"]    {"std_addr":"beijing","work_addr":"shanghai"}
20210509
```

```
8    tom 21   ["study","game","driver"]    {"std_addr":"beijing","work_addr":"shanghai"}
20210509
Time taken: 0.235 seconds, Fetched: 2 row(s)
```

第 2 个桶中的数据为 1%4=1、5%4=1、 9%4=1。

```
hive> select * from person1 tablesample(bucket 2 out of 4 on id);
OK
1    rod  18   ["study","game","driver "]    {"std_addr":"beijing","work_addr":"shanghai"}
20210509
5    tom  21   ["study","game","driver"]    {"std_addr":"beijing","work_addr":"shanghai"}
20210509
9    jerry33   ["study","game","driver"]    {"std_addr":"beijing","work_addr":"shanghai"}
20210509
Time taken: 0.094 seconds, Fetched: 3 row(s)
```

第 3 个桶中的数据为 2%4=2、6%4=2。

```
hive>  select * from person1 tablesample(bucket 3 out of 4 on id);
OK
2    tom  21   ["study","game","driver"]    {"std_addr":"beijing","work_addr":"shanghai"}
20210509
6    jerry33   ["study","game","driver"]    {"std_addr":"beijing","work_addr":"shanghai"}
20210509
Time taken: 0.122 seconds, Fetched: 2 row(s)
```

第 4 个桶中的数据为 3%4=3、7%4=3。

```
hive>  select * from person1 tablesample(bucket 4 out of 4 on id);
OK
3    jerry33   ["study","game","driver"]    {"std_addr":"beijing","work_addr":"shanghai"}
20210509
7    rod  18   ["study","game","driver"]    {"std_addr":"beijing","work_addr":"shanghai"}
20210509
Time taken: 0.081 seconds, Fetched: 2 row(s)
```

⑤数据在哪儿。

```
[hadoop@centos01 data]$ hdfs dfs -ls /user/hive/warehouse/earthquakedb.db
Found 3 items
drwxr-xr-x - hadoop supergroup 0 2023-05-08 20:48 /user/hive/warehouse/earthquakedb. db/ person
drwxr-xr-x - hadoop supergroup 0 2023-05-08 21:35 /user/hive/warehouse/earthquakedb. db/ person1
drwxr-xr-x - hadoop supergroup 0 2023-05-08 20:33 /user/hive/warehouse/earthquakedb. db/ t_user
[hadoop@centos01 data]$ hdfs dfs -ls /user/hive/warehouse/earthquakedb.db/person1
Found 1 items
drwxr-xr-x - hadoop supergroup 0 2023-05-08 21:36 /user/hive/warehouse/earthquakedb. db/
person1/dt=20210509
```

```
[hadoop@centos01 data]$ hdfs dfs -ls /user/hive/warehouse/earthquakedb.db/person1/dt=20210509
Found 1 items
-rwxr-xr-x 2 hadoop supergroup 574 2023-05-08 21:36 /user/hive/warehouse/earthquakedb.db/person1/dt=20210509/person1.txt
[hadoop@centos01 data]$ hdfs dfs -cat /user/hive/warehouse/earthquakedb.db/person1/dt=20210509/person1.txt
1    rod  18   study-game-driver   std_addr:beijing-work_addr:shanghai
2    tom  21   study-game-driver   std_addr:beijing-work_addr:shanghai
3    jerry33   study-game-driver   std_addr:beijing-work_addr:shanghai
4    rod  18   study-game-driver   std_addr:beijing-work_addr:shanghai
5    tom  21   study-game-driver   std_addr:beijing-work_addr:shanghai
6    jerry33   study-game-driver   std_addr:beijing-work_addr:shanghai
7    rod  18   study-game-driver   std_addr:beijing-work_addr:shanghai
8    tom  21   study-game-driver   std_addr:beijing-work_addr:shanghai
9    jerry33   study-game-driver   std_addr:beijing-work_addr:shanghai
```

Load 到集群中的数据文件仍然以分区存在，不以桶的形式存在，分桶已经生效，查询效率大大提高。

（4）Hive 的内部表和外部表。MANAGED_TABLE 默认是内部表（托管表）；EXTERNAL_TABLE 是外部表，在创建命令前加 external 关键字就是外部表。二者的区别在于：删除内部表，HDFS 中的数据也删除；删除外部表，HDFS 中的数据仍存在。

如果数据共享，其他应用也用，就用外部表；只有 Hive 用，就用内部表。

①删除内部表。已知 person 是内部表，数据存放在这。

```
[hadoop@centos01 opt]$ hdfs dfs -ls /user/hive/warehouse/earthquakedb.db/person/dt=20170315 /person.txt
Found 1 items
-rwxr-xr-x   2 hadoop supergroup   191 2023-05-08 21:03 /user/hive/warehouse/earthquakedb.db/person/dt=20170315/person.txt
[hadoop@centos01 opt]$ hdfs dfs -cat /user/hive/warehouse/earthquakedb.db/person/dt=20170315/ person.txt
1    rod  18   study-game-driver   std_addr:beijing-work_addr:shanghai
2    tom  21   study-game-driver   std_addr:beijing-work_addr:shanghai
3    jerry33   study-game-driver   std_addr:beijing-work_addr:shanghai
```

如果删除内部表 person。

```
hive> drop table person;
OK
Time taken: 3.538 seconds
```

集群中的数据也删除了。

```
[hadoop@centos01 opt]$ hdfs dfs -ls /user/hive/warehouse/earthquakedb.db/
```

```
Found 2 items
drwxr-xr-x -hadoop supergroup 0 2023-05-08 21:35 /user/hive/warehouse/earthquakedb.db/person1
```

② 删除外部表。

```
hive> show tables;
OK
person1
earthquake
Time taken: 0.036 seconds, Fetched: 2 row(s)
```

集群中的位置。

```
[hadoop@centos01 opt]$ hdfs dfs -ls /user/hive/warehouse/earthquakedb.db/
Found 2 items
drwxr-xr-x   - hadoop supergroup   0 2023-05-08 21:35 /user/hive/warehouse/ earthquakedb.db/person1
drwxr-xr-x   - hadoop supergroup   0 2023-05-08 20:33 /user/hive/warehouse/ earthquakedb.db/earthquake
[hadoop@centos01 opt]$ hdfs dfs -ls /user/hive/warehouse/earthquakedb.db/earthquake
Found 1 items
-rwxr-xr-x 2 hadoop supergroup   27 2021-05-09 20:51 /user/hive/warehouse/ earthquakedb.db/earthquake/earthquake.csv
[hadoop@centos01 opt]$ hdfs dfs -cat /user/hive/warehouse/earthquakedb.db/ earthquake/earthquake.csv
…
12/28/2016,9:13:47,38.3777,-118.8957,Earthquake,8.8,5.5
12/28/2016,12:38:51,36.9179,140.4262,Earthquake,10,5.9
12/29/2016,22:30:19,-9.0283,118.6639,Earthquake,79,6.3
12/30/2016,20:08:28,37.3973,141.4103,Earthquake,11.94,5.5
```

删除表。

```
hive> drop table earthquake;
OK
Time taken: 1.076 seconds
```

元数据仍然存在。

```
[hadoop@centos01 opt] hdfs dfs -cat /user/hive/warehouse/earthquakedb.db/ earthquake/earthquake.csv
…
12/28/2016,9:13:47,38.3777,-118.8957,Earthquake,8.8,5.5
12/28/2016,12:38:51,36.9179,140.4262,Earthquake,10,5.9
12/29/2016,22:30:19,-9.0283,118.6639,Earthquake,79,6.3
12/30/2016,20:08:28,37.3973,141.4103,Earthquake,11.94,5.5
```

（5）Location。使用 Location 创建的 hive 表的数据来自指定的目录，加载的是 HDFS 中的数据。

① 完全分布式方式。

create external table if not exists record（ rid STRING, uid STRING, bid STRING, trancation_date TIMESTAMP, price INT, source_province STRING, target_province STRING, site STRING, express_number STRING, express_company STRING）

ROW FORMAT DELIMITED FIELDS TERMINATED BY ','

location 'hdfs://192.168.5.101:8020/opt/logs/record_dimension/';

指向 192.168.5.101:8020/opt/logs/record_dimension/目录。IP 根据实际修改。

② 高可用创建方式。创建目录，将 record.txt 文件上传到 HDFS 的/opt/logs/record_dimension 目录下。

```
[hadoop@centos01 data]$ hdfs dfs -mkdir -p /opt/logs/record_dimension
[hadoop@centos01 data]$ hdfs dfs -put record.txt /opt/logs/record_dimension/record.list
[hadoop@centos01 data]$ hdfs dfs -ls /opt/logs/record_dimension
Found 1 items
-rw-r--r-- 2 hadoop supergroup 1215 2023-05-08 22:15 /opt/logs/record_dimension/ record.list
[hadoop@centos01 data]$ hdfs dfs -cat /opt/logs/record_dimension/record.list
0000000000,00000468,00000030,1494235629,347,HaiNan,LiaoNing,TIANMAO,869905775627268,YUANTONG,186.160.56.200,tr
0000000001,00000026,00000448,1494235629,339,YunNan,HeBei,TIANMAO,67592946946 7,SHENTONG,97.126.176.12,sid
0000000002,00000543,00000081,1494235629,332,SiChuan,TaiWan,TIANMAOCHAOSHI,4010167066854172,SHENTONG,20.130.157.1,byn
…
```

创建外部表，其映射的数据来自 HDFS 的/opt/logs/record_dimension 目录中的文件。

```
hive> use earthquakedb;
OK
Time taken: 0.974 seconds
hive> show tables;
OK
person1
Time taken: 0.082 seconds, Fetched: 1 row(s)
hive> create external table if not exists record( rid STRING, uid STRING, bid STRING, trancation_date TIMESTAMP, price INT, source_province STRING, target_province STRING, site STRING, express_number STRING, express_company STRING)ROW FORMAT DELIMITED FIELDS TERMINATED BY ',' location 'hdfs://mycluster/opt/logs/record_dimension/';
OK
Time taken: 0.555 seconds
hive> desc record;
```

```
OK
rid                     string
uid                     string
bid                     string
trancation_date         timestamp
price                   int
source_province         string
target_province         string
site                    string
express_number          string
express_company         string
Time taken: 0.321 seconds, Fetched: 10 row(s)
hive> select * from record;
OK
0000000000   00000468    00000030    NULL    347  HaiNan   LiaoNing    TIANMAO
869905775627268  YUANTONG
0000000001   00000026    00000448    NULL    339  YunNan  HeBei    TIANMAO
675929469467      SHENTONG
0000000002   00000543    00000081    NULL    332  SiChuan  TaiWan
TIANMAOCHAOSHI   4010167066854172     SHENTONG
…
hive>
```

自动将 hdfs://mycluster/opt/logs/record_dimension/record.list 文件中的数据加载到创建的外部表 record 中，直接关联了。

同样，因为是外部表，删除 record 表，HDFS 集群中的数据仍然存在。

```
hive> drop table record;
OK
Time taken: 0.955 seconds
[hadoop@centos01 opt]$ hdfs dfs -ls /opt/logs/record_dimension
Found 1 items
-rw-r--r-- 2 hadoop supergroup    1215 2021-05-07 22:21 /opt/logs/record_dimension/ record.list
[hadoop@centos01 opt]$ hdfs dfs -cat /opt/logs/record_dimension/record.list
0000000000,00000468,00000030,1494235629,347,HaiNan,LiaoNing,TIANMAO,869905775
627268,YUANTONG,186.160.56.200,tr
0000000001,00000026,00000448,1494235629,339,YunNan,HeBei,TIANMAO,675929469467
,SHENTONG,97.126.176.12,sid
0000000002,00000543,00000081,1494235629,332,SiChuan,TaiWan,TIANMAOCHAOSHI,4
010167066854172,SHENTONG,20.130.157.1,byn
…
```

（6）WordCount 的 Hive 实现。词频统计任务要求：创建一个需要分析的输入数据文件。然后，编写 HiveQL 语句实现 WordCount 功能。

① 创建文件 countword。

```
[hadoop@centos01 data]$ vi countword.txt
I am chen I com from China
You are Joan you come from China too
```

② 创建 Hive 数据仓库表 docs，并将 countword.txt 内容导入到 docs 中。

```
hive> create table docs(line string);
OK
Time taken: 0.938 seconds
hive> LOAD DATA LOCAL INPATH 'countword.txt' OVERWRITE INTO TABLE docs;
Loading data to table earthquakedb.docs
Table earthquakedb.docs stats: [numFiles=1, numRows=0, totalSize=65, rawDataSize=0]
OK
Time taken: 0.936 seconds
hive> select * from docs;
OK
I am chen I com from China
You are Joan you come from China too
Time taken: 0.135 seconds, Fetched: 2 row(s)
```

③ 编写 HQL 语句，实现统计词频。

```
hive> create table word_count as
    >      select word, count(1)as count from
    >    (select explode(split(line,' '))as word from docs)w
    >      group by word
    >      order by word;
Query ID = hadoop_20210507230508_3cbc030d-850b-482a-8f15-1ef5c22f51d9
Total jobs = 2
Launching Job 1 out of 2
Number of reduce tasks not specified. Estimated from input data size: 1
…
2023-05-10 23:06:48,350 Stage-2 map = 0%,    reduce = 0%
2023-05-10 23:06:55,666 Stage-2 map = 100%,    reduce = 0%, Cumulative CPU 0.96 sec
2023-05-10 23:07:07,248 Stage-2 map = 100%,    reduce = 100%, Cumulative CPU 2.88 sec
MapReduce Total cumulative CPU time: 2 seconds 880 msec
Ended Job = job_1683690967200_0006
Moving data to: hdfs://mycluster/user/hive/warehouse/earthquakedb.db/word_count
Table earthquakedb.word_count stats: [numFiles=1, numRows=12, totalSize=75, rawDataSize =63]
MapReduce Jobs Launched:
```

```
Stage-Stage-1: Map: 1 Reduce: 1 Cumulative CPU: 3.37 sec HDFS Read: 7008 HDFS Write: 363 SUCCESS
Stage-Stage-2: Map: 1 Reduce: 1 Cumulative CPU: 2.88 sec HDFS Read: 4626 HDFS Write: 148 SUCCESS
Total MapReduce CPU Time Spent: 6 seconds 250 msec
OK
Time taken: 66.36 seconds
```

④ 查询统计结果。

```
hive> select * from word_count;
OK
China		2
I		2
Joan		1
You		1
am		1
are		1
chen		1
com		1
come		1
from		2
too		1
you		1
Time taken: 0.106 seconds, Fetched: 12 row(s)
hive>
```

第 7 章　分布式数据库 HBase

学习目标

（1）HBase 的定义；
（2）HBase 的基本结构；
（3）HBase 的数据模型；
（4）HBase 的系统架构；
（5）HBase 的工作原理。

传统的数据处理主要使用关系型数据库（MySQL、Oracle 等）来完成，不过关系型数据库在面对大规模的数据存储时明显力不从心。例如，在有关高并发操作和海量数据统计运算的应用中，关系型数据库的性能就明显下降。

HDFS 是大型数据集分析处理的文件系统，具有高延迟的特点，它更倾向于读取整个数据集而不是某条记录，因此，当处理低延迟的用户请求时，HBase 是更好的选择，它能实现某条数据的快速定位，提供实时读写功能。

本章首先介绍 HBase 的概念、与传统关系型数据库的区别及访问接口。接着阐述 HBase 的数据模型，最后详细描述 HBase 的运行机制。

7.1　HBase 简 介

HBase 其实就是 Hadoop 的 data base，它是一种分布式的、面向列的开源数据库，其技术来源于 Chang Fay 所撰写的谷歌公司的论文 *BigTale：A Distriuted Storage System or Structured Data*，HBase 是谷歌公司 BigTable 的开源实现，目前是 Apache 的顶级项目。HBase 运行于 HDFS 之上，它能以容错方式存储海量的稀疏数据（指数据库中的二维表内含有大量空值的数据）。它不同于一般的关系型数据库，适合存储半结构化的数据。

7.1.1　什么是 HBase

HBase 是一个高可靠、高性能、面向列、可伸缩的分布式数据库，主要用来存储非结构化和半结构化的松散数据，设计它的目的就是用于处理非常庞大的表——通过水平扩展的方式，用计算机集群就可以处理由超过 10 亿行数据和数百万列元素所组成的数据表。

HBase 具有以下特点。

（1）线性扩展：当存储空间不足时，可通过简单地增加节点的方式进行扩展。

（2）面向列：面向列族进行存储，即同一个列族里的数据在逻辑上（HBase 底层为

HDFS，所以实际上会有多个文件块）存储在一个文件中。

（3）大表：表可以非常大，百万级甚至亿级的行和列。

（4）稀疏：列族中的列可以动态增加，由于数据的多样性，整体上会有非常多的列，但每一行数据可能只对应少数的列，一般情况下，在一行数据中，只有少数的列有值，而对于空值，HBase 并不存储，因此，表可以设计得非常稀疏，而不带来额外的开销。

（5）非结构化：HBase 不是关系型数据库，适合存储非结构化的数据。

（6）面向海量数据：HBase 适合处理大数量级的数据，TB 级甚至是 PB 级。

（7）HQL：HBase 不支持 SQL 查询语言，而是使用自己的 HQL（HBaseQuer Language）查询语言，HBase 是 NoSQL（Not-OnlySQL）的典型代表产品。

（8）高读写场景：HBase 适合于批量大数据高速写入数据库，同时也有不少读操作（key-value）的场景。

HBase 利用 Hadoop MapReduce 来处理 HBase 中的海量数据，实现高性能计算；利用 ZooKeeper 作为协同服务，实现稳定服务和失败恢复；HBase 可以直接使用本地文件系统而不用 HDFS 作为底层数据存储方式，为了提高数据可靠性和系统的健壮性，发挥 HBase 处理大数据量等功能，一般都使用 HDFS 作为 HBase 的底层数据存储方式。此外，为了方便在 HBase 上进行数据处理，Sqoop 为 HBase 提供了高效、便捷的 RDBMS 数据导入功能，Pig 和 Hive 为 HBase 提供了高层语言支持。图 7-1 描述了 Hadoop 生态系统中 HBase 与其他组件的关系。

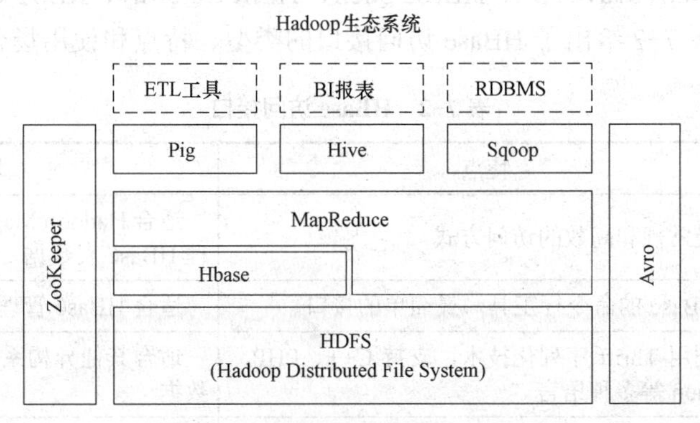

图 7-1　HBase 与其他组件的关系

7.1.2　HBase 与传统关系型数据库的区别

关系型数据库从 20 世纪 70 年代发展到今天，已经是一种非常成熟稳定的数据库管理系统了，随着 Web 2.0 应用的不断发展，传统的关系型数据库已经无法满足 Web 2.0 的需求，无论在数据高并发方面，还是在高可扩展性和高可用性方面，传统的关系型数据库都显得力不从心。包括 HBase 在内的非关系型数据库的出现，有效弥补了传统关系型数据库的缺陷，在 Web 2.0 应用中得到了大量使用。

HBase 与传统的关系型数据库（RDBMS）的区别主要体现在数据类型、数据操作、存储模式、数据索引、数据维护、可伸缩性等方面，见表 7-1。

表 7–1　HBase 与 RDBMS 的区别

类型	HBase	RDBMS
硬件架构	分布式集群，硬件成本低廉	传统多核系统，成本昂贵
数据库大小	PB 级	GB、TB 级
数据分布方式	稀疏的、多维的	以行和列组织
数据类型	只简单的字符串类型，其他类型由用户自定义	丰富的数据类型
存储模式	基于列存储	基于表格结构的行模式存储
数据修改	保留旧版本数据，插入新版本数据	替换修改旧版本数据
事物	只支持单个行级别	对行和表全面支持
查询语言	可以使用 JavaAPI，可以使用 HiveSQL	SQL
吞吐量	百万查询每秒	数千查询每秒
数据索引	只支持行键	支持

但是，相对于关系型数据库来说，HBase 也有自身的局限性，如 HBase 不支持事务，因此无法实现跨行的原子性。

7.1.3　HBase 访问接口

HBase 提供了 Native Java API、HBase Shell、Thrift Gateway、REST Gateway、Pig、Hive 等多种访问方式，表 7–2 给出了 HBase 访问接口的类型、特点和使用场合。

表 7–2　HBase 访问接口

类型	特点	场合
Native Java API	最常规和高效的访问方式	适合 Hadoop MapReduce 作业并行批处理 HBase 表数据
HBase Shell	HBase 的命令行工具，最简单的接口	适合 HBase 管理使用
Thrift Gateway	利用 Thrift 序列化技术，支持 C++、PHP、Python 等多种语言	适合其他异构系统在线访问 HBase 表数据
REST Gateway	解除了语言限制	支持 REST 风格的 Http API 访问 HBase
Pig	使用 Pig Latin 流式编程语言来处理 HBase 中的数据	适合做数据统计
Hive	简单	当需要以类似 SQL 语言方式来访问 HBase 时

7.2　HBase 数据模型

数据模型是理解一个数据库产品的核心，本节介绍 HBase 数据模型，包括列族、列限定符、单元格、时间戳等概念，并分别阐述了 HBase 数据库的概念视图和物理视图的含义。

7.2.1　HBase 基本结构

HBase 数据库的基本组成结构实例，如图 7-2 所示。

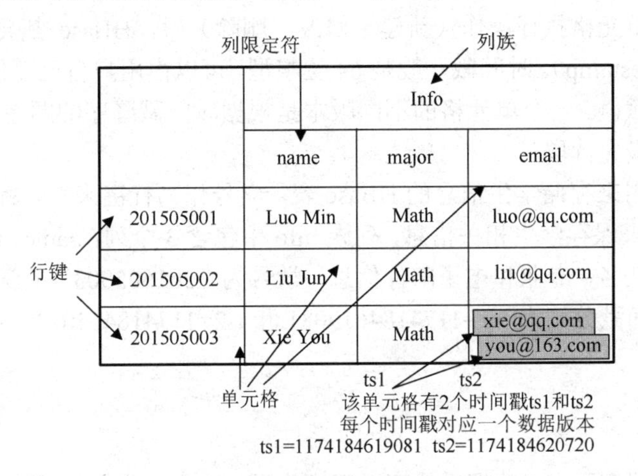

图 7-2　HBase 数据库的基本组成结构实例

1. 表

在 HBase 中，数据存储在表（table）中，表名是一个字符串（String），表由行和列组成。与关系型数据库（RDBMS）不同，HBase 表是多维映射的。

2. 行键

每个 HBase 表都由若干行组成，每个行由行键（Row Key）来标识。访问表中的行只有 3 种方式：通过单个行键访问；通过一个行键的区间来访问；全表扫描。行键可以是任意字符串（最长度是 64 KB，实际应用中长度一般为 10～100 Byte）。在 HBase 内部，行键保存为字节数组。在存储时，数据按照行键的字典序存储。在设计行键时，要充分考虑这个特性，将经常一起读取的行存储在一起。

3. 列族

列族（Column Family）是由某些列构成的集合，相当于将列进行分组。在 HBase 中，可以有多个列族，一个列族中可以有数百万个列，但列族在使用前必须事先定义，数量不能太多，一般不超过 3 个。从列族层面看，HBase 是结构化的，列族就如同关系型数据库中的列一样，属于表的一部分。列族不能随意修改和删除，必须使所属表离线才能进行相应操作。存储上，HBase 以列族作为一个存储单元，即每个列族都会单独存储，HBase 是面向列的数据库也因此而来。

4. 列限定符

列并不是真实存在的，而是由列族名、冒号、限定符组合成的虚拟列，在同一个列族中，由于修饰符的不同，则可以看成是列族中含有多个列。所以列在使用时不需要预先定义，在插入数据时直接指定修饰符即可。从列的层面看，HBase 是非结构化的，因为列如同行一样，可以随意动态扩展。列限定符（Column）没有数据类型，总被视为字节数组 byte[]。

5. 单元格

在 HBase 表中，单元格（Cell）通过行键、列族和列限定符一起来定位。单元格包含值和时间戳。在单元格中存储的数据没有数据类型，总被视为字节数组 byte[]。每个单元格都保存同一份数据的多个版本，这些版本采用时间戳进行索引。

6. 时间戳

当每次对一个单元格执行操作（新建、修改、删除）时，HBase 都会隐式地自动生成并存储个时间戳（Timestamp）。时间戳一般是 64 位整型，可以由用户自己赋值，也可以由 HBase 在数据写入时自动赋值。一个单元格的不同版本是根据时间戳降序的顺序进行存储的，这样，最新的版本可以被最先读取。

图 7–2 是一张用来存储学生信息的 HBase 表，学号作为行键来唯一标识每个学生，表中设计了列族 Info 用来保存学生相关信息，列族 Info 中包含 3 个列：name、major 和 email，分别用来保存学生的姓名、专业和电子邮件信息。学号为“201505003”的学生存在两个版本的电子邮件地址，时间戳分别为 ts1=1174184619081 和 ts2=1174184620720，时间戳较大的数据版本是最新的数据。

7.2.2 概念视图

对于关系型数据库而言，数据定位可以理解为采用“二维坐标”，即根据行和列就可以确定表中一个具体的值。但是，HBase 中需要根据行键、列族、列限定符和时间戳来确定一个单元格，因此，可以视为一个“四维坐标”，即[行键，列族，列限定符，时间戳]。

在 HBase 的概念视图中，一个表可以视为一个稀疏、多维的映射关系。表 7–3 就是 HBase 存储数据的概念视图，它是一个存储网页的 HBase 表的片段。行键是一个反向 URL（com.cnn.www），在按照行键的值进行水平分区时，就可以尽量把来自同一个网站的数据划分到同一个分区（Region）中。contents 列族用来存储网页内容；anchor 列族包含了任何引用这个页面的锚链接文本。假设 CNN 的主页被不同主页同时引用，这里的行包含了名称为“anchor:cnnsi.com”和“anchor:my.look.ca”的列。可以采用“四维坐标”来定位单元格中的数据，例如，四维坐标["com.cnn.www", "anchor", "anchor: cnnsi.com"，t5]对应的单元格里面存储的数据是“CNN”，四维坐标["com.cnn.www", "anchor", "anchor: my.look.ca"，t4]对应的单元格里面存储的数据是“CNN.com”，四维坐标["com.cnn.www", "contents", "html"，t3]对应的单元格里面存储的数据是网页内容。可以看出，在一个 HBase 表的概念视图中，尽管行不需要在每个列族里存储数据，每个行都包含相同的列族，如在表 7–3 中，在前 2 行数据中，列族 contents 的内容就为空，在后 3 行数据中，列族 anchor 的内容为空，从这个角度来说，HBase 表是一个稀疏的映射关系，即里面存在很多空的单元格。

表 7–3 HBase 数据的概念视图

行键	时间戳	列族 contents	列族 anchor
"com.cnn.www"	t5		anchor:cnnsi.com="CNN"
	t4		anchor:my.look.ca="CNN.com"
	t3	contents:html="<html>..."	
	t2	contents:html="<html>..."	
	t1	contents:html="<html>..."	

7.2.3 物理视图

HBase 表在概念视图上是由稀疏的行组成的集合，很多行都没有完整的列族，但是在物理存储中是以列族为单元进行存储的，一行数据被分散在多个物理存储单元中，空单元全部丢弃。在表 7–4 中有 2 个列族，那么在进行物理存储时就会有 2 个存储单元，每个单元对应一个列族，属于同一个列族的数据保存在一起，同时，和每个列族一起存放的还包括行键和时间戳，其映射为物理视图，见表 7–4。按列族进行存储的好处是可以在任何时刻添加一个列到列族中，而不用事先进行声明，即使新增一个列族，也不用对已存储的物理单元进行任何修改，所以这种存储模式使得 HBase 非常适合进行 key-value 的查询。

表 7–4　HBase 数据的物理视图

列族 contents

行键	时间戳	列族 contents
"com.cnn.www"	t3	contents:html="<html>..."
	t2	contents:html="<html>..."
	t1	contents:html="<html>..."

列族 anchor

行键	时间戳	列族 anchor
"com.cnn.www"	t5	anchor:cnnsi.com="CNN"
	t4	anchor:my.look.ca="CNN.com"

7.2.4 面向列的存储

HBase 是面向列的存储，也就是说，HBase 是一个“列式数据库”。而传统的关系型数据库采用的是面向行的存储，被称为“行式数据库”。

行式数据库使用 NSM（N-ary storage model）存储模型，一个元组（ 或行）会被连续地存储在磁盘页中。在从磁盘中读取数据时，需要从磁盘中顺序扫描每个元组的完整内容。如果每个元组只有少量属性的值对于查询是有用的，那么 NSM 就会浪费许多磁盘空间和内存带宽。

列式数据库采用 DSM（decomposition storage model）存储模型，它是在 1985 年提出来的，目的是最小化无用的 I/O。DSM 是以关系型数据库中的属性或列为单位进行存储，关系中多个元组的同一属性值（或同一列值）会被存储在一起，而一个元组中不同属性值则通常会被分别存放于不同的磁盘页中。

图 7–3 是一个关于行式存储结构和列式存储结构的实例，从中可以看出两种存储方式的具体差别。

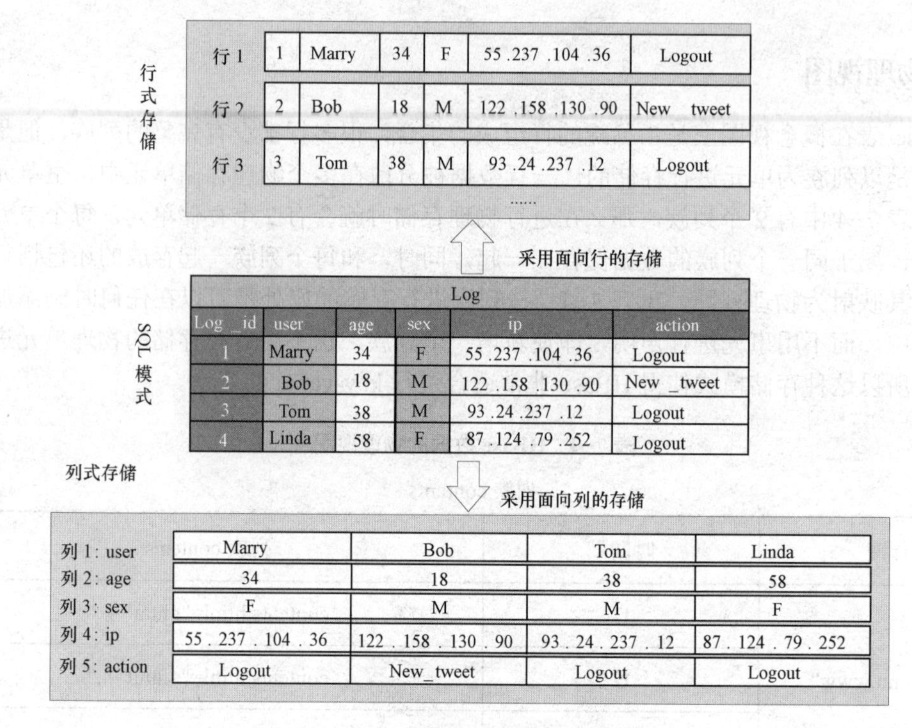

图 7–3　行式存储结构和列式存储结构

行式数据库主要适合于小批量的数据处理，如联机事务型数据处理。列式数据库主要适合于批量数据处理和即席查询。它的优点是：可以降低 I/O 开销，支持大量并发用户查询，其数据处理速度比传统方法快 100 倍；具有较高的数据压缩比，较传统的行式数据库更加有效，甚至能达到 5 倍的效果。

列式数据库主要用于数据挖掘、决策支持和地理信息系统等查询密集型系统中，在人口统计调查、医疗分析等行业中，这种行业需要处理大量的数据统计分析。

DSM 存储模型的缺陷是：执行连接操作时需要昂贵的元组重构代价，因为一个元组的不同属性被分散到不同磁盘页中存储，当需要一个完整的元组时，就要从多个磁盘页中读取相应字段的值来重新组合得到原来的一个元组。

7.2.5　HBase 数据模型

图 7–4 以可视化的方式展现了 RDBMS 和 HBase 的数据模型的不同。由于 HBase 表是多维映射的，因此，行列的排列与传统 RDBMS 不同。传统 RDBMS 数据库对于不存在的值，必须存储 NULL 值，而在 HBase 中，不存在的值可以省略，且不占存储空间。此外，HBase 在新建表的时候必须指定表名和列族，不需要指定列，所有的列在后续添加数据的时候动态添加，而 RDBMS 指定好列以后，不可以修改和动态添加。

可以把 HBase 数据模型看成是一个键值数据库，通过 4 个键定位到具体的值。首先通过行键定位到一整行数据，然后通过列族定位到列所在的范围，最后通过列限定符定位到具体的单元格数据。既然是键值数据库，可以用来描述的方法有很多，如图 7–5 所示，通过 JSON 数据格式表示 HBase 数据模型。

Id	name	age	hobby	adderess
001	zhangsan	26	篮球	山东
002	lisi	20	跑步	NULL
003	wangwu	NULL	NULL	青岛
004	zhaoliu	NULL	NULL	NULL

rowkey	family1	family2
001	family1:name=zhangsan family1:age=26	family2:hobby=篮球 family2:address=山东
002	family1:name=lisi family1:age=20	family2:hobby=跑步
003	family1:name=wangwu	family2:address=青岛
004	family1:name=zhaoliu	

图 7-4　RDBMS 和 HBase 的数据模型

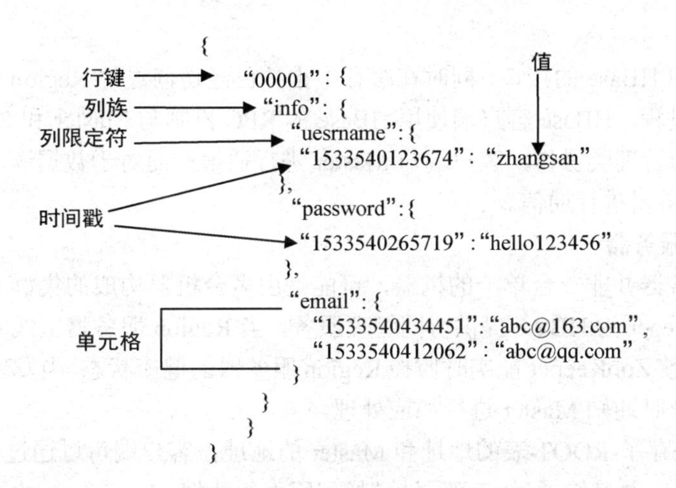

图 7-5　HBase JSON 格式数据模型

7.3　HBase 的运行机制

本节介绍 HBase 的运行机制，包括 HBase 系统架构、表和 Region 及 Region 的定位机制，此外，阐述 Region 服务器、Store 和 HLog 这三者的工作原理。

7.3.1　HBase 系统架构

HBase 的系统架构采用主从（master/slave）模式，包括客户端、ZooKeeper 服务器、Master 主服务器及 Region 服务器。需要说明的是，HBase 一般采用 HDFS 作为底层数据存储，加入了 HDFS 和 Hadoop，如图 7-6 所示。

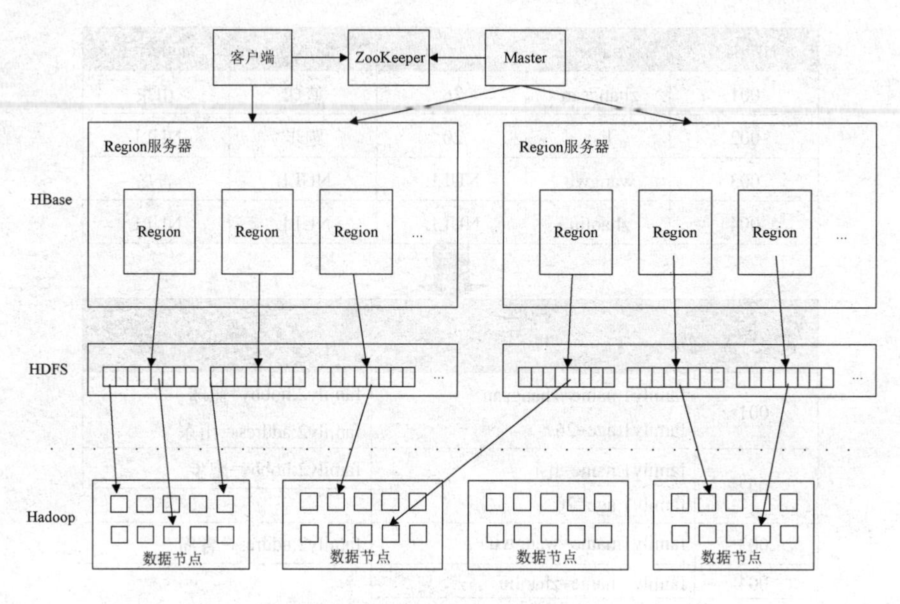

图 7–6　HBase 的系统架构

1. 客户端

客户端包含访问 HBase 的接口，同时在缓存中维护已经访问过的 Region 位置信息，用来加快后续数据访问过程。HBase 客户端使用 HBase 的 RPC 机制与 Master 和 Region 服务器进行通信。其中，对于管理类操作，客户端与 Master 进行通信；而对于数据读写类操作，客户端则会与 Region 服务器进行通信。

2. ZooKeeper 服务器

ZooKeeper 服务器并非一台单一的机器，可能是由多台机器构成的集群来提供稳定可靠的协同服务。ZooKeeper 为 HBase 提供协同管理服务，当 Region 服务器上线时会把自己注册到 ZooKeeper 中，以使 ZooKeeper 能实时监控 Region 服务器的健康状态，当发现某一个 Region 服务器死掉时，能及时通知 Master 进行相应处理。

ZooKeeper 中保存了-ROOT-表的地址和 Master 的地址，客户端可以通过访问 ZooKeeper 获得-ROOT-表的地址，并最终通过“三级寻址”找到所需的数据。ZooKeeper 中还存储了 HBase 的模式，包括有哪些表，每个表有哪些列族。

3. Master

Master 节点并不是只有一个，用户可以启动多个 Master 节点，并通过 ZooKeeper 的选举机制保持同一时刻只有一个 Master 节点处于活动状态，其他 Master 处于备用状态。主要作用如下。

（1）Master 节点本身并不存储 HBase 的任何数据。它主要作用于管理 Region 服务器节点，Region 服务器节点可以管理哪些 Region，以实现其负载均衡。

（2）当某个 Region 服务器节点宕机时，Master 会将其中 Region 过移到其他的 Region 服务器上。

（3）管理用户对表的增、删、改、查等操作。

（4）管理表的元数据（每个 Region 都有一个唯一标识符，元数据主要保存 Region 的唯一标识符和 Region 服务器的映射关系）。

（5）权限控制。

4. Region 服务器

Region 服务器是 HBase 中最核心的模块，负责维护分配给自己的 Region，并响应用户的读写请求。Region 服务器运行于 DataNode 节点，一般来说，一个 DataNode 运行一个 Region 服务器。HBase 一般采用 HDFS 作为底层存储文件系统，因此，Region 服务器需要向 HDFS 文件系统中读写数据。采用 HDFS 作为底层存储系统，可以为 HBase 提供可靠稳定的数据存储，HBase 自身并不具备数据复制和维护数据副本的功能，而 HDFS 可以为 HBase 提供这些支持。当然，也可以不采用 HDFS，而是使用其他任何支持 Hadoop 接口的文件系统作为底层存储文件系统，如本地文件系统或云计算环境中的 Amazon S3（simple storage service）。

7.3.2　表和 Region

在一个 HBase 中，存储了许多表。对于每个 HBase 表而言，表中的行是根据行键的值的字典序进行维护的，表中包含的行的数量可能非常庞大，无法存储在一台机器上，需要分布存储到多台机器上。因此，需要根据行键的值对表中的行进行分区，每个行区间构成一个分区，称为“Region”，包含了位于某个值域区间内的所有数据，它是负载均衡和数据分发的基本单位，这些 Region 会被分发到不同的 Region 服务器上，如图 7–7 所示。

初始时，每个表只包含一个 Region，随着数据的不断插入，Region 会持续增大，当一个 Region 中包含的行数量达到一个阈值时，就会被自动等分成两个新的 Region ，如图 7–8 所示。随着表中行的数量继续增加，就会分裂出越来越多的 Region。

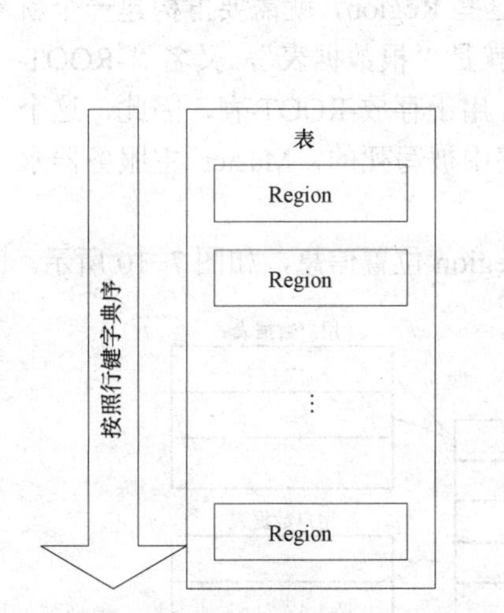

图 7–7　HBase 表划分成多个 Region

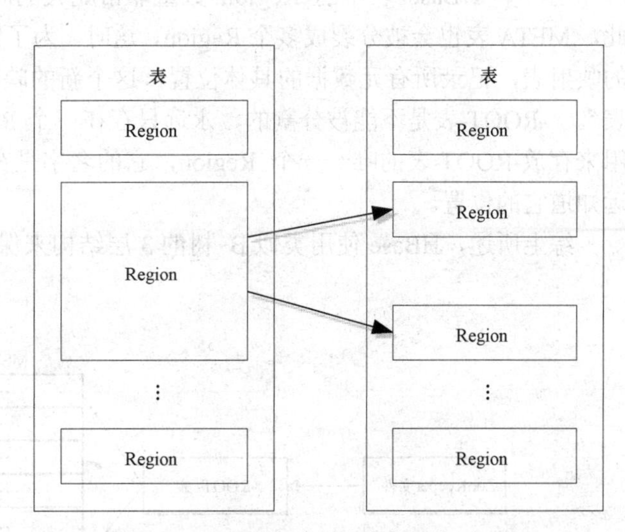

图 7–8　Region 会分裂成多个新的 Region

每个 Region 的默认大小是 100～200 MB，是 HBase 中负载均衡和数据分发的基本单位。Master 主服务器会把不同的 Region 分配到不同的 Region 服务器上，但是同一个 Region 是不会被拆分到多个 Region 服务器上的。每个 Region 服务器负责管理一个 Region 集合，通常在每个 Region 服务器上会放置 10～1000 个 Region，如图 7–9 所示。

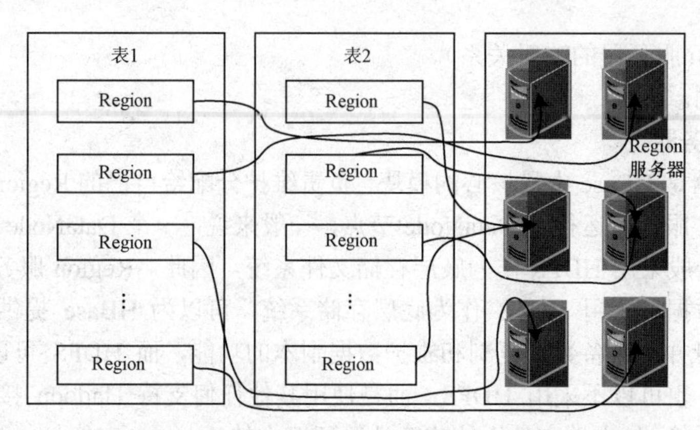

图 7-9　不同的 Region 可以分布在不同的 Region 服务器上

7.3.3　Region 的定位

一个 HBase 的表可能非常庞大，会被分裂成很多个 Region，这些 Region 被分发到不同的 Region 服务器上。因此，必须设计相应的 Region 定位机制，保证客户端知道到哪里可以找到自己所需要的数据。

每个 Region 都有一个 RegionID 来标识它的唯一性，为了定位每个 Region 所在的位置，就可以构建一张映射表，映射表的每个条目包含两项内容，一个是 Region 标识符，另一个是 Region 服务器标识，这个映射表包含了关于 Region 的元数据，因此，也被称为“元数据表”，又名“.META.表”，为了加快访问速度，.META.表会被保存在内存中。

当一个 HBase 表中的 Region 数量非常庞大的时候，.META.表的条目就会非常多，因此，.META.表也会被分裂成多个 Region，这时，为了定位这些 Region，就需要再构建一个新的映射表，记录所有元数据的具体位置，这个新的映射表就是“根数据表”，又名“-ROOT-表”。 -ROOT-表是不能被分割的，永远只存在一个 Region 用于存放-ROOT-表，因此，这个用来存放-ROOT-表的唯一一个 Region，它的名字是在程序中被写死的，Master 主服务器永远知道它的位置。

综上所述，HBase 使用类似 B+树的 3 层结构来保存 Region 位置信息，如图 7-10 所示。

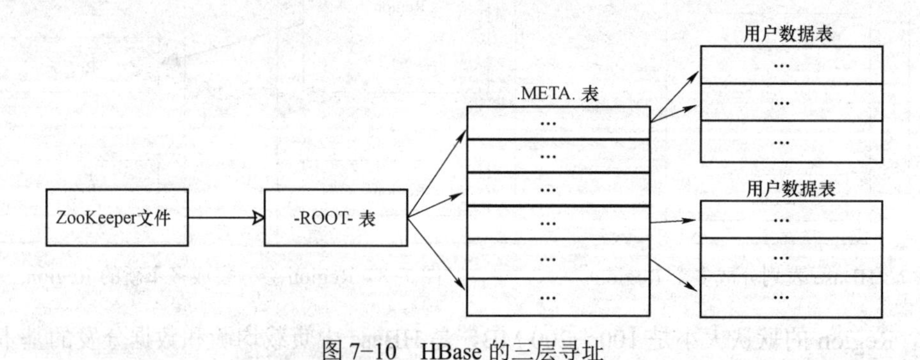

图 7-10　HBase 的三层寻址

客户端在访问用户数据之前，需要首先访问 ZooKeeper，获取-ROOT-表的位置信息，然后访问 ROOT 表，获得.META.表的信息，接着访问.META.表，找到所需的 Region 具体位于哪个 Region 服务器，最后才会到该 Region 服务器读取数据。可以看出，没有必要再连接主服务器 Master，其负载相对就小了很多。为了加速寻址过程，一般会在客户端做缓存，就可以直接从客户端缓存中获取 Region 的位置信息，而不需要每次都经历一个“三级寻址”过程。

7.3.4　Region 服务器的工作原理

Region 服务器是 HBase 中最核心的模块，其内部管理了一系列 Region 对和一个 HLog 文件，其中 HLog 是磁盘上面的记录文件，它记录所有的更新操作。每个 Region 对象又由多个 Store 组成，每个 Store 对应了表中的一个列族的存储。每个 Store 又包含了一个 MemStore 和若干个 StoreFile，其中，MemStore 是在内存中的缓存，保存最近更新的数据；StoreFile 是磁盘中的文件，这些文件都是 B 树结构的，方便快速读取。StoreFile 在底层的实现方式是 HDFS 文件系统的 HFile，HFile 的数据块通常采用压缩方式存储，压缩之后可以大大减少网络 I/O 和磁盘 I/O。图 7-11 描述了 Region 服务器向 HDFS 文件系统中读写数据的基本原理。

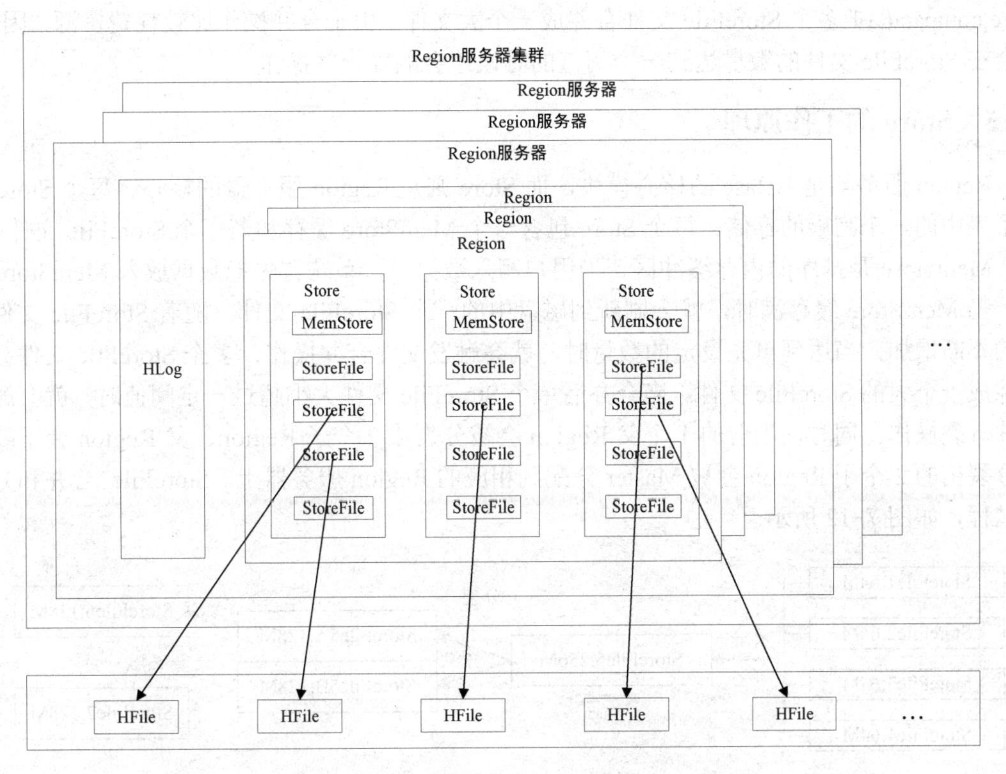

图 7-11　Region 服务器向 HDFS 文件系统中读写数据

1. 用户读写数据的过程

当用户写入数据时，会被分配到相应的 Region 服务器去执行操作。用户数据首先被写入到 MemStore 和 HLog 中，当操作写入 HLog 之后，commit( )调用才会将其返回给客户端。

当用户读取数据时，Region 服务器会首先访问 MemStore 缓存，如果数据不在缓存中，才会到磁盘上面的 StoreFile 中去寻找。

2. 缓存的刷新

MemStore 缓存的容量有限，系统会周期性地调用 Region.flushcache( )把 MemStore 缓存里面的内容写到磁盘的 StoreFile 文件中，清空缓存，并在 HLog 文件中写入一个标记，用来表示缓存中的内容已经被写入 StoreFile 文件中。每次缓存刷新操作都会在磁盘上生成一个新的 StoreFile 文件，因此，每个 Store 会包含多个 StoreFile 文件。

每个 Region 服务器都有一个自己的 HLog 文件，在启动的时候，每个 Region 服务器都会检查自己的 HLog 文件，确认最近一次执行缓存刷新操作之后是否发生新的写入操作。如果没有更新，说明所有数据已经被永久保存到磁盘的 StoreFile 文件中；如果发现更新，就先把这些更新写入 MemStore，然后再刷新缓存，写入到磁盘的 StoreFile 文件中。最后，删除旧的 HLog 文件，并开始为用户提供数据访问服务。

3. StoreFile 的合并

每次 MemStore 缓存的刷新操作都会在磁盘上生成一个新的 StoreFile 文件，这样，系统中的每个 Store 就会存在多个 StoreFile 文件。当需要访问某个 Store 中的某个值时，就必须查找所有这些 StoreFile 文件，非常耗费时间。因此，为了减少查找时间，系统一般会调用 Store.compact( )把多个 StoreFile 文件合并成一个大文件。由于合并操作比较耗费资源，因此，只会在 StoreFile 文件的数量达到一个阈值的时候才会触发合并操作。

7.3.5 Store 的工作原理

Region 服务器是 HBase 的核心模块，而 Store 则是 Region 服务器的核心。每个 Store 对应了表中的一个列族的存储。每个 Store 包含一个 MemStore 缓存和若干个 StoreFile 文件。

MemStore 是排序的内存缓冲区，当用户写入数据时，系统首先把数据放入 MemStore 缓存，当 MemStore 缓存满时，就会刷新到磁盘中的一个 StoreFile 文件。随着 StoreFile 文件数量的不断增加，当达到事先设定的数量时，就会触发文件合并操作，多个 StoreFile 文件会被合并成一个大的 StoreFile 文件。当合并后单个 StoreFile 文件大小超过一定阈值时，就会触发文件分裂操作。同时，当前的 1 个父 Region 会被分裂成 2 个子 Region，父 Region 会下线，新分裂出的 2 个子 Region 会被 Master 分配到相应的 Region 服务器上。StoreFile 合并和分裂的过程，如图 7-12 所示。

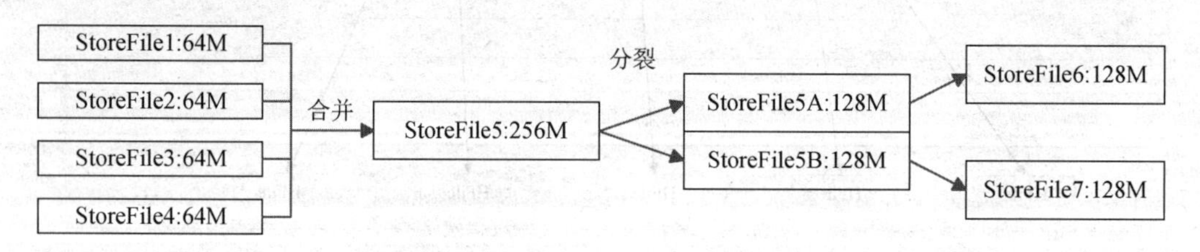

图 7-12 StoreFile 合并和分裂的过程

7.3.6 HLog 的工作原理

在分布式环境下，必须要考虑到系统出错的情形，例如，当 Region 服务器发生故障时，MemStore 缓存中的数据会全部丢失。因此，HBase 采用 HLog 来保证系统发生故障时能够恢复到正确的状态。

HBase系统为每个Region服务器配置了一个HLog文件，它是一种预写式日志（Write Ahead Log），也就是说，用户更新数据必须首先被记入日志后才能写入MemStore缓存，并且直到MemStore缓存内容对应的日志已经被写入磁盘之后，该缓存内容才会被刷新写入磁盘。

ZooKeeper会实时监测每个Region服务器的状态，当某个Region服务器发生故障时，ZooKeeper会通知Master主服务器，Master主服务器首先会处理该故障Region服务器上面遗留的HLog文件，由于一个Region服务器上面可能会维护多个Region对象，这些Region对象共用一个HLog文件，因此，这个遗留的HLog文件中包含了来自多个Region对象的日志记录。系统会根据每条日志记录所属的Region对象对HLog数据进行拆分，分别放到相应Region对象的目录下，然后再将失效的Region重新分配到可用的Region服务器中，并把与该Region对象相关的HLog日志记录也发送给相应的Region服务器。Region服务器领取到分配给自己的Region对象及与之相关的HLog日志记录以后，会重新做一遍日志记录中的各种操作，把日志记录中的数据写入MemStore缓存，然后刷新到磁盘的StoreFile文件中，完成数据恢复。

需要特别指出的是，在HBase系统中，每个Region服务器只需要维护一个HLog文件，所有Region对象共用一个HLog，而不是每个Region使用一个HLog。在这种Region对象共用一个HLog的方式中，多个Region对象的更新操作所发生的日志修改，只需要不断把日志记录追加到单个日志文件中，而不需要同时打开、写入到多个日志文件中，因此，可以减少磁盘寻址次数，提高对表的写操作性能。这种方式的缺点是，如果一个Region服务器发生故障，为了恢复其上的Region对象，需要将Region服务器上的HLog按照其所属的Region对象进行拆分，然后分发到其他Region服务器上执行恢复操作。

本章小结

本章详细介绍了HBase的概念、数据模型及运行机制。HBase是一个高可靠、高性能、面向列、可伸缩的分布式数据库，主要用来存储非结构化和半结构化的松散数据，设计它的目的就是用于处理非常庞大的表。

HBase实际上就是一个稀疏、多维、持久化存储的映射表，它采用行键、列键和时间戳进行索引，每个值都是未经解释的字符串。本章介绍了HBase数据在概念视图和物理视图中的差别。HBase采用分区存储，一个大的表会被拆分为许多个Region，这些Region会被分发到不同的Region服务器上实现分布式存储。

HBase的系统架构包括客户端、ZooKeeper服务器、Master主服务器、Region服务器。客户端包含访问HBase的接口；ZooKeeper服务器负责提供稳定、可靠的协同服务；Master主服务器主要负责表和Region的管理工作；Region服务器负责维护分配给自己的Region，并响应用户的读写请求。

习 题

1. 如何理解HBase及其特点？

2. 试述在 Hadoop 体系架构中 HBase 与其他组成部分的关系。
3. 请阐述 HBase 和传统关系型数据库的区别。
4. HBase 支持哪些类型的访问接口？
5. 分别解释 HBase 中行键、列键和时间戳的概念。
6. 请以实例说明 HBase JSON 数据模型。
7. 请列举实例来阐述 HBase 的概念视图与物理视图的区别。
8. 试述 HBase 系统基本架构及其每个组成部分的作用。
9. 请阐述表与 Region 的关系。
10. HBase 中的分区是如何定位的？
11. 假设.META.表的每行（一个映射条目）在内存中大约占用 1 KB，并且每个 Region 限制为 128 MB，那么，3 层结构可以保存的用户数据表的 Region 数目是多少？
12. 请阐述客户端通过“三级寻址”是如何访问到数据的。
13. 请阐述 Region 服务器向 HDFS 中读写数据的基本原理。
14. 试述 HStore 的工作原理。
15. 试述 HLog 的工作原理。
16. 在 HBase 中，每个 Region 服务器维护一个 HLog，而不是每个 Region 都单独维护一个 HLog。请说明这种做法的优点和缺点。

实验 7.1　分布式数据库 HBase 的安装与操作

1. 实验目的

（1）理解并掌握 HBase 的配置过程。

（2）理解 HBase 的测试。

2. 实验环境

（1）hbase-2.0.5-bin.tar.gz。

（2）hdfs-site.xml。

3. 实验步骤

分布式数据库 HBase 安装方式有：单机版、分布式和 HDFS 高可用集群方式。本实验是 HDFS 高可用集群方式安装 HBase。首先启动 HDFS、zookeeper 等各个进程。

```
[hadoop@centos01 software]$ jps
14932 Jps
13830 DFSZKFailoverController
14790 NodeManager
13511 QuorumPeerMain
13610 JournalNode
14012 NameNode
14508 ResourceManager
14173 DataNode
[hadoop@centos02 software]$ jps
```

```
2321 NameNode
2466 DataNode
2899 Jps
1973 QuorumPeerMain
2071 JournalNode
2761 NodeManager
2219 DFSZKFailoverController
2669 ResourceManager
[hadoop@centos03 software]$ jps
2256 DataNode
1971 QuorumPeerMain
2613 Jps
2077 JournalNode
2447 NodeManager
```

（1）上传并解压 hbase-2.0.5-bin.tar.gz。

```
[hadoop@centos01 software]$ tar -zxvf hbase-2.0.5-bin.tar.gz
[hadoop@centos01 software]$ ll
总用量 896208
总用量 1575360
drwxr-xr-x. 10 root    root          184 8 月   9 18:10 apache-hive-3.1.2-bin
-rw-rw-r--.  1 hadoop hadoop 278813748 8 月   9 18:09 apache-hive-3.1.2-bin.tar.gz
drwxr-xr-x. 14 hadoop hadoop      4096 8 月   8 20:57 hadoop-3.3.2
-rw-rw-r--.  1 hadoop hadoop 638660563 4 月  23 22:28 hadoop-3.3.2.tar.gz
drwxrwxr-x.  7 hadoop hadoop       182 8 月  10 14:38 hbase-2.0.5
-rw-rw-r--.  1 hadoop hadoop 132569269 8 月  10 14:36 hbase-2.0.5-bin.tar.gz
-rw-rw-r--.  1 hadoop hadoop  68874531 5 月   2 23:21 Hello_Hadoop_22661301yjs.jar
drwxr-xr-x.  8 hadoop hadoop       273 12 月  9 2020 jdk1.8.0_281
-rw-rw-r--.  1 hadoop hadoop 143722924 4 月  23 21:33 jdk-8u281-linux-x64.tar.gz
-rw-rw-r--.  1 hadoop hadoop 151358565 5 月   3 15:50 MapReduce_22661301yjs.jar
-rw-r--r--.  1 root   root 6140 11 月 12 2015 mysql-community-release-el7-5.noarch.rpm
-rw-r--r--.  1 root   root 6140 11 月 12 2015 mysql-community-release-el7-5.noarch.rpm.1
drwxr-xr-x. 11 hadoop hadoop      4096 8 月   8 19:17 zookeeper-3.4.6
-rw-rw-r--.  1 hadoop hadoop  17699306 5 月   3 10:09 zookeeper-3.4.6.tar.gz
-rw-rw-r--.  1 hadoop hadoop     68087 8 月  10 09:27 zookeeper.out
```

因为其中 docs 是文档，占空间大，配置完传到其他节点慢，将其删除。

```
[hadoop@centos01 hbase-2.0.5]$ rm -r docs
[hadoop@centos01 hbase-2.0.5]$ ll
总用量 1860
drwxr-xr-x. 4 hadoop hadoop    4096 3 月   18 2019 bin
```

```
-rw-r--r--. 1 hadoop hadoop 846815 3 月   18 2019 CHANGES.md
drwxr-xr-x. 2 hadoop hadoop      178 3 月   18 2019 conf
drwxr-xr-x. 7 hadoop hadoop       80 3 月   18 2019 hbase-webapps
-rw-r--r--. 1 hadoop hadoop      262 3 月   18 2019 LEGAL
drwxrwxr-x. 4 hadoop hadoop     8192 8 月   10 14:38 lib
-rw-r--r--. 1 hadoop hadoop 129369 3 月   18 2019 LICENSE.txt
-rw-r--r--. 1 hadoop hadoop 427471 3 月   18 2019 NOTICE.txt
-rw-r--r--. 1 hadoop hadoop     1477 3 月   18 2019 README.txt
-rw-r--r--. 1 hadoop hadoop 470589 3 月   18 2019 RELEASENOTES.md
```

（2）配置环境变量。在配置文件/etc/profile 中设置 hbase 的安装路径。

注意：vim /etc 在写入时出现 E121:无法打开并写入文件，退出保存用:w !sudo tee %。

```
unset i
unset -f pathmunge
export JAVA_HOME=/opt/software/jdk1.8.0_281
export HADOOP_HOME=/opt/software/hadoop-3.3.2
export ZOOKEEPER_HOME=/opt/software/zookeeper-3.4.6
export HIVE_HOME=/opt/software/apache-hive-3.1.2-bin
export HBASE_HOME=/opt/software/hbase-2.0.5

export   PATH=$PATH:$JAVA_HOME/bin:$HADOOP_HOME/bin:$HADOOP_HOME/sbin:
$ZOOKEEPER_HOME/bin:$HIVE_HOME/bin:$HBASE_HOME/bin
[hadoop@centos01 hbase-2.0.5]$ source /etc/profile
```

（3）配置 hbase-env.sh 文件。

① 配置 JAVA_HOME。

```
[hadoop@centos01 hbase-2.0.5]$ cd conf
[hadoop@centos01 conf]$ ll
总用量 52
-rw-r--r--. 1 hadoop hadoop   1811 1 月   22 2020 hadoop-metrics2-hbase.properties
-rw-r--r--. 1 hadoop hadoop   4773 1 月   22 2020 hbase-env.cmd
-rw-r--r--. 1 hadoop hadoop 12588 1 月   22 2020 hbase-env.sh
-rw-r--r--. 1 hadoop hadoop   2249 1 月   22 2020 hbase-policy.xml
-rw-r--r--. 1 hadoop hadoop   2301 1 月   22 2020 hbase-site.xml
-rw-r--r--. 1 hadoop hadoop   1245 1 月   22 2020 log4j2-hbtop.properties
-rw-r--r--. 1 hadoop hadoop   5746 1 月   22 2020 log4j2.properties
-rw-r--r--. 1 hadoop hadoop       10 1 月   22 2020 regionservers
[hadoop@centos01 conf]$ vi hbase-env.sh
```

打开/etc/profile，将 JAVA_HOME 的路径复制到 hbase-env.sh 中。

```
# This script sets variables multiple times over the course of starting an hbase process,
# so try to keep things idempotent unless you want to take an even deeper look
```

```
# into the startup scripts(bin/hbase, etc.)

# The java implementation to use.  Java 1.8+ required.
# export JAVA_HOME=/usr/java/jdk1.8.0/
export JAVA_HOME=/opt/software/jdk1.8.0_281
```

② 配置 HBASE_MANAGERS_ZK=false。不用自带的 ZooKeeper，用系统中配置的 ZooKeeper。

```
# otherwise arrive faster than the master can service them.
# export HBASE_SLAVE_SLEEP=0.1

# Tell HBase whether it should manage it's own instance of ZooKeeper or not.
export HBASE_MANAGES_ZK=false
# The default log rolling policy is RFA, where the log file is rolled as per the size defined for the
```

③ 配置 HBASE_CLASSPATH。HBASE_CLASSPATH 指向 hadoop 配置文件路径。

```
[hadoop@centos01 hadoop-3.3.2]$ cd etc/hadoop/
[hadoop@centos01 hadoop]$ pwd
/opt/software/hadoop-3.3.2/etc/hadoop
```

将上面的路径写入文件中。

```
# Extra Java CLASSPATH elements.  Optional.
export HBASE_CLASSPATH=/opt/software/hadoop-3.3.2/etc/hadoop

# The maximum amount of heap to use. Default is left to JVM default.
# export HBASE_HEAPSIZE=1G
```

（4）配置 hbase-site.xml 文件。修改 hbase-site.xml 配置文件，注意主机名和 ZooKeeper 的路径，根据实际进行修改。

```
<configuration>
  <property>
    <name>hbase.rootdir</name>
    <value>hdfs://mycluster/hbase</value>
  </property>
  <property>
    <name>hbase.centos01</name>
    <value>8020</value>
  </property>
  <property>
    <name>hbase.zookeeper.quorum</name>
    <value>centos01,centos02,centos03</value>
  </property>
```

```
    <property>
      <name>hbase.zookeeper.property.clientPort</name>
      <value>2181</value>
    </property>
    <property>
      <name>hbase.zookeeper.property.dataDir</name>
      <value>/opt/software/zookeeper-3.4.6/conf</value>
    </property>
    <property>
      <name>hbase.cluster.distributed</name>
      <value>true</value>
    </property>
    <property>
      <name>hbase.tmp.dir</name>
      <value>/tmp/hbase/tmp</value>
    </property>
  <property>
        <name>hbase.unsafe.stream.capability.enforce</name>
        <value>false</value>
    </property>
  </configuration>
```

（5）配置 regionservers 文件。regionservers 文件，相当于 hdfs 中的 slaves 文件配置 datanode 节点，用来配置 Region 服务器，最好是数据节点。

```
[hadoop@centos01 conf]$ vi regionservers
centos01
centos02
centos03
```

（6）配置 back-masters。把/opt/software/Hadoop-3.3.2/etc/hadoop/下的 hdfs-site.xml 复制到 conf 目录下，也可以不操作。

```
[hadoop@centos01 conf]$ ll
-rw-r--r--. 1 hadoop hadoop 1811 3 月    18 2019 hadoop-metrics2-hbase.properties
-rw-r--r--. 1 hadoop hadoop 4271 3 月    18 2019 hbase-env.cmd
-rw-r--r--. 1 hadoop hadoop 7315 8 月    10 14:45 hbase-env.sh
-rw-r--r--. 1 hadoop hadoop 2257 3 月    18 2019 hbase-policy.xml
-rw-r--r--. 1 hadoop hadoop 1766 8 月    10 14:47 hbase-site.xml
-rw-rw-r--. 1 hadoop hadoop 3379 8 月    10 14:49 hdfs-site.xml
-rw-r--r--. 1 hadoop hadoop 4977 3 月    18 2019 log4j.properties
-rw-r--r--. 1 hadoop hadoop      27 8 月    10 14:48 regionservers
```

（7）hbase 复制到其他节点。将配置好的 hbase 复制到其他节点。

```
[hadoop@centos01 software]$ scp -r hbase-2.0.5 hadoop@centos02:/opt/software/
LICENSE.txt                              100%  137KB  43.0MB/s   00:00
NOTICE.txt                               100%  574KB  50.7MB/s   00:00
LEGAL                                    100%  262    312.2KB/s  00:00
CHANGES.md                               100% 1040KB  45.2MB/s   00:00
RELEASENOTES.md                          100%  592KB  30.3MB/s   00:00
hadoop-metrics2-hbase.properties         100% 1811    2.1MB/s    00:00
hbase-env.cmd                            100% 4773    5.8MB/s    00:00
hbase-policy.xml                         100% 2249    2.9MB/s    00:00
[hadoop@centos01 software]$ scp -r hbase-2.0.5 hadoop@centos03:/opt/software/
LICENSE.txt                              100%  137KB  43.0MB/s   00:00
NOTICE.txt                               100%  574KB  50.7MB/s   00:00
LEGAL                                    100%  262    312.2KB/s  00:00
CHANGES.md                               100% 1040KB  45.2MB/s   00:00
RELEASENOTES.md                          100%  592KB  30.3MB/s   00:00
hadoop-metrics2-hbase.properties         100% 1811    2.1MB/s    00:00
hbase-env.cmd                            100% 4773    5.8MB/s    00:00
hbase-policy.xml                         100% 2249    2.9MB/s    00:00
```

（8）启动 hbase。

```
[hadoop@centos01 software]$ start-hbase.sh
SLF4J: Class path contains multiple SLF4J bindings.
SLF4J: Found binding in [jar:file:/opt/software/hadoop-2.8.2/share/hadoop/common/ lib/slf4j-log4j12-1.7.10.jar!/org/slf4j/impl/StaticLoggerBinder.class]
SLF4J: Found binding in [jar:file:/opt/software/hbase-2.0.5/lib/client-facing-thirdparty/ log4j-slf4j-impl-2.17.2.jar!/org/slf4j/impl/StaticLoggerBinder.class]
SLF4J: See http://www.slf4j.org/codes.html#multiple_bindings for an explanation.
SLF4J: Actual binding is of type [org.slf4j.impl.Log4jLoggerFactory]
master running as process 17132. Stop it first.
centos03: regionserver running as process 3478. Stop it first.
centos02: regionserver running as process 4068. Stop it first.
centos01: regionserver running as process 17313. Stop it first.
```

各节点进程：

```
[hadoop@centos01 software]$ jps
20081 ResourceManager
18915 DataNode
17205 DFSZKFailoverController
18775 NameNode
19704 NodeManager
36968 RunJar
```

```
42955 HRegionServer
43131 Jps
16845 QuorumPeerMain
42797 HMaster
19151 JournalNode
[hadoop@centos02 software]$ jps
2321 NameNode
2466 DataNode
4068 HRegionServer
1973 QuorumPeerMain
2071 JournalNode
2761 NodeManager
2219 DFSZKFailoverController
2669 ResourceManager
4413 Jps
[hadoop@centos03 hadoop]$ jps
2256 DataNode
3840 Jps
1971 QuorumPeerMain
3478 HRegionServer
2077 JournalNode
2447 NodeManager
```

（9）测试配置。

① hbase shell 测试。

```
[hadoop@centos01 software]$ hbase shell
SLF4J: Class path contains multiple SLF4J bindings.
SLF4J: Found binding in [jar:file:/opt/software/hbase-2.0.5/lib/slf4j-log4j12-1.7.25.jar!/org/slf4j/impl/StaticLoggerBinder.class]
SLF4J: Found binding in [jar:file:/opt/software/hadoop-3.3.2/share/hadoop/common/lib/slf4j-log4j12-1.7.30.jar!/org/slf4j/impl/StaticLoggerBinder.class]
SLF4J: See http://www.slf4j.org/codes.html#multiple_bindings for an explanation.
SLF4J: Actual binding is of type [org.slf4j.impl.Log4jLoggerFactory]
HBase Shell
Use "help" to get list of supported commands.
Use "exit" to quit this interactive shell.
For Reference, please visit: http://hbase.apache.org/2.0/book.html#shell
Version 2.0.5, r76458dd074df17520ad451ded198cd832138e929, Mon Mar 18 00:41:49 UTC 2019
Took 0.0017 seconds
```

```
hbase(main):001:0>
```

② HDFS 测试。

```
[hadoop@centos01 software]$ hdfs dfs -ls /
Found 5 items
drwxr-xr-x   - hadoop supergroup          0 2023-08-10 11:09 /hbase
drwxr-xr-x   - hadoop supergroup          0 2023-08-09 10:07 /mydirHA
drwx-wx-wx   - root   supergroup          0 2023-08-09 20:13 /tmp
```

③ 检查 ZooKeeper。

```
[hadoop@centos01 software]$ zkServer.sh status
JMX enabled by default
Using config: /opt/software/zookeeper-3.4.6/bin/../conf/zoo.cfg
Mode: follower
[hadoop@centos01 software]$ zkCli.sh
Connecting to localhost:2181
2023-08-10 14:54:41,252 [myid:] - INFO  [main:Environment@100] - Client environment:
zookeeper.version=3.4.6-1569965, built on 02/20/2014 09:09 GMT
2023-08-10 14:54:41,259 [myid:] - INFO  [main:Environment@100] - Client environment:
host.name=centos01
2023-08-10 14:54:41,259 [myid:] - INFO  [main:Environment@100] - Client environment:
java.version=1.8.0_281
2023-08-10 14:54:41,264 [myid:] - INFO  [main:Environment@100] - Client environment:
java.vendor=Oracle Corporation
2023-08-10 14:54:41,265 [myid:] - INFO  [main:Environment@100] - Client environment:
java.home=/opt/software/jdk1.8.0_281/jre
    …
WatchedEvent state:SyncConnected type:None path:null
[zk: localhost:2181(CONNECTED)0]
[zk: localhost:2181(CONNECTED)1] ls /
[zookeeper, yarn-leader-election, hadoop-ha, hbase]
[zk: localhost:2181(CONNECTED)2] ls /hbase
[replication, meta-region-server, rs, splitWAL, backup-masters, table-lock, flush-table-proc,
master-maintenance, online-snapshot, master, switch, running, draining, namespace, hbaseid, table]
[zk: localhost:2181(CONNECTED)3] ls /hbase
[replication, meta-region-server, rs, splitWAL, backup-masters, table-lock, flush-table-proc,
master-maintenance, online-snapshot, master, switch, running, draining, namespace, hbaseid, table]
[zk: localhost:2181(CONNECTED)4] ls /hbase/table
[hbase:meta, hbase:namespace]
[zk: localhost:2181(CONNECTED)5]
```

④ HDFS 浏览器测试。访问 active 状态的节点，可浏览/hbase 目录，如图 7-13 所示。

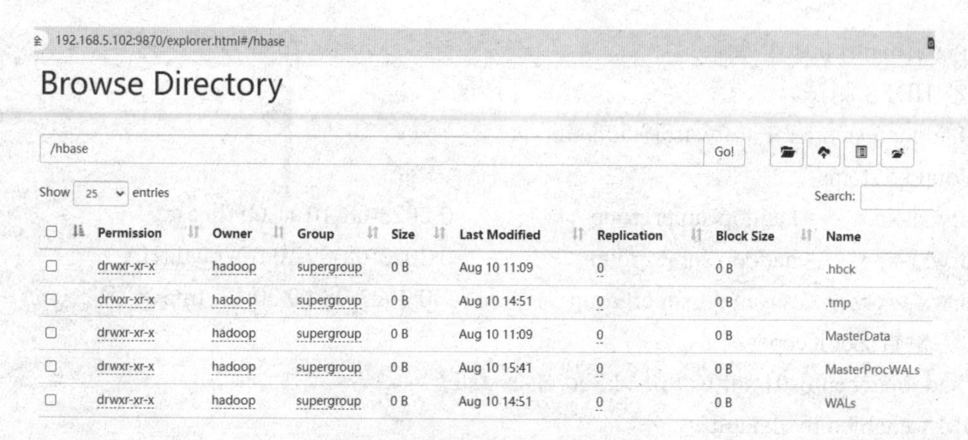

图 7-13　HDFS 中 hbase 目录

⑤ HBase 浏览器测试。访问 http://192.168.5.101:16010/master-status HBase 主页，如图 7-14 所示。

图 7-14　HBase 主页

（10）HBase 常用命令。命令不以分号结束，回车即结束，回退命令：ctrl+backspace。

① 创建表。

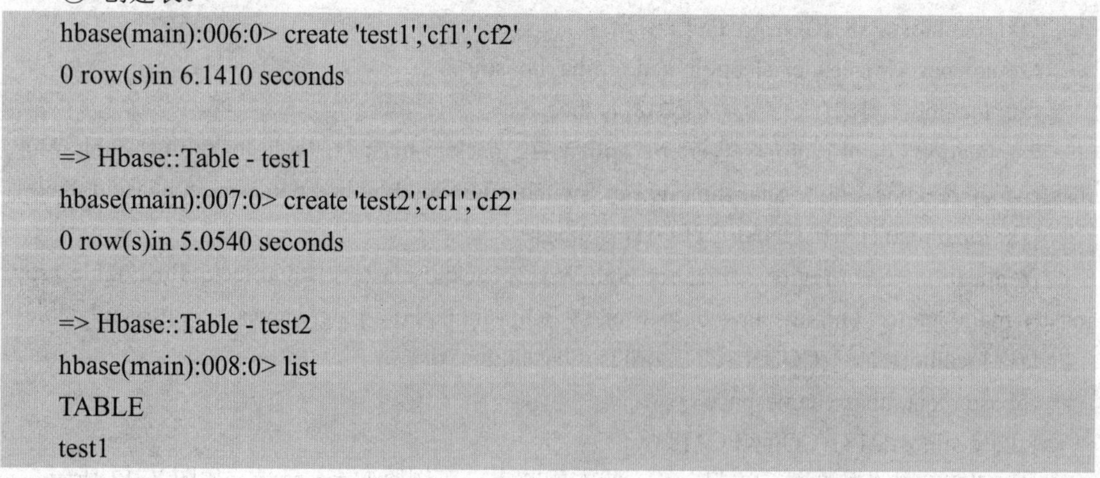

```
hbase(main):006:0> create 'test1','cf1','cf2'
0 row(s)in 6.1410 seconds

=> Hbase::Table - test1
hbase(main):007:0> create 'test2','cf1','cf2'
0 row(s)in 5.0540 seconds

=> Hbase::Table - test2
hbase(main):008:0> list
TABLE
test1
```

```
test2
2 row(s)in 0.0370 seconds

=> ["test1", "test2"]
hbase(main):009:0> desc 'test2'
Table test2 is ENABLED
test2
COLUMN FAMILIES DESCRIPTION
{NAME => 'cf1', BLOOMFILTER => 'ROW', VERSIONS => '1', IN_MEMORY => 'false', KEEP_DELETED_CELLS => '
FALSE', DATA_BLOCK_ENCODING => 'NONE', TTL => 'FOREVER', COMPRESSION => 'NONE', MIN_VERSIONS => '0',
BLOCKCACHE => 'true', BLOCKSIZE => '65536', REPLICATION_SCOPE => '0'}
{NAME => 'cf2', BLOOMFILTER => 'ROW', VERSIONS => '1', IN_MEMORY => 'false', KEEP_DELETED_CELLS => '
FALSE', DATA_BLOCK_ENCODING => 'NONE', TTL => 'FOREVER', COMPRESSION => 'NONE', MIN_VERSIONS => '0',
BLOCKCACHE => 'true', BLOCKSIZE => '65536', REPLICATION_SCOPE => '0'}
2 row(s)in 0.2120 seconds

hbase(main):010:0>
```

从上面的表结构可以看到，VERSIONS 为 1，也就是说，默认情况只会存取一个版本的列数据，当再次插入的时候，后面的值会覆盖前面的值。

修改表结构，让 Hbase 表支持存储 3 个 VERSIONS 的版本列数据。

alter 'test2',{NAME=>'cf1',VERSIONS=>3}

```
hbase(main):010:0> alter 'test2',{NAME=>'cf1',VERSIONS=>3}
Updating all regions with the new schema...
1/1 regions updated.
Done.
0 row(s)in 3.2580 seconds

hbase(main):011:0> desc 'test2'
Table test2 is ENABLED
test2
COLUMN FAMILIES DESCRIPTION
{NAME => 'cf1', BLOOMFILTER => 'ROW', VERSIONS => '3', IN_MEMORY => 'false', KEEP_DELETED_CELLS => '
FALSE', DATA_BLOCK_ENCODING => 'NONE', TTL => 'FOREVER', COMPRESSION => 'NONE', MIN_VERSIONS => '0',
```

```
BLOCKCACHE => 'true', BLOCKSIZE => '65536', REPLICATION_SCOPE => '0'}
{NAME => 'cf2', BLOOMFILTER => 'ROW', VERSIONS => '1', IN_MEMORY => 'false', KEEP_DELETED_CELLS => '
FALSE', DATA_BLOCK_ENCODING => 'NONE', TTL => 'FOREVER', COMPRESSION => 'NONE', MIN_VERSIONS => '0',
BLOCKCACHE => 'true', BLOCKSIZE => '65536', REPLICATION_SCOPE => '0'}
2 row(s)in 0.0150 seconds
```

② 删除表。先 disable 表，再 drop 表。

```
hbase(main):013:0> disable 'test1'
0 row(s)in 4.3000 seconds

hbase(main):014:0> drop 'test1'
0 row(s)in 1.2840 seconds

hbase(main):015:0> list
TABLE
test2
1 row(s)in 0.0100 seconds

=> ["test2"]
hbase(main):016:0>
```

③ 数据的添加。增加数据 put。

```
hbase(main):017:0> put 'test2','001','cf1:name','zhangsan'
0 row(s)in 0.1750 seconds

hbase(main):018:0> put 'test2','001','cf1:age','20'
0 row(s)in 0.0180 seconds

hbase(main):019:0> scan 'test2'
ROW                    COLUMN+CELL
 001                  column=cf1:age, timestamp=1621775044683, value=20
 001                  column=cf1:name, timestamp=1621775021388, value=zhan
                      gsan
1 row(s)in 0.0870 seconds
hbase(main):020:0> put 'test2','111','cf1:name','zhangsan'
0 row(s)in 0.0190 seconds

hbase(main):021:0> put 'test2','111','cf1:name','lisi'
0 row(s)in 0.0120 seconds
```

```
hbase(main):022:0> put 'test2','111','cf1:name','wangwu'
0 row(s)in 0.0140 seconds

hbase(main):023:0> put 'test2','111','cf1:age','20'
0 row(s)in 1.6360 seconds

hbase(main):024:0> scan 'test2'
ROW                       COLUMN+CELL
 001                      column=cf1:age, timestamp=1621775044683, value=20
 001                      column=cf1:name, timestamp=1621775021388, value=zhangsan
 111                      column=cf1:age, timestamp=1621775277358, value=20
 111                      column=cf1:name, timestamp=1621775262434, value=wangwu
2 row(s)in 0.0240 seconds

hbase(main):025:0> get 'test2','111','cf1:name'
COLUMN                    CELL
 cf1:name                 timestamp=1621775262434, value=wangwu
1 row(s)in 0.0550 seconds

hbase(main):026:0>
```

从上面可以看出，插入了 3 行数据到表中，并且 3 行数据的 rowkey 一致，然后使用 scan 或 get 命令来获取这一行数据，发现只返回了最新的一行数据。

④ 数据的查询。查询数据。

```
hbase(main):026:0> get 'test2','111'
COLUMN                    CELL
 cf1:age                  timestamp=1621775277358, value=20
 cf1:name                 timestamp=1621775262434, value=wangwu
2 row(s)in 0.0230 seconds

hbase(main):028:0> scan 'test2'
ROW                       COLUMN+CELL
 001                      column=cf1:age, timestamp=1621775044683, value=20
 001                      column=cf1:name, timestamp=1621775021388, value=zhangsan
 111                      column=cf1:age, timestamp=1621775277358, value=20
 111                      column=cf1:name, timestamp=1621775262434, value=wangwu
2 row(s)in 0.0310 seconds

hbase(main):029:0>
```

获取多行多列数据方法。

```
hbase(main):029:0> get 'test2','111',{COLUMN=>'cf1:name',VERSIONS=>3}
COLUMN                          CELL
 cf1:name                  timestamp=1621775262434, value=wangwu
 cf1:name                  timestamp=1621775256423, value=lisi
 cf1:name                  timestamp=1621775246117, value=zhangsan
3 row(s)in 0.0210 seconds
hbase(main):032:0> get 'test2','111',{COLUMN=>['cf1:name','cf1:age'],VERSIONS=>3}
COLUMN                                  CELL
 cf1:age                             timestamp=1621775277358, value=20
 cf1:name                            timestamp=1621775262434, value=wangwu
 cf1:name                            timestamp=1621775256423, value=lisi
 cf1:name                            timestamp=1621775246117, value=zhangsan
4 row(s)in 0.0160 seconds

hbase(main):033:0> get 'test2','111',{COLUMN=>['cf1:name','cf1:age'],VERSIONS=>2}
COLUMN                                  CELL
 cf1:age                             timestamp=1621775277358, value=20
 cf1:name                            timestamp=1621775262434, value=wangwu
 cf1:name                            timestamp=1621775256423, value=lisi
3 row(s)in 0.0340 seconds

hbase(main):034:0> get 'test2','111',{COLUMN=>['cf1:name','cf1:age'],VERSIONS=>1}
COLUMN                                  CELL
 cf1:age                             timestamp=1621775277358, value=20
 cf1:name                            timestamp=1621775262434, value=wangwu
2 row(s)in 0.0120 seconds
```

四维坐标的定位。

```
hbase(main):036:0> get 'test2','111',{COLUMN=>'cf1:name',timestamp=>1621775262434}
COLUMN                                  CELL
 cf1:name                            timestamp=1621775262434, value=wangwu
1 row(s)in 0.0160 seconds
```

⑤ 修改数据。

```
hbase(main):039:0> put 'test2','111','cf1:name','lisi'
0 row(s)in 0.0160 seconds

hbase(main):040:0> get 'test2','111','cf1:name'
COLUMN                                  CELL
 cf1:name                            timestamp=1621776246433, value=lisi
```

⑥ 删除数据。

```
hbase(main):041:0> delete 'test2','111','cf1:name'
0 row(s)in 0.6570 seconds

hbase(main):042:0> scan 'test2'
ROW                        COLUMN+CELL
 001                      column=cf1:age, timestamp=1621775044683, value=20
 001                      column=cf1:name, timestamp=1621775021388, value=zhangsan
 111                      column=cf1:age, timestamp=1621775277358, value=20
2 row(s)in 0.0240 seconds

hbase(main):043:0>
```

（11）JavaAPI 访问 Hbase。

① 新建项目。创建工程 HBase_2266130，右击【项目】|【Properties】|【Java Build Path】|【Libraries】|【ADD external JARs】，添加 hbase-2.0.5-bin\hbase-2.0.5\lib 下除 ruby 文件夹的所有 jar。项目结构，如图 7-15 所示。

图 7-15　项目结构

② 地址映射。将 zookeeper 涉及的节点的映射写入到 C:\Windows\System32\drivers\etc 的 hosts 文件中，否则访问不到。

```
# localhost name resolution is handled within DNS itself.
#     127.0.0.1           localhost
#     ::1                 localhost
192.168.5.101 centos01
192.168.5.102 centos02
192.168.5.103 centos03
```

如果权限不够，添加完全控制权限即可。

③ 创建表的实现。

```
package com.sendto.hbasedemo;
import java.io.IOException;
import org.apache.hadoop.conf.Configuration;
import org.apache.hadoop.hbase.HBaseConfiguration;
```

```
import org.apache.hadoop.hbase.HColumnDescriptor;
import org.apache.hadoop.hbase.HTableDescriptor;
import org.apache.hadoop.hbase.TableName;
import org.apache.hadoop.hbase.client.Admin;
import org.apache.hadoop.hbase.client.Connection;
import org.apache.hadoop.hbase.client.ConnectionFactory;
public class HBaseDemo {

    public static void main(String[] args){
        createTable( );
        //addData( );
        //getData( );
        //getDataByScan( );

    }
    public static void createTable( ){
        Configuration conf=HBaseConfiguration.create( );
        conf.set("hbase.zookeeper.quorum","centos01,centos02,centos03");
        try {
            Connection conn=ConnectionFactory.createConnection(conf);
            Admin admin=conn.getAdmin( );
            HTableDescriptor tableDes=new HTableDescriptor(
                    TableName.valueOf("test88"));
            HColumnDescriptor colDesc=new HColumnDescriptor("cf1");
            tableDes.addFamily(colDesc);
            admin.createTable(tableDes);
        }
        catch(IOException e){
            e.printStackTrace( );
        }
    }
}
```

命令行显示：

```
hbase(main):045:0> list
TABLE
test2
test88
2 row(s)in 0.0140 seconds
```

```
=> ["test2", "test88"]
hbase(main):046:0>
```

④ 插入数据。

```
public class HBaseAdd {

    public static void main(String[] args){
        addData( );
    }
    //添加数据
    public static void addData( ){
        Configuration conf=HBaseConfiguration.create( );
        conf.set("hbase.zookeeper.quorum","centos01,centos02,centos03");
        try {
            Connection conn=ConnectionFactory.createConnection(conf);
            Table table=conn.getTable(TableName.valueOf("test88"));
            Put put=new Put("111".getBytes( ));//111 是 RowKey,转化为 byte[]
            put.addColumn("cf1".getBytes( ),"name".getBytes( ),"xiaozhao".getBytes( ));
            table.put(put);
        }
        catch(IOException e){
            e.printStackTrace( );
        }
    }

}
```

命令行显示：

```
hbase(main):046:0> scan 'test88'
ROW                         COLUMN+CELL
 111            column=cf1:name, timestamp=1621778094016, value=xiaozhao
1 row(s)in 0.0280 seconds

hbase(main):047:0>
```

⑤ 查询数据。

```
public static void getData( ){
    Configuration conf=HBaseConfiguration.create( );
    conf.set("hbase.zookeeper.quorum","centos01,centos02,centos03");
        try {
            Connection conn=ConnectionFactory.createConnection(conf);
            Table table=conn.getTable(TableName.valueOf("test88"));
```

```
            //通过 Row Key 指定行
            Get get=new Get("111".getBytes( ));
            Result rs=table.get(get);
            //指定列名，确定 cell
            Cell cell=rs.getColumnLatestCell("cf1".getBytes( ),"name".getBytes( ));
            //输出 cell 的 Row Key 和值
            ystem.out.println(new String(CellUtil.cloneRow(cell),"utf-8"));
            System.out.println(new String(CellUtil.cloneValue(cell),"utf-8"));
        }
        catch(IOException e){
            e.printStackTrace( );
        }
    }
```

⑥ 查询多条记录。

```
public static void getDataByScan( ){
        Configuration conf=HBaseConfiguration.create( );
        conf.set("hbase.zookeeper.quorum","centos01,centos02,centos03");
        try {
            Connection conn=ConnectionFactory.createConnection(conf);
            Table table=conn.getTable(TableName.valueOf("test88"));
            //调用 Scan
            Scan scan=new Scan( );
            //取得遍历查询的结果
            ResultScanner resultscanner=table.getScanner(scan);
            //对结果集进行迭代
            Iterator its=resultscanner.iterator( );
            //循环输出查询结果
            while(its.hasNext( )){
                Result rs=(Result)its.next( );
                Cell cell=rs.getColumnLatestCell("cf1".getBytes( ),"name".getBytes( ));
                System.out.println(new String(CellUtil.cloneRow(cell),"utf-8"));
                System.out.println(new String(CellUtil.cloneValue(cell),"utf-8"));
            }
        }
        catch(IOException e){
            e.printStackTrace( );
        }
    }
```

第 8 章　数据迁移工具 Sqoop

学习目标

（1）Sqoop 的概念；
（2）Sqoop 的特点；
（3）Sqoop 的基本架构；
（4）Sqoop 的数据导入；
（5）Sqoop 的数据导出。

Apache 框架 Hadoop 是一个越来越通用的分布式计算环境，主要用来处理大数据。而多数使用 Hadoop 技术的处理大数据业务的企业，有大量的数据存储在关系型数据库中。由于没有工具支持，对 Hadoop 和关系型数据库之间数据传输是一个很困难的事。

Apache Sqoop 是实现 Hadoop 与关系型数据库（RDBMS）之间进行数据迁移的工具，通过 Sqoop 可以简单、快速地从诸如 MySQL、Oracle 等传统关系型数据库中把数据导入到诸如 HDFS、HBase、Hive 等 Hadoop 分布式存储环境下，使用 Hadoop MapReduce 等分布式处理工具对数据进行加工处理，可以将最终处理结果导出到 RDBMS 中。

本章首先介绍 Sqoop 的概念、特点及数据的导入方式，主要阐述 Sqoop 的基本架构、数据导入方式及数据导出方式。

8.1 Sqoop 简 介

Sqoop 是 Apache 旗下的一款开源数据迁移工具，2009 年 5 月，作为 Hadoop 的一个 contrib 模块添加到 Apache Hadoop，2011 年 6 月升级为 Apache 的孵化器项目，最终于 2012 年 3 月成功转化为 Apache 顶级开源项目。目前 Sqoop 主要分为两个系列版本，分别为 Sqoop 1 和 Sqoop 2，这两个系列因为目标定位不同，体系结构具有很大的差异，因此，完全不兼容。Sqoop1 主要定位方向为功能结构简单、部署方便，目前只提供命令行操作方式，主要适用于系统服务管理人员进行简单的数据迁移操作；Sqoop 2 主要定位方向为功能完善、操作简单，支持命令行操作、Web 访问、提供可编程 API，配置专门的 Sqoop server，安全性更高，但结果复杂，配置部署烦琐。本书只讲解 Sqoop 1，基本上满足数据迁移功能。

8.1.1 什么是 Sqoop

Sqoop 是 SQL-to-Hadoop 的简称，主要用来在 Hadoop 和关系型数据库之间高效交换数据，可以改进数据的互操作性。利用 Sqoop 可以方便地将数据从 MySQL、Oracle、PostgreSQL 等关系型数据库导入 Hadoop（可以导入 HDFS、HBase 或 Hive）中，或者将数据从 Hadoop 导出到关系型数据库，使得传统关系型数据库和 Hadoop 之间的数据迁移变得非常方便，如图 8-1 所示。

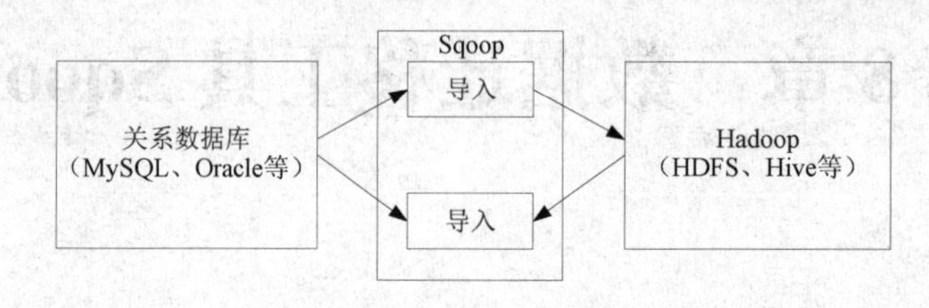

图 8-1　Sqoop 功能

8.1.2　Sqoop 特点

（1）Sqoop 是连接传统关系型数据库和 Hadoop 的桥梁。Sqoop 是一个分布式的数据迁移工具，可以把关系型数据库的数据导入到 Hadoop 系统，如 HDFS、HBase 或 Hive，也可以把数据从 Hadoop 系统中抽取并导出到关系型数据库中。

（2）批处理方式进行数据传输。利用 MapReduce 分布式计算框架，加快了数据传输速度，高效、可控地利用资源，任务并行度高，保证了容错性，超时时间小等。

（3）数据源种类多。数据源主要有文本文件，如日志文件、关系型数据库（如 MySQL、Oracle、PostgreSQL）等。

（4）数据类型映射与转换可自动进行，也可由用户自定义。

8.1.3　数据导入的方式

（1）全量导入。全量导入就是一次性将所有需要导入的数据，从关系型数据库一次性地导入到 Hadoop 中（可以是 HDFS、Hive 等）。全量导入形式使用场景为一次性离线分析场景，使用 sqoop import 命令。

（2）增量导入。在生产环境中，系统可能会定期从与业务相关的关系型数据库向 Hadoop 导入数据，导入数据后进行后续离线分析。故此时不可能再将所有数据重新导一遍，需要增量数据导入这一模式。这样做可以使 HDFS 的数据与数据库的数据保持同步。为此需要识别哪些是新数据，对于某一行来说，只有当特定列的值大于指定值时，Sqoop 才会导入该行数据。

8.2　Sqoop 工作机制

Sqoop 是一个在结构化数据和 Hadoop 之间进行批量数据迁移的工具，结构化数据可以是 MySQL、Oracle 等 RDBMS。

Sqoop 底层用 MapReduce 程序实现抽取、转换、加载，MapReduce 天生的特性保证了并行化和高容错率，而且相比 Kettle 等传统 ETL 工具，任务跑在 Hadoop 集群上，减少了 ETL 服务器资源的使用情况。在特定场景下，抽取过程会有很大的性能提升。

8.2.1　Sqoop 基本架构

Sqoop 架构非常简单，它整合了 Hive、HBase 和 Oozie（一种框架，可以将多个 Map/Reduce

作业整合到一个逻辑工作单元中），通过 MapReduce 任务来传输数据，从而实现并发特性和容错机制，如图 8-2 所示。

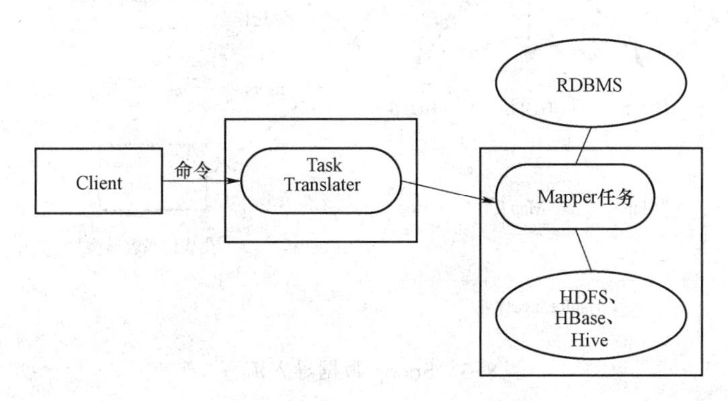

图 8-2 Sqoop 架构

Sqoop 接收到客户端的 Shell 命令或者 Java API 命令后，通过内部的任务翻译器（TaskTranslator）将命令转换为对应的 MapReduce 任务，然后将关系型数据库和 Hadoop 中的数据进行相互转移。

Sqoop 主要通过 JDBC（Java DataBase Connectivity）和关系型数据库进行交互，理论上，支持 JDBC 的关系型数据库都可以使 Sqoop 和 Hadoop 进行数据交互。如果要用 Sqoop，必须正确安装并配置 Hadoop，因依赖于本地的 Hadoop 环境启动 MR 程序；MySQL、Oracle 等数据库的 JDBC 驱动也要放到 Sqoop 的 lib 目录下。

Sqoop 是专门为大数据集设计的，支持增量更新，可以将新记录添加到最近一次导出的数据源上，或者指定上次修改的时间戳。

8.2.2 Sqoop import

通过 Sqoop import 将数据从关系型数据库导入到 Hadoop 中。业务数据通常存放在关系型数据库中，但在数据量达到一定规模后，如需对它进行分析统计，单纯使用关系型数据库就可能会成为瓶颈，此时就可以使用 Sqoop，将数据从业务数据库数据导入（import）到 Hadoop 平台进行离线分析。

步骤 1：Sqoop 与数据库 Server 通信，获取数据库表的元数据信息。

步骤 2：Sqoop 启动 MapReduce 作业，利用元数据信息并行，将数据写入 Hadoop。

在导入数据之前，Sqoop 使用 JDBC 检查导入的数据表，检索出表中的所有列及列的 SQL 数据类型，并将这些 SQL 类型映射为 Java 数据类型，在转换后的 MapReduce 应用中使用这些对应的 Java 类型来保存字段的值，Sqoop 的代码生成器使用这些信息来创建对应表的类，用于保存从表中抽取的记录。

Sqoop 内部将数据集划分为不同的分区（Partition），然后使用只有 map 的 MapReduce 作业来完成数据传输，每个 mapper 负责一个分区。Map 任务会把查询到的 ResultSet 数据填充到类的实例中。在导入数据时，如果不想取出全部数据，可以通过类似于 where 的语句进行限制。Sqoop import 数据导入流程如图 8-3 所示。

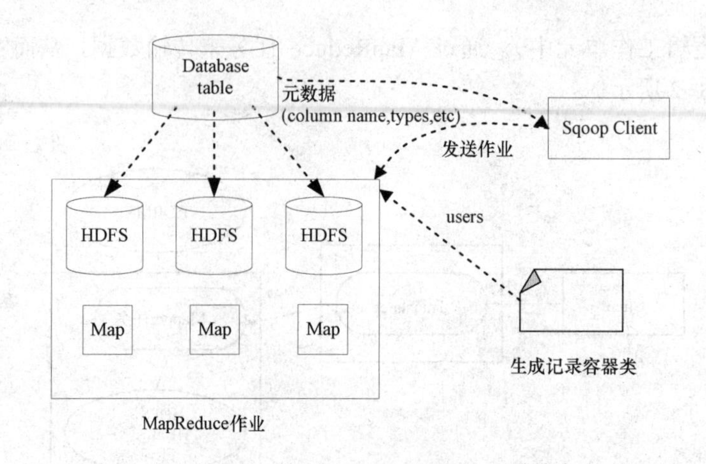

图 8-3　Sqoop 数据导入流程

8.2.3　Sqoop export

通过 Sqoop export 将数据从 Hadoop 导出到关系型数据库中。在 Hadoop 平台上完成对大规模数据的分析后，可能需要将分析结果同步到关系型数据库中用作业务辅助，此时就需要使用 Sqoop，将 Hadoop 平台的分析结果数据导出（export）到关系型数据库。

步骤 1：Sqoop 与数据库 Server 通信，获取导出的数据的元数据信息。

步骤 2：Sqoop 启动 MapReduce 作业，每一个 map 作业都会根据读取到的导出表的元数据信息和读取到的数据，生成一批 insert 语句，然后多个 map 作业会并行地向数据库 mysql 中插入数据。

在导出数据之前，Sqoop 会根据数据库连接字符串来选择一个导出方法，对于大部分系统来说，Sqoop 会选择 JDBC。Sqoop 会根据目标表的定义生成一个 Java 类，这个生成的类能够从文本中解析出记录数据，并能够向表中插入类型合适的值，然后启动一个 MapReduce 作业，从 HDFS 中读取源数据文件，使用生成的类解析出记录，并且执行选定的导出方法。Sqoop export 数据导出流程如图 8-4 所示。

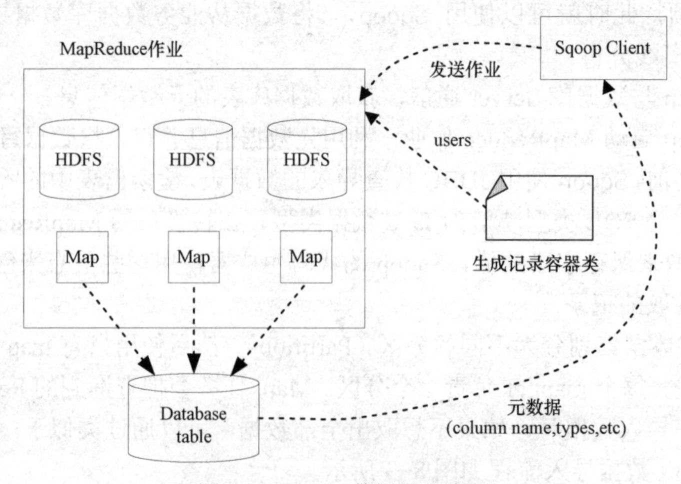

图 8-4　Sqoop 数据导出流程

基于JDBS的导出方法会产生一批insert语句，每条语句都会向目标表中插入多条记录。多个单独的线程被用于从HDFS读取数据并与数据库进行通信，以确保涉及不同系统的I/O操作能够尽可能重叠执行。

导出数据是不具备事务性的，并行的导入map可能在不同的时间结束，即使在任务中使用事务，前一个任务的输出也可能在后续的task完成之前可见。另外，数据库经常使用固定大小的缓冲来保存事物，这个缓冲很有可能太小，容纳不下一个任务重的所有数据。因此通常在导出完成之前，其他使用数据的应用最好不用访问数据，避免只看到部分结果。

本章小结

本章介绍了Sqoop的简介、特点。Sqoop为SQL-to-Hadoop的简称，主要用来在Hadoop和关系型数据库之间高效交换数据，可以改进数据的互操作性。利用Sqoop可以方便地将数据从MySQL、Oracle、PostgreSQL等关系型数据库导入Hadoop（可以导入HDFS、HBase或Hive）中，或者将数据从Hadoop导出到关系型数据库。

Sqoop是连接传统关系型数据库和Hadoop的桥梁，批处理方式进行数据传输，数据源种类多，数据类型映射与转换可自动进行，也可由用户自定义。

Sqoop底层用MapReduce程序实现抽取、转换、加载，MapReduce天生的特性保证了并行化和高容错率，而且相比Kettle等传统ETL工具，任务跑在Hadoop集群上，减少了ETL服务器资源的使用情况。在特定场景下，抽取过程会有很大的性能提升。

习　题

1. Sqoop的全称是什么？
2. 如何理解Sqoop及其特点？
3. Sqoop的优势是什么？
4. Sqoop全量导入的命令是什么？
5. 请阐述Sqoop的基本架构。
6. 将数据从关系型数据库导入到Hadoop中，Sqoop与数据库Server通信，获取数据库表的什么信息？Sqoop启动什么作业，利用元数据信息并行，将数据写入Hadoop?
7. 将数据从Hadoop导出到关系型数据库中。Sqoop与数据库Server通信，获取导出的数据的什么信息？每一个map作业都会根据读取到的导出表的元数据信息和读取到的数据，生成一批什么语句？然后多个map作业会并行地向数据库mysql中插入数据？

实验8.1　Sqoop的安装与操作

1. 实验目的

（1）理解并掌握Sqoop的配置过程。

（2）理解Sqoop的常用操作与数据导入/导出操作。

2. 实验环境

（1）sqoop-1.4.7.tar.gz　　　　　　　　//上传到服务器

（2）sqoop-1.4.7.bin_hadoop-2.6.0.tar.gz　　//只用到其中的包

（3）mysql-connector-java-8.0.24.jar

3. 实验步骤

Sqoop 功能已经非常完善了，官方也已停止更新维护了。因此，官方集成的 hadoop 包停留在了 2.6.0 版本，在 Hadoop 3.3.0 版本会提示类版本过低错误，但纯净版 sqoop 又缺少必需的第三方库，所以将这两个包下载下来，提取部分 sqoop_hadoop2.6.0 版本的 jar 包放到纯净版 sqoop 的 lib 目录下，在 sqoop 配置文件中加入获取当前环境中的 hive 及 hadoop 的 lib 库来使用。

（1）Sqoop 的安装。

① 上传 sqoop 并解压。

```
[hadoop@centos01 softwares]$ tar -zxvf sqoop-1.4.7.tar.gz
[hadoop@centos01 sqoop-1.4.7]$ ll
总用量 1264
drwxr-xr-x. 2 hadoop hadoop      137 12 月  19 2017 bin
-rw-rw-r--. 1 hadoop hadoop    55089 12 月  19 2017 build.xml
-rw-rw-r--. 1 hadoop hadoop    47426 12 月  19 2017 CHANGELOG.txt
-rw-rw-r--. 1 hadoop hadoop     9880 12 月  19 2017 COMPILING.txt
drwxr-xr-x. 2 hadoop hadoop      148 8 月   21 18:40 conf
drwxr-xr-x. 2 hadoop hadoop       96 12 月  19 2017 ivy
-rw-rw-r--. 1 hadoop hadoop    11163 12 月  19 2017 ivy.xml
drwxr-xr-x. 2 hadoop hadoop      130 8 月   21 18:43 lib
-rw-rw-r--. 1 hadoop hadoop    15419 12 月  19 2017 LICENSE.txt
-rw-rw-r--. 1 hadoop hadoop      505 12 月  19 2017 NOTICE.txt
-rw-rw-r--. 1 hadoop hadoop    18772 12 月  19 2017 pom-old.xml
-rw-rw-r--. 1 hadoop hadoop     1096 12 月  19 2017 README.txt
-rw-rw-r--. 1 hadoop hadoop 1108073 8 月   21 18:35 sqoop-1.4.7.jar
-rw-rw-r--. 1 hadoop hadoop     6554 12 月  19 2017 sqoop-patch-review.py
drwxr-xr-x. 7 hadoop hadoop       73 12 月  19 2017 src
drwxr-xr-x. 4 hadoop hadoop      114 12 月  19 2017 testdata
```

② 添加 jar 包。使用 ftp 提取 sqoop-1.4.7.bin_hadoop-2.6.0.tar.gz 根目录下的 sqoop-1.4.7.jar 到 sqoop- 1.4.7 根目录，正常纯净版 sqoop 是没有这个 jar 包的，如图 8–5 所示。

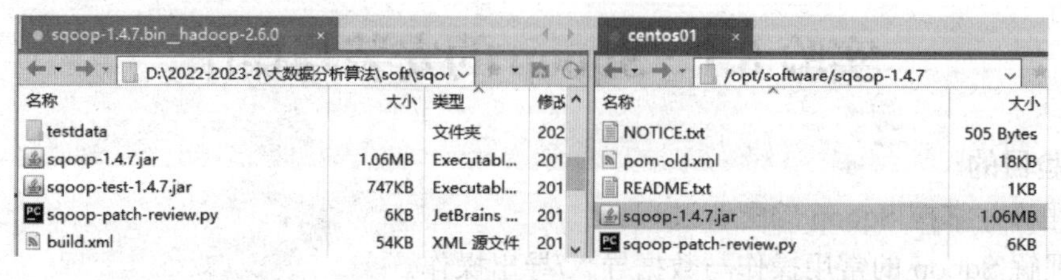

图 8–5　提取 sqoop-1.4.7.jar 到 sqoop-1.4.7 根目录

提取 sqoop-1.4.7.bin_hadoop-2.6.0.tar.gz /lib 目录下的 ant-contrib-1.0b3.jar、ant-eclipse-1.0-jvm1.2.jar 及 avro-1.8.1.jar 3 个必需的 jar 包放到 sqoop-1.4.7/lib/目录下，正常纯净版 sqoop 的 lib 目录下是没有文件的，如图 8-6 所示。其余的 jar 包从系统环境中的 hadoop 和 hive 中引用即可。

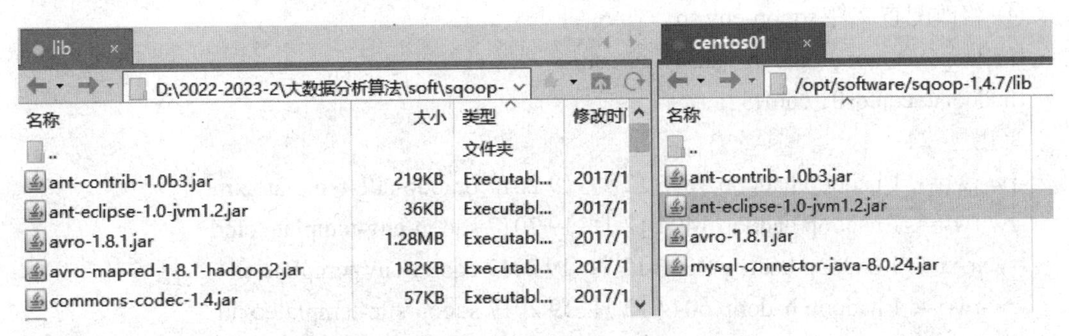

图 8-6　提取三个包到 sqoop-1.4.7/lib/目录

提取 sqoop-1.4.7.bin_hadoop-2.6.0.tar.gz 根目录下的 sqoop-1.4.7.jar 到 hadoop-3.3.2/lib 目录，如图 8-7 所示。

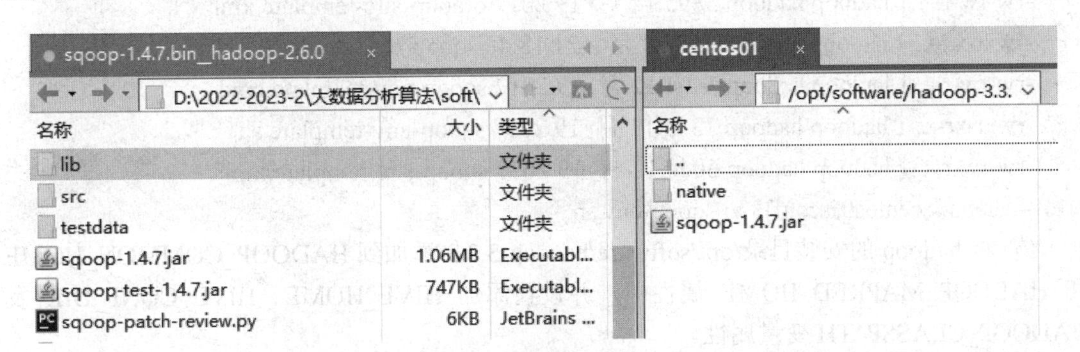

图 8-7　提取 sqoop-1.4.7.jar 到 hadoop-3.3.2/lib 目录

③ 配置环境变量。在配置文件/etc/profile 中设置 sqoop 安装路径。

```
unset i
unset -f pathmunge
export JAVA_HOME=/opt/software/jdk1.8.0_281
export HADOOP_HOME=/opt/software/hadoop-3.3.2
export ZOOKEEPER_HOME=/opt/software/zookeeper-3.4.6
export HIVE_HOME=/opt/software/apache-hive-3.1.2-bin
export HBASE_HOME=/opt/software/hbase-2.0.5
export SQOOP_HOME=/opt/software/sqoop-1.4.7
export FLUME_HOME=/opt/software/apache-flume-1.6.0-bin
export PYTHON_HOME=/opt/software/Python-3.6.5

export    PATH=$PATH:$JAVA_HOME/bin:$HADOOP_HOME/bin:$HADOOP_HOME/sbin:
```

```
$ZOOKEEPER_HOME/bin:$HIVE_HOME/bin:$HBASE_HOME/bin:$SQOOP_HOME/bin:$FLUME_HOME/bin:$PYTHON_HOME/bin
```

注意：vim /etc 写入时出现 E121:无法打开并写入文件，退出保存用:w !sudo tee %。

```
[hadoop@centos01 software]$ source /etc/profile
```

④ 修改配置文件 sqoop-env.sh。

```
[hadoop@centos01 sqoop-1.4.7]$ cd conf
[hadoop@centos01 conf]$ ll
总用量 24
-rw-rw-r--. 1 hadoop hadoop 3895 12 月  19 2017 oraoop-site-template.xml
-rw-rw-r--. 1 hadoop hadoop 1404 12 月  19 2017 sqoop-env-template.cmd
-rwxr-xr-x. 1 hadoop hadoop 1345 12 月  19 2017 sqoop-env-template.sh
-rw-rw-r--. 1 hadoop hadoop 6044 12 月  19 2017 sqoop-site-template.xml
[hadoop@centos01 conf]$ cp sqoop-env-template.sh sqoop-env.sh
[hadoop@centos01 conf]$ ll
总用量 24
-rw-rw-r--. 1 hadoop hadoop 3895 12 月  19 2017 oraoop-site-template.xml
-rwxr-xr-x. 1 hadoop hadoop 1552 8 月   21 18:40 sqoop-env.sh
-rw-rw-r--. 1 hadoop hadoop 1404 12 月  19 2017 sqoop-env-template.cmd
-rwxr-xr-x. 1 hadoop hadoop 1345 12 月  19 2017 sqoop-env-template.sh
-rw-rw-r--. 1 hadoop hadoop 6044 12 月  19 2017 sqoop-site-template.xml
[hadoop@centos01 conf]$ vi sqoop-env.sh
```

⑤ 将 hadoop 的安装目录/opt/software/hadoop-3.3.2 添加到 HADOOP_COMMON_HOME 和 HADOOP_MAPRED_HOME 属性中，并设置添加 HIVE_HOME、HIVE_CONF_DIR 及 HADOOP_CLASSPATH 变量属性。

```
# included in all the hadoop scripts with source command
# should not be executable directly
# also should not be passed any arguments, since we need original $*
# Set Hadoop-specific environment variables here.
#Set path to where bin/hadoop is available
export HADOOP_COMMON_HOME=/opt/software/hadoop-3.3.2
#Set path to where hadoop-*-core.jar is available
export HADOOP_MAPRED_HOME=/opt/software/hadoop-3.3.2
#set the path to where bin/hbase is available
#export HBASE_HOME=
#Set the path to where bin/hive is available
export HIVE_HOME=/opt/software/apache-hive-3.1.2-bin
#Set the path for where zookeper config dir is
#export ZOOCFGDIR=
export HIVE_CONF_DIR=/opt/software/apache-hive-3.1.2-bin/conf
```

```
export HADOOP_CLASSPATH=$HADOOP_CLASSPATH:$HIVE_HOME/lib/*
```

⑥ 在/opt/software/hadoop-3.3.2/etc/hadoop/mapred-site.xml 添加 hadoop classpath 属性值。

```
[hadoop@centos01 opt]$ hadoop classpath
/opt/software/hadoop-3.3.2/etc/hadoop:/opt/software/hadoop-3.3.2/share/hadoop/common/lib/*:/opt/software/hadoop-3.3.2/share/hadoop/common/*:/opt/software/hadoop-3.3.2/share/hadoop/hdfs:/opt/software/hadoop-3.3.2/share/hadoop/hdfs/lib/*:/opt/software/hadoop-3.3.2/share/hadoop/hdfs/*:/opt/software/hadoop-3.3.2/share/hadoop/mapreduce/lib/*:/opt/software/hadoop-3.3.2/share/hadoop/mapreduce/*:/opt/software/hadoop-3.3.2/share/hadoop/yarn:/opt/software/hadoop-3.3.2/share/hadoop/yarn/lib/*:/opt/software/hadoop-3.3.2/share/hadoop/yarn/*
[hadoop@centos01 hadoop]$ pwd
/opt/software/hadoop-3.3.2/etc/hadoop
[hadoop@centos01 hadoop]$ vi mapred-site.xml
<!-- Put site-specific property overrides in this file. -->
<configuration>
    <property>
        <name>mapreduce.framework.name</name>
        <value>yarn</value>
    </property>
    <property>
        <name>yarn.app.mapreduce.am.env</name>
<value>HADOOP_MAPRED_HOME=/opt/software/hadoop-3.3.2/etc/hadoop:/opt/software/hadoop-3.3.2/share/hadoop/common/lib/*:/opt/software/hadoop-3.3.2/share/hadoop/common/*:/opt/software/hadoop-3.3.2/share/hadoop/hdfs:/opt/software/hadoop-3.3.2/share/hadoop/hdfs/lib/*:/opt/software/hadoop-3.3.2/share/hadoop/hdfs/*:/opt/software/hadoop-3.3.2/share/hadoop/mapreduce/lib/*:/opt/software/hadoop-3.3.2/share/hadoop/mapreduce/*:/opt/software/hadoop-3.3.2/share/hadoop/yarn:/opt/software/hadoop-3.3.2/share/hadoop/yarn/lib/*:/opt/software/hadoop-3.3.2/share/hadoop/yarn/*
</value>
    </property>
    <property>
        <name>mapreduce.map.env</name>
<value>HADOOP_MAPRED_HOME=/opt/software/hadoop-3.3.2/etc/hadoop:/opt/software/hadoop-3.3.2/share/hadoop/common/lib/*:/opt/software/hadoop-3.3.2/share/hadoop/common/*:/opt/software/hadoop-3.3.2/share/hadoop/hdfs:/opt/software/hadoop-3.3.2/share/hadoop/hdfs/lib/*:/opt/software/hadoop-3.3.2/share/hadoop/hdfs/*:/opt/software/hadoop-3.3.2/share/hadoop/mapreduce/lib/*:/opt/software/hadoop-3.3.2/share/hadoop/mapreduce/*:/opt/software/hadoop-3.3.2/share/hadoop/yarn:/opt/software/hadoop-3.3.2/share/hadoop/yarn/lib/*:/opt/software/hadoop-3.3.2/share/hadoop/yarn/*
</value>
    </property>
    <property>
```

```
            <name>mapreduce.reduce.env</name>
<value>HADOOP_MAPRED_HOME=/opt/software/hadoop-3.3.2/etc/hadoop:/opt/software/hadoo
p-3.3.2/share/hadoop/common/lib/*:/opt/software/hadoop-3.3.2/share/hadoop/common/*:/opt/softw
are/hadoop-3.3.2/share/hadoop/hdfs:/opt/software/hadoop-3.3.2/share/hadoop/hdfs/lib/*:/opt/softwa
re/hadoop-3.3.2/share/hadoop/hdfs/*:/opt/software/hadoop-3.3.2/share/hadoop/mapreduce/lib/*:/opt
/software/hadoop-3.3.2/share/hadoop/mapreduce/*:/opt/software/hadoop-3.3.2/share/hadoop/yarn:/
opt/software/hadoop-3.3.2/share/hadoop/yarn/lib/*:/opt/software/hadoop-3.3.2/share/hadoop/yarn/*
</value>
        </property>
    </configuration>
```

⑦ 驱动复制。将 mysql 的驱动 mysql-connector-java-5.1.32-bin.jar 复制到 sqoop 的 lib 目录下，如图 8-8 所示。

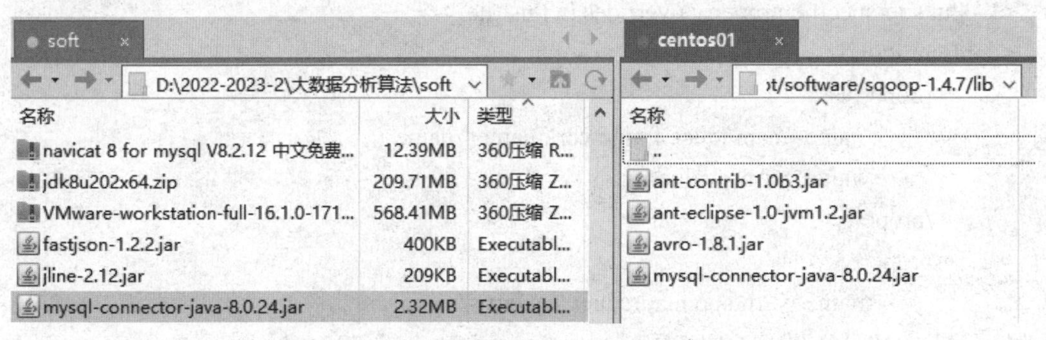

图 8-8　复制驱动到 lib 目录

⑧ 安装测试，显示一下信息，sqoop 安装成功。

```
[hadoop@centos01 sqoop-1.4.7]$ bin/sqoop help
Warning: /opt/software/sqoop-1.4.7/../hcatalog does not exist! HCatalog jobs will fail.
Please set $HCAT_HOME to the root of your HCatalog installation.
Warning: /opt/software/sqoop-1.4.7/../accumulo does not exist! Accumulo imports will fail.
Please set $ACCUMULO_HOME to the root of your Accumulo installation.
SLF4J: Class path contains multiple SLF4J bindings.
…
Available commands:
  codegen            Generate code to interact with database records
  create-hive-table  Import a table definition into Hive
  eval               Evaluate a SQL statement and display the results
  export             Export an HDFS directory to a database table
  help               List available commands
  import             Import a table from a database to HDFS
  import-all-tables  Import tables from a database to HDFS
  import-mainframe   Import datasets from a mainframe server to HDFS
```

```
  job                     Work with saved jobs
  list-databases        List available databases on a server
  list-tables           List available tables in a database
  merge                   Merge results of incremental imports
  metastore             Run a standalone Sqoop metastore
  version               Display version information
See 'sqoop help COMMAND' for information on a specific command.
```

（2）启动 mysql。

```
service mysqld status          //查看 mysql 是否启动
service mysqld start           //启动 mysql
chkconfig mysqld on            //设置 mysql 开机自动启动
```

① 登录 mysql。

```
[hadoop@centos01 software]$ mysql -uroot -p
Enter password:
Welcome to the MySQL monitor.   Commands end with ; or \g.
Your MySQL connection id is 2
Server version: 5.6.51 MySQL Community Server(GPL)
Copyright(c)2000, 2021, Oracle and/or its affiliates. All rights reserved.
Oracle is a registered trademark of Oracle Corporation and/or its
affiliates. Other names may be trademarks of their respective
owners.
Type 'help;' or '\h' for help. Type '\c' to clear the current input statement.
mysql> show databases;
+--------------------+
| Database           |
+--------------------+
| information_schema |
| hive               |
| mysql              |
| performance_schema |
+--------------------+
4 rows in set(0.03 sec)
mysql>
```

② 在 mysql 中创建表、添加数据。

```
mysql> create database sqoop1;
Query OK, 1 row affected(0.00 sec)
mysql> show databases;
+--------------------+
| Database           |
```

```
+--------------------+
| information_schema |
| hive               |
| mysql              |
| performance_schema |
| sqoop1             |
+--------------------+
5 rows in set(0.00 sec)
mysql> use sqoopl;
Database changed
mysql> create table t_user(id int,name varchar(20),age int);
Query OK, 0 rows affected(0.40 sec)
mysql> select * from t_user;
Empty set(0.00 sec)
mysql> insert into t_user values(001,'zhangsan',20);
Query OK, 1 row affected(0.10 sec)
mysql> insert into t_user values(002,'lisi',21);
Query OK, 1 row affected(0.08 sec)
mysql> insert into t_user values(003,'wangwu',23);
Query OK, 1 row affected(0.01 sec)
mysql> insert into t_user values(004,'zhaoliu',19);
Query OK, 1 row affected(0.01 sec)
mysql> select * from t_user;
+------+----------+------+
| id   | name     | age  |
+------+----------+------+
|    1 | zhangsan |   20 |
|    2 | lisi     |   21 |
|    3 | wangwu   |   23 |
|    4 | zhaoliu  |   19 |
+------+----------+------+
4 rows in set(0.00 sec)
mysql>
```

（3）将数据导入至 HDFS。

① 创建一个 profileconf1 文件。

```
[hadoop@centos01 opt]$ sudo chmod 777 /opt
[hadoop@centos01 opt]$ mkdir sqoop
[hadoop@centos01 opt]$ ll
总用量 8
```

```
drwxr-xr-x. 2 hadoop hadoop 4096 5 月   10 23:03 data
drwxr-xr-x. 2 hadoop hadoop      6 10 月  31 2018 rh
drwxr-xr-x. 8 hadoop hadoop 4096 5 月   22 22:02 software
drwxrwxr-x. 2 hadoop hadoop      6 5 月   22 22:02 sqoop
[hadoop@centos01 opt]$ cd sqoop/
[hadoop@centos01 sqoop]$ vi profileconf
```

在/opt/sqoop 下面创建一个 profileconf1 文件，其中内容为：

```
import
--connect
jdbc:mysql://centos01:3306/sqoopl
--username
root
--password
123456
--table
t_user
--columns
id,name,age
--where
id>0
--target-dir
hdfs://mycluster/sqoop
--delete-target-dir
--m
1
--as-textfile
--null-string
''
```

② 执行 sqoop。

```
[hadoop@centos01 sqoop]$ sqoop   --options-file profileconf1
Warning: /opt/software/sqoop-1.4.7/../hcatalog does not exist! HCatalog jobs will fail.
Please set $HCAT_HOME to the root of your HCatalog installation.
Warning: /opt/software/sqoop-1.4.7/../accumulo does not exist! Accumulo imports will fail.
Please set $ACCUMULO_HOME to the root of your Accumulo installation.
SLF4J: Class path contains multiple SLF4J bindings.
SLF4J: Found binding in [jar:file:/opt/software/hadoop-3.3.2/share/hadoop/common/lib/
slf4j-log4j12-1.7.30.jar!/org/slf4j/impl/StaticLoggerBinder.class]
…
    Map-Reduce Framework
```

```
            Map input records=4
            Map output records=4
            Input split bytes=87
            Spilled Records=0
            Failed Shuffles=0
            Merged Map outputs=0
            GC time elapsed(ms)=89
            CPU time spent(ms)=940
            Physical memory(bytes)snapshot=99131392
            Virtual memory(bytes)snapshot=2742050816
            Total committed heap usage(bytes)=19066880
            Peak Map Physical memory(bytes)=99131392
            Peak Map Virtual memory(bytes)=2742050816
        File Input Format Counters
            Bytes Read=0
        File Output Format Counters
            Bytes Written=49
    2023-08-21 20:51:25,330 INFO mapreduce.ImportJobBase: Transferred 49 bytes in 33.9272 seconds(1.4443 bytes/sec)
    2023-08-21 20:51:25,356 INFO mapreduce.ImportJobBase: Retrieved 4 records.
```

③ 运行结果。

```
[hadoop@centos01 sqoop]$    hdfs dfs -ls /sqoop
Found 2 items
-rw-r--r--    2 hadoop supergroup              0 2023-08-21 20:51 /sqoop/_SUCCESS
-rw-r--r--    2 hadoop supergroup             49 2023-08-21 20:51 /sqoop/part-m-00000
[hadoop@centos01 sqoop]$ hdfs dfs -cat /sqoop/part-m-00000
1,zhangsan,20
2,lisi,21
3,wangwu,23
4,zhaoliu,19
```

（4）将 HDFS 中的数据导出到关系型数据库。

① 创建 profileconf3 文件。

```
export
--connect
jdbc:mysql://centos01:3306/ sqoopl
--username
root
--password
123456
```

```
--table
t_userexport
--columns
id,name,age
--export-dir
hdfs://mycluster/sqoop
--m
1
```

注意：目标库、表必须存在。

```
[hadoop@centos01 sqoop]$ mysql -uroot -p
Enter password:
Welcome to the MySQL monitor.   Commands end with ; or \g.
Your MySQL connection id is 91
Server version: 5.6.51 MySQL Community Server(GPL)
Copyright(c)2000, 2021, Oracle and/or its affiliates. All rights reserved.
Oracle is a registered trademark of Oracle Corporation and/or its
affiliates. Other names may be trademarks of their respective
owners.
Type 'help;' or '\h' for help. Type '\c' to clear the current input statement.
mysql> show databases;
+--------------------+
| Database           |
+--------------------+
| information_schema |
| hive               |
| mysql              |
| performance_schema |
| sqoop1             |
+--------------------+
5 rows in set(0.00 sec)

mysql> use sqoop1
Reading table information for completion of table and column names
You can turn off this feature to get a quicker startup with -A

Database changed
mysql> show tables;
+------------------+
| Tables_in_sqoop1 |
```

```
+------------------+
| t_user           |
+------------------+
1 row in set(0.00 sec)
mysql> create table t_userexport(id int,name varchar(20),age int);
Query OK, 0 rows affected(0.17 sec)
mysql> select * from t_userexport;
Empty set(0.00 sec)
```

② 执行 sqoop。

```
[hadoop@centos01 sqoop]$ sqoop --options-file profileconf3
Warning: /opt/software/sqoop-1.4.7/../hcatalog does not exist! HCatalog jobs will fail.
Please set $HCAT_HOME to the root of your HCatalog installation.
Warning: /opt/software/sqoop-1.4.7/../accumulo does not exist! Accumulo imports will fail.
Please set $ACCUMULO_HOME to the root of your Accumulo installation.
SLF4J: Class path contains multiple SLF4J bindings.
SLF4J: Found binding in [jar:file:/opt/software/hadoop-3.3.2/share/hadoop/common/lib/slf4j-log4j12-1.7.30.jar!/org/slf4j/impl/StaticLoggerBinder.class]
…
    Map-Reduce Framework
        Map input records=4
        Map output records=4
        Input split bytes=116
        Spilled Records=0
        Failed Shuffles=0
        Merged Map outputs=0
        GC time elapsed(ms)=72
        CPU time spent(ms)=660
        Physical memory(bytes)snapshot=97628160
        Virtual memory(bytes)snapshot=2739781632
        Total committed heap usage(bytes)=19558400
        Peak Map Physical memory(bytes)=97869824
        Peak Map Virtual memory(bytes)=2739781632
    File Input Format Counters
        Bytes Read=0
    File Output Format Counters
        Bytes Written=0
2023-08-21 21:52:35,431 INFO mapreduce.ExportJobBase: Transferred 168 bytes in 25.8012 seconds(6.5113 bytes/sec)
2023-08-21 21:52:35,440 INFO mapreduce.ExportJobBase: Exported 4 records.
```

③ 运行结果。

```
mysql> show tables;
+------------------+
| Tables_in_sqoop1 |
+------------------+
| t_user           |
| t_userexport     |
+------------------+
2 rows in set(0.02 sec)

mysql> select * from t_userexport;
+------+----------+------+
| id   | name     | age  |
+------+----------+------+
|    1 | zhangsan |   20 |
|    2 | lisi     |   21 |
|    3 | wangwu   |   23 |
|    4 | zhaoliu  |   19 |
+------+----------+------+
4 rows in set(0.00 sec)
mysql>
```

（5）将数据导入到 Hive。

① 在/opt/sqoop 下面创建一个 profileconf2 文件。

```
import
--connect
jdbc:mysql://centos01:3306/sqoopl
--username
root
--password
123456
--table
t_user
--columns
id,name,age
--where
id>0
--target-dir
hdfs://mycluster/sqoop
--delete-target-dir
```

```
--m
1
--as-textfile
--null-string
''
--hive-import
--hive-overwrite
--create-hive-table
--hive-table
t_user
--hive-partition-key
dt
--hive-partition-value
'2023-08-21'
```

② 执行 sqoop。

```
[hadoop@centos01 sqoop]$ sqoop    --options-file profileconf2
Warning: /opt/software/sqoop-1.4.7/../hcatalog does not exist! HCatalog jobs will fail.
Please set $HCAT_HOME to the root of your HCatalog installation.
Warning: /opt/software/sqoop-1.4.7/../accumulo does not exist! Accumulo imports will fail.
Please set $ACCUMULO_HOME to the root of your Accumulo installation.
SLF4J: Class path contains multiple SLF4J bindings.
…
        Map-Reduce Framework
                Map input records=4
                Map output records=4
                Input split bytes=87
                Spilled Records=0
                Failed Shuffles=0
                Merged Map outputs=0
                GC time elapsed(ms)=82
                CPU time spent(ms)=920
                Physical memory(bytes)snapshot=126132224
                Virtual memory(bytes)snapshot=2744795136
                Total committed heap usage(bytes)=18788352
                Peak Map Physical memory(bytes)=126132224
                Peak Map Virtual memory(bytes)=2744795136
        File Input Format Counters
                Bytes Read=0
        File Output Format Counters
```

```
        Bytes Written=49
    2023-08-21 21:21:24,411 INFO mapreduce.ImportJobBase: Transferred 49 bytes in 21.4086 seconds(2.2888 bytes/sec)
    2023-08-21 21:21:24,415 INFO mapreduce.ImportJobBase: Retrieved 4 records.
    2023-08-21 21:21:24,543 INFO manager.SqlManager: Executing SQL statement: SELECT t.* FROM 't_user' AS t LIMIT 1
    2023-08-21 21:21:24,628 INFO hive.HiveImport: Loading uploaded data into Hive
```

③ 运行结果。

```
[hadoop@centos01 sqoop]$ hive --service metastore        //初始化元数据库
2023-08-21 21:13:25: Starting Hive Metastore Server
SLF4J: Class path contains multiple SLF4J bindings.
SLF4J: Found binding in [jar:file:/opt/software/apache-hive-3.1.2-bin/lib/log4j-slf4j-impl-2.10.0.jar!/org/slf4j/impl/StaticLoggerBinder.class]
SLF4J: Found binding in [jar:file:/opt/software/hadoop-3.3.2/share/hadoop/common/lib/slf4j-log4j12-1.7.30.jar!/org/slf4j/impl/StaticLoggerBinder.class]
…
//启动 metastore
[hadoop@centos01 sqoop]$ nohup hive --service metastore 1>/dev/null 2>&1 &
[1] 68095
[hadoop@centos01 sqoop]$ jps
62322 JournalNode
62823 NameNode
63401 ResourceManager
68216 Jps
63690 NodeManager
62203 QuorumPeerMain
62971 DataNode
62605 DFSZKFailoverController
68095 RunJar
[hadoop@centos01 sqoop]$ hive shell
SLF4J: Class path contains multiple SLF4J bindings.
SLF4J: Found binding in [jar:file:/opt/software/hbase-2.0.5/lib/slf4j-log4j12-1.7.25.jar!/org/slf4j/impl/StaticLoggerBinder.class]
SLF4J: Found binding in [jar:file:/opt/software/hadoop-3.3.2/share/hadoop/common/lib/slf4j-log4j12-1.7.30.jar!/org/slf4j/impl/StaticLoggerBinder.class]
SLF4J: See http://www.slf4j.org/codes.html#multiple_bindings for an explanation.
SLF4J: Actual binding is of type [org.slf4j.impl.Log4jLoggerFactory]
SLF4J: Class path contains multiple SLF4J bindings.
…
```

```
hive> show databases;
OK
default
userdb
Time taken: 0.721 seconds, Fetched: 2 row(s)
hive> show tables;
OK
t_user
Time taken: 0.033 seconds, Fetched: 1 row(s)
hive> select * from t_user;
OK
1	zhangsan 20	2023-05-22
2	lisi	21	2023-05-22
3	wangwu	23	2023-05-22
4	zhaoliu	19	2023-05-22
Time taken: 0.589 seconds, Fetched: 4 row(s)
```

第9章　日志采集系统 Flume

学习目标

（1）Flume 的概念；
（2）Flume 的特点；
（3）Flume 的基本架构；
（4）Flume 的主要组件；
（5）Flume 的数据传输。

在大数据技术架构中，主要包括数据采集、数据存储、数据计算、数据分析、数据可视化等核心步骤。其中数据采集至关重要，只有将数据源的数据采集过来，才可以进行计算和分析等工作。但是由于数据源很分散，导致数据的采集变得越发复杂。

如网站流量日志分析系统产生的日志数据，对这些数据的采集、监听、使用非常重要。针对类似业务需求，通常会使用 Apache 旗下的 Flume 日志采集系统完成相关非结构化数据采集工作。Apache Flume 是一个高可靠、高可用的分布式系统，用于高效地从许多不同的数据源采集、聚合大批量的日志数据，进行集中式存储。

本章首先介绍 Flume 的概念及特点，然后对 Flume 系统架构进行讲解，最后阐述 Flume 的数据传输及实验操作，让读者深入掌握 Flume 的使用和开发。

9.1　Flume 简介

Flume 原是 Cloudera 公司提供的一个高可用、高可靠、分布式海量日志采集、聚合和传输系统，而后纳入了 Apache 旗下，作为一个顶级开源项目。Apache Flume 不仅只限于日志数据的采集，由于 Flume 采集的数据源是可定制的，因此，Flume 还可用于传输大量事件数据，包括但不限于网络流量数据、社交媒体生成的数据、电子邮件消息及几乎任何可能的数据源。

当前 Flume 分为两个版本：Flume 0.9x 版本，统称 Flume-og（original generation）和 Flume 1.x 版本，统称 Flume-ng（next generation）。由于早期的 Flume-og 存在设计不合理、代码臃肿、不易扩展等问题，因此，在 Flume 纳入 Apache 旗下后，开发人员对 Cloudera Flume 的代码进行了重构，同时对 Flume 功能进行了补充和加强，并重命名为 Apache Flume，于是就出现了 Flume-ng 与 Flume-og 两种截然不同的版本。而在实际开发中，多数使用目前比较流行的 Flume-ng 版本进行 Flume 开发。

9.1.1 什么是 Flume

Apache Flume 是一种分布式的、可靠和易用的日志采集系统，用于将大量日志数据从许多不同的源进行采集、聚合，最终移动到一个集中的数据中心进行存储。

9.1.2 Flume 的特点

Flume 是一种用于高效采集、聚合和移动大量日志数据的分布式应用服务。它具有基于流式数据的简单灵活构架，基于它的可靠性机制和许多故障切换及恢复机制，它具有健壮性和容错性，使用了一个允许在线分析应用程序的简单可扩展数据模型。具有以下几个特点。

1. 事物

Flume 使用两个独立的事物负责从 Source 到 Channel 及从 Channel 到 Sink 的事件传递。在从 Source 到 Channel 的过程中，一旦所有事件全部传递到 Channel 并且提交成功，那么 Source 就将该文件标记为完成；从 Channel 到 Sink 的过程同样以事物的方式传递。当由于某种原因使得事件无法记录时，事务将回滚，所有事件仍保留在 Channel 中重新等待传递。

2. 可靠性

Channel 中的 File Channel 具有持久性，事件写入 File Channel 后，即使 Agent 重新启动，事件也不会丢失。Flume 中还提供了一种 Memory Channel 的方式，但它不具有持久存储的能力，数据完整性不能得到保证；与 File Channel 相比，Memory Channel 的优点是具有较高的吞吐量。

3. 多层代理

使用分层结构的 Flume 代理，实现了 Flume 事件的汇聚，也就是第一层代理采集原始 Source 的事件，并将它们发送到第二层，第二层代理数量比第一层少，汇总了第一层事件后再把这些事件写入 HDFS。

将一组节点的事件汇聚到一个文件中，这样可以减少文件数量，增加文件大小，减轻施加在 HDFS 上的压力。另外，因为向文件中输入数据的节点变多，所以文件可以更快地推陈出新，从而使得这些文件可用于分析的时间更接近于事件的创建时间。

9.2 Flume 架构

Flume 的核心是把数据从数据源（如 Web Server）通过数据采集器收集过来，再将收集的数据通过缓冲通道汇集到指定的接收器。

9.2.1 Flume 基本架构

Flume 由一组以分布式拓扑结构相互连接的代理构成。Agent 是由 Source、Sink 和 Channel 共同构成的 Java 进程，Flume 和 Source 产生事件后将其传给 Channel，Channel 存储这些事件直接转发给 Sink。Flume 基本架构如图 9-1 所示。

从图 9-1 可以看出，Flume 基本架构中有一个 Agent（代理），它是 Flume 的核心角色，它承载着数据从外部源流向下一个目标的 3 个核心组件：Source、Channel 和 Sink。

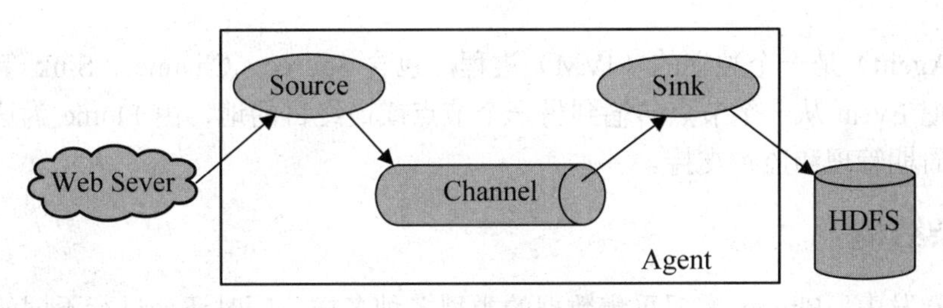

图 9-1　Flume 基本架构

9.2.2　Flume 的主要组件

Flume 的主要组件有 Event 、Agent、Source、Channel 及 Sink 等。

1. 事件

事件（Event）是 Flume 数据传输的基本单元，类似消息系统中的消息。一个 Event 包括 Event 头（headers）和 Event 体（body）。Event 头是一些 key-value 键值对，存储在 Map 集合中，就好比 HTTP 的头信息，用于传递与体不同的额外信息。Event 体为一个字节数组，存储实际要传递的数据。Event 的结构如图 9-2 所示。

Event 从 Source 流向 Channel，再流向 Sink，最终输出到目的地。Event 的数据流向如图 9-3 所示。

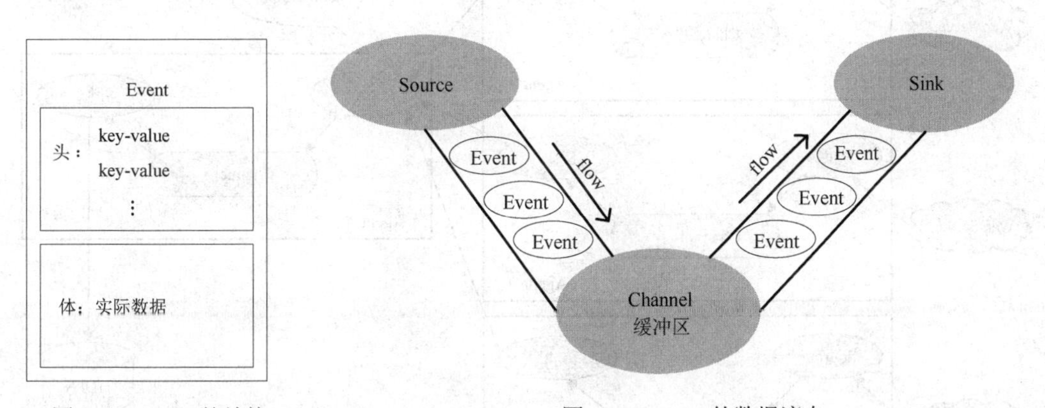

图 9-2　Event 的结构　　　　图 9-3　Event 的数据流向

2. 数据采集器

数据采集器（Source）用于源数据的采集（如从一个 Web 服务器采集源数据），然后将采集到的数据写入到 Channel 中并流向 Sink。

3. 缓冲通道

缓冲通道（Channel）底层是一个缓冲队列，对 Source 中的数据进行缓存，将数据高效、准确地写入 Sink，待数据全部到达 Sink 后，Flume 就会删除该缓存通道中的数据。

4. 接收器

接收器（Sink）接收并汇集流向 Sink 的所有数据，根据需求，可以直接进行集中式存储（采用 HDFS 进行存储），也可以继续作为数据源传入其他远程服务器或者 Source 中。

5. 代理

代理（Agent）是一个独立的（JVM）进程，包含 Source、Channel、Sink 等组件，它基于这些组件把 Event 从一个节点传输到另一个节点或最终目的地，由 Flume 为这些组件提供配置、生命周期管理和监控支持。

9.2.3 复杂结构

在实际开发中，Flume 需要采集数据的类型多种多样，同时还会进行不同的中间操作，所以根据具体需求，可以将 Flume 日志采集系统分为简单结构和复杂结构。

1. 简单结构

当需要采集数据的生产源比较单一、简单时，可以直接使用一个 Agent 来进行数据采集并最终存储，结构如 Flume 基本架构，参见图 9-1。

2. 复杂结构

有时候需要采集数据的数据源分布在不同的服务器上，不适合使用一个 Agent 进行数据采集，这时就可以根据业务需求部署多个 Agent 进行数据采集并最终存储，结构如图 9-4 所示。

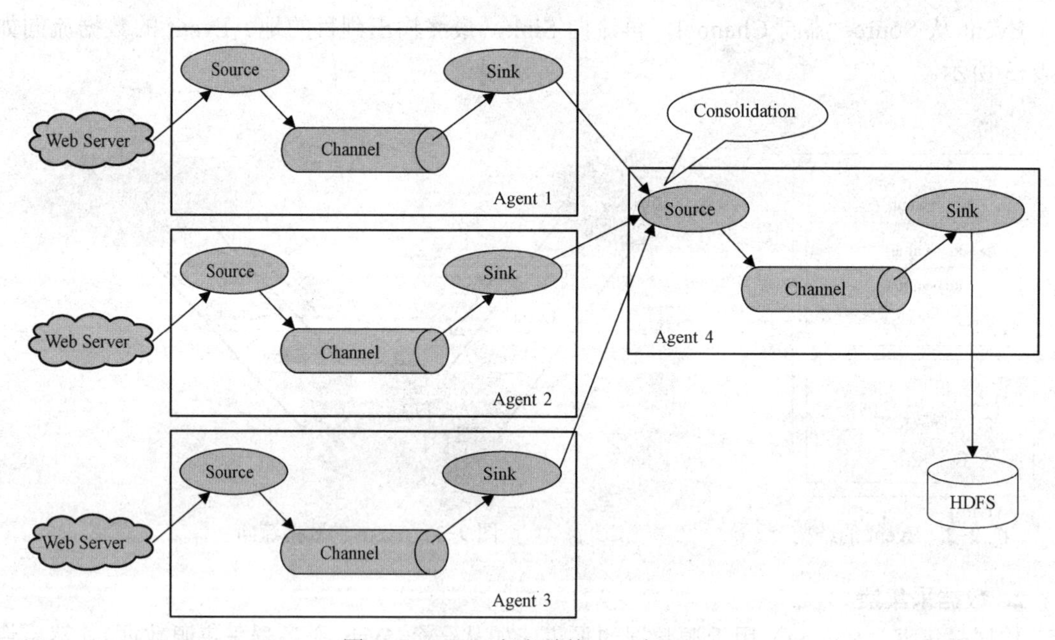

图 9-4　Flume 复杂结构——多 Agent

从图 9-4 可以看出，对每一个需要收集数据的 Web 服务端都搭建了一个 Agent 进行数据采集，接着再将这多个 Agent 中的数据作为下一个 Agent 的 Source 进行采集并最终集中存储到 HDFS 中。

除此之外，在开发中还有可能遇到从同一个服务端采集数据，然后通过多路复用分别传输并存储到不同目的地的情况，结构如图 9-5 所示。

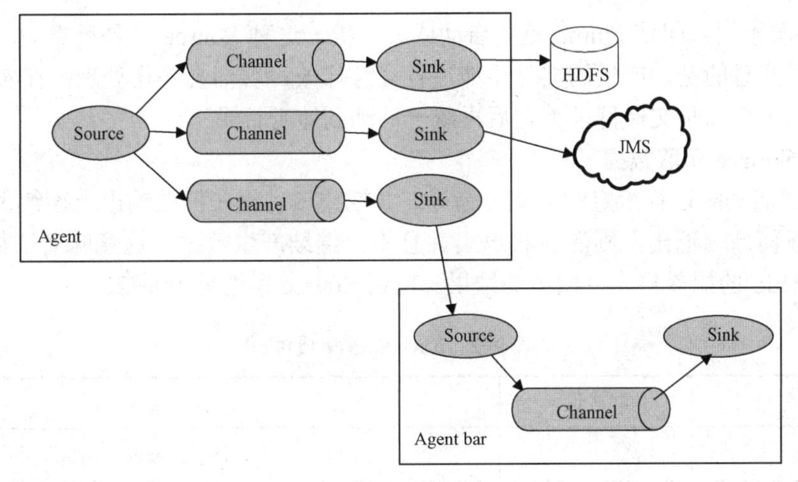

图 9-5　Flume 复杂结构——多路复用

根据具体需求，可将一个 Agent 采集的数据通过不同的 Channel 分别流向不同的 Sink，然后再进行下一阶段的传输或存储。如图 9-5 所示。也可将多个 Sink 数据分别进行 HDFS 集中式存储，或作为 JMS 消息服务，或作为另一个 Agent 的 Source。

9.3　Flume 的数据传输

在 Flume 数据采集系统，一个 Agent 的数据传输过程包括 Event 获取、Event 传输及 Event 发送。

9.3.1　Source——Event 获取

Source 的主要职责是接收 Event，并将 Event 批量地放到一个或者多个 Channel 中。接下来分别介绍常用的两类 Source：Spooling Directory Source 和 Exec Source。

1. Spooling Directory Source 获取数据

Spooling Directory Source 是通过读取硬盘上需要被收集数据的文件到 spooling 目录来获取数据，然后再将数据发送到 Channel。该 Source 会监控指定的目录来发现新文件并解析新文件。在给定的文件被读完之后，它被重命名为指示完成（或可选地删除）。Spooling Directory Source 属性见表 9-1。

表 9-1　Spooling Directory Source 属性

属性名	默认值	含　义
Type	—	类型，spooldir
SpooDir		监听目标
FileSuffix	COMPLETE	当数据读取完后添加的文件后缀
deletePolicy	never	当文件读取完后，文件是否删除，可选值有：never，immediate
FileHeader	false	是否把路径加入 Header

与 Exec 源不同，即使 Flume 重新启动或者死机，这种 Source 也是可靠的，不会丢失数据。同时需要注意的是，产生的文件不能进行任意修改，否则会停止处理；在实际应用中可以将文件写到一个临时文件目录下之后再统一移动到监听目录下。

2. Exec Source 获取数据

Exec 源在启动时运行给定的 UNIX 命令，并期望该进程在标准输出上连续生成数据。如果进程由于任何原因退出，则源也将退出并且不会继续产生数据。这意味着诸如 cat[named pipe]或 tail-F[file]的配置将产生期望的结果。Exec Source 属性见表 9–2。

表 9–2 Exec Source 属性

属性名	默认值	含 义
Type	—	类型，exec
Command	—	执行的命令

9.3.2 Channel——Event 传输

Channel 位于 Source 和 Sink 之间，用于缓存 Event，当 Sink 成功地将 Event 发送到下一个 Agent 或最终目的处之后，会将 Event 从 Channel 上移除。不同的 Channel 提供的持久化水平也是不一样的，并且 Channel 可以和任何数量的 Source 和 Sink 连接。

1. Memory Channel 内存中存储

Memory Channel 是指 Event 被存储在已配置最大容量的内存队列中，因此，它不具有持久存储能力，Memory Channel 的配置属性见表 9–3。

表 9–3 Memory Channel 配置属性

属性名	默认值	含 义
Type	—	类型名称，memory
Capacity	10 000	存放的 Event 最大数目
transactionCapacity	10 000	每次事务中，从 Source 服务的数据或写入 Sink 的数据
byteCapacityBufferPercentage	20	Header 中数据的比例
byteCapacity	—	存储的最大数据量

在使用 Memory Channel 时，如果出现问题导致虚拟机宕机或操作系统重新启动，事件就会丢失，在这种情况下，数据完整性不能保证，这种情况是否可以接受，主要取决于具体应用。与 File Channel 相比，Memory Channel 的优势在于具有较高的吞吐量，在要求高吞吐量并且允许 Agent Event 失败所导致数据丢失的情况下，Memory Channel 是理想的选择。

2. File Channel 持久化存储

File Channel 具有持久性，只要事件被写入 Channel，即使代理重新启动，事件也不会丢失，能保障数据的完整性，File Channel 属性见表 9–4。

表 9-4　File Channel 属性

属性名	默认值	含　义
Type	—	类型名称，file
CheckpointDir	～/.flume/file-channel/Checkpoint	Checkpoint 文件存放位置
DataDir	～/.flume/file-channel/data	数据目录，分隔符分隔

9.3.3　Sink——Event 发送

Sink 的主要职责是将 Event 传输到下一个 Agent 或最终目的处，成功传输完成后将 Event 从 Channel 移除。Sink 主要分为两大类：File Roll Sink 和 Hdfs Sink。

1. File Roll Sink 写入本地

File Roll Sink 是指将事件写入本地文件系统中，首先要在本地文件系统中创建一个缓冲目录，新增文件是由手工添加的，File Roll Sink 属性见表 9-5。

表 9-5　File Roll Sink 属性

Property Name（属性名）	Default（默认）	Description（描述）
Channel（通道）	—	
Type（类型）	—	The component type name，Needs to be file_roll（组件类型名称，应为 file_roll）
Sink.directory（Sink.directory）	—	The directory where files will be stored（存储文件的目录）
Sink.path Manager（Sink.path Manager）	DEFAULT	The pathManage immplementation to use（应用的路径管理器）
Sink.path Manager. Extension（Sink.path Manager. Extension）	—	The file extension if the Default pathManager is Used（使用默认路径管理器时的文件扩展名）
Sink.path Manager. Prefix（Sink.path Manager. Prefix）	—	A character string to add to the begging of the file name if the default PathManager is used（如果使用默认路径管理器，则添加到请求文件名的字符串中）
Sink.roll Interval（Sink.roll Interval）	30	Roll the file every 30 seconds. Specifying 0 will disable rooling and cause all events to a singal file（每 30 s 滚动一次。指定 0 将禁用滚动，并导致将所有事件写入单个文件中）
Sink.serializer（Sink.serializer）	TEXT	Other possible options include avro_event or the FQCN of an implementation of EventSerializer.Builder interface.（其他可能的选项包括 avro_event 或实现 Event Serializer.Builder 结口的 FQCN）
batchSize（batchSize）	100	—

2. HDFS Sink 写入 HDFS

HDFS Sink 是指将事件写入 Hadoop 分布式系统（HDFS）。它可以根据经过的时间、数据大小或事件数量定期滚动文件，也就是关闭当前文件并创建新文件。对于正在进行写操作处理的文件，其文件名会添加一个后缀“.tmp”，以表明文件处理尚未完成，HDFS Sink 属性见表 9–6。

表 9–6　HDFS Sink 属性

属 性 名	默 认 值	含　义
type	—	类型名称，hdfs
hdfs.path	—	HDFS 目录
hdfs.fleprefix	FlumeData	Flume 写入 HDFS 的文件前缀
hdfs.rollinterval	30	文件滚动时间间隔
hdfs.rollsize	1024	文件滚动大小
hdfs.rolcount	10	文件滚动事件数目

9.3.4　其他组件

Interceptor 组件主要作用于 Source，可以按照特定的顺序对 Event 进行装饰或过滤。Sink Group 允许用户将多个 Sink 组合在一起，Sink Processor 则能通过组中的 Sink 切换来实现负载均衡，也可以在一个 Sink 出现故障时切换到另一个 Sink。

本 章 小 结

本章主要介绍了 Flume 及其特点、架构及主要组件 Event、Client、Agent、Source、Channel、Sink 的作用。

Apache Flume 是一种分布式的、可靠和易用的日志收集系统，用于将大量日志数据从许多不同的源进行收集、聚合，最终移动到一个集中的数据中心进行存储。

Flume 是一种用于高效收集、聚合和移动大量日志数据的分布式的可靠可用服务。它具有基于流式数据的简单灵活构架，基于它的可靠性机制和许多故障切换及恢复机制，它具有健壮性和容错性，使用了一个允许在线分析应用程序的简单可扩展数据模型。

Flume 由一组以分布式拓扑结构相互连接的代理构成。Agent 是由 Source、Sink 和 Channel 共同构成的 Java 进程，Flume 和 Source 产生事件后将其传给 Channel，Channel 存储这些事件直接转发给 Sink。

Event 是 Flume 数据传输的基本单元，类似消息系统中的消息。一个 Event 包括 Event 头（headers）和 Event 体（body）。Event 头是一些 key-value 键值对，存储在 Map 集合中，就好比 HTTP 的头信息，用于传递与体不同的额外信息。Event 体为一个字节数组，存储实际要传递的数据。

习　　题

1. 如何理解 Flume?
2. 采集系统 Flume 有哪些特点?
3. 试述 Flume 的基本架构。
4. Flume 的主要组件有哪些?
5. 描述 Flume 的复杂结构。
6. 试述 Event 获取的主要类型及区别。
7. 试述 Event 传输的主要类型及区别。
8. 试述 Event 发送的主要类型及区别。

实验 9.1　日志采集工具 Flume

1. 实验目的

（1）理解并掌握 Flume 的安装配置。

（2）掌握 Flume 基本操作。

（3）实现通过执行脚本采集数据。

2. 实验环境

（1）apache-flume-1.6.0-bin.tar.gz。

（2）Python 3.6.5。

3. 实验步骤

（1）下载并解压。将安装包 apache-flume-1.6.0-bin.tar.gz 上传到 centos01 节点 software 目录，并将其解压。

```
总用量 132
drwxr-xr-x.  2 hadoop hadoop    62 5 月  31 19:21 bin
-rw-r--r--.  1 hadoop hadoop 69856 5 月   9 2015 CHANGELOG
drwxr-xr-x.  2 hadoop hadoop   127 5 月  31 19:21 conf
-rw-r--r--.  1 hadoop hadoop  6172 5 月   9 2015 DEVNOTES
drwxr-xr-x. 10 hadoop hadoop  4096 5 月  12 2015 docs
drwxrwxr-x.  2 hadoop hadoop  4096 5 月  31 19:21 lib
-rw-r--r--.  1 hadoop hadoop 25903 5 月   9 2015 LICENSE
-rw-r--r--.  1 hadoop hadoop   249 5 月   9 2015 NOTICE
-rw-r--r--.  1 hadoop hadoop  1779 5 月   9 2015 README
-rw-r--r--.  1 hadoop hadoop  1585 5 月   9 2015 RELEASE-NOTES
drwxrwxr-x.  2 hadoop hadoop    68 5 月  31 19:21 tools
```

（2）配置系统环境变量。将/opt/software/apache-flume-1.6.0-bin 路径配置到/etc/profile 文件中。

```
unset i
unset -f pathmunge
export JAVA_HOME=/opt/software/jdk1.8.0_281
export HADOOP_HOME=/opt/software/hadoop-3.3.2
export ZOOKEEPER_HOME=/opt/software/zookeeper-3.4.6
export HIVE_HOME=/opt/software/apache-hive-3.1.2-bin
export HBASE_HOME=/opt/software/hbase-2.0.5
export SQOOP_HOME=/opt/software/sqoop-1.4.6.bin__hadoop-2.0.4-alpha
export FLUME_HOME=/opt/software/apache-flume-1.6.0-bin

export PATH=$PATH:$JAVA_HOME/bin:$HADOOP_HOME/bin:$HADOOP_HOME/sbin:$ZOOKEEPER_HOME/bin:$HIVE_HOME/bin:$HBASE_HOME/bin:$SQOOP_HOME/bin:$FLUME_HOME/bin
```

退出保存用:w !sudo tee %，刷新/etc/profile 文件使修改生效。

```
[hadoop@centos01 apache-flume-1.6.0-bin]$ source /etc/profile
```

（3）运行一个简单的 Flume 例子。

① 编辑配置文件 conf1。

```
[hadoop@centos01 opt]$ mkdir flume
[hadoop@centos01 opt]$ ll
总用量 4
drwxr-xr-x. 2 hadoop hadoop  257 8 月  10 11:37 data
drwxrwxr-x. 2 hadoop hadoop    6 8 月  10 18:41 flume
drwxr-xr-x. 2 hadoop hadoop   22 5 月   2 21:24 output
drwxr-xr-x. 2 hadoop hadoop    6 10 月 31 2018 rh
drwxr-xr-x. 9 hadoop hadoop 4096 8 月  10 18:37 software
drwxrwxr-x. 3 hadoop hadoop   18 8 月  10 11:09 softwarezookeeper-3.4.6
drwxrwxr-x. 2 hadoop hadoop   45 8 月  10 18:16 sqoop
```

在当前目录/opt/flume 下编辑一个文件 conf1，内容如下：

```
# example.conf: A single-node Flume configuration

# Name the components on this agent
a1.sources = r1
a1.sinks = k1
a1.channels = c1

# Describe/configure the source
a1.sources.r1.type = spooldir
a1.sources.r1.spoolDir = /opt/source/
```

```
# Describe the sink
a1.sinks.k1.type = file_roll
a1.sinks.k1.sink.directory=/opt/sink

# Use a channel which buffers events in memory
a1.channels.c1.type = memory
a1.channels.c1.capacity = 1000
a1.channels.c1.transactionCapacity = 100

# Bind the source and sink to the channel
a1.sources.r1.channels = c1
a1.sinks.k1.channel = c1
```

② 创建相应的文件夹。在/opt 文件夹下创建 source 和 sink 文件夹，分别作为 source 和 sink 的目录，其中没有任何文件。

```
[hadoop@centos01 opt]$ mkdir source
[hadoop@centos01 opt]$ mkdir sink
[hadoop@centos01 opt]$ ll
总用量 4
drwxr-xr-x. 2 hadoop hadoop   257 8 月   10 11:37 data
drwxrwxr-x. 2 hadoop hadoop    19 8 月   10 18:43 flume
drwxr-xr-x. 2 hadoop hadoop    22 5 月    2 21:24 output
drwxr-xr-x. 2 hadoop hadoop     6 10 月  31 2018 rh
drwxrwxr-x. 2 hadoop hadoop     6 8 月   10 18:43 sink
drwxr-xr-x. 9 hadoop hadoop 4096 8 月   10 18:37 software
drwxrwxr-x. 3 hadoop hadoop    18 8 月   10 11:09 softwarezookeeper-3.4.6
drwxrwxr-x. 2 hadoop hadoop     6 8 月   10 18:43 source
drwxrwxr-x. 2 hadoop hadoop    45 8 月   10 18:16 sqoop
```

③ 启动 Flume 代理 Agent 进程。在 centos01 节点/opt/flume 目录下执行命令：flume-ng agent --conf-file conf1 --name a1 -Dflume.root.logger=INFO,console。

```
[hadoop@centos01 opt]$ flume-ng agent --conf-file conf1 --name a1 -Dflume.root.
Warning: No configuration directory set! Use --conf <dir> to override.
Info: Including Hadoop libraries found via(/opt/software/hadoop-2.8.2/bin/hadoop)for HDFS access
Info: Excluding /opt/software/hadoop-2.8.2/share/hadoop/common/lib/slf4j-api-1.7.10. jar from classpath
Info: Excluding /opt/software/hadoop-2.8.2/share/hadoop/common/lib/slf4j-log4j 12-1.7.10.jar from classpath
…
2023-08-10 18:44:29,288 INFO sink.RollingFileSink: RollingFileSink k1 started.
```

```
2023-08-10 18:44:29,386 INFO instrumentation.MonitoredCounterGroup: Monitored counter group for type: SOURCE, name: r1: Successfully registered new MBean.
2023-08-10 18:44:29,386 INFO instrumentation.MonitoredCounterGroup: Component type: SOURCE, name: r1 started
```

保持 Flume 进程运行状态，重新打开一个会话。查看 sink 目录中文件，因为 source 目录中没有文件，所以 sink 中收集的文件大小是 0。

```
[hadoop@centos01 opt]$ cd sink
[hadoop@centos01 sink]$ ll
总用量 0
```

④ 收集数据测试。使用 xftp 向/opt/source 目录上传一个 earthquake.csv 文件。可以看到 Flume 代理进程开始处理。

```
2023-08-10 18:44:29,275 INFO instrumentation.MonitoredCounterGroup: Component type: SINK, name: k1 started
2023-08-10 18:44:29,276 INFO source.SpoolDirectorySource: SpoolDirectorySource source starting with directory: /opt/source/
2023-08-10 18:44:29,288 INFO sink.RollingFileSink: RollingFileSink k1 started.
2023-08-10 18:44:29,386 INFO instrumentation.MonitoredCounterGroup: Monitored counter group for type: SOURCE, name: r1: Successfully registered new MBean.
2023-08-10 18:44:29,386 INFO instrumentation.MonitoredCounterGroup: Component type: SOURCE, name: r1 started
2023-08-10 18:47:47,917 INFO avro.ReliableSpoolingFileEventReader: Last read took us just up to a file boundary. Rolling to the next file, if there is one.
2023-08-10 18:47:47,917 INFO avro.ReliableSpoolingFileEventReader: Preparing to move file /opt/source/earthquake.csv to /opt/source/earthquake.csv.COMPLETED
```

处理的结果是，source 目录下的文件后缀为.COMPLETED。

```
[hadoop@centos01 source]$ ll
总用量 1252
-rw-rw-r--. 1 hadoop hadoop 1278707 8 月  10 18:47 earthquake.csv.COMPLETED
```

sink 目录下多了一个文件，内容为 user.txt 文件的内容，说明数据收集成功。

```
[hadoop@centos01 sink]$ ll
总用量 1252
-rw-rw-r--. 1 hadoop hadoop 1278707 8 月  10 18:47 1691664268755-7
[hadoop@centos01 sink]$ more 1691664268755-7
Date,Time,Latitude,Longitude,Type,Depth,Magnitude
01/02/1965,13:44:18,19.246,145.616,Earthquake,131.6,6
01/04/1965,11:29:49,1.863,127.352,Earthquake,80,5.8
01/05/1965,18:05:58,-20.579,-173.972,Earthquake,20,6.2
01/08/1965,18:49:43,-59.076,-23.557,Earthquake,15,5.8
01/09/1965,13:32:50,11.938,126.427,Earthquake,15,5.8
```

```
01/10/1965,13:36:32,-13.405,166.629,Earthquake,35,6.7
```

注意：对/opt 设置权限 777 为最高权限。

```
[hadoop@centos01 opt]$ sudo chmod 777 /opt
```

（4）将数据收集到 HDFS 集群。

① 编辑配置文件 conf2。在当前目录/opt/flume 下编辑一个文件 conf2，内容如下。

```
#name the components on this agent
a1.sources = r1
a1.sinks = k1
a1.channels = c1

# Describe/configure the source
a1.sources.r1.type = spooldir
a1.sources.r1.spoolDir = /opt/source/

# Describe the sink
a1.sinks.k1.type = hdfs
a1.sinks.k1.hdfs.path =hdfs://mycluster/flume/data
a1.sink.hdfs.rollInterval = 0
a1.sink.hdfs.rollSize=10240000
a1.sink.hdfs.idleTimeout=0
a1.sink.hdfs.idleTimeout=3
a1.sink.hdfs.fileType=DataStream
a1.sink.hdfs.round=true
a1.sink.hdfs.roundValue=10
a1.sink.hdfs.roundUnit=minute
a1.sink.hdfs.useLocalTimeStamp=true

# Use a channel which buffers events in memory
a1.channels.c1.type = memory
a1.channels.c1.capacity = 1000
a1.channels.c1.transactionCapacity = 100

# Bind the source and sink to the channel
a1.sources.r1.channels = c1
a1.sinks.k1.channel = c1
```

② 启动 Flume 代理进程 Agent。

在 centos01 节点/opt/flume 目录下执行命令：flume-ng agent --conf-file conf2 --name a1 -Dflume. root.logger=INFO,console。

```
[hadoop@centos01 flume]$ flume-ng agent --conf-file conf2 --name a1 -Dflume. root.
```

```
logger=INFO,console
    Warning: No configuration directory set! Use --conf <dir> to override.
    …
    2023-08-10 18:59:40,535 INFO instrumentation.MonitoredCounterGroup: Component type: SINK, name: k1 started
    2023-08-10 18:59:40,614 INFO instrumentation.MonitoredCounterGroup: Monitored counter group for type: SOURCE, name: r1: Successfully registered new MBean.
    2023-08-10 18:59:40,615 INFO instrumentation.MonitoredCounterGroup: Component type: SOURCE, name: r1 started
```

③ 向/opt/source 目录下导入 record.txt 文件。

可以观察到 Agent 在处理数据。

```
    2023-08-10 19:00:31,047 INFO avro.ReliableSpoolingFileEventReader: Preparing to move file /opt/source/record.txt to /opt/source/record.txt.COMPLETED
    2023-08-10 19:00:34,584 INFO hdfs.HDFSSequenceFile: writeFormat = Writable, UseRawLocalFileSystem = false
    2023-08-10 19:00:34,919 INFO hdfs.BucketWriter: Creating hdfs://mycluster/flume/data/FlumeData.1691665234584.tmp
    2023-08-10 19:00:37,592 INFO hdfs.BucketWriter: Closing hdfs://mycluster/flume/data/FlumeData.1691665234584.tmp
    2023-08-10 19:00:37,795 INFO hdfs.BucketWriter: Renaming hdfs://mycluster/flume/data/FlumeData.1691665234584.tmp to hdfs://mycluster/flume/data/FlumeData.1691665234584
    2023-08-10 19:00:37,858 INFO hdfs.BucketWriter: Creating hdfs://mycluster/flume/data/FlumeData.1691665234585.tmp
    2023-08-10 19:01:07,893 INFO hdfs.BucketWriter: Closing hdfs://mycluster/flume/data/FlumeData.1691665234585.tmp
    2023-08-10 19:01:07,915 INFO hdfs.BucketWriter: Renaming hdfs://mycluster/flume/data/FlumeData.1691665234585.tmp to hdfs://mycluster/flume/data/FlumeData.1691665234585
    2023-08-10 19:01:07,920 INFO hdfs.HDFSEventSink: Writer callback called.
```

查看 hdfs 集群中的数据。

```
    [hadoop@centos01 opt]$ hdfs dfs -ls /flume/data
    Found 2 items
    -rw-r--r--   2 hadoop supergroup       1382 2023-08-10 19:00 /flume/data/FlumeData.1691665234584
    -rw-r--r--   2 hadoop supergroup        233 2023-08-10 19:01 /flume/data/FlumeData.1691665234585
```

（5）基于日期分区的数据采集到集群。

① 编辑配置文件 conf3。在当前目录/opt/下编辑一个文件 conf3，内容如下。

```
    #name the components on this agent
    a1.sources = r1
```

```
a1.sinks = k1
a1.channels = c1

# Describe/configure the source
a1.sources.r1.type = spooldir
a1.sources.r1.spoolDir = /opt/source/

# Describe the sink
a1.sinks.k1.type = hdfs
a1.sinks.k1.hdfs.path =hdfs://mycluster/flume/data/%Y-%m-%d/%H%M
a1.sink.hdfs.rollInterval = 0
a1.sink.hdfs.rollSize=10240000
a1.sink.hdfs.idleTimeout=0
a1.sink.hdfs.idleTimeout=3
a1.sink.hdfs.fileType=DataStream
a1.sink.hdfs.round=true
a1.sink.hdfs.roundValue=10
a1.sink.hdfs.roundUnit=minute
a1.sinks.k1.hdfs.useLocalTimeStamp=true

# Use a channel which buffers events in memory
a1.channels.c1.type = memory
a1.channels.c1.capacity = 1000
a1.channels.c1.transactionCapacity = 100

# Bind the source and sink to the channel
a1.sources.r1.channels = c1
a1.sinks.k1.channel = c1
```

② 启动 Flume 代理进程 Agent。

```
[hadoop@centos01 flume]$ flume-ng agent --conf-file conf3 --name a1 -Dflume
23/05/31 20:16:05 INFO node.Application: Starting Sink k1
23/05/31 20:16:05 INFO node.Application: Starting Source r1
23/05/31 20:16:05 INFO source.SpoolDirectorySource: SpoolDirectorySource source starting with directory: /opt/source/
23/05/31 20:16:05 INFO instrumentation.MonitoredCounterGroup: Monitored counter group for type: SINK, name: k1: Successfully registered new MBean.
23/05/31 20:16:05 INFO instrumentation.MonitoredCounterGroup: Component type: SINK, name: k1 started
23/05/31 20:16:05 INFO instrumentation.MonitoredCounterGroup: Monitored counter group
```

```
for type: SOURCE, name: r1: Successfully registered new MBean.
    23/05/31 20:16:05 INFO instrumentation.MonitoredCounterGroup: Component type: SOURCE, name: r1 started
```

③ 向/opt/source 目录下导入 user.txt 文件。同时看到 Agent 在处理数据。

```
    21/09/29 22:00:33 INFO avro.ReliableSpoolingFileEventReader: Preparing to move file /opt/source/user.txt to /opt/source/user.txt.COMPLETED
    21/09/29 22:00:33 INFO hdfs.HDFSSequenceFile: writeFormat = Writable, UseRawLocal FileSystem = false
    21/09/29 22:00:33 INFO hdfs.BucketWriter: Creating hdfs://mycluster/flume/data/2021-09-29/2200/FlumeData.1632924033564.tmp
    21/09/29 22:00:38 INFO hdfs.BucketWriter: Closing hdfs://mycluster/flume/data/2021-09-29/2200/FlumeData.1632924033564.tmp
    21/09/29 22:00:38 INFO hdfs.BucketWriter: Renaming hdfs://mycluster/flume/data/2021-09-29/2200/FlumeData.1632924033564.tmp to hdfs://mycluster/flume/data/2021-09- 29/2200 /Flume Data.1632924033564
    21/09/29 22:00:38 INFO hdfs.BucketWriter: Creating hdfs://mycluster/flume/data/2021-09-29/2200/FlumeData.1632924033565.tmp
    21/09/29 22:01:08 INFO hdfs.BucketWriter: Closing hdfs://mycluster/flume/data/2021-09-29/2200/FlumeData.1632924033565.tmp
    21/09/29 22:01:08 INFO hdfs.BucketWriter: Renaming hdfs://mycluster/flume/data/2021-09-29/2200/FlumeData.1632924033565.tmp to hdfs://mycluster/flume/data/2021-09- 29/2200/Flume Data.1632924033565
    21/09/29 22:01:08 INFO hdfs.HDFSEventSink: Writer callback called.
```

查看 hdfs 集群中的数据。

```
    [hadoop@centos01 opt]$ hdfs dfs -ls /flume/data
    Found 3 items
    drwxr-xr-x   - hadoop   supergroup    0 2023-05-31 20:17 /flume/data/2023-05-31
    -rw-r--r-2 hadoop supergroup 13822023-05-3120:04 /flume/data/FlumeData. 1685534681528
    -rw-r--r--2 hadoop supergroup 233 2023-05-31 20:05 /flume/data/FlumeData. 1685534681529
    [hadoop@centos01 opt]$ hdfs dfs -ls /flume/data/2023-05-31
    Found 1 items
    drwxr-xr-x   - hadoop supergroup   0 2023-05-31 20:18 /flume/data/2023-05-31/2017
    [hadoop@centos01 opt]$ hdfs dfs -ls /flume/data/2023-05-31/2017
    Found 2 items
    -rw-r--r--   2   hadoop   supergroup   674   2023-05-31   20:17   /flume/data/2023-05-31/2017/FlumeData.1685535452118
    -rw-r--r--   2   hadoop   supergroup    152   2023-05-31   20:18   /flume/data/2023-05-31/2017/FlumeData.168553545211
```

（6）通过执行脚本实现数据收集。

① 编辑脚本文件。在/opt 目录下创建 scripts 文件夹，编辑 4 个脚本文件。

```
[hadoop@centos01 scripts]$ ll
总用量 16
-rw-rw-r--. 1 hadoop hadoop 2023 5 月   31 20:41 brand.py
-rw-rw-r--. 1 hadoop hadoop     57 5 月   31 20:26 command.sh
-rw-rw-r--. 1 hadoop hadoop 2145 5 月   31 20:43 record.py
-rw-rw-r--. 1 hadoop hadoop 1100 5 月   31 20:28 user.py
```

command.sh 脚本内容为：

```
#!bin/bash
./user.py 10
./brand.py 100
./record.py 1000
```

user.py 的脚本为：

```
#!/usr/bin/env python3
#-.-config utf-8 -.-

from faker import Factory
import random
import sys
USER_File = "/opt/data/loganalysis/user.list"


PROVINCE = "BeiJing,ShangHai,TianJin,ChongQing,XiangGang,Anhui,FuJian,GuangDong,
GuangXi,GuiZhou,GanSu,HaiNan,HeBei,HeNan.HeiLongJiang,HuBei,HuNan,JiLin,JiangSu,Jiang
Xi,LiaoNing,NeiMengGu,NingXia,QingHai,ShanXi1,ShanXi3,ShangDong,SiChuan,TaiWan,XiZha
ng,YunNan,ZheJiang"
PROVINCE_LIST = PROVINCE.split(',')

def get_one_user(fake,id):
    uid = "%d"%id
    name = fake.last_name( )
    gender = fake.simple_profile( )["sex"]
    birth = fake.simple_profile( )["birthdate"]
    province = PROVINCE_LIST[random.randint(0,len(PROVINCE_LIST)-1)]
    print(uid,name,gender,birth,province)
    return uid+","+name+","+gender+","+str(birth)+","+province

def generate_user(count):
    fake = Factory.create( )
```

```
        f = open(USER_File,'w')
        for i in range(count):
            user = get_one_user(fake,i)
            f.write(user+"\n")
        f.close( )

if __name__ == '__main__':
        count = int(sys.argv[1])
        print("Start to generate user data...")
        generate_user(count)
```

brand.py 脚本为：

```
#!/usr/bin/env python3
#-.-config utf-8 -.-

import random
import sys
USER_File = "/opt/data/loganalysis/brand.list"

GOODS_CLASS = 'sports,clothes,food,television,computer,cosmet ic,telephone'
SPORTS = 'NIKE,PUMA,ANTA,KAPPA,NB,adidas,LI-NING,PEAK,XTEP'
CLOTHES = 'ZARA,CHANEL,H&M,ASOS,WEGO'
FOOD = 'NIULANSHAN,liqueur,vodka,Irish,tequila,brandy,rum'
TELEVISION = 'SAMSUNG,changhong,hitachi,toshiba'
COMPUTER = 'Dell,Lenovo,ASUS,Mac,HP,SONY,'
COSMET_IC = 'MEIFUBAO,Dior,Chanel,Lancome,Clinique'
TELEPHONE = 'HTC,Sony,Nokia,iPhone,Samsung,ViVo,MEIZU,HUAWEI'
GOODS_CLASS_LIST = GOODS_CLASS.split(',')
SPORTS_LIST = SPORTS.split(',')
CLOTHES_LIST = CLOTHES.split(',')
FOOD_LIST = FOOD.split(',')
TELEVISION_LIST = TELEVISION.split(',')
COMPUTER_LIST = COMPUTER.split(',')
COSMET_IC_LIST = COSMET_IC.split(',')
TELEPHONE_LIST = TELEPHONE.split(',')

def get_one_user(id):
      uid = "%d"%id
      goods_class = GOODS_CLASS_LIST[random.randint(0,len(GOODS_CLASS_LIST)-1)]
      if goods_class is 'sports':
```

```
            goods = SPORTS_LIST[random.randint(0,len(SPORTS_LIST)-1)]
        elif goods_class is 'clothes':
            goods = CLOTHES_LIST[random.randint(0,len(CLOTHES_LIST)-1)]
        elif goods_class is 'food':
            goods = FOOD_LIST[random.randint(0,len(FOOD_LIST)-1)]
        elif goods_class is 'television':
            goods = TELEVISION_LIST[random.randint(0,len(TELEVISION_LIST)-1)]
        elif goods_class is 'computer':
            goods = COMPUTER_LIST[random.randint(0,len(COMPUTER_LIST)-1)]
        elif goods_class is 'telephone':
            goods = TELEPHONE_LIST[random.randint(0,len(TELEPHONE_LIST)-1)]
        else:
            goods = COSMET_IC_LIST[random.randint(0,len(COSMET_IC_LIST)-1)]
        print(uid,goods_class,goods)
        return uid+","+goods_class+","+goods

def generate_user(count):
        f = open(USER_File,'w')
        for i in range(count):
            user = get_one_user(i)
            f.write(user+"\n")
        f.close( )

if __name__ == '__main__':
        count = int(sys.argv[1])
        print("Start to generate user data...")
        generate_user(count)
```

record.py 脚本内容为：

```
#!/usr/bin/env python3
#-.-config utf-8 -.-

from faker import Factory
import random
import time
import sys
USER_File = "/opt/data/loganalysis/record.list"

CITYS = 'BeiJing,ShangHai,TianJin,ChongQing,XiangGang,Aomen,HeFei,HaiKou,FuZhou,
GuangZhou,GuiYang,LanZhou,ShiJiaZhuang,ZhengZhou,WuHan,ChangChun,NanJing,HuHeHaoT
```

```
e,ChengDu,GaoXiong,HangZhou,ChangSha'
    SOURCE_WEBSITE = 'TIANMAO,TAOBAO,JINGDONG,TIANMAOCHAOSHI, XIANYU'
    ADDERSS = 'tr,sid,byn,cv,bs,eu,gl,lg,ig,sd,hsb'
    COMPANY = 'SFEXPRESS,STO,YTO,ZTO,HTKY,YUNDA,JD,EMS,HTKY,YUNDA'
    CITYS_LIST = CITYS.split(',')
    SOURCE_WEBSITE_LIST = SOURCE_WEBSITE.split(',')
    COMPANY_LIST = COMPANY.split(',')
    ADDERSS_LIST = ADDERSS.split(',')

    def get_one_user(fake,id):
        did = "%d"%id
        uid = fake.profile( )['ssn'].replace('-','')
        sid = int(uid)+ random.randint(1,10000)
        transaction_time = int(time.time( ))
        price = random.randint(1,1000)
        from_city = CITYS_LIST[random.randint(0, len(CITYS_LIST)- 1)]
        to_city = CITYS_LIST[random.randint(0, len(CITYS_LIST)- 1)]
        if from_city == to_city:
            while True:
                to_city = CITYS_LIST[random.randint(0, len(CITYS_LIST)- 1)]
                if from_city != to_city:
                    break
        source = SOURCE_WEBSITE_LIST[random.randint(0, len(SOURCE_WEBSITE_
LIST)- 1)]
        courier_num = fake.ean13( )
        ipv4 = fake.ipv4(network=False)
        courier_company = COMPANY_LIST[random.randint(0, len(COMPANY_LIST)- 1)]
        address = ADDERSS_LIST[random.randint(0, len(ADDERSS_LIST)- 1)]
print(did,uid,sid,transaction_time,price,from_city,to_city,source,courier_num,courier_company,
ipv4,address)
        return  str(did)+","+str(uid)+","+str(sid)+","+str(transaction_time)+","+str(price)+','+
str(from_city)+','+str(to_city)+','+str(source)+','+str(courier_num)+','+str(courier_company)+','+
str(ipv4)+','+str(address)


    def generate_user(count):
        fake = Factory.create( )
        f = open(USER_File,'w')
        for i in range(count):
```

```
            user = get_one_user(fake,i)
            f.write(user+"\n")
        f.close( )

if __name__ == '__main__':
    count = int(sys.argv[1])
    print("Start to generate user data...")
    generate_user(count)
```

② 安装运行 python 工具。下载 Python 3.6.5，上传到/opt/software 目录下，解压。

```
[hadoop@centos01 software]$ tar -zxvf Python-3.6.5.tgz
总用量 1488532
drwxrwxr-x.  7 hadoop hadoop       162 8 月  10 18:37 apache-flume-1.6.0-bin
-rw-rw-r--.  1 hadoop hadoop  52550402 8 月  10 18:36 apache-flume-1.6.0-bin.tar.gz
drwxr-xr-x. 10 root   root         184 8 月   9 18:10 apache-hive-3.1.2-bin
-rw-rw-r--.  1 hadoop hadoop 278813748 8 月   9 18:09 apache-hive-3.1.2-bin.tar.gz
drwxr-xr-x. 14 hadoop hadoop      4096 8 月   8 20:57 hadoop-3.3.2
-rw-rw-r--.  1 hadoop hadoop 638660563 4 月  23 22:28 hadoop-3.3.2.tar.gz
drwxrwxr-x.  7 hadoop hadoop       182 8 月  10 14:51 hbase-2.0.5
-rw-rw-r--.  1 hadoop hadoop 132569269 8 月  10 14:36 hbase-2.0.5-bin.tar.gz
-rw-rw-r--.  1 hadoop hadoop  68874531 5 月   2 23:21 Hello_Hadoop_22661301yjs.jar
drwxr-xr-x.  8 hadoop hadoop       273 12 月  9 2020 jdk1.8.0_281
-rw-rw-r--.  1 hadoop hadoop 143722924 4 月  23 21:33 jdk-8u281-linux-x64.tar.gz
-rw-rw-r--.  1 hadoop hadoop 151358565 5 月   3 15:50 MapReduce_22661301yjs.jar
-rw-r--r--.  1 root   root        6140 11 月 12 2015 mysql-community-release-el7-5.
noarch.rpm
drwxr-xr-x. 16 hadoop hadoop      4096 3 月  28 2018 Python-3.6.5
-rw-rw-r--.  1 hadoop hadoop  22994617 8 月  10 19:35 Python-3.6.5.tgz
drwxr-xr-x.  8 hadoop hadoop      4096 8 月  10 17:16 sqoop-1.4.6.bin__hadoop-
2.0.4-alpha
-rw-rw-r--.  1 hadoop hadoop  16870735 8 月  10 17:15 sqoop-1.4.6.bin__hadoop-
2.0.4-alpha.tar.gz
drwxr-xr-x. 11 hadoop hadoop      4096 8 月   8 19:17 zookeeper-3.4.6
-rw-rw-r--.  1 hadoop hadoop  17699306 5 月   3 10:09 zookeeper-3.4.6.tar.gz
-rw-rw-r--.  1 hadoop hadoop     93581 8 月  10 17:14 zookeeper.out
```

准备编译环境、安装依赖库。

```
[hadoop@centos01 software]$ yum -y install zlib-devel bzip2-devel openssl-devel
ncurses-devel sqlite-devel readline-devel tk-devel gcc make
已加载插件：fastestmirror, langpacks
您需要 root 权限执行此命令。
```

```
[hadoop@centos01 software]$ su
密码:
[root@centos01 software]# yum -y install zlib-devel bzip2-devel openssl-devel
ncurses-devel sqlite-devel readline-devel tk-devel gcc make
已加载插件：fastestmirror, langpacks
Determining fastest mirrors
* base: mirrors.163.com
* extras: mirrors.163.com
* updates: mirrors.163.com
base | 3.6 kB 00:00:00
extras | 2.9 kB 00:00:00
...
作为依赖被升级:
freetype.x86_64 0:2.8-14.el7_9.1 glibc.x86_64 0:2.17-323.el7_9
glibc-common.x86_64 0:2.17-323.el7_9 libblkid.x86_64 0:2.23.2-65.el7_9.1
libmount.x86_64 0:2.23.2-65.el7_9.1 libsmartcols.x86_64 0:2.23.2-65.el7_9.1
libuuid.x86_64 0:2.23.2-65.el7_9.1 openssl.x86_64 1:1.0.2k-21.el7_9
openssl-libs.x86_64 1:1.0.2k-21.el7_9 util-linux.x86_64 0:2.23.2-65.el7_9.1
zlib.x86_64 0:1.2.7-19.el7_9
完毕！
```

编译安装。执行 cd Python-3.6.5，依次执行以下 3 个命令：

./configure --prefix=/opt/software/Python-3.6.5

其中--prefix 是 Python 的安装目录。

```
[root@centos01 software]# cd Python-3.6.5/
[root@centos01 Python-3.6.5]# ./configure --prefix=/opt/software/Python-3.6.5
checking build system type... x86_64-pc-linux-gnu
checking host system type... x86_64-pc-linux-gnu
checking for python3.6... no
checking for python3... no
...
creating Modules/Setup.local
creating Makefile
If you want a release build with all stable optimizations active(PGO, etc),
please run ./configure --enable-optimizations
```

make 命令。

```
[root@centos01 Python-3.6.5]# make
...
# On Darwin, always use the python version of the script, the shell
# version doesn't use the compiler customizations that are provided
```

```
# in python(_osx_support.py).
if test `uname -s` = Darwin; then \
cp python-config.py python-config; \
fi
```

make install。

```
[root@centos01 Python-3.6.5]# make install
…
if test "xupgrade" != "xno" ; then \
case upgrade in \
upgrade)ensurepip="--upgrade" ;; \
install|*)ensurepip="" ;; \
esac; \
./python -E -m ensurepip \
$ensurepip --root=/ ; \
fi
Collecting setuptools
Collecting pip
Installing collected packages: setuptools, pip
Successfully installed pip-9.0.3 setuptools-39.0.1
```

进入到/opt/software/Python-3.6.5 安装目录，看到同时安装了 setuptools 和 pip 工具。

```
[root@centos01 Python-3.6.5]# ls
aclocal.m4 configure lib Makefile.pre.in Programs python-config.py
bin configure.ac Lib Misc pybuilddir.txt python-gdb.py
build Doc libpython3.6m.a Modules pyconfig.h README.rst
config.guess Grammar LICENSE Objects pyconfig.h.in setup.py
config.log include Mac Parser python share
config.status Include Makefile PC Python Tools
config.sub install-sh Makefile.pre PCbuild python-config
```

创建软链接。

Linux 已经安装了 Python 2.7.5，这里不能将它删除，若删除，系统可能会出现问题。只需要按照与 Python 2.7.5 相同的方式为 Python 3.6.5 创建一个软链接即可，把软链接放到/usr/local/bin 目录下。

```
[root@centos01 Python-3.6.5]# cd bin
[root@centos01 bin]# ln -s /opt/software/Python-3.6.5/bin/python3.6 /usr/local/bin/python3
[root@centos01 bin]# ls
2to3        idle3       pip3.6     python3              python3.6m           pyvenv
2to3-3.6       idle3.6   pydoc3      python3.6             python3.6m-config   pyvenv-3.6
easy_install-3.6   pip3        pydoc3.6   python3.6-config   python3-config
```

运行 Python 3.6.5。

```
[root@centos01 bin]# python3
Python 3.6.5(default, Apr 7 2021, 19:01:07)
[GCC 4.8.5 20150623(Red Hat 4.8.5-44)] on linux
Type "help", "copyright", "credits" or "license" for more information.
>>>
```

Python 工具安装成功！

③ 配置系统环境变量。配置系统环境变量主要是能快速使用 pip 3 安装命令。

将/opt/software/Python-3.6.5 路径配置到/etc/profile 文件中。

```
unset i
unset -f pathmunge
export JAVA_HOME=/opt/software/jdk1.8.0_281
export HADOOP_HOME=/opt/software/hadoop-3.3.2
export ZOOKEEPER_HOME=/opt/software/zookeeper-3.4.6
export HIVE_HOME=/opt/software/apache-hive-3.1.2-bin
export HBASE_HOME=/opt/software/hbase-2.0.5
export SQOOP_HOME=/opt/software/sqoop-1.4.6.bin__hadoop-2.0.4-alpha
export FLUME_HOME=/opt/software/apache-flume-1.6.0-bin
export PYTHON_HOME=/opt/software/Python-3.6.5

export PATH=$PATH:$JAVA_HOME/bin:$HADOOP_HOME/bin:$HADOOP_HOME/sbin:
$ZOOKEEPER_HOME/bin:$HIVE_HOME/bin:$HBASE_HOME/bin:$SQOOP_HOME/bin:$FL
UME_HOME/bin:$PYTHON_HOME/bin
```

退出保存用:w !sudo tee %，刷新/etc/profile 文件使修改生效。

```
[hadoop@centos01 opt]$ source /etc/profile
```

④ 安装生成模拟数据的相关模块。在 root 用户下执行下面 3 个命令，安装相关模块。

pip3 install Faker。

```
[root@centos01 Python-3.6.5]# pip3 install Faker
Collecting Faker
  Downloading
https://files.pythonhosted.org/packages/1d/20/65ba39dbb5f2ede1c182e40d05e8924c3bcc335c
be2
…
Successfully installed Faker-8.0.0 python-dateutil-2.8.1 six-1.15.0 text-unidecode-1.3
You are using pip version 9.0.3, however version 21.0.1 is available.
You should consider upgrading via the 'pip install --upgrade pip' command.
```

pip3 install importlib。

```
[root@centos01 Python-3.6.5]# pip3 install importlib
Collecting importlib
  Downloading
```

```
https://files.pythonhosted.org/packages/31/77/3781f65cafe55480b56914def99022a5d2965a4b
b26
9655c89ef2f1de3cd/importlib-1.0.4.zip
  Complete output from command python setup.py egg_info:
  Traceback(most recent call last):
  File "<string>", line 1, in <module>
  File "/opt/software/Python-3.6.5/lib/python3.6/site-packages/setuptools/__init__.py",
line 5, in <module>
  import distutils.core
  File "/opt/software/Python-3.6.5/lib/python3.6/distutils/core.py", line 16, in
<module>
  from distutils.dist import Distribution
  File "/opt/software/Python-3.6.5/lib/python3.6/distutils/dist.py", line 19, in
<module>
  from distutils.util import check_environ, strtobool, rfc822_escape
  File "/opt/software/Python-3.6.5/lib/python3.6/distutils/util.py", line 9, in <module>
  import importlib.util
  ModuleNotFoundError: No module named 'importlib.util'
----------------------------------------
Command "python setup.py egg_info" failed with error code 1 in
/tmp/pip-build-x1yu__qp/importlib/
You are using pip version 9.0.3, however version 21.0.1 is available.
You should consider upgrading via the 'pip install --upgrade pip' command.
```

pip3 install ipaddress。

```
[root@centos01 Python-3.6.5]# pip3 install ipaddress
Collecting ipaddress
  Downloading
https://files.pythonhosted.org/packages/c2/f8/49697181b1651d8347d24c095ce46c7346c37335
ddc
7d255833e7cde674d/ipaddress-1.0.23-py2.py3-none-any.whl
Installing collected packages: ipaddress
Successfully installed ipaddress-1.0.23
You are using pip version 9.0.3, however version 21.0.1 is available.
You should consider upgrading via the 'pip install --upgrade pip' command.
```

⑤ 执行脚本文件。进入到/opt/scripts 文件夹下，创建 loganalysis 目录，存放生成的数据文件。

```
[hadoop@centos01 opt]$ cd data/
[hadoop@centos01 data]$ mkdir loganalysis
[hadoop@centos01 data]$ cd loganalysis/
```

```
[hadoop@centos01 loganalysis]$ ll
总用量 0
```

运行脚本进入到/opt/scripts 文件夹下，执行命令：sh command.sh。

```
[hadoop@centos01 script]$ sh command.sh
command.sh:行 2: ./user.py: 权限不够
command.sh:行 3: ./brand.py: 权限不够
command.sh:行 4: ./record.py: 权限不够
[hadoop@centos01 script]$ chmod +x user.py
[hadoop@centos01 script]$ chmod +x brand.py
[hadoop@centos01 script]$ chmod +x record.py
[hadoop@centos01 script]$ sh command.sh
…
93 clothes Chanel
94 computer Chanel
95 telephone Clinique
96 telephone Lancome
97 cosmet ic Clinique
98 clothes Dior
99 telephone Dior
Start to generate user data...
0 509392215 509400181 1632996961 976 ChangChun XiangGang JINGDONG 7322625672954 EMS 61.195.24.120 cv
1 601332683 601341761 1632996961 991 GuangZhou HeFei TIANMAO 5492217251743 HTKY 81.201.8.106 bs
2 162793095 162801333 1632996961 502 XiangGang BeiJing XIANYU 8295286661959 STO 91.139.72.208 hsb
3 007771508 7774507 1632996961 63 HangZhou ZhengZhou TIANMAOCHAOSHI 1648233167306 HTKY 95.89.191.250 eu
…
11 069347602 69355828 1632996961 237 ZhengZhou GuangZhou TIANMAO 6928222323407 EMS 137.197.233.104 gl
12 202905818 202914829 1632996961 683 TianJin ShangHai TIANMAO 8215158669616 YUNDA 196.222.163.25 gl
13 007654501 7658651 1632996961 622 GuiYang HeFei TIANMAO 3153754477219 EMS 121.221.109.121 lg
14 764014909 764020254 1632996961 876 HeFei ShangHai XIANYU 7655669417954 YUNDA 218.7.99.250 ig
…
```

```
998 695680361 695687933 1691669706 772 XiangGang ShiJiaZhuang TIANMAO 1726884989833 HTKY 68.25.114.228 hsb
999 279089550 279093801 1691669706 47 TianJin BeiJing TIANMAO 3593222166175 HTKY 197.116.155.165 sd
```

查看生成的数据。进入到/opt/data/loganalysis 目录下，看到已经生成 user.list、brand.list、recored.list 文件。

```
[hadoop@centos01 loganalysis]$ ll
总用量 108
-rw-r--r--. 1 root root    1891 8 月  10 20:15 brand.list
-rw-r--r--. 1 root root 101880 8 月  10 20:15 record.list
-rw-r--r--. 1 root root     309 8 月  10 20:15 user.list
[hadoop@centos01 loganalysis]$ more user.list
0,Meadows,M,1999-07-14,XiangGang
1,Price,F,2005-11-09,HuBei
2,Parker,M,1943-07-26,GuangDong
…
[hadoop@centos01 loganalysis]$ more brand.list
0,sports,Clinique
1,sports,Chanel
2,sports,MEIFUBAO
…
```

⑥ 编辑配置文件 conf4。在当前目录/opt/flume 下编辑一个文件 conf4，内容如下：

```
logAgent.sources = logSource
logAgent.channels = fileChannel
logAgent.sinks = hdfsSink

logAgent.sources.logSource.type = exec
logAgent.sources.logSource.command =tail -F /opt/data/loganalysis/record.list
logAgent.sources.logSource.channels = fileChannel

logAgent.sinks.hdfsSink.type = hdfs
logAgent.sinks.hdfsSink.hdfs.path =hdfs://mycluster/flume/record/%Y-%m-%d/%H%M
logAgent.sinks.hdfsSink.hdfs.filePrefix=transaction_log
logAgent.sinks.hdfsSink.hdfs.rollInterval= 600
logAgent.sinks.hdfsSink.hdfs.rollCount= 10000
logAgent.sinks.hdfsSink.hdfs.rollSize= 0
logAgent.sinks.hdfsSink.hdfs.round = true
logAgent.sinks.hdfsSink.hdfs.roundValue = 10
logAgent.sinks.hdfsSink.hdfs.roundUnit = minute
```

```
logAgent.sinks.hdfsSink.hdfs.fileType = DataStream
logAgent.sinks.hdfsSink.hdfs.useLocalTimeStamp = true
logAgent.sinks.hdfsSink.channel = fileChannel

logAgent.channels.fileChannel.type = file
logAgent.channels.fileChannel.checkpointDir= /opt/software/dataCheckpointDir
logAgent.channels.fileChannel.dataDirs= /opt/software/dataDir
```

⑦ 运行 Flume 代理进程 Agent。

```
root@centos01 flume]#flume-ng agent --conf-file conf4 --name logAgent -Dflume. root.
logger=INFO,console
2023-08-10 20:23:39,961 INFO node.Application: Starting Source logSource
2023-08-10 20:23:39,962 INFO source.ExecSource: Exec source starting with command:tail
-F /opt/data/loganalysis/record.list
2023-08-10 20:23:39,997 INFO instrumentation.MonitoredCounterGroup: Monitored counter
group for type: SOURCE, name: logSource: Successfully registered new MBean.
2023-08-10 20:23:39,997 INFO instrumentation.MonitoredCounterGroup: Component type:
SOURCE, name: logSource started
2023-08-10 20:23:45,998 INFO hdfs.HDFSDataStream: Serializer = TEXT, UseRawLocal
FileSystem = false
2023-08-10 20:23:46,337 INFO hdfs.BucketWriter: Creating hdfs://mycluster/flume/record/
2023-08-10/2020/transaction_log.1691670225999.tmp
```

⑧ 查看 HDFS 集群中的数据。

```
[root@centos01 software]# hdfs dfs -ls /flume/record/
Found 1 items
drwxr-xr-x   - root supergroup      0 2023-08-10 20:23 /flume/record/2023-08-10
[root@centos01 software]# hdfs dfs -ls /flume/record/2013-08-10
ls: `/flume/record/2013-08-10': No such file or directory
[root@centos01 software]# hdfs dfs -ls /flume/record/2023-08-10
Found 1 items
drwxr-xr-x   - root supergroup    0 2023-08-10 20:23 /flume/record/2023-08-10/ 2020
[root@centos01 software]# hdfs dfs -ls /flume/record/2023-08-10/2020
Found 1 items
-rw-r--r--   2 root supergroup      1024 2023-08-10 20:23 /flume/record/2023-08-10/2020/
transaction_log.1691670225999.tmp
```

由此，同时打开 centos01 的 4 个会话，分别同时进行以下操作：

重复执行 Python 脚本，产生数据，在 root 用户下执行。

```
[root@centos01 script]$ sh command.sh
```

查看/opt/data/loganalysis/数据变化。

```
[hadoop@centos01 loganalysis]$ ll
```

```
总用量 108
-rw-r--r--. 1 root root     1941 8 月   10 20:42 brand.list
-rw-r--r--. 1 root root 101664 8 月   10 20:42 record.list
-rw-r--r--. 1 root root      325 8 月   10 20:42 user.list
```

观察 Flume 进程的运行。

```
2023-08-10 20:43:09,214 INFO file.EventQueueBackingStoreFile: Start checkpoint for /opt/software/dataCheckpointDir/checkpoint, elements to sync = 998
2023-08-10 20:43:09,246 INFO file.EventQueueBackingStoreFile: Updating checkpoint metadata: logWriteOrderID: 1691670221542, queueSize: 0, queueHead: 1004
2023-08-10 20:43:09,250 INFO file.Log: Updated checkpoint for file: /opt/software/dataDir/log-1 position: 189833 logWriteOrderID: 1691670221542
```

动态将采集的数据存储到 HDFS 集群中。

```
[root@centos01 software]# hdfs dfs -ls /flume/record/2023-08-10/
Found 2 items
drwxr-xr-x   - root supergroup    0   2023-08-10 20:33 /flume/record/2023-08-10/2020
drwxr-xr-x   - root supergroup    0   2023-08-10 20:42 /flume/record/2023-08-10/2040
[root@centos01 software]# hdfs dfs -ls /flume/record/2023-08-10/2040
Found 1 items
-rw-r--r--   2 root supergroup 10121 2023-08-10 20:42 /flume/record/2023-08-10/2040/transaction_log.1691671359222.tmp
[root@centos01 software]# hdfs dfs -ls /flume/record/2023-08-10/2020
Found 1 items
-rw-r--r--   2 root supergroup      1024 2023-08-10 20:33 /flume/record/2023-08-10/2020/transaction_log.1691670225999
[root@centos01 software]# hdfs dfs -cat /flume/record/2023-08-10/2020/transaction_log.1691670225999
…
997,319429645,319430495,1691669706,127,ShiJiaZhuang,HangZhou,TAOBAO,9260764663304,STO,33.234.144.31,gl
998,695680361,695687933,1691669706,772,XiangGang,ShiJiaZhuang,TIANMAO,1726884989833,HTKY,68.25.114.228,hsb
999,279089550,279093801,1691669706,47,TianJin,BeiJing,TIANMAO,3593222166175,HTKY,197.116.155.165,sd
[root@centos01 software]#
```

第 10 章　NoSQL 数据库

学习目标

（1）NoSQL 数据库的概念；
（2）NoSQL 数据库应用的缘由；
（3）NoSQL 数据库与关系型数据库的比较；
（4）NoSQL 数据库的四大类型；
（5）NoSQL 数据库理论基石。

随着 Web 2.0 的快速发展，非关系型、分布式数据存储得到了快速的发展，传统的关系型数据库在处理 Web 2.0 网站，特别是超大规模和高并发的 SNS 类型的 Web 2.0 纯动态网站已经显得力不从心，出现了很多难以克服的问题，而非关系型的数据库则由于其本身的特点得到了非常迅速的发展。NoSQL 数据库的产生就是为了解决大规模数据集合多重数据种类带来的挑战，特别是大数据应用难题。

本章首先介绍 NoSQL 数据库的基本概念、为什么使用 NoSQL 数据库及 NoSQL 数据库与关系型数据库的区别，然后阐述 NoSQL 数据库的四大类型及各类型之间的比较，最后介绍 NoSQL 数据库的理论基石。

10.1　NoSQL 数据库简介

10.1.1　什么是 NoSQL 数据库

NoSQL 一词最早出现于 1998 年，是 Carlo Strozzi 开发的一个轻量、开源、不提供 SQL 功能的关系型数据库。2009 年，Last.fm 的 Johan Oskarsson 发起了一次关于分布式开源数据库的讨论，来自 Rackspace 的 Eric Evans 再次提出了 NoSQL 的概念，这时的 NoSQL 主要指非关系型、分布式、不提供 ACID 的数据库设计模式。2009 年，在亚特兰大举行的“no:sql（east）”讨论会是一个里程碑，其口号是“select fun, profit from real_world where relational=false”。因此，对 NoSQL 最普遍的解释是“非关联型的”，强调键值存储和文档数据库的优点，而不是单纯地反对关系型数据库。

大家看到“NoSQL”这个词，可能会误认为是“No!SQL”的缩写，并深感诧异“SQL 怎么会没有必要了呢？”，实际上，NoSQL 是 not only SQL 的缩写，它的含义是“不仅仅是 SQL”。NoSQL 是一种非关系型、分布式、无需遵循 ACID 原则、不提供 SQL 功能的数据库，是对关系型数据库在灵活性和扩展性上的补充。

对于NoSQL并没有一个明确的范围和定义，但是普遍具有以下特点。

（1）易扩展。NoSQL数据库种类繁多，但其都有一个共同的特点就是去掉了关系型数据库的关系型特性。数据之间无关系，这样就非常容易扩展。无形之间，在架构的层面上就带来了可扩展的能力。

（2）大数据量，高性能。NoSQL数据库都具有非常高的读写性能，尤其在大数据量下，同样表现优秀。这得益于它的无关系性，数据库的结构简单。一般MySQL使用Query Cache。NoSQL的Cache是记录级的，是一种细粒度的Cache，所以NoSQL在这个层面上来说性能就要高很多。

（3）灵活的数据模型。NoSQL不需要事先为要存储的数据建立字段，随时可以存储自定义的数据格式。而在关系型数据库里，增删字段是一件非常麻烦的事情。如果是非常大数据量的表，增加字段简直就是一个噩梦。这点在大数据量的Web 2.0时代尤其明显。

（4）高可用。NoSQL在不太影响性能的情况下，就可以方便地实现高可用的架构。如Cassandra、HBase模型，通过复制模型也能实现高可用。

10.1.2 为什么用NoSQL数据库

随着互联网的高速发展，数据量、访问量呈爆发式增长，人们对网络的需求逐渐多样化。然而，传统的关系型数据库面对这些海量数据的存储，以及实现高访问量、高并发读/写，就会显得力不从心，尤其是当面对超大规模、高并发、高吞吐量的大型动态网站的时候，就会暴露出很多难以克服的问题，影响用户体验。NoSQL的兴起和蓬勃发展解决了关系型数据库所不能解决的问题。

1）对数据库高并发读写的需求

Web 2.0网站要根据用户个性化信息来实时生成动态页面和提供动态信息，所以基本上无法使用动态页面静态化技术，因此，数据库并发负载非常高，往往要达到每秒上万次读写请求。关系型数据库应付上万次SQL查询还勉强可以，但是应付上万次SQL写数据请求，硬盘I/O就已经无法承受了。

微博、朋友圈的实时更新，普通的BBS系统网站高并发读/写操作等，当面对这些需求时，传统的关系型数据库就会出现大量问题。

2）对海量数据的高效率存储和访问的需求

面对实时产生的大数据量的存储与查询，关系型数据库是难以应付的，会显得效率非常低。类似Facebook、Twitter、Friendfeed这样的SNS网站，每天产生海量的用户动态，以Friendfeed为例，一个月就产生了2.5亿条用户动态，对于关系型数据库来说，在一张2.5亿条记录的表里面进行SQL查询，效率是极其低下乃至不可忍受的。再如大型Web网站的用户登录系统，像腾讯，动辄数以亿计的账号，关系型数据库也很难应付。而利用NoSQL的高效存储与查询能力，就能解决这个问题。

3）对数据库的高可扩展性和高可用性的需求

在基于Web的架构当中，数据库是最难进行横向扩展的，当一个应用系统的用户量和访问量与日俱增的时候，数据库却没有办法像WebServer和AappServer那样简单地通过添加更多的硬件和服务节点来扩展性能与负载能力。对于很多需要提供24 h不间断服务的网站来说，对数据库系统进行升级和扩展是非常痛苦的事情，往往需要停机维护和数据迁移。

NoSQL 数据库就是为了解决海量数据的存储、并发访问及扩展而出现的，它能够解决大规模数据集合多种数据种类挑战。在实际开发中，有很多业务需求并不需要完整的关系型数据库功能，非关系型数据库的功能就足够使用了。这种情况下，使用性能更高、成本更低的非关系型数据库当然是更明智的选择。如日志收集、排行榜、定时器等。

NoSQL 不适用的场景主要有需要事务支持，基于 SQL 的结构化查询存储，处理复杂的关系，需要即席查询。即席查询（AdHoc）是用户根据自己的需求，灵活地选择查询条件，系统能够根据用户的选择生成相应的统计报表。

10.1.3 NoSQL 与关系型数据库的比较

NoSQL 与关系型数据库是互补的关系，二者的区别见表 10–1。

表 10–1 NoSQL 与关系型数据库的比较

对比项	NoSQL	关系型数据库
存储方式	以数据集的方式进行存储，即将大量数据都集中在一起存储，类似于键值对、图结构或者文档	采用表的格式进行存储，数据以行和列的方式进行存储，读取和查询都十分方便
存储结构	动态结构，如果面对大量非结构化数据的存储，它可以非常轻松地适应数据类型和结构的改变，也可以根据数据存储的需要灵活地改变数据库的结构	按照结构化的方法存储数据，在插入数据前需定义好存储数据的表结构，这使得整张数据表的可靠性和稳定性都比较高，但数据表存储数据后，若要修改数据表的结构就会十分困难
存储规范	用平面数据集的方式集中存放数据，虽然会出现数据被重复存储造成浪费存储空间的情况，但是通常单个数据库都采用单独存储的形式，很少采用分割存储的方式，因此，数据往往被存储成一个整体，对数据的读写提供了极大的方便	为了规范化数据、避免重复数据及充分利用存储空间，将数据按照最小关系表的形式进行存储，这使得数据管理变得很清晰、一目了然。不过随着表数量的增加，表之间的关系会导致数据的管理变得越来越复杂
扩展方式	数据集存储数据，这使得数据之间无关联性，可以分布式存储，因此，可以采用横向扩展方式来扩展数据库，也就是说，可以添加更多数据库服务器到资源池来缓解存储与读取压力	通过提高计算机自身性能缓解存储与读写压力，即所谓的纵向扩展。因为数据表之间存在各种关系，所以采用横向扩展的方式会较为复杂，需要保证具有关联的数据表在同一服务器
查询方式	非结构化查询语言(UnQL),UnQL 以数据集(如文档）为单位来管理和操作数据，由于没有统一的标准，所以每个数据库厂商提供的产品标准不一样	采用结构化查询语言（SQL）来对数据库进行查询，SQL 支持数据库的 CRUD 操作，具有非常强大的功能
规范化	不需要规范化数据，通常是在一个单独的存储单元中存储一个复杂的数据实体	一个数据实体需要分割成多个部分，然后再对分割的部分进行规范化，规范化后再分别存储到多张关系型数据表中，这是一个复杂的过程
读写性能	可以很好地应对海量数据，也就是说，它可以很好地读写每天产生的非结构化数据。由于非关系型数据库是以数据集的方式进行存储的，因此，扩展和读写都是非常容易的	强调数据的一致性，为此降低了数据的读写性能。虽然关系型数据库可以很好地存储和处理数据，但是处理海量数据时效率会变得很低，尤其是遇到高并发读写时，性能会很快地下降
授权方式	包括 Redis.HBase、MongoDB、Memcache 等都是开源的，使用时不需要支付费用（企业版除外）	除 MySQL 外，大多数的关系型数据库（Oracle、SQLServer、DB2 及 MySQL 等）都是非开源的，若要使用的话，需要支付高昂的费用

10.2　NoSQL 数据库分类

近些年，NoSQL 数据库发展势头非常迅猛。在四五年时间内，NoSQL 领域就爆炸性地产生了 50～150 个新的数据库。据一项网络调查显示，行业中最需要的开发人员技能前十名依次是 HTML5、MongoDB、iOS、Android、Mobile Apps、Puppet、Hadoop、jQuery、PaaS 和 Social Media。其中，MongoDB（一种文档数据库，属于 NoSQL）的热度甚至位于 iOS 之前，足以看出 NoSQL 的受欢迎程度。NoSQL 数据库虽然数量众多，但是归结起来，典型的 NoSQL 数据库通常包括键值对存储数据库、列式存储数据库、文档存储数据库和图形存储数据库。

10.2.1　键值对存储数据库

键值对存储数据库是 NoSQL 数据库中的一种类型，也是最简单的 NoSQL 数据库。在键值对存储数据库中的数据是以键值对的形式来存储的。常见的键值对存储数据库有 Redis、Tokyo Cabinet/Tyrant、Voldemort 及 Oracle BDB 等。键值对存储数据库结构如图 10-1 所示。

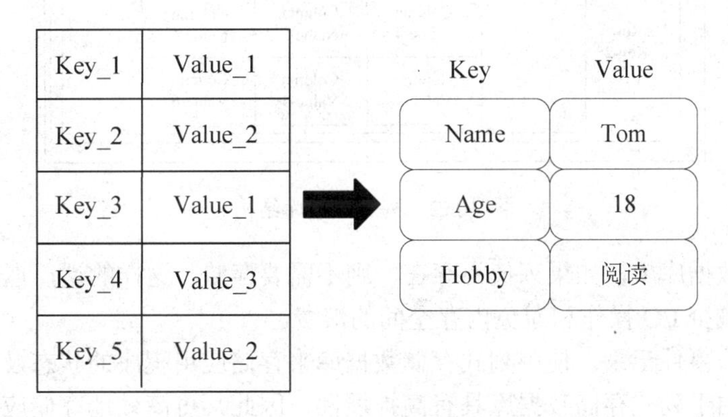

图 10-1　键值对存储数据库结构

键值对存储数据库的结构实际上是一个映射，即 Key 是查找每条数据的唯一标识符，Value 是该数据实际存储的内容。键值对存储数据库结构是采用哈希函数来实现键到值的映射，当查询数据时，基于 Key 的哈希值会直接定位到数据所在的位置，实现快速查询，并支持海量数据的高并发查询。

应用场景 1：会话存储场景。会话存储指的是一个面向会话的应用程序（如 Web 应用程序）在用户登录时启动会话，并保持活动状态直到用户注销或会话超时，在此期间，应用程序将所有与会话相关的数据存储在内存或键值对存储数据库中。会话数据包括用户资料信息、消息、个性化数据和主题、建议、有针对性的促销和折扣。每个用户会话具有唯一的标识符，除了主键之外，任何其他键都无法查询会话数据，因此，键值对存储数据库更适合于存储会话数据。

应用场景 2：购物车。购物车指的是电子商务网站中的购物车功能。在假日购物季，电子商务网站可能会在几秒钟内收到数十亿的订单，键值对存储数据库可以处理海量数据的扩展和极高的状态变化，同时通过分布式处理和存储为数百万并发用户提供服务。此外，键值对存储数据库还具有内置冗余的功能，可以处理丢失的存储节点。

10.2.2　列式存储数据库

列式存储数据库是以列为单位存储数据的，然后将列值顺序地存入数据库中，这种数据存储法不同于基于行式存储的传统关系型数据库。列式存储数据库可以高效地存储数据，也可以快速地处理批量数据实时查询数据。常见的列式存储数据库有 HBase、Cassandra、Riak 及 HyperTable 等。列式存储数据库结构如图 10-2 所示。

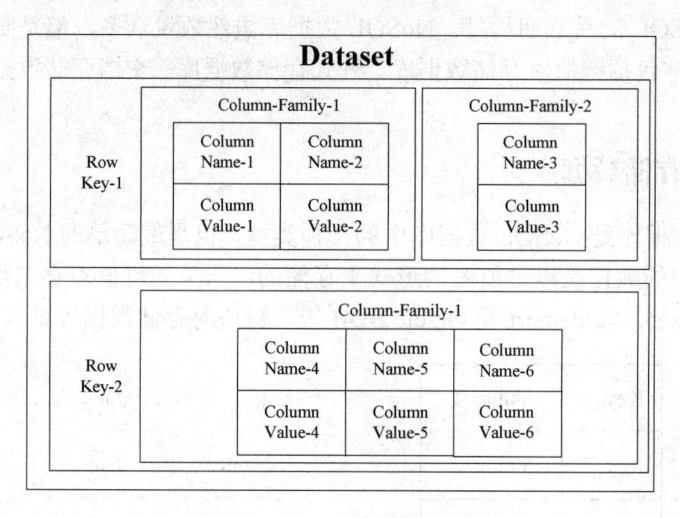

图 10-2　列式数据库结构

在列式存储数据库中，如果列值不存在，则不需要存储，这样的话，遇到 Nul 值，就不需要存储，可以减少 I/O 操作和避免内存空间的浪费。

应用场景 1：事件记录。使用列式存储数据库来存储应用程序的状态及应用程序遇到错误等事件信息。由于列式存储数据库具有高扩展性，因此，可高效地存储应用程序源源不断产生的事件记录。

应用场景 2：博客网站。列式存储数据库可以将博客的“标签”“类别”“连接”“引用通告”等内容存放在不同的列中，便于进行数据分析。

10.2.3　文档存储数据库

文档存储数据库不是文档管理系统。文档存储数据库是用于存储和管理文档，其中文档是结构化的数据（如 JSON 格式）。常见的文档存储数据库有 MongoDB、CouchDB 及 RavenDB 等。文档存储数据库的结构如图 10-3 所示。

文档存储数据库存储的文档可以是不同结构的，即 JSON、XML 及 BSON 等格式。

应用场景 1：内容管理应用程序。内容管理应用程序存储数据，首选的就是文档存储数据库，例如，博客和视频平台主要使用的数据库就是文档存储数据库。通过文档存储数据库，内容管理应用程序所跟踪的每个实体都可存储为单个文档。随着需求的发展，对于开发人员来说，可以使用文档存储数据库更直观地更新应用程序。此外，如果需要更改数据模型，则只需要更新受影响的文档即可，而不需要更新架构，也不需要等到数据库停机时进行更改。

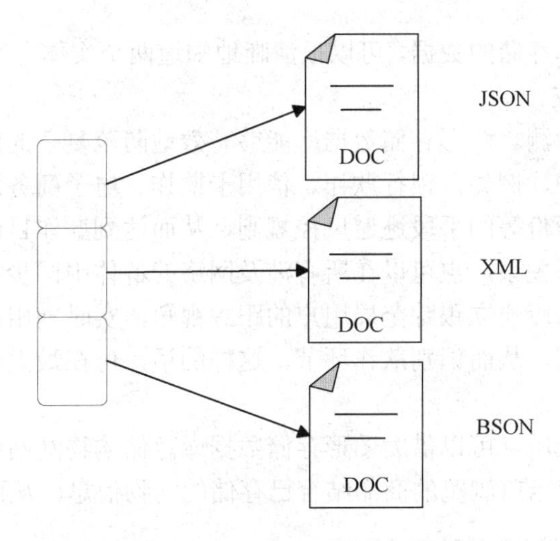

图 10-3　文档存储数据库结构

应用场景 2：电子商务应用程序。在电子商务应用程序中，文档存储数据库可以高效且有效地存储商品的信息。例如，在电子商务应用程序中，不同的产品具有不同数量的属性。若是在关系型数据库中管理数个属性，则效率比较低，并且阅读的性能会受到影响；若是使用文档存储数据库的话，可以在单个文档中描述每个产品的属性，既可以方便管理，又可以加快阅读产品的速度，并且更改一个产品的属性不会影响其他的产品。

10.2.4　图形存储数据库

图形存储数据库不是网络数据库，它是 NoSQL 数据库的一种类型，主要应用图形理论来存储实体之间的关系信息，其中，实体被视为图形的“节点”，关系被视为图形的“边”，“边”按照关系将“节点”进行连接。常见的图形存储数据库有 Neo4j、FlockDB、AllegroGrap 及 GraphDB 等数据库。图形存储数据库结构如图 10-4 所示。

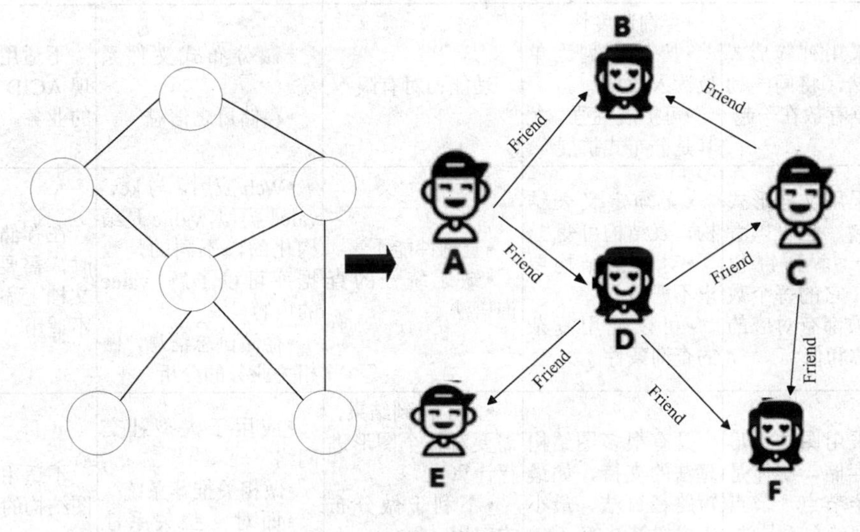

图 10-4　图形存储数据库结构

利用图形存储数据库存储的数据，可以很清晰地知道两个实体之间的关系，即 A 和 D 是朋友，C 是 A 朋友的朋友。

应用场景 1：欺诈检测。图形存储数据库能够有效地防范复杂的欺诈行为。在现代欺诈及各种类型的金融犯罪中，例如，银行欺诈、信用卡欺诈、电子商务欺诈及保险欺诈等，欺诈者通过使用改变自己身份等的手段逃避风控规则，从而达到欺诈目的。尽管欺诈者是可以改变所有涉及网络的关联关系，也可以在所有涉及网络的群体中同步执行相同操作来躲避风控，但通过图形存储数据库建立跟踪全局用户的跟踪视角，实时利用图形存储数据库来分析具有欺诈行为的离散数据，从而识别欺诈环节，这样的话，可在最大程度上快速有效地防范和解决欺诈行为。

应用场景 2：推荐应用。可以借助图形存储数据库存储购物网站中客户的购买记录、客户兴趣等信息，根据客户当前浏览的商品结合已存储的购物信息，从而推荐相关的商品。

10.2.5 各类 NoSQL 数据库的比较

表 10-2 对各类 NoSQL 数据库的优缺点等进行了比较，以方便在实际应用中正确选择合适的数据库。

表 10-2 各类 NoSQL 数据库的优缺点比较

类型	数据模型	优点	缺点	适用场景	不适用场景
键值对存储数据库	一系列 key 指向 value 的键值对，通过采用哈希表来实现	•查询速度快 •保存速度快 •兼具临时性和永久性	•数据无结构，通常只被当作字符串或二进制数据 •当进行临时性保存时，数据有可能丢失	•做高速缓存，实现大数据量的存储与访问 •缓存日志，做日志缓存系统 •存储用户信息，如购物车、会话等	•不适用于通过值来查询的业务 •不适用于需要存储数据之间关系的业务 •需要对事务提供支持，在遇到故障时事务不可以回滚
列式存储数据库	采用列簇形式存储，将同一列数据存放在一起	•查询速度快 •擅长以列为单位读入数据 •可扩展性强，尤其是分布式扩展	功能相对有限	•做分布式文件系统 •存储日志信息	不适用于需要实现 ACID 相关事务的业务
文档存储数据库	采用文档形式存储，也可以看作一系列键值对，它的每个数据项都有对应的名称和值	•无须定义表结构，表结构可变 •对数据结构要求不严格 •可以使用复杂的查询条件	•查询性能不高 •缺乏统一的查询语法	•Web 应用，与 key-value 类似，value 是结构化的，不同的是数据库可以了解 value 的内容 •存储日志信息，做相关业务的分析	在存储文档数据时，需要在不同的文档上添加事务时不适用
图形存储数据库	采用图结构形式存储，实体是一个节点，节点之间的关系是边	具有很多图结构算法的支持，如最短路径算法、最小生成树算法等	•为了得到结果，需要对整个图形进行计算 •不利于做分布式应用 •适用范围有限	•应用于大型社交网络 •做相关推荐系统 •面对一些关系性强的数据	不适用于存储非图结构的数据

10.3　NoSQL理论基石

NoSQL数据库的三大基石是：CAP、BASE及最终一致性，其实最终一致性就是BASE的“E”。

10.3.1　CAP

2000年，美国著名科学家Eric Brewer教授提出了著名的CAP理论，后来美国麻省理工学院（Massachusetts Institute of Techonlogy，MIT）的两位科学家Seth Gilbert和Nancy lynch 证明了CAP理论的正确性。CAP 含义如下。

C（consistency）：一致性。它是指任何一个读操作总是能够读到之前完成的写操作的结果，也就是在分布式环境中，多点的数据是一致的。

A（availability）：可用性。它是指快速获取数据，且在确定的时间内返回操作结果。

P（partition tolerance）：分区容忍性。它是指当出现网络分区的情况时（系统中的一部分节点无法和其他节点进行通信），分离的系统也能够正常运行。

CAP理论指出，一个分布式系统，不可能同时满足一致性、可用性和分区容忍性这3个特性，最多可以同时实现两个要素，即AP或CP或AC。选择AC策略，意味着放弃P，也就是说，保证了系统的一致性和可用性，却违背了分布式系统的分区容错性；选择CP策略，意味着放弃A，也就是说，保证了系统的一致性和分区容错性，但用户体验较差，即当系统宕机时，需要等待所有节点的数据一致时，用户方可访问系统；选择AP策略，意味着放弃C，也就是说，保证了系统的可用性和分区容错性，但是节点之间的数据会出现不一致的现象。因此，可以根据自己的需求，选择对应的策略，如图10-5所示。

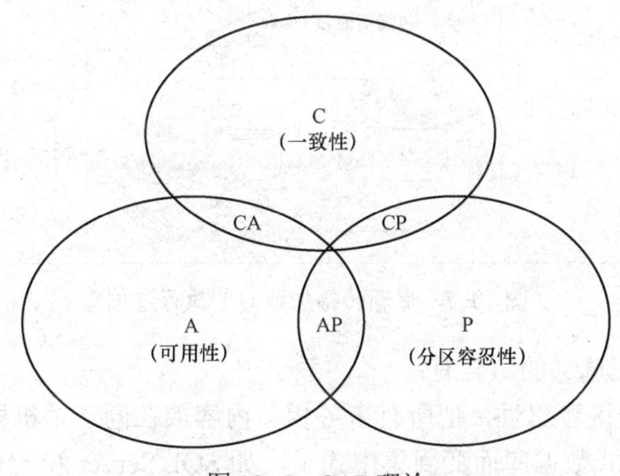

图10-5　CAP理论

一个牺牲一致性来换取可用性的实例。假设分布式环境下有两个节点M1和M2，分别保存有相同的副本V1和V2，两个副本的值都是val0。当节点M1中出现进程P1更新了副本V1值为val1，为了保证一致性，新值val1应传给V2，这样之后M2上若出现读操作，如进程P2从节点M2 中读取副本V2 的值val1，就能获得与M1上一致的数据了，如图10-6所示。

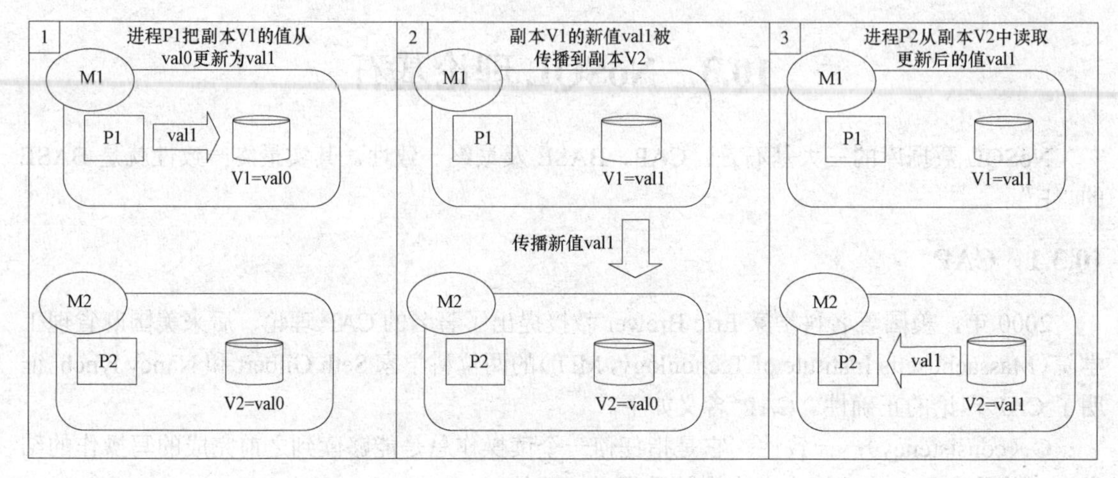

图 10-6　更新传播正常执行过程

但是，如果副本更新从 V1 传到 V2 的过程失败，就需要考虑，是允许进程 P2 依旧可以访问 M2 节点的旧副本 V2，即放弃一致性来保证可用性，如图 10-7 所示，还是优先保证 V2 刷新成功再开放访问，即放弃可用性来保证一致性。

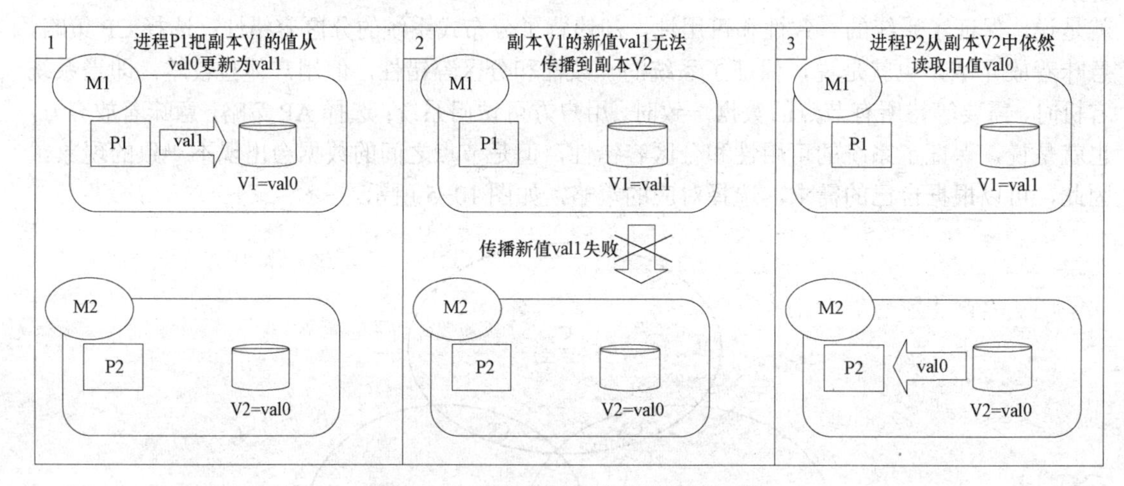

图 10-7　更新传播失败时的执行过程

对于 CAP 问题，三选二的组合有：

（1）CA，即放弃分区容忍性。把所有事务相关内容放在同一个机器上，避免网络分区问题。其实就放弃了分布式数据库而变回集中式了，如 SQL Server 和 MySQL，扩展性差。

（2）CP，即放弃可用性。使用网络分区，等待数据一致才允许读取数据（上面例子的第二种选择）。这就会出现一段时间数据不可访问的情况。

（3）AP，即放弃一致性。使用网络分区，无论什么情况数据访问一直开放。这样可能出现副本不一致的问题，即从不同节点读取到的相同数据的版本不同。

不同产品采用不同的设计原则，所以要根据实际的业务需求选择合适的产品。

10.3.2 BASE

BASE 是 basically available soft state & eventual consistency 的缩写。有趣的是，base 有“碱”的意思，而关系型数据库四大原则 ACID 的字面意思是“酸”。

关系型数据库系统中设计了复杂的事务管理机制来保证事务在执行过程中严格满足 ACID 四性要求，即原子性、一致性、隔离性、持久性。但是，NoSQL 数据库通常应用于 Web 2.0 网站等场景中，对数据一致性的要求并不是很高，而是强调系统的高可用性，因此，为了获得系统的高可用性，可以考虑适当牺牲一致性或分区容忍性。BASE 的基本思想就是在这个基础上发展起来的，它完全不同于 ACID 模型，BASE 牺牲了高一致性，从而获得可用性或可靠性，Cassandra 系统就是一个很好的实例。

1. 基本可用

基本可用（basically available）是指一个分布式系统的一部分发生问题，变得不可用时，其他部分仍然可以正常使用，也就是允许分区失败的情形出现。例如，一个分布式数据存储系统由 10 个节点组成，当其中 1 个节点损坏不可用时，其他 9 个节点仍然可以正常提供数据访问，那么，就只有 10%的数据是不可用的，其余 90%的数据都是可用的，这时就可以认为这个分布式数据存储系统“基本可用”。

2. 软状态

“软状态”（soft-state）是与“硬状态（hard-state）”相对应的一种提法。当数据库保存的数据是“硬状态”时，可以保证数据一致性，即保证数据一直是正确的。“软状态”是指状态可以有一段时间不同步，具有一定的滞后性。假设某个银行中的一个用户 A 转移资金给另外一个用户 B，由于消息传输的延迟，这个过程可能会存在一个短时的不一致性，即用户 A 已经在队列中放入资金，但是资金还没有到达接收队列，用户 B 还没拿到资金，导致出现数据不一致状态，即用户 A 的钱已经减少了，但是用户 B 的钱并没有相应增加。当经过短暂延迟后，资金到达接收队列时，就可以通知用户 B 取走资金，状态最终一致。

3. 一致性

一致性的类型包括强一致性和弱一致性，二者的主要区别在于在高并发的数据访问操作下，后续操作是否能够获取最新的数据。对于强一致性而言，当执行完一次更新操作后，后续的其他读操作就可以保证读到更新后的最新数据；反之，如果不能保证后续访问读到的都是更新后的最新数据，那么就是弱一致性。而最终一致性只不过是弱一致性的一种特例，允许后续的访问操作可以暂时读不到更新后的数据，但是经过一段时间之后，用户必须读到更新后的数据。最终一致性（eventual consistency）也是 ACID 的最终目的，只要最终数据是一致的就可以了，而不是每时每刻都保持实时一致。

10.3.3 最终一致性

一个操作向分布式存储系统中写入了一个值，遵循最终一致性的系统可以保证，如果后续访问发生之前没有其他写操作去更新这个值，那么，最终所有后续的访问都可以读取操作写入的最新值。从操作完成到后续访问可以最终读取写入的最新值，这之间的时间间隔称为“不一致性窗口”，如果没有发生系统失败，这个窗口的大小依赖于交互延迟、系统负载和副本个数等因素。

最终一致性根据更新数据后各进程访问到数据的时间和方式的不同，又可以进行以下区分。

（1）因果一致性。如果进程 A 通知进程 B 它已更新了一个数据项，那么进程 B 的后续访问将获得进程 A 写入的最新值。而与进程 A 无因果关系的进程 C 的访问，仍然遵守一般的最终一致性规则。

（2）“读己之所写”一致性。这可以视为因果一致性的一个特例。当进程 A 自己执行一个更新操作之后，它自己总是可以访问到更新过的值，绝不会看到旧值。

（3）会话一致性。它把访问存储系统的进程放到会话（Session）的上下文中，只要会话还存在，系统就保证“读己之所写”一致性。如果由于某些失败情形令会话终止，就要建立新的会话，而且系统保证不会延续到新的会话。

（4）单调读一致性。如果进程已经看到过数据对象的某个值，那么任何后续访问都不会返回在那个值之前的值。

（5）单调写一致性。系统保证来自同一个进程的写操作顺序执行。系统必须保证这种程度的一致性，否则编程难以进行。

本章小结

本章首先介绍了 NoSQL 数据库的兴起、特点及与关系型数据库的区别。NoSQL 数据库较好地满足了大数据时代的各种非结构化数据的存储需求，开始得到越来越广泛的应用。但需要指出的是，传统的关系型数据库和 NoSQL 数据库各有所长，有各自的市场空间，不存在一方完全取代另一方的问题，在很长的一段时间内，二者会共同存在，满足不同应用的差异化需求。

典型的 NoSQL 数据库通常包括键值对存储数据库、列式存储数据库、文档存储数据库和图形存储数据库 4 种类型，不同产品都有各自的优缺点及应用场景。

CAP、BASE 和最终一致性是 NoSQL 数据库的三大基石，是理解 NoSQL 数据库的基础。

习　题

1. 如何准确理解 NoSQL 的含义？

2. 试述关系型数据库在哪些方面无法满足 Web 2.0 应用的需求。

3. 简述 NoSQL 兴起的原因。

4. NoSQL 数据库与关系型数据库的区别有哪些？

5. 试述 NoSQL 数据库的四大类型。

6. 试述键值对存储数据库、列式存储数据库、文档存储数据库和图形存储数据库的适用场合和优缺点。

7. 试述 CAP 理论的具体含义。

8. 请举例说明不同产品在设计时是如何运用 CAP 理论的。

9. 试述 BASE 的具体含义。

10. 请解释软状态、无状态、硬状态的具体含义。

11. 什么是最终一致性？

12. 试述不一致性窗口的含义。

13. 最终一致性根据更新数据后各进程访问到数据的时间和方式的不同，又可以分为哪些不同类型的一致性？

实验 10.1 MongoDB 的安装与操作

1. 实验目的

（1）熟练掌握 MongoDB 的安装过程。

（2）理解 MongoDB 数据库的访问操作。

2. 实验环境

（1）mongodb-linux-x86_64-rhel70-5.0.20.tgz。

3. 实验步骤

MongoDB 是一个基于分布式文件存储的文档数据库，介于关系型数据库和非关系型数据库之间，是非关系型数据库当中功能最丰富、最像关系型数据库的一种 NoSQL 数据库。

MongoDB 支持的数据结构非常松散，是类似 json 的 bson 格式，因此，可以存储比较复杂的数据类型。MongoDB 最大的特点是支持的查询语言非常强大，语法有点类似于面向对象的查询语言，几乎可以实现类似关系型数据库表单查询的绝大部分功能，而且还支持对数据建立索引。

（1）MongoDB 安装。MongoDB 既可以安装在 Windows 系统下使用，也可以安装在 LINUX 系统下使用，这里采用 LINUX 系统。

① 解压修改名。

```
[hadoop@centos01 software]$ tar zxvf mongodb-linux-x86_64-rhel70-5.0.20.tgz
mongodb-linux-x86_64-rhel70-5.0.20/LICENSE-Community.txt
mongodb-linux-x86_64-rhel70-5.0.20/MPL-2
mongodb-linux-x86_64-rhel70-5.0.20/README
mongodb-linux-x86_64-rhel70-5.0.20/THIRD-PARTY-NOTICES
mongodb-linux-x86_64-rhel70-5.0.20/bin/install_compass
mongodb-linux-x86_64-rhel70-5.0.20/bin/mongo
mongodb-linux-x86_64-rhel70-5.0.20/bin/mongod
mongodb-linux-x86_64-rhel70-5.0.20/bin/mongos
[hadoop@centos01 software]$ cd mongodb-linux-x86_64-rhel70-5.0.20/
[hadoop@centos01 mongodb-linux-x86_64-rhel70-5.0.20]$ ll
总用量 136
drwxrwxr-x. 2 hadoop hadoop     70 8 月   23 15:50 bin
-rw-r--r--. 1 hadoop hadoop 30608 8 月   10 04:07 LICENSE-Community.txt
-rw-r--r--. 1 hadoop hadoop 16726 8 月   10 04:07 MPL-2
-rw-r--r--. 1 hadoop hadoop  1977 8 月   10 04:07 README
-rw-r--r--. 1 hadoop hadoop 77913 8 月   10 04:07 THIRD-PARTY-NOTICES
```

```
[hadoop@centos01 software]$ mv mongodb-linux-x86_64-rhel70-5.0.20 mongodb
```

② 配置环境变量。

```
unset i
unset -f pathmunge
export JAVA_HOME=/opt/software/jdk1.8.0_281
export HADOOP_HOME=/opt/software/hadoop-3.3.2
export ZOOKEEPER_HOME=/opt/software/zookeeper-3.4.6
export HIVE_HOME=/opt/software/apache-hive-3.1.2-bin
export HBASE_HOME=/opt/software/hbase-2.0.5
export SQOOP_HOME=/opt/software/sqoop-1.4.7
export FLUME_HOME=/opt/software/apache-flume-1.6.0-bin
export PYTHON_HOME=/opt/software/Python-3.6.5
export MONGODB_HOME=/opt/software/mongodb

export  PATH=$PATH:$JAVA_HOME/bin:$HADOOP_HOME/bin:$HADOOP_HOME/sbin:
$ZOOKEEPER_HOME/bin:$HIVE_HOME/bin:$HBASE_HOME/bin:$SQOOP_HOME/bin:$FL
UME_HOME/bin:$PYTHON_HOME/bin:$MONGODB_HOME/bin
```

注意：vim /etc 写入时若出现 E121 则表示无法打开并写入文件，退出保存用:w !sudo tee %，然后使之生效，查看版本信息。

```
[hadoop@centos01 software]$ source /etc/profile
[hadoop@centos01 software]$ mongo -version
MongoDB shell version v5.0.20
Build Info: {
    "version": "5.0.20",
    "gitVersion": "2cd626d8148120319d7dca5824e760fe220cb0de",
    "openSSLVersion": "OpenSSL 1.0.1e-fips 11 Feb 2013",
    "modules": [],
    "allocator": "tcmalloc",
    "environment": {
        "distmod": "rhel70",
        "distarch": "x86_64",
        "target_arch": "x86_64"
    }
}
```

③ 创建数据库目录和日志目录。

```
[hadoop@centos01 software]$ mkdir -p /opt/software/mongodb/logs
[hadoop@centos01 software]$ mkdir -p /opt/software/mongodb/db
[hadoop@centos01 software]$ touch /opt/software/mongodb/logs/mongodb.log
[hadoop@centos01 software]$ chmod 777 /opt/software/mongodb/logs
```

```
[hadoop@centos01 software]$ chmod 777 /opt/software/mongodb/db
```

④ 创建配置文件。

```
[hadoop@centos01 software]$vim /opt/software/mongodb/mongodb.conf
port= 27017
dbpath=/opt/software/mongodb/db  # 指定数据库路径
logpath=/opt/software/mongodb/logs/mongodb.log # 指定日志文件路径
logappend=true  # 使用追加方式写日志
fork=true  # 以守护进程的方式运行
maxConns=100  # 最大同时连接数
noauth=true  # 不启用验证
journal=true  # 每次写入会记录一条操作日志
storageEngine=wiredTiger # 存储引擎
bind_ip=0.0.0.0 # 服务绑定地址
[hadoop@centos01 mongodb]$ ll
总用量 140
drwxrwxr-x. 2 hadoop hadoop      70 8月  23 15:50 bin
drwxrwxrwx. 2 hadoop hadoop       6 8月  23 16:11 db
-rw-r--r--. 1 hadoop hadoop 30608 8月  10 04:07 LICENSE-Community.txt
drwxrwxrwx. 2 hadoop hadoop      25 8月  23 16:13 logs
-rw-rw-r--. 1 hadoop hadoop     436 8月  23 16:19 mongodb.conf
-rw-r--r--. 1 hadoop hadoop 16726 8月  10 04:07 MPL-2
-rw-r--r--. 1 hadoop hadoop    1977 8月  10 04:07 README
-rw-r--r--. 1 hadoop hadoop 77913 8月  10 04:07 THIRD-PARTY-NOTICES
```

⑤ 启动 mongodb，查看 mongodb 状态。

```
[hadoop@centos01 software]$ mongod --config /opt/software/mongodb/mongodb.conf
about to fork child process, waiting until server is ready for connections.
forked process: 2787
child process started successfully, parent exiting
[hadoop@centos01 software]$
```

（2）MongoDB 基本操作。

```
[hadoop@centos01 ~]$ mongo
MongoDB shell version v5.0.20
Connecting to: mongodb://127.0.0.1:27017/?compressors=disabled&gssapiServiceName=
mongodb
Implicit session: session { "id" : UUID("4dcc011e-aecf-4163-a2de-e0e88c8d370c")}
MongoDB server version: 5.0.20
================
Warning: the "mongo" shell has been superseded by "mongosh",
which delivers improved usability and compatibility.The "mongo" shell has been deprecated
```

```
and will be removed in
    an upcoming release.
    For installation instructions, see
    https://docs.mongodb.com/mongodb-shell/install/
    ================
    Welcome to the MongoDB shell.
    For interactive help, type "help".
    For more comprehensive documentation, see
        https://docs.mongodb.com/
    Questions? Try the MongoDB Developer Community Forums
        https://community.mongodb.com
    ---
    The server generated these startup warnings when booting:
            2023-08-23T16:29:26.745+08:00: /sys/kernel/mm/transparent_hugepage/enabled is
'always'. We suggest setting it to 'never'
            2023-08-23T16:29:26.745+08:00: /sys/kernel/mm/transparent_hugepage/defrag is
'always'. We suggest setting it to 'never'
            2023-08-23T16:29:26.745+08:00: Soft rlimits for open file descriptors too low
            2023-08-23T16:29:26.745+08:00:          currentValue: 1024
            2023-08-23T16:29:26.745+08:00:          recommendedMinimum: 64000
    ---
    >
```

① 创建集合（Collection）。

```
    > use school                        //切换到 School 数据库
    switched to db school
    > db.createCollection('teacher')    //创建集合
    { "ok" : 1 }
    > show dbs
    admin     0.000GB
    config    0.000GB
    local     0.000GB
    school    0.000GB
    > show collections
    teacher
    >
```

② 插入数据。student 可以自动建立，理解 insert 与 save 的区别。

插入重复数据数据库：insert 操作若新增数据的主键已经存在，则会抛出 org.springframework.dao.DuplicateKeyException 异常，提示主键重复，不保存当前数据。函数 save 操作若新增数据的主键已经存在，则会对当前已经存在的数据进行修改操作。

批操作效率：insert操作能够一次性插入一整个列表，而不用进行遍历操作，效率相对较高；save操作需要遍历列表，进行一个个地插入数据。

```
> db.student.insert({_id:1,sname:'zhangsan',sage:20})
WriteResult({ "nInserted" : 1 })
> db.student.find( )
{ "_id" : 1, "sname" : "zhangsan", "sage" : 20 }
> db.student.save({_id:1,sname:'zhangsan',sage:22})
WriteResult({ "nMatched" : 1, "nUpserted" : 0, "nModified" : 1 })
> db.student.find( )
{ "_id" : 1, "sname" : "zhangsan", "sage" : 22 }
> db.student.insert({_id:1,sname:'zhangsan',sage:25})
WriteResult({
    "nInserted" : 0,
    "writeError" : {
        "code" : 11000,
        "errmsg" : "E11000 duplicate key error collection: school.student index: _id_ dup key: { _id: 1.0 }"
    }
})
> db.student.find( )
{ "_id" : 1, "sname" : "zhangsan", "sage" : 22 }
```

插入列表。

```
> s=[{sname:'lisi',sage:20},{sname:'wangwu',sage:20},{sname:'zhaoliu',sage:20}]
[
    {
        "sname" : "lisi",
        "sage" : 20
    },
    {
        "sname" : "wangwu",
        "sage" : 20
    },
    {
        "sname" : "zhaoliu",
        "sage" : 20
    }
]
> db.student.insert(s)
BulkWriteResult({
```

```
        "writeErrors" : [ ],
        "writeConcernErrors" : [ ],
        "nInserted" : 3,
        "nUpserted" : 0,
        "nMatched" : 0,
        "nModified" : 0,
        "nRemoved" : 0,
        "upserted" : [ ]
})
> db.student.find( )
{ "_id" : 1, "sname" : "zhangsan", "sage" : 22 }
{ "_id" : ObjectId("648142d3e2bca80a413cad88"), "sname" : "lisi", "sage" : 20 }
{ "_id" : ObjectId("648142d3e2bca80a413cad89"), "sname" : "wangwu", "sage" : 20 }
{ "_id" : ObjectId("648142d3e2bca80a413cad8a"), "sname" : "zhaoliu", "sage" : 20 }
>
> show collections
student
teacher
```

③ 查找数据。

```
> db.student.find({sname:'lisi'})
{ "_id" : ObjectId("648142d3e2bca80a413cad88"), "sname" : "lisi", "sage" : 20 }
> db.student.find({},{sname:1,sage:1})                    //查询指定列
{ "_id" : 1, "sname" : "zhangsan", "sage" : 22 }
{ "_id" : ObjectId("648142d3e2bca80a413cad88"), "sname" : "lisi", "sage" : 20 }
{ "_id" : ObjectId("648142d3e2bca80a413cad89"), "sname" : "wangwu", "sage" : 20 }
{ "_id" : ObjectId("648142d3e2bca80a413cad8a"), "sname" : "zhaoliu", "sage" : 20 }
>
> db.student.find({},{sname:1})
{ "_id" : 1, "sname" : "zhangsan" }
{ "_id" : ObjectId("648142d3e2bca80a413cad88"), "sname" : "lisi" }
{ "_id" : ObjectId("648142d3e2bca80a413cad89"), "sname" : "wangwu" }
{ "_id" : ObjectId("648142d3e2bca80a413cad8a"), "sname" : "zhaoliu" }
>
> db.student.find({sname:'zhangsan',sage:22})             //AND 条件查询
{ "_id" : 1, "sname" : "zhangsan", "sage" : 22 }
> db.student.find({$or:[{sage:22},{sage:25}]})            //OR 条件查询
{ "_id" : 1, "sname" : "zhangsan", "sage" : 22 }
> db.student.find( ).pretty( )                            //格式化输出
{ "_id" : 1, "sname" : "zhangsan", "sage" : 22 }
```

```
{
        "_id" : ObjectId("648142d3e2bca80a413cad88"),
        "sname" : "lisi",
        "sage" : 20
}
{
        "_id" : ObjectId("648142d3e2bca80a413cad89"),
        "sname" : "wangwu",
        "sage" : 20
}
{
        "_id" : ObjectId("648142d3e2bca80a413cad8a"),
        "sname" : "zhaoliu",
        "sage" : 20
}
>
```

④ 修改数据，修改数据的基本命令格式如下：

语法：db.collection.update（criteria, objNew, upsert, multi）

update( )接受的 4 个参数含义如下。

criteria：update 的查询条件，类似于 SQL update 语句的 where 子句。

objNew：update 的对象和一些更新的操作符如$,$inc 等，也可以理解为 SQL update 语句的 set 子句。

upsert：如果不存在 update 的记录，是否插入 objNew，true 为插入，默认是 false，不插入。

multi：默认是 false，只更新找到的第一条记录，如果这个参数为 true，就按条件查出来多条记录全部更新。

```
> db.student.update({sname: 'lisi'}, {$set: {sage: 30}}, false, true)
WriteResult({ "nMatched" : 1, "nUpserted" : 0, "nModified" : 1 })
> db.student.find({sname:'lisi'})
{ "_id" : ObjectId("64e5c7d99c391400d0a12a98"), "sname" : "lisi", "sage" : 30 }
>
```

⑤ 删除数据、集合与退出。

```
> db.student.remove({sname:'zhaoliu'})
WriteResult({ "nRemoved" : 1 })
> db.student.find( )
{ "_id" : 1, "sname" : "zhangsan", "sage" : 22 }
{ "_id" : ObjectId("64e5c7d99c391400d0a12a98"), "sname" : "lisi", "sage" : 30 }
{ "_id" : ObjectId("64e5c7d99c391400d0a12a99"), "sname" : "wangwu", "sage" : 20 }
> show collections
```

```
student
teacher
> db.student.drop( )
> exit
bye
```

第 11 章　数据可视化

学习目标

（1）数据可视化的发展；
（2）数据可视化的概念；
（3）数据可视化与视觉感知；
（4）数据可视化的作用；
（5）数据可视化工具。

在大数据时代，人们面对海量数据，有时难免显得无所适从。一方面，数据复杂、种类繁多，各种不同类型的数据大量涌来，庞大的数据量已经大大超出了人们的处理能力，在日益紧张的工作中已经不允许人们在阅读和理解数据上花费大量时间；另一方面，人类大脑无法从堆积如山的数据中快速发现核心问题，必须有一种高效的方式来刻画和呈现数据所反映的本质问题。要解决这个问题，就需要数据可视化，它通过丰富的视觉效果，把数据以直观、生动、易理解的方式呈现给用户，可以有效提升数据分析的效率和效果。

数据可视化是大数据分析的最后环节，也是非常关键的一环。本章首先介绍数据可视化的概念，然后分类介绍几种典型可视化工具。

11.1　数据可视化简介

11.1.1　数据可视化的发展

"数据可视化"这个词并不难理解，但是说到数据可视化的起源，估计知道的人就不多了，就连在百度百科的词条上，其起源时间也只是写到了 20 世纪 50 年代，数据可视化一般被认为是起源于统计学诞生的时代。但是真正追溯其根源，可以把时间往前推 10 个世纪。

1. 10 世纪：填补空白

先来看一幅 10 世纪的数据可视化作品，如图 11-1 所示，这幅作品应该是目前能找到的时代最久远的数据可视化作品了，是由一位不知名的天文学家创作的。在这幅作品中，包含了很多现代统计图形元素：坐标轴、网格、时间序列。

2. 14—17 世纪：拉开帷幕

14—17 世纪欧洲进入了一个伟大的时期——文艺复兴时期，在这段时间里出现了很多现代科学和艺术的牛人，出现了各种测量技术，著名的笛卡儿发明了解析几何和坐标系，费马和赌徒哲学家帕斯卡发展出了概率论，英国人开始了人口统计学研究。这些科学和艺术的发展，为数据可视化正式开启了大门。

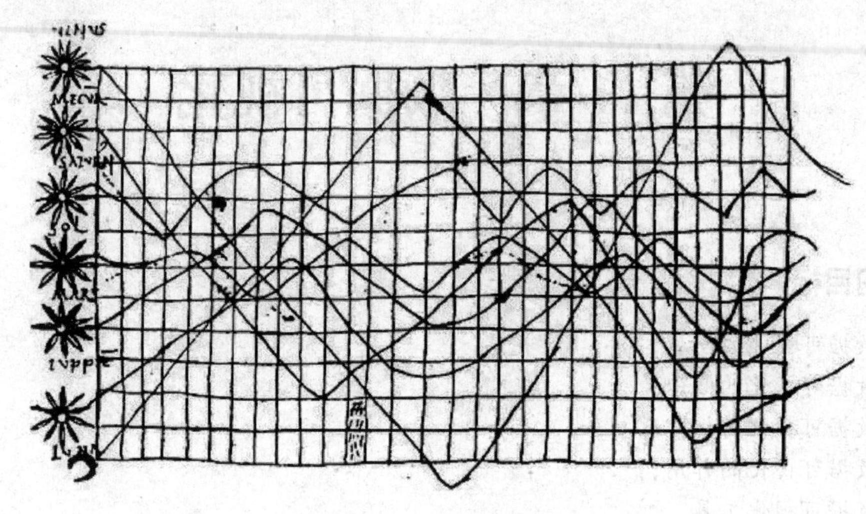

图 11-1　10 世纪的天文图

3. 18 世纪：初露锋芒

18 世纪，牛顿老爷子被苹果砸了，微积分、物理、化学、数学都开始蓬勃发展，统计学也开始出现了萌芽。数据的价值开始为人们所重视起来，人口、商业等经验数据开始被系统地收集整理、记录下来，各种图表和图形也开始诞生。苏格兰工程师 William Playfair（1759—1823）创造了几种基本数据可视化图形：折线图、条图、饼图，如图 11-2 所示。

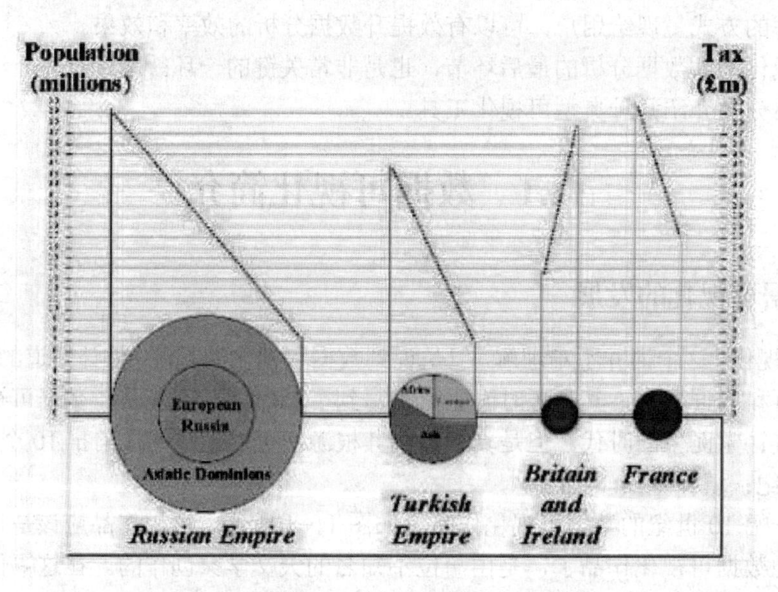

图 11-2　欧洲国家的领土比例及人口和税收

4. 19 世纪：黄金时代

19 世纪是现代图形学的开始，随着科技迅速发展，工业革命从英国扩散到欧洲大陆和北美。随着社会对数据的积累和应用的需求，现代的数据可视化，统计图形和主题图的主要表达方式，在这几十年间基本都出现了。

在这个时期内，数据可视化的重要发展包括：统计图形方面，散点图、直方图、极坐标图形和时间序列图等当代统计图形的常用形式都已出现；主题图方面，主题地图和地图集成为这个时代展示数据信息的一种常用方式，应用领域涵盖社会、经济、疾病、自然等各个主题。

其中一个著名的例子就是在 1864 年，John Snow（一名医生）使用了散点，在地图上标注了伦敦的霍乱发病与水井分布的案例，如图 11-3 所示，从而判断出 Broad Street 的水井污染是疫情暴发的根源。这是一个典型的数据可视化案例。

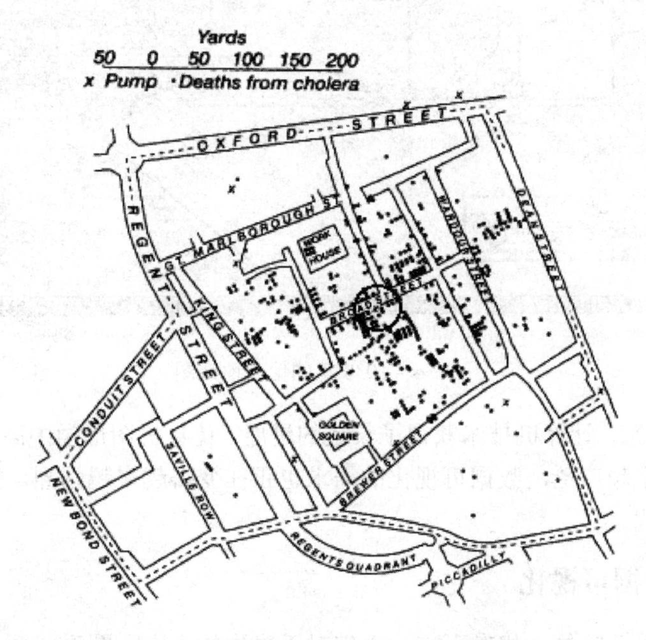

图 11-3 反映霍乱患者分布与水井分布的地图

5. 20 世纪：稳步发展

随着 19 世纪的结束，数据可视化的第一个黄金时期也终结了。20 世纪初，数据可视化进入了低谷，原因有两个：① 数理统计诞生了，追求数理统计的数学基础成为首要目标，而图形作为一个辅助工具，被搁置起来；② 第一次世界大战、第二次世界大战的爆发，对经济的影响深远，之前的数据表现方式已经足够使用了，当然，这个时期依然还是有不少标志性作品的诞生。如伦敦的地铁图（见图 11-4），这种图形目前全世界的地铁都在使用，距离发明的时间已经过去快一个世纪了。

6. 20 世纪后期—21 世纪：日新月异

时间进入到 20 世纪下半段，随着计算机技术的兴起，数据统计处理变得越来越高效。理论层面，数理统计也把数据分析变成了统计科学。

两次世界大战后的工业和科学发展导致的对数据处理的迫切需求，把这门科学运用到各行各业。统计的各个应用分支建立起来，处理各自行业面对的数据问题。在应用当中，图形表达占据了重要的地位，相比参数估计假设检验，明快直观的图形形式更容易被人们所接受。

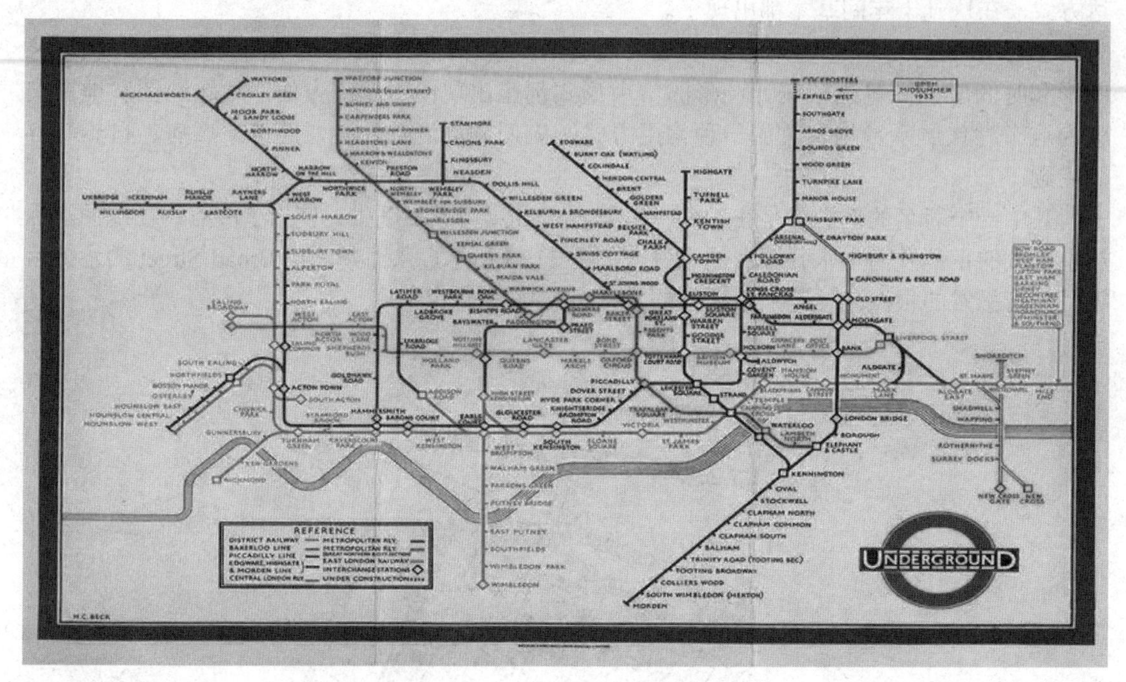

图 11-4　1933 年的伦敦地铁图

进入 21 世纪以来，计算机技术获得了长足的进展，计算机图形学中高分辨率、高色深还原度的屏幕应用越来越广泛，数据可视化的需求也正在变得越来越强烈。数据可视化即将进入一个新的黄金时代。

11.1.2　什么是数据可视化

数据通常是枯燥乏味的，相对而言，人们对于事物的大小、图形、颜色等怀有更加浓厚的兴趣。利用数据可视化平台，枯燥乏味的数据转变为丰富生动的视觉效果，不仅有助于简化人们的分析过程，还可在很大程度上提高分析数据的效率。

数据可视化是指将大型数据集中的数据以图形、图像形式表示，并利用数据分析和开发工具发现其中未知信息的处理过程。其基本思想，是将数据库中每一个数据项作为单个图元元素表示，大量的数据集构成数据图像，同时将数据的各个属性值以多维数据的形式表示，可以从不同的维度观察数据，从而对数据进行更深入的观察和分析。

数据可视化是一个处于不断演变之中的概念，其边界在不断地扩大。主要指的是利用图形、图像处理、计算机视觉及用户界面等较高级的技术方法，通过表达、建模及对立体、表面、属性及动画的显示，对数据加以可视化解释。与立体建模之类的特殊技术方法相比，数据可视化所涵盖的技术方法要广泛得多。

11.1.3　视觉感知和数据可视化

一个人可以很容易地分辨出线长、形状、方向、距离和颜色的差异，而无需花费大量的精力。这些被称为“注意前属性”。例如，识别数字“5”出现在一系列数字中可能需要大量的时间和精力。但是，如果该数字的大小、方向或颜色不同，则可以通过预先注意的处理迅速注意到该数字的实例。

有效的图形利用了预先注意的处理和属性及这些属性的相对强度。例如，由于人类可以更轻松地处理线长而不是表面积的差异，因此，使用条形图比饼图更有效。

几乎所有数据可视化文件都是供人使用的。在设计直观的可视化效果时，必须具备有关人类感知和认知的知识。认知是指人类的探索过程，如感知、注意力、学习、记忆、思想、概念形成、阅读和解决问题。人工视觉处理可以有效地检测变化并在亮度的数量、大小、形状和变化之间进行比较。当符号数据的属性映射到视觉属性时，人类可以有效地浏览大量数据。据估计，大脑神经元的 2/3 可以参与视觉处理。适当的可视化提供了一种不同的方法来显示潜在的联系、关系等，这些在非可视化的定量数据中不那么明显。可视化可以成为数据探索的一种手段。

11.1.4　数据可视化的作用

数据可视化有多种作用，其中最重要的作用包括以下几项。

（1）信息提示。数据可视化可以帮助人们在大量的数据中快速发现重要的信息。通过图表和图形的形式展示数据，可以更直观地看出数据中的趋势和异常。

（2）数据对比。数据可视化可以帮助人们更容易地对比数据之间的差异和相似之处。例如，可以通过柱状图和饼图来对比销售额，通过折线图和趋势图来对比销售趋势。

（3）数据模型。数据可视化可以帮助人们更好地理解数据之间的关系和规律。例如，通过散点图可以更直观地看出两个变量之间的关系，通过热图可以更直观地看出数据中的密度和分布。

（4）数据交互。数据可视化可以帮助人们通过交互来探索数据，并得出结论。例如，可以使用交互式地图来查看不同地区的数据，通过滑块和筛选器来筛选数据。交互式数据可视化可以帮助用户更好地理解数据，并自己进行探索和分析。

（5）数据共享。数据可视化可以帮助人们更容易地与他人分享数据。例如，可以通过互联网上的平台分享数据图表，或者将数据图表导出成文件分享给其他人。这样可以帮助其他人理解数据，并基于数据进行更好的决策。

11.2　数据可视化工具

目前已经有许多数据可视化工具，其中大部分都是免费使用的，可以满足各种可视化需求，主要包括入门级工具（Excel）、信息图表工具（Google Chart API、D3、Visual.ly、Raphaël、Flot、Tableau、大数据魔镜）、地图工具（Modest Maps、Leaflet、PolyMaps、OpenLayers、Kartograph、Google Fusion Tables、Quantum GIS）、时间线工具（Timetoast、Xtimeline、Timeslide、Dipity）和高级分析工具（Processing、NodeBox、R 语言、Weka 和 Gephi）等。

11.2.1　入门级工具

Excel 是微软的办公软件 Office 家族的系列软件之一，可以进行各种数据的处理、统计分析和辅助决策操作，已经广泛地应用于管理、统计、金融等领域。Excel 是日常数据分析工作中最常用的工具，简单易用，用户不需要复杂的学习就可以轻松使用 Excel 提供的各种图表功能，尤其是在制作折线图、饼状图、柱状图、散点图等各种统计图表时，Excel 是普通用户的首选工具。但是，Excel 在颜色、线条和样式上可选择的范围较为有限。

11.2.2 信息图表工具

信息图表是信息、数据、知识等的视觉化表达，它利用人脑对于图形信息比对于文字信息更容易理解的特点，更高效、直观、清晰地传递信息，在计算机科学、数学及统计学领域有广泛的应用。

1. Google Chart API

谷歌的制图服务接口 Google Chart API，可以用来为统计数据自动生成图片。该工具使用非常简单，不需要安装任何软件，可以通过浏览器在线查看统计图表。Google Chart 提供了折线图（LineCharts）、条状图（Bar Charts）、饼图（Pie Charts）、Venn 图（Venn Diagrams）和散点图（Scatter Plots）5 种图表。

2. D3

D3 的全称是（data-driven documents），是最流行的可视化库之一，是一个用于网页作图、生成互动图形的 JavaScript 函数库。它提供了一个 D3 对象，所有方法都通过这个对象调用。D3 能够提供大量除线形图和条形图之外的复杂图表样式，如捆图、树状图、堆栈图等，如图 11-5 所示。

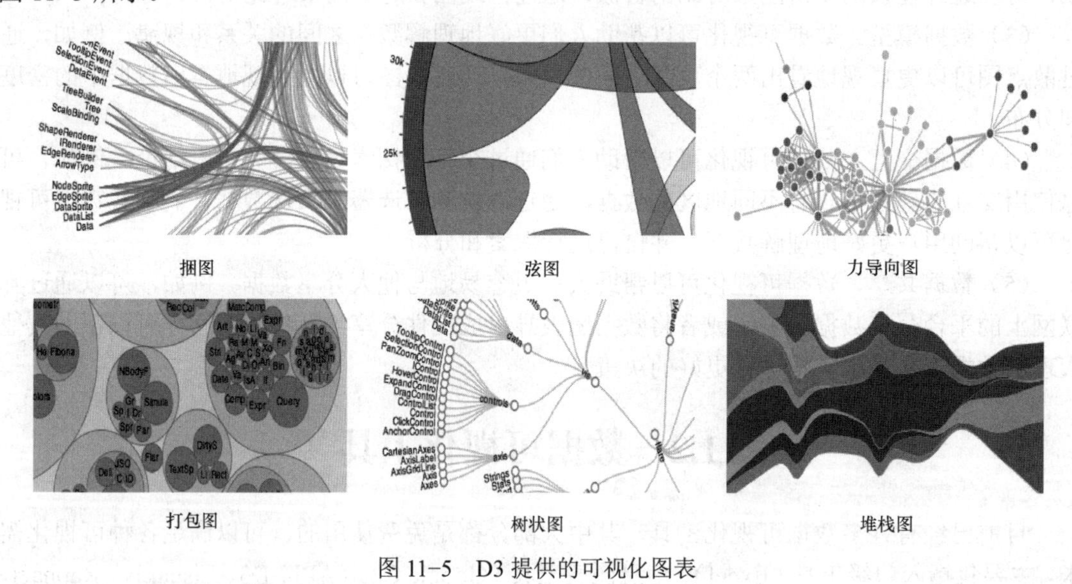

图 11-5 D3 提供的可视化图表

3. Visual.ly

Visual.ly 是一款非常流行的信息图制作工具，非常好用，不需要任何设计相关的知识，就可以用它来快速创建自定义的、样式美观且具有强烈视觉冲击力的信息图表。

4. Tableau

Tableau 是桌面系统中最简单的商业智能工具软件，更适合企业和部门进行日常数据报表和数据可视化分析工作。Tableau 实现了数据运算与美观图表的完美结合，用户只要将大量数据拖曳到数字“画布”上，转眼间就能创建好各种图表。

5. 大数据魔镜

大数据魔镜是一款优秀的国产数据分析软件，它丰富的数据公式和算法可以让用户真正理解并探索、分析数据，用户只要通过一个直观的拖曳界面就可以创造交互式的图表和数据挖掘模型。大数据魔镜提供了中国最大的、绚丽实用的可视化效果库。通过魔镜，企业积累的各种来自内部和外部的数据，如网站数据、销售数据、ERP 数据、财务数据、社会化数据、MySQL 数据库等，都可将其整合在魔镜中进行实时分析。魔镜移动商务智能（business intelligence，BI）平台可以在 iPad、iPhone、iPod Touch、安卓智能手机和平板计算机上展示关键绩效指标（key performance indicator，KPI）、文档和仪表盘，而且所有图标都可以进行交互、触摸，在手掌间随意查看和分析业务数据。

11.2.3 地图工具

地图工具在数据可视化中较为常见，它在展现数据基于空间或地理分布上有很强的表现力，可以直观地展现各分析指标的分布、区域等特征。当指标数据要表达的主题跟地域有关联时，就可以选择以地图作为大背景，从而帮助用户更加直观地了解整体的数据情况，同时可以根据地理位置快速地定位到某一地区来查看详细数据。

1. Google Fusion Tables

Google Fusion Tables 让一般使用者也可以轻松制作出专业的统计地图。该工具可以让数据呈现为图表、图形和地图，从而帮助使用者发现一些隐藏在数据背后的模式和趋势。

2. Modest Maps

Modest Maps 是一个小型、可扩展、交互式的免费库，提供了一套查看卫星地图的 API。它只有 10 KB 大小，是目前最小的可用地图库。它也是一个开源项目，有强大的社区支持，是在网站中整合地图应用的理想选择。

3. Leaflet

Leaflet 是一个小型化的地图框架，通过小型化和轻量化来满足移动网页的需要。

11.2.4 时间线工具

时间线是表现数据在时间维度演变的有效方式，它通过互联网技术，依据时间顺序，把一方面或多方面的事件串联起来，形成相对完整的记录体系，再运用图文的形式呈现给用户。时间线可以运用于不同领域，其最大的作用就是把过去的事物系统化、完整化、精确化。

图 11-6 采用时间线表示法显示了四川从 2008 年 5 月 12 日到 2017 年 8 月 8 日 5 级以上地震的发生情况。

1. Timetoast

Timetoast 是在线创作基于时间轴事件记载服务的网站，提供个性化的时间线服务，可以用不同的时间线来记录个人某方面的发展历程、心路历程、某件事的进度过程等。Timetoast 基于 Flash 平台，可以在类似 Flash 时间轴上任意加入事件，定义每个事件的时间、名称、图像、描述，最终在时间轴上显示事件在时间序列上的发展，事件显示和切换十分流畅，随着鼠标单击可显示相关事件，操作简单。

图 11-6　四川地震时间线

2. Xtimeline

Xtimeline 是一个免费的绘制时间线的在线工具网站，操作简便，用户可通过添加事件日志的形式构建时间表，同时也可给日志配上相应的图表。不同于 Timetoast 的是，Xtimeline 是一个社区类型的时间轴网站，其中加入了组群功能和更多的社会化因素，除了可以分享和评论时间轴外，还可以建立组群讨论所制作的时间轴。

11.2.5　高级分析工具

1. R 语言

R 语言是属于 GNU 系统的一个自由、免费、源代码开放的软件，是一个用于统计计算和统计制图的优秀工具，使用难度较高。R 的功能包括数据存储和处理系统、数组运算工具（具有强大的向量、矩阵运算功能）、完整连贯的统计分析工具、优秀的统计制图功能、简便而强大的编程语言，可操纵数据的输入和输出，实现分支、循环及用户自定义功能等，通常用于大数据集的统计与分析。

2. Weka

Weka 是一款免费的、基于 Java 环境的、开源的机器学习及数据挖掘软件。Weka 不但可以进行数据分析，还可以生成一些简单图表。

3. Gephi

Gephi 是一款比较特殊、也比较复杂的软件，主要用于社交图谱数据可视化分析，可以生成非常酷炫的可视化图形。

本章小结

本章介绍了数据可视化的相关知识。数据可视化是指将大型数据集中的数据以图形图像形式表示，并利用数据分析和开发工具发现其中未知信息的处理过程。其基本思想是，将数据库中每一个数据项作为单个图元元素表示，大量的数据集构成数据图像，同时将数据的各个属性值以多维数据的形式表示，可以从不同的维度观察数据，从而对数据进行更深入的观察和分析。

数据可视化在大数据分析中具有信息提示、数据对比、数据模型、数据交互、数据共享等非常重要的作用。可视化工具包括入门级工具、信息图表工具、地图工具、时间线工具和高级分析工具，每种工具都可以帮助使用者实现不同类型的数据可视化分析，可以根据具体应用场合来选择适合的工具。

习　题

1. 试述数据可视化的概念。
2. 试述数据可视化的重要作用。
3. 可视化工具主要包含哪些类型？各自的代表性产品有哪些？
4. 请举出几个数据可视化的有趣案例。

实验 11.1　地震数据可视化

1. 实验目的

（1）理解地震数据的采集方法。

（2）掌握使用 R 语言可视化过程。

2. 实验环境

（1）Octopus Sctup 8.6.4.exe。

（2）earthquakevis.csv。

（3）R 语言。

（4）BDP 可视化。

3. 实验步骤

BDP（business data platform）商业数据平台是一个云服务器，通过将日常办公所需的数据、图表进行上传，然后经过专业的整合与分析，最后输出可视化数据或图表。通过这种方式便于企业相关负责人及时了解和掌握企业运营数据，从而更合理、高效地进行资源的优化和配置。此外，BDP 能够实现一键联通企业内部数据库、Excel 及各种外部数据，在同一个云平台上进行多维度、细颗粒度的分析，亿行数据、秒级响应，同时 BDP 还支持移动端实时查看和分享，以此全面激活企业内部数据。

（1）使用八爪鱼爬取数据。实验中使用八爪鱼爬取中国地震台网近一年 3.0 级以上地震信息。输入的网址为：http://www.ceic.ac.cn/speedsearch?time=5，进行循环爬取，爬取数据共计 997 条数据，数据集名称为中国地震台网原始数据.xlsx。

（2）数据预处理。对爬取到的数据进行清洗，中国的纬度范围是北纬 4°～53°，经度范围是东经 73°～135°，按照经纬度对数据进行初步筛选。将纬度、经度、深度 3 列数据转换成数字模式。

首先对纬度应用排序，筛选出纬度在 4°～53°的数据；接下来，将剩下的数据对经度进行排序，筛选出经度在 73°～135°的数据，因为我国领域最西端位于东五区，东经 73° 40′，真正的西至点在帕米尔高原上，在中国、吉尔吉斯斯坦、塔吉克斯坦三国交界处略南的一座雪山上。此时剩余 802 条数据，数据集名称为 earthquakeqx.xlsx，见表 11-1。

表 11-1　中国 2022 年发生 3.0 震级以上地震数据

震级/M	发震时刻（UTC）	纬度/（°）	经度/（°）	深度/km	参考位置
3.7	2022-08-26 16:57:02	41.46	82.34	15	新疆阿克苏地区新县
3.9	2022-08-25 08:00:10	29.07	105.45	10	四川泸州市龙马潭区
3.0	2022-08-25 01:34:31	38.47	105.14	15	内蒙古阿拉善盟阿拉善左旗
3.1	2022-08-24 12:12:09	37.49	96.76	10	青海海西州德令哈市
3.3	2022-08-23 19:12:33	41.8	81.3	17	新疆阿克苏地区拜城县
3.0	2022-08-23 18:03:36	41.83	81.28	19	新疆阿克苏地区拜城县
3.0	2022-08-22 12:50:54	33.2	92.77	10	青海玉树州杂多县
5.4	2022-08-22 10:53:01	25.29	123.59	150	琉球群岛
3.2	2022-08-22 06:41:12	32.02	104.34	16	四川绵阳市北川县

（3）安装 R 语言可视化环境。

① 安装 epel-release。

```
[hadoop@centos01 ～]$ sudo yum install epel-release
已加载插件：fastestmirror, langpacks
Loading mirror speeds from cached hostfile
 * base: mirrors.bupt.edu.cn
 * extras: mirrors.bfsu.edu.cn
 * updates: mirrors.bfsu.edu.cn
正在解决依赖关系
--> 正在检查事务
---> 软件包 epel-release.noarch.0.7-11 将被 安装
--> 解决依赖关系完成
依赖关系解决
================================================================================
 Package          架构          版本          源                    大小
================================================================================
```

```
正在安装:
 epel-release       noarch         7-11              extras                        15 k
事务概要
==========================================================================

安装  1 软件包

总下载量：15 k
安装大小：24 k
Is this ok [y/d/N]: y
Downloading packages:
epel-release-7-11.noarch.rpm                                          |  15 kB  00:00:00
Running transaction check
Running transaction test
Transaction test succeeded
Running transaction
正在安装:epel-release-7-11.noarch                                                  1/1
验证中  : epel-release-7-11.noarch                                                 1/1

已安装:
  epel-release.noarch 0:7-11

完毕!
```

搜索 R-core。

```
[hadoop@centos01  ~]$ yum search R-core
已加载插件：fastestmirror, langpacks
Determining fastest mirrors
 * base: mirrors.163.com
 * epel: mirrors.bfsu.edu.cn
 * extras: mirrors.bfsu.edu.cn
 * updates: mirrors.bfsu.edu.cn
===================== N/S matched: R-core =====================
R-core.x86_64 : The minimal R components necessary for a functional runtime
R-core-devel.x86_64 : Core files for development of R packages(no Java)
python-jupyter-core-doc.noarch : Documentation of the base package for Jupyter projects
python2-jupyter-core.noarch : The base package for Jupyter projects
python36-jupyter-core.noarch : The base package for Jupyter projects
sagator-core.noarch : Antivirus/anti-spam gateway for smtp server, core files

  名称和简介匹配 only，使用“search all”试试。
```

② 安装 R 语言。

```
[hadoop@centos01 ~]$ sudo yum install -y R-core.x86_64
    texlive-xdvi.noarch 2:svn26689.22.85-45.el7
    texlive-xdvi-bin.x86_64 2:svn26509.0-45.20130427_r30134.el7
    texlive-xkeyval.noarch 2:svn27995.2.6a-45.el7
    texlive-xunicode.noarch 2:svn23897.0.981-45.el7
    texlive-zapfchan.noarch 2:svn28614.0-45.el7
    texlive-zapfding.noarch 2:svn28614.0-45.el7
    tre.x86_64 0:0.8.0-18.20140228gitc2f5d13.el7
    tre-common.noarch 0:0.8.0-18.20140228gitc2f5d13.el7
    zziplib.x86_64 0:0.13.62-12.el7

完毕!
[hadoop@centos01 ~]$ sudo yum install -y R-core-devel.x86_64
作为依赖被安装:
    gcc-c++.x86_64 0:4.8.5-44.el7
gcc-gfortran.x86_64 0:4.8.5-44.el7
    libicu-devel.x86_64 0:50.2-4.el7_7
libquadmath-devel.x86_64 0:4.8.5-44.el7
    libstdc++-devel.x86_64 0:4.8.5-44.el7
pcre2-devel.x86_64 0:10.23-2.el7
    pcre2-utf32.x86_64 0:10.23-2.el7
perl-Text-Unidecode.noarch 0:0.04-20.el7
    perl-libintl.x86_64 0:1.20-12.el7
texinfo.x86_64 0:5.1-5.el7
    texinfo-tex.x86_64 0:5.1-5.el7
texlive-epsf.noarch 2:svn21461.2.7.4-45.el7
    tre-devel.x86_64 0:0.8.0-18.20140228gitc2f5d13.el7
xz-devel.x86_64 0:5.2.2-2.el7_9

作为依赖被升级:
    xz.x86_64 0:5.2.2-2.el7_9
xz-libs.x86_64 0:5.2.2-2.el7_9

完毕!
[hadoop@centos01 ~]$ R --version
R version 3.6.0(2019-04-26)-- "Planting of a Tree"
Copyright(C)2019 The R Foundation for Statistical Computing
Platform: x86_64-redhat-linux-gnu(64-bit)
```

③ 安装依赖库，在 root 用户下安装。

```
[hadoop@centos01 ~]$ su -
密码：
上一次登录：四 8 月 10 20:41:58 CST 2023pts/3 上
[root@centos01 ~]# yum install mysql-devel
已加载插件：fastestmirror, langpacks
Loading mirror speeds from cached hostfile
 * base: mirrors.bupt.edu.cn
 * epel: mirrors.bfsu.edu.cn
 * extras: mirrors.bfsu.edu.cn
 * updates: mirrors.bfsu.edu.cn
正在解决依赖关系
--> 正在检查事务
---> 软件包 mysql-community-devel.x86_64.0.5.6.51-2.el7 将被 安装
--> 解决依赖关系完成

依赖关系解决

==========================================================================
 Package                架构              版本                源              大小
==========================================================================
正在安装:
 mysql-community-devel x86_64       5.6.51-2.el7    mysql56-community       3.4 M
事务概要
==========================================================================
安装  1 软件包

总下载量：3.4 M
安装大小：18 M
Is this ok [y/d/N]:
Downloading packages:
mysql-community-devel-5.6.51-2.el7.x86_64.rpm                    | 3.4 MB  00:00:01
Running transaction check
Running transaction test
Transaction test succeeded
Running transaction
  正在安装    : mysql-community-devel-5.6.51-2.el7.x86_64                      1/1
  验证中      : mysql-community-devel-5.6.51-2.el7.x86_64                      1/1
```

```
已安装:
  mysql-community-devel.x86_64 0:5.6.51-2.el7

完毕!
[root@centos01 ~]# yum install libgit2-dev
已加载插件：fastestmirror, langpacks
Loading mirror speeds from cached hostfile
[root@centos01 ~]# sudo yum install libxml2-devel
已加载插件：fastestmirror, langpacks
Loading mirror speeds from cached hostfile
 * base: mirrors.bupt.edu.cn
 * epel: mirrors.bfsu.edu.cn
 * extras: mirrors.bfsu.edu.cn
 * updates: mirrors.bfsu.edu.cn
正在解决依赖关系
--> 正在检查事务
---> 软件包 libxml2-devel.x86_64.0.2.9.1-6.el7_9.6 将被 安装
--> 正在处理依赖关系 libxml2 = 2.9.1-6.el7_9.6，它被软件包 libxml2-devel-2.9.1-6.el7_9.6.x86_64 需要
--> 正在检查事务
---> 软件包 libxml2.x86_64.0.2.9.1-6.el7.5 将被 升级
--> 正在处理依赖关系 libxml2 = 2.9.1-6.el7.5，它被软件包 libxml2-python-2.9.1-6.el7.5.x86_64 需要
---> 软件包 libxml2.x86_64.0.2.9.1-6.el7_9.6 将被 更新
--> 正在检查事务
---> 软件包 libxml2-python.x86_64.0.2.9.1-6.el7.5 将被 升级
---> 软件包 libxml2-python.x86_64.0.2.9.1-6.el7_9.6 将被 更新
--> 解决依赖关系完成

依赖关系解决

================================================================
 Package            架构            版本              源              大小
================================================================
正在安装:
 libxml2-devel      x86_64          2.9.1-6.el7_9.6   updates         1.1 M
为依赖而更新:
 libxml2            x86_64          2.9.1-6.el7_9.6   updates         668 k
 libxml2-python     x86_64          2.9.1-6.el7_9.6   updates         247 k
```

```
事务概要
================================================================================
安装  1 软件包
升级            ( 2 依赖软件包)

总计：1.9 M
总下载量：1.1 M
Is this ok [y/d/N]:y
Downloading packages:
libxml2-devel-2.9.1-6.el7_9.6.x86_64.rpm                    | 1.1 MB   00:00:02
Running transaction check
Running transaction test
Transaction test succeeded
Running transaction
  正在更新:libxml2-2.9.1-6.el7_9.6.x86_64                                 1/5
  正在更新: libxml2-python-2.9.1-6.el7_9.6.x86_64                         2/5
  正在安装      : libxml2-devel-2.9.1-6.el7_9.6.x86_64                    3/5
  清理          : libxml2-python-2.9.1-6.el7.5.x86_64
  清理          : libxml2-2.9.1-6.el7.5.x86_64                            5/5
  验证中        : libxml2-2.9.1-6.el7_9.6.x86_64                          1/5
  验证中        : libxml2-python-2.9.1-6.el7_9.6.x86_64                   2/5
  验证中        : libxml2-devel-2.9.1-6.el7_9.6.x86_64                    3/5
  验证中        : libxml2-python-2.9.1-6.el7.5.x86_64                     4/5
  验证中        : libxml2-2.9.1-6.el7.5.x86_64                            5/5

已安装:
  libxml2-devel.x86_64 0:2.9.1-6.el7_9.6

作为依赖被升级:
  libxml2.x86_64 0:2.9.1-6.el7_9.6
libxml2-python.x86_64 0:2.9.1-6.el7_9.6

完毕！
[root@centos01 ~]# yum -y install libcurl libcurl-devel
已加载插件：fastestmirror, langpacks
Loading mirror speeds from cached hostfile
 * base: mirrors.bupt.edu.cn
 * epel: mirrors.bfsu.edu.cn
```

```
 * extras: mirrors.bfsu.edu.cn
 * updates: mirrors.bfsu.edu.cn
正在解决依赖关系
--> 正在检查事务
---> 软件包 libcurl.x86_64.0.7.29.0-59.el7 将被 升级
--> 正在处理依赖关系 libcurl = 7.29.0-59.el7，它被软件包 curl-7.29.0-59.el7.x86_64
需要
---> 软件包 libcurl.x86_64.0.7.29.0-59.el7_9.1 将被 更新
---> 软件包 libcurl-devel.x86_64.0.7.29.0-59.el7_9.1 将被 安装
--> 正在检查事务
---> 软件包 curl.x86_64.0.7.29.0-59.el7 将被 升级
---> 软件包 curl.x86_64.0.7.29.0-59.el7_9.1 将被 更新
--> 解决依赖关系完成
…
已安装:
  libcurl-devel.x86_64 0:7.29.0-59.el7_9.1

更新完毕:
  libcurl.x86_64 0:7.29.0-59.el7_9.1

作为依赖被升级:
  curl.x86_64 0:7.29.0-59.el7_9.1

完毕！
[root@centos01 ~]# sudo yum install -y openssl-devel libcurl-devel postgresql-devel
已加载插件：fastestmirror, langpacks
Loading mirror speeds from cached hostfile
 * base: mirrors.aliyun.com
 * epel: mirrors.bfsu.edu.cn
 * extras: mirrors.bfsu.edu.cn
 * updates: mirrors.bfsu.edu.cn
软件包 1:openssl-devel-1.0.2k-26.el7_9.x86_64 已安装并且是最新版本
软件包 libcurl-devel-7.29.0-59.el7_9.1.x86_64 已安装并且是最新版本
正在解决依赖关系
--> 正在检查事务
---> 软件包 postgresql-devel.x86_64.0.9.2.24-8.el7_9 将被 安装
--> 正在处理依赖关系 postgresql-libs(x86-64)= 9.2.24-8.el7_9，它被软件包 postgresql-
devel-9.2.24-8.el7_9.x86_64 需要
…
```

```
已安装:
   postgresql-devel.x86_64 0:9.2.24-8.el7_9

作为依赖被安装:
   postgresql.x86_64 0:9.2.24-8.el7_9
postgresql-libs.x86_64 0:9.2.24-8.el7_9

完毕!
[root@centos01 ~]# yum install harfbuzz-devel fribidi-devel
已加载插件：fastestmirror, langpacks
Loading mirror speeds from cached hostfile
 * base: mirrors.bupt.edu.cn
 * epel: mirrors.bfsu.edu.cn
 * extras: mirrors.bfsu.edu.cn
 * updates: mirrors.bfsu.edu.cn
正在解决依赖关系
--> 正在检查事务
---> 软件包 fribidi-devel.x86_64.0.1.0.2-1.el7_7.1 将被 安装
…
已安装:
   fribidi-devel.x86_64 0:1.0.2-1.el7_7.1
harfbuzz-devel.x86_64 0:1.7.5-2.el7
作为依赖被安装:
   glib2-devel.x86_64 0:2.56.1-9.el7_9
graphite2-devel.x86_64 0:1.3.10-1.el7_3
作为依赖被升级:
   glib2.x86_64 0:2.56.1-9.el7_9

完毕!
[root@centos01 ~]# yum install freetype-devel libpng-devel libtiff-devel libjpeg-turbo-devel
已加载插件：fastestmirror, langpacks
Loading mirror speeds from cached hostfile
 * base: mirrors.bupt.edu.cn
 * epel: mirrors.bfsu.edu.cn
 * extras: mirrors.bfsu.edu.cn
 * updates: mirrors.bfsu.edu.cn
软件包 freetype-devel-2.8-14.el7_9.1.x86_64 已安装并且是最新版本
软件包 2:libpng-devel-1.5.13-8.el7.x86_64 已安装并且是最新版本
正在解决依赖关系
```

```
…
已安装:
   libjpeg-turbo-devel.x86_64 0:1.2.90-8.el7
libtiff-devel.x86_64 0:4.0.3-35.el7

完毕！
[root@centos01 ~]# yum install libmagick++-dev
已加载插件：fastestmirror, langpacks
Determining fastest mirrors
epel/x86_64/metalink                                          | 6.9 kB    00:00:00
 * base: mirrors.bfsu.edu.cn
 * epel: mirrors.bfsu.edu.cn
 * extras: mirrors.bfsu.edu.cn
 * updates: mirrors.bfsu.edu.cn
…
[root@centos01 ~]# yum install   GraphicsMagick-devel GraphicsMagick-c++-devel
…
已安装:
   GraphicsMagick-c++-devel.x86_64 0:1.3.38-1.el7
   GraphicsMagick-devel.x86_64 0:1.3.38-1.el7

作为依赖被安装:
   GraphicsMagick.x86_64 0:1.3.38-1.el7
   GraphicsMagick-c++.x86_64 0:1.3.38-1.el7
   libwmf-lite.x86_64 0:0.2.8.4-44.el7
   urw-base35-fonts-legacy.noarch 0:20170801-10.el7

完毕！
[root@centos01 ~]# yum install   ImageMagick-devel ImageMagick-c++-devel
…
已安装:
   ImageMagick-c++-devel.x86_64 0:6.9.10.68-6.el7_9
   ImageMagick-devel.x86_64 0:6.9.10.68-6.el7_9

作为依赖被安装:
   ImageMagick.x86_64 0:6.9.10.68-6.el7_9
ImageMagick-c++.x86_64 0:6.9.10.68-6.el7_9
   OpenEXR-libs.x86_64 0:1.7.1-8.el7           ilmbase.x86_64 0:1.0.3-7.el7
   jasper-devel.x86_64 0:1.900.1-33.el7        libICE-devel.x86_64 0:1.0.9-9.el7
```

```
    libSM-devel.x86_64 0:1.2.2-2.el7              libXext-devel.x86_64 0:1.3.3-3.el7
    libXt-devel.x86_64 0:1.1.5-3.el7             libgs-devel.x86_64 0:9.25-5.el7

完毕！
[root@centos01 ~]# yum install xorg-x11-* libX11-* libXt-*
已加载插件：fastestmirror, langpacks
Loading mirror speeds from cached hostfile
epel/x86_64/metalink                                              | 5.2 kB    00:00:00
 * base: mirrors.bfsu.edu.cn
…
更新完毕:
    libX11.x86_640:1.6.7-4.el7_9
libX11-common.noarch 0:1.6.7-4.el7_9
    libX11-devel.x86_640:1.6.7-4.el7_9
xorg-x11-drv-ati.x86_64 0:19.0.1-3.el7_7
    xorg-x11-server-Xorg.x86_640:1.20.4-23.el7_9
xorg-x11-server-common.x86_64 0:1.20.4-23.el7_9

作为依赖被升级:
    mesa-libEGL.x86_64 0:18.3.4-12.el7_9
mesa-libGL.x86_64 0:18.3.4-12.el7_9
mesa-libgbm.x86_64 0:18.3.4-12.el7_9
    mesa-libglapi.x86_64 0:18.3.4-12.el7_9

完毕！
```

④ 进入 R，安装 RMySQL、ggplot2、devtools 和 recharts 依赖库。

```
[root@centos01 ~]# R

R version 3.6.0(2019-04-26)-- "Planting of a Tree"
Copyright(C)2019 The R Foundation for Statistical Computing
Platform: x86_64-redhat-linux-gnu(64-bit)

R 是自由软件，不带任何担保。
在某些条件下你可以将其自由散布。
用'license( )'或'licence( )'来看散布的详细条件。

R 是个合作计划，有许多人为之做出了贡献。
用'contributors( )'来看合作者的详细情况
用'citation( )'会告诉你如何在出版物中正确地引用 R 或 R 程序包。
```

```
用'demo( )'来看一些示范程序，用'help( )'来阅读在线帮助文件，或
用'help.start( )'通过 HTML 浏览器来看帮助文件。
用'q( )'退出 R。

> install.packages('RMySQL')
将程序包安装入‘/usr/lib64/R/library’
(因为‘lib’没有被指定)
--- 在此连线阶段时请选用 CRAN 的镜子 ---
Secure CRAN mirrors
…
* DONE(RMySQL)
Making 'packages.html' ... 好了

下载的程序包在
      ‘/tmp/Rtmpy6LryX/downloaded_packages’里
更新'.Library'里的 HTML 程序包列表
Making 'packages.html' ... 做完了。
> install.packages('ggplot2')
…
*** copying figures
** building package indices
** installing vignettes
** testing if installed package can be loaded from temporary location
** testing if installed package can be loaded from final location
** testing if installed package keeps a record of temporary installation path
* DONE(ggplot2)
Making 'packages.html' ... 好了

下载的程序包在
      ‘/tmp/Rtmpy6LryX/downloaded_packages’里
更新'.Library'里的 HTML 程序包列表
Making 'packages.html' ... 做完了。
> install.packages('devtools')
…
*** copying figures
** building package indices
** installing vignettes
** testing if installed package can be loaded from temporary location
```

```
** testing if installed package can be loaded from final location
** testing if installed package keeps a record of temporary installation path
* DONE(devtools)
Making 'packages.html' ... 好了

下载的程序包在
        '/tmp/Rtmpy6LryX/downloaded_packages'里
更新'.Library'里的 HTML 程序包列表
Making 'packages.html' ... 做完了。
> devtools::install_github('taiyun/recharts')
Downloading GitHub repo taiyun/recharts@HEAD
Installing 1 packages: webshot
Installing package into '/usr/lib64/R/library'
(as 'lib' is unspecified)
试开 URL'https://mirrors.bfsu.edu.cn/CRAN/src/contrib/webshot_0.5.5.tar.gz'
Content type 'application/octet-stream' length 160015 bytes(156 KB)
==================================================
downloaded 156 KB

* installing *source* package 'webshot' ...
…
** building package indices
** installing vignettes
** testing if installed package can be loaded from temporary location
** testing if installed package can be loaded from final location
** testing if installed package keeps a record of temporary installation path
* DONE(recharts)
Making 'packages.html' ... 好了
> install.packages('ggmap')
…
** building package indices
** testing if installed package can be loaded from temporary location
** testing if installed package can be loaded from final location
** testing if installed package keeps a record of temporary installation path
* DONE(ggmap)

下载的程序包在
        '/tmp/Rtmp4vMTX8/downloaded_packages'
> install.packages('animation')
```

```
…
** building package indices
** testing if installed package can be loaded from temporary location
** testing if installed package can be loaded from final location
** testing if installed package keeps a record of temporary installation path
* DONE(animation)

下载的程序包在
    '/tmp/Rtmp4vMTX8/downloaded_packages'
> install.packages('XML')
…
** building package indices
** testing if installed package can be loaded from temporary location
** checking absolute paths in shared objects and dynamic libraries
** testing if installed package can be loaded from final location
** testing if installed package keeps a record of temporary installation path
* DONE(XML)

下载的程序包在
    '/tmp/Rtmp4vMTX8/downloaded_packages'
> install.packages('openxlsx')
将程序包安装入'/home/hadoop/R/x86_64-redhat-linux-gnu-library/3.6'
(因为'lib'没有被指定)
试开 URL'https://mirrors.bfsu.edu.cn/CRAN/src/contrib/openxlsx_4.2.5.2.tar.gz'
Content type 'application/octet-stream' length 1339471 bytes(1.3 MB)
…
** building package indices
** installing vignettes
** testing if installed package can be loaded from temporary location
** checking absolute paths in shared objects and dynamic libraries
** testing if installed package can be loaded from final location
** testing if installed package keeps a record of temporary installation path
* DONE(openxlsx)

下载的程序包在
    '/tmp/Rtmp4vMTX8/downloaded_packages'
```

（4）基于 R 语言的数据可视化。在安装了依赖包的基础上，加载依赖的包，在 VMware Workstation 环境中 centos01 节点上操作。

```
> library(openxlsx)
```

```
> library(ggmap)
载入需要的程辑包：ggplot2
The legacy packages maptools, rgdal, and rgeos, underpinning the sp package,
which was just loaded, will retire in October 2023.
Please refer to R-spatial evolution reports for details, especially
https://r-spatial.org/r/2023/05/15/evolution4.html.
It may be desirable to make the sf package available;
package maintainers should consider adding sf to Suggests:.
The sp package is now running under evolution status 2
     (status 2 uses the sf package in place of rgdal)
i Google's Terms of Service: <https://mapsplatform.google.com>
i Please cite ggmap if you use it! Use 'citation("ggmap")' for details.
> library(animation)
> library(XML)
> tables<-read.xlsx("/opt/data/earthquakeqx.xlsx",1)
> data <- tables[,c(1,2,3,4,5,6)]
> names(data)<- c('level','date','lan','lon','depth', 'position')
> data$level <- as.numeric(data$level)
> data$depth <- as.numeric(data$depth)
> data$lan <- as.numeric(data$lan)
> data$lon <- as.numeric(data$lon)
> data$date <- as.Date(data$date, "%Y-%m-%d")
> data
   level       date   lan    lon depth               position
1    3.7 2022-08-26 41.46  82.34    15         新疆阿克苏地区新和县
2    3.9 2022-08-25 29.07 105.45    10           四川泸州市龙马潭区
3    3.0 2022-08-25 38.47 105.14    15     内蒙古阿拉善盟阿拉善左旗
4    3.1 2022-08-24 37.49  96.76    10           青海海西州德令哈市
5    3.3 2022-08-23 41.80  81.30    17         新疆阿克苏地区拜城县
6    3.0 2022-08-23 41.83  81.28    19         新疆阿克苏地区拜城县
7    3.0 2022-08-23 40.16  83.12    17         新疆阿克苏地区沙雅县
8    3.0 2022-08-22 33.20  92.77    10             青海玉树州杂多县
9    5.4 2022-08-22 25.29 123.59   150                 琉球群岛
10   3.2 2022-08-22 32.02 104.34    16             四川绵阳市北川县
11   4.2 2022-08-20 24.08 122.39    19               台湾花莲县海域
12   6.8 2022-09-05 29.59 102.08    16             四川甘孜州泸定县
...
```

对各省区市在过去一年中的发震次数进行统计，运用 R 将参考位置限定于中国，进行数据过滤：

```
data1<-subset(data,grepl("北京|天津|河北|山西|内蒙古|辽宁|吉林|黑龙江|上海|江苏|浙江|安徽|福建|江西|山东|河南|湖北|湖南|广东|广西|海南|重庆|四川|贵州|云南|西藏|陕西|甘肃|青海|宁夏|新疆|香港|澳门|台湾",data$position))
a1<-substr(data1$position,1,2)
a1<-sub(pattern = "内蒙", replacement = "内蒙古", a1)
a1<-sub(pattern = "黑龙", replacement = "黑龙江", a1)
data1$position<-a1
> data1
   level       date   lan    lon depth position
1    3.7 2022-08-26 41.46  82.34    15     新疆
2    3.9 2022-08-25 29.07 105.45    10     四川
3    3.0 2022-08-25 38.47 105.14    15   内蒙古
4    3.1 2022-08-24 37.49  96.76    10     青海
5    3.3 2022-08-23 41.80  81.30    17     新疆
6    3.0 2022-08-23 41.83  81.28    19     新疆
7    3.0 2022-08-23 40.16  83.12    17     新疆
8    3.0 2022-08-22 33.20  92.77    10     青海
10   3.2 2022-08-22 32.02 104.34    16     四川
11   4.2 2022-08-20 24.08 122.39    19     台湾
12   6.8 2022-09-05 29.59 102.08    16     四川
…
```

统计各省区市发震次数制成条形图，如图 11-7 所示。

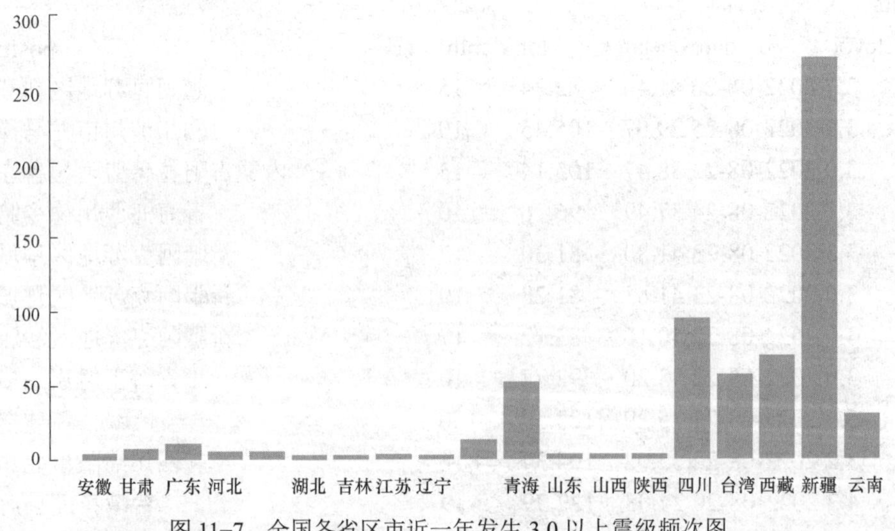

图 11-7　全国各省区市近一年发生 3.0 以上震级频次图

```
> indicator<-duplicated(data1$position)
> b1<-table(data1$position[indicator])+1
> x<-names(b1)
```

```
> y<-as.numeric(b1)
> r <- barplot(y, col = "blue",main = "全国各省区市近一年发生地震次数", ylim = c(0,300),
names.arg = x)
```

（5）使用 BDP 绘制地震数据分析图。

将清洗后的数据导出：

```
> write.xlsx(data,file="/opt/data/data.xlsx")
> write.xlsx(data1,file="/opt/data/data1.xlsx")
```

使用 ftp 将这两个文件导出到 Windows 系统中。

① 绘制地震等级分布图。打开浏览器，输入网址 https://me.bdp.cn，这是一款免费的数据分析工具——BDP 个人版。单击【免费试用】，用手机号免费注册账号并登录。

上传文件。先单击【工作表】，再单击【上传数据】，然后单击【上传文件】，选择本地需要分析的数据表，这里使用清洗后的 data.xlsx 数据，如图 11-8 所示。

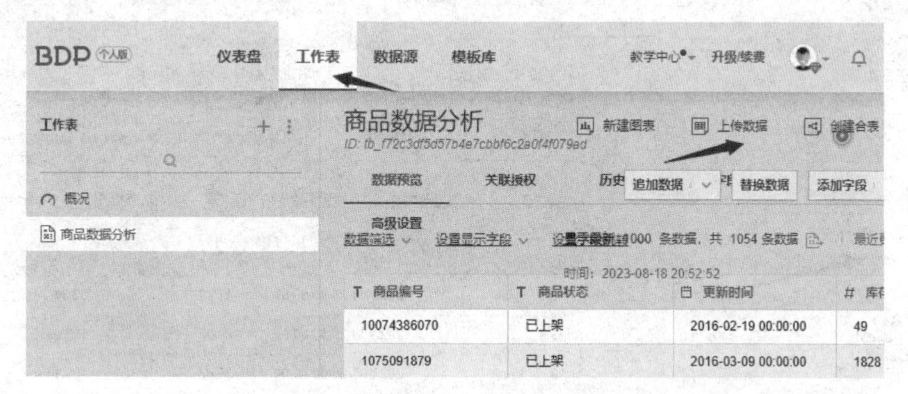

图 11-8　上传数据

预览数据。检查数据没有错误信息，如图 11-9 所示，单击【下一步】按钮。

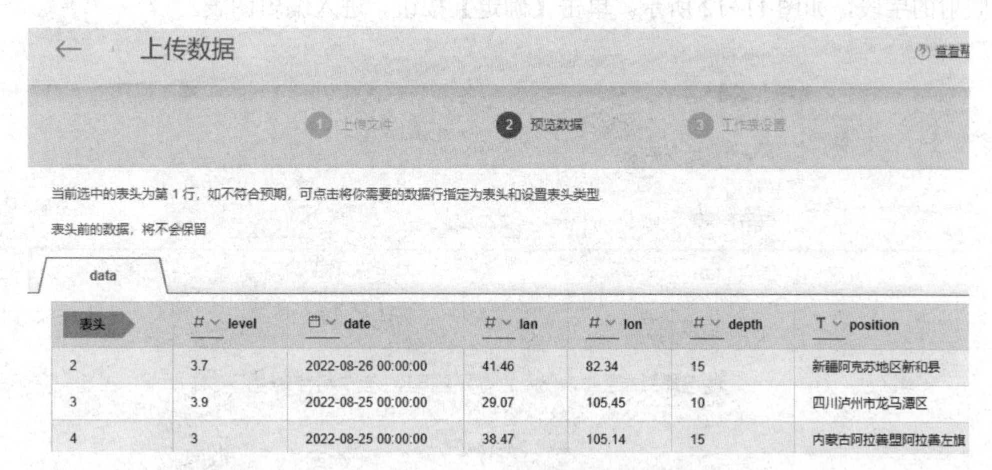

图 11-9　预览数据

设置工作表名为地震分布图，如图 11-10 所示，单击【下一步】按钮。

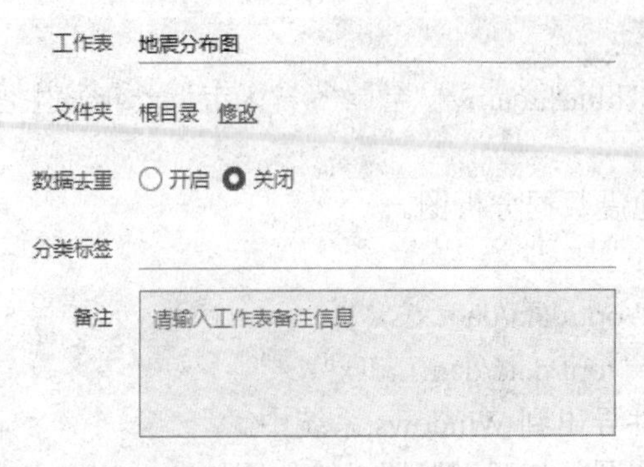

图 11-10　设置工作表名

在地震分布图工作表中，单击【新建图表】按钮，如图 11-11 所示。

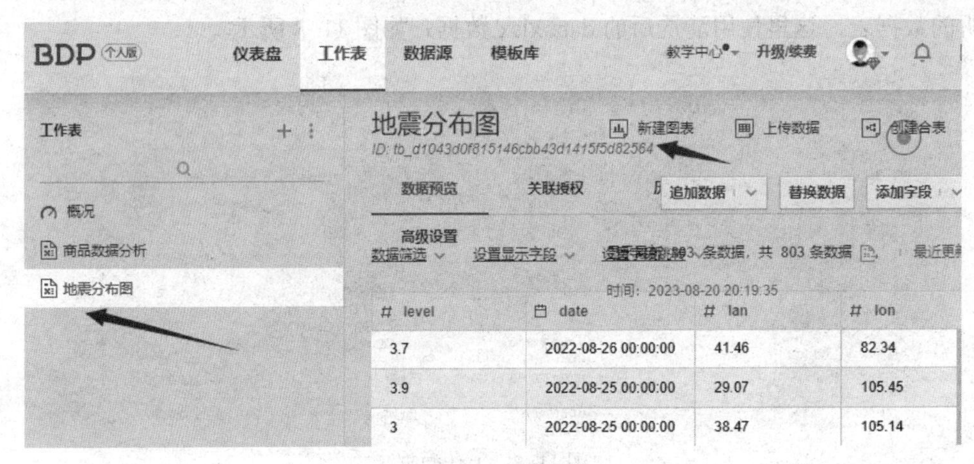

图 11-11　新建图表

在新建图表中，选择【经纬度地图】，单击【确定】按钮。进入数据设置界面。设置经度、维度映射的字段，如图 11-12 所示。单击【确定】按钮。进入编辑图表。

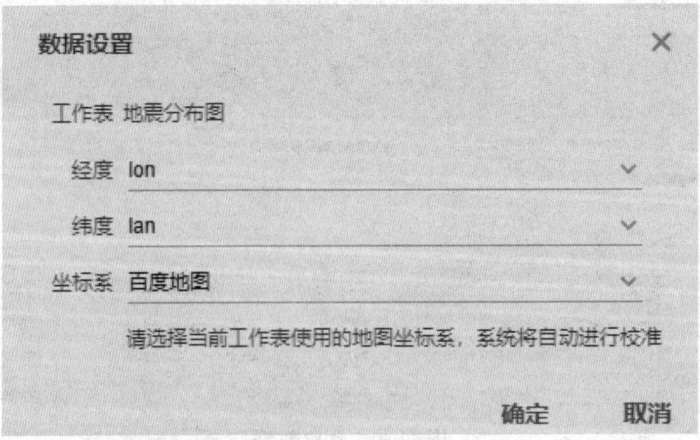

数据设置

工作表 地震分布图

经度 lon

纬度 lan

坐标系 百度地图

请选择当前工作表使用的地图坐标系，系统将自动进行校准

确定　取消

图 11-12　数据设置

由需求可知，需要在地图上显示两种数值，其一是震级，其二是深度，所以需要两个图

层：一个图层显示震级的数值，另一个图层显示深度的数值。拖拽工作表到图层区域两次，就可形成两个图层。

在第一个图层中，将震级“level”字段拖到“数值”，然后选择适合的图表类型和图形符号。

在第二个图层中，将“depth”字段拖到“数值”，选择适合的图表类型和热力半径。至此，地震分布图就绘制完毕。

② 绘制全国各省区市近一年地震发生词云图。参考地震分布图的绘制过程，容易绘制出全国各省区市近一年地震发生词云图。返回主界面，单击【工作表】|【上传数据】，此时选择 data1.xlsx 数据。工作表名为地震词云图，单击【新建图表】，在新建图表中，选择【普通图表】，单击【确定】按钮。进入编辑图表界面，如图 11-13 所示。

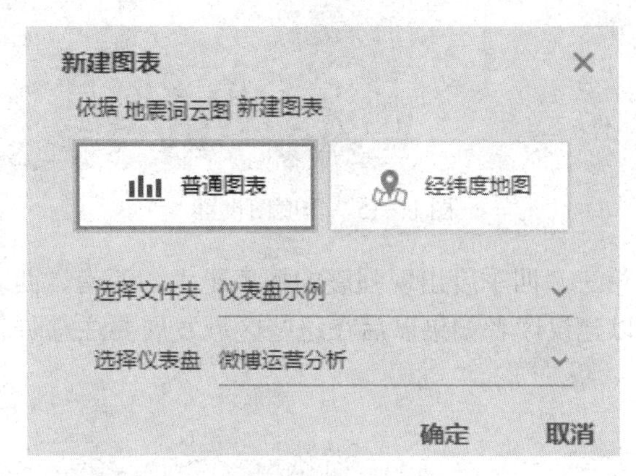

图 11-13　普通图表

在编辑图表界面，将“position”字段拖到维度中，在图表类型中，选择词云，即可绘制出词云图，如图 11-14 所示。可以看出，四川、新疆、台湾、西藏是发震频率最高的 4 个地区。

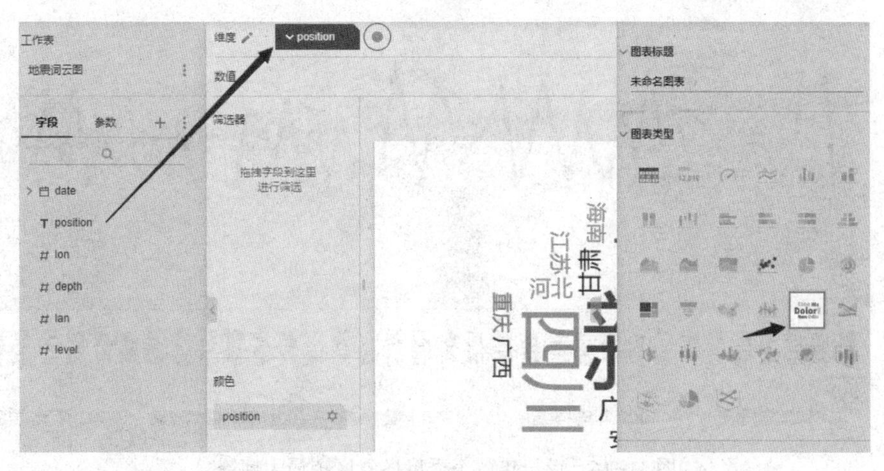

图 11-14　词云图设置

③ 地震发生季度图。参考词云图的绘制过程，容易绘制季度图。编辑图表设置，如图 11-15 所示。

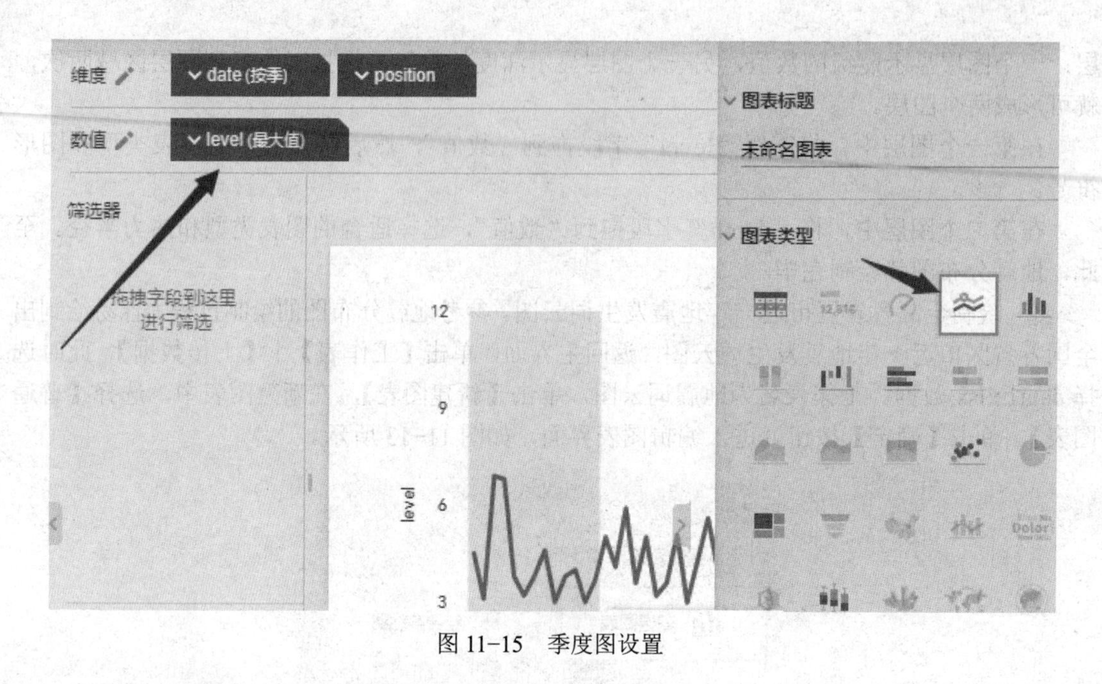

图 11-15　季度图设置

如图 11-16 所示，第三、四季度出现强震的概率更大，西南、西北、台湾发震频繁且震级较大，深度较深，所以建议读者如果以后在这些区域发展要注意防震减灾。

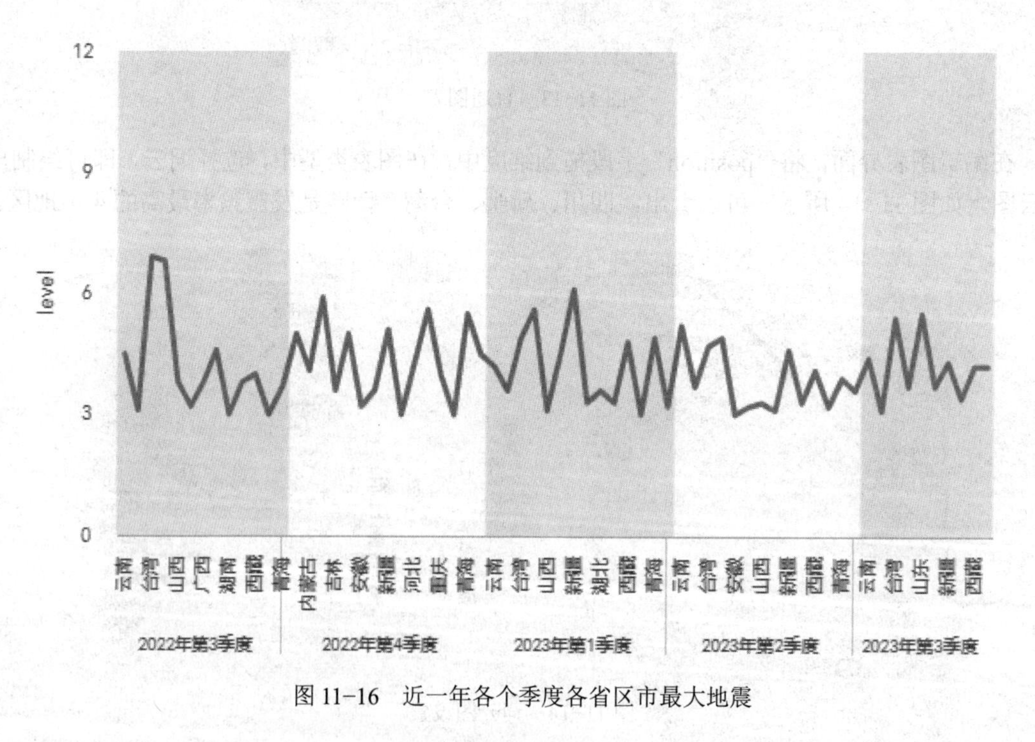

图 11-16　近一年各个季度各省区市最大地震

④ 绘制地震统计树图。现在不难绘制近一年地震发生的统计树图了。编辑图表设置，如图 11-17 所示。其中 date 选项是进行颜色的设置。

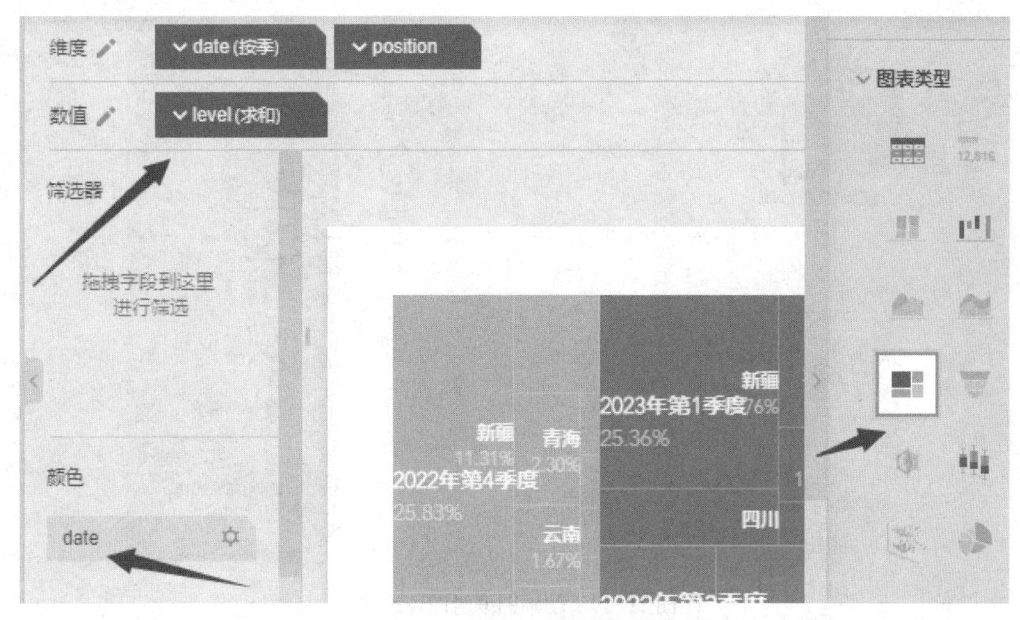

图 11–17　树图编辑图表设置

由图 11–18 可以看出，新疆、云南、西藏、四川、台湾等地区发生地震次数较多，在这些地区进行生活、生产时要注意对地震的预测、预警，减小地震及次生灾害的影响，减少各种灾害造成对生命财产造成的损失。

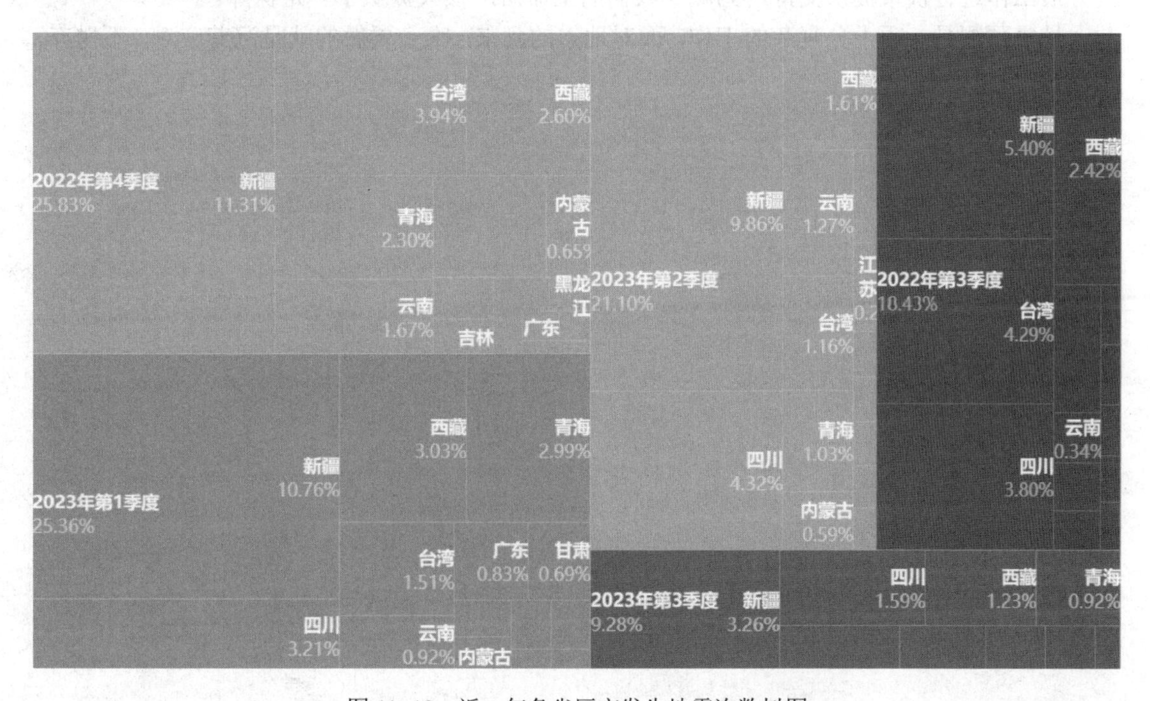

图 11–18　近一年各省区市发生地震次数树图

应用 BDP 可以进一步进行分析，制作过去一年中发震地区震级分布的时间动画。参考绘制地震分布图，编辑图表设置，如图 11–19 所示。

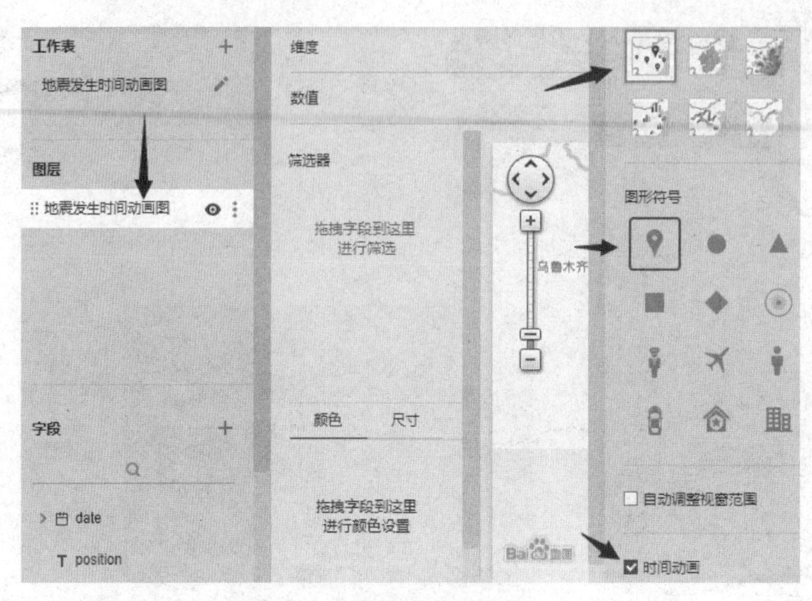

图 11-19 动画图编辑图表设置

发生地震的位置的动画页面可以访问 https://me.bdp.cn/api/su/C6D7R9LO 进行浏览。

经过以上可视化分析，尽管目前还不能十分准确地找到地震发生的规律，不过已经通过对比分析，了解了地震高发地的分布及震级的分布，为防灾减灾救灾工作提供了数据支撑，为开展工作进行决策提供支持，为减少人们的生命财产损失提供了一定保障。

地震预测是一项十分复杂的工作，面对地震的到来，唯一要做的就是沉着应对，不抛弃，不放弃!!!

参 考 文 献

[1] WHITE. Hadoop 权威指南[M]. 王海，华东，刘喻，等译. 北京：清华出版社，2017.
[2] LAM. Hadoop in action [M]. Greenwich：Manning Publications，2010.
[3] 张伟洋. Hadoop 大数据技术开发实战[M]. 北京：清华大学出版社，2019.
[4] 温春水，毕洁馨. 从零开始学 Hadoop 大数据分析[M]. 北京：机械工业出版社，2019.
[5] 林子雨. 大数据技术原理与应用：概念、存储、处理、分析与应用[M]. 3 版. 北京：人民邮电出版社，2021.
[6] 尚硅谷教育. 剑指大数据：Hadoop 学习精要[M]. 北京：电子工业出版社，2022.
[7] 祝江华. Hadoop HDFS 深度剖析与实践[M]. 北京：机械工业出版社，2023.
[8] WADKAR, SIDDALINGAIAH. 深入理解 Hadoop [M]. 于博，冯傲风，译. 北京：机械工业出版社，2015.
[9] 谭磊，范磊. Hadoop 应用实战[M]. 北京：清华大学出版社，2017.
[10] LIANG Y D. Java 语言程序设计[M]. 戴开宇，译. 北京：机械工业出版社，2021.
[11] HORSTMANN. Java 核心技术[M]. 林琪，苏钰涵，译. 北京：机械工业出版社，2022.
[12] 董付国. Python 程序设计基础[M]. 2 版. 北京：清华出版社，2018.
[13] ROBERT I.，KABACOFF. R 语言实战[M]. 王韬，译. 北京：人民邮电出版社，2023.
[14] 张杰. R 语言数据可视化之美[M]. 北京：电子工业出版社，2019.
[15] 程乾，刘永，高博. R 语言数据分析与可视化从入门到精通[M]. 北京：北京大学出版社，2020.
[16] 陈臣. MySQL 实战[M]. 北京：人民邮电出版社，2023.
[17] 明日科技. MySQL 从入门到精通[M]. 3 版. 北京：清华大学出版社，2023.